Green Extraction of Natural Products:
Theory and Practice

天然产物的绿色提取
理论和实践

〔法〕法里德·切马特（Farid Chemat）
〔德〕约亨·斯特鲁布（Jochen Strube）　主编

徐志强　葛少林　贺增洋　等　译

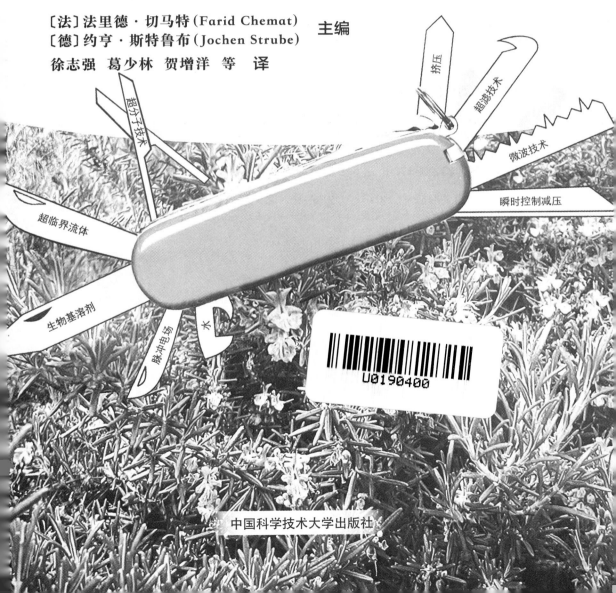

超分子技术

挤压

超滤技术

微波技术

超临界流体

瞬时控制减压

生物基溶剂

脉冲电场

水

中国科学技术大学出版社

安徽省版权局著作权合同登记号：第 **12222053** 号

图书在版编目（CIP）数据

天然产物的绿色提取：理论和实践/（法）法里德·切马特（Farid Chemat），（德）
约亨·斯特鲁布（Jochen Strube）主编；徐志强等译. —合肥：中国科学技术大学出
版社，2024.6
ISBN 978-7-312-05570-6

Ⅰ. 天…　Ⅱ. ①法…　②约…　③徐…　Ⅲ. 天然有机化合物—提取—研究
Ⅳ. O629

中国国家版本馆 CIP 数据核字（2023）第 012345 号

天然产物的绿色提取：理论和实践
TIANRAN CHANWU DE LÜSE TIQU：LILUN HE SHIJIAN

出版	中国科学技术大学出版社
	安徽省合肥市金寨路 96 号，230026
	http://press.ustc.edu.cn
	https://zgkxjsdxcbs.tmall.com
印刷	合肥华苑印刷包装有限公司
发行	中国科学技术大学出版社
开本	710 mm×1000 mm　1/16
印张	21
字数	435 千
版次	2024 年 6 月第 1 版
印次	2024 年 6 月第 1 次印刷
定价	128.00 元

翻 译 团 队

徐志强　　葛少林　　贺增洋　　郭东锋

张福建　　陈开波　　孙丽莉　　徐冰霞

田振峰　　邹　鹏　　黄世乐　　胡永华

孙思琪　　冯俊俏　　李　卓　　孔　俊

译　者　序

　　天然产物是各种动物生存的基础,为人类的生存和发展提供了各种各样的食物和医药原料。随着科技的进步,人类对于植物代谢物的研究越来越深入,对各种代谢物的功能也逐渐了解。随着人们崇尚自然的意识不断增强,对于绿色天然食品、绿色化妆品、绿色保健品的追求逐渐发展成时代潮流。然而,天然产物的种类繁多,理化性质千差万别,这就给天然产物的提取纯化带来了巨大的挑战。

　　传统的天然产物提取纯化工艺总体来说包括提取、固液分离、浓缩、纯化等工序,提取溶剂主要是水和有机溶剂。虽然水溶剂污染小,但是由于天然产物中大量活性成分在水中的溶解度较低,因此需要采用有机溶剂,但会产生严重的环境污染。2015 年,党的十八届五中全会提出创新、协调、绿色、开放、共享五大发展理念,其中之一就是绿色发展理念。

　　本书从教育、技术开发、技术应用等多个方面系统地介绍了绿色发展涉及的多个方面内容。要想真正实现绿色发展,就必须从教育开始,让广大研究人员和学生了解什么是绿色提取、绿色提取的意义,只有让绿色提取理念深入人心,才能在工作与学习中以此为导向。本书介绍了绿色提取工艺的设计思路,其中运用了概念设计、模拟等技术手段,这需要量子化学计算、物理化学、机械设计、软件设计等领域的专业人员共同完成。目前,这些技术手段在我国天然产物提取行业应用较少,但是对于工艺设计来说具有重要意义。本书还详细介绍了橄榄、葡萄等植物综合利用的案例。我国各种天然植物资源丰富,但是目前通过各种技术手段实现植物资源综合利用的案例仍然很少,因此这些案例对于科研人员和相关工作人员来说均具有良好的借鉴意义。

　　在本书出版过程中,安徽中烟技术中心的分析技术人员对本书的翻译提出了许多宝贵的意见和建议,安徽焦甜香生物科技有限公司的技术人员为本书的校对作出了大量努力,安徽中烟工业有限责任公司的财务部、采购部工作人员为本书的出版提供了大量的帮助。在此一并致以衷心的感谢。

　　原著中存在部分排版错误,译者在翻译的过程中通过查阅文献进行了相应的修正,修正部分通过脚注的方式在书中进行了说明。由于译者水平有限,书中难免存在疏漏之处,敬请读者批评指正。

前　　言

天然产物的绿色提取是一个新理念,它能够应对 21 世纪的挑战,可保护环境和消费者,同时可促使企业向生态型、经济型和创新型转变,从而增强企业竞争力,实现可持续发展。绿色提取的前提是提取工艺的设计与创新、降低能耗、使用替代溶剂和可再生天然产物,并保证生产出的提取物和最终产品的安全性及优越品质。绿色提取工艺对环境的影响最小(能源和溶剂消耗较少等),且在绿色提取的起步阶段就设计了末端回收(副产品降解等)流程。

本书旨在推动天然产物绿色提取的实际应用。本书的出版基于德国化学工业协会工艺网络和法国生态萃取协会之间的合作,以及相关国际研究和企业团队的大量关键性成果,他们在天然产物绿色提取领域提供了一系列方法和技术工具,以避免或减少整个提取工艺(包括原料制备、干燥、研磨、固液萃取、液液萃取、分离、纯化、调配,直至最终包装)中的石油溶剂、化石能源和有毒化学废弃物。本书部分内容基于德国化学工业协会植物化学工艺开发和生产培训课程的资料。在过去几年中,德国克劳斯塔尔工业大学曾举办过多次培训,有来自工业界和学术界的讲师,其中一些人对本书作出了重要贡献。

本书试图从创新工艺、方法、替代溶剂和产品安全等方面总结当前与天然产物绿色提取相关的知识,主要阐述绿色提取的基本理论、相关技术、工艺流程、工业应用、安全预防措施和环境影响等内容。本书每章之间联系紧密、互为补充,并以著名国际研究人员和专业人士的研究成果为基础,介绍该领域的最新信息。

本书涵盖天然产物绿色提取在各行各业的应用,如香水、化妆品、药品、食品配料、保健品、生物燃料和精细化工产品等。我们相信,通过本书的学习,对于今后相关领域的研究、生产和教育工作都有显著的作用。

前　　言

目　　录

第1章　绿色提取：从概念到研究、教学和应用前景

绿色加工可持续发展的主要目标之一是在发达和发展中国家的大学、中学和学术实验室开展绿色化学教学。如今，科研人员和工业技术员已开始重视绿色化学及工艺带来的潜在影响，并意识到他们在绿色化学工业化实践（如分析、提取、合成、分离等）的教育、研究方面肩负重任。[1]他们明白，他们的研究将影响地球的未来，他们创造的新产品和新工艺不仅可以提高生活质量，还能减少环境污染。[2-4]推广绿色化学技术将最大限度地减少对人类健康和环境有害的材料[5]的使用，减少能源和水的消耗，同时最大限度地提高生产效率（图1.1）。

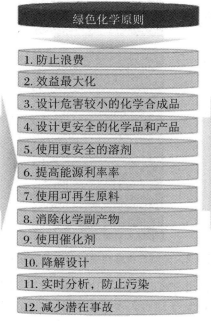

图 1.1　绿色化学技术对工业的影响

人类可能在发现火以后就开始进行天然产物的提取。埃及人、腓尼基人、犹太人、阿拉伯人、印度人、中国人、希腊人、罗马人，甚至玛雅人和阿兹特克人，都拥有创新的提取工艺（如浸渍、蒸馏等）用于生产香水、药品或食品。然而，在20世纪90

年代,关于绿色提取的宣传报道很少。Paul Anastas 为了宣传绿色化学,从 1994 年起出版了一系列书籍,环境保护局(Environmental Protection Agency,EPA)及 Paul Anastas 共同推动绿色化学发展,并取得了长足的进步。[3]

　　提取技术的最新研究方向主要集中在最大限度地减少溶剂和能源的使用,如超临界流体提取、超声波提取、亚临界水提取、控制压降工艺、脉冲电场和微波提取。图 1.2 列举的外文图书主要阐述了绿色提取研究,通过这些图书,人们可以了解绿色提取工艺。

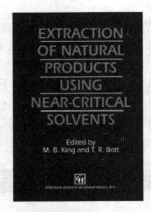

图 1.2　天然产物绿色提取的相关外文图书

　　为了满足市场需求且遵守现行法规,任何提取工艺都必须达到一些质量标准,提取物的天然状态并不能保证其对人类和环境无害。在这种发展背景下,我们必须从对数据分析的关注,转向对工艺建模研究的关注,深入考虑我们在满足提取工艺所需的高要求下对环境产生的副作用。图 1.3 总结了天然产物绿色提取的创新或变革。天然产物的绿色提取是一个新的理念,是 21 世纪面临的挑战,是更生态、更经济和更创新的一种方法,它在保护环境和消费者的同时加剧了企业之间的竞争。绿色提取是指在最大限度地减小对环境的影响的同时生产提取物(如较低的能源和溶剂消耗等),并按计划回收循环利用(如副产品的生物降解等)。绿色提取应该是一条完整的价值链,即从植物的种植、收获到提取,再到销售。

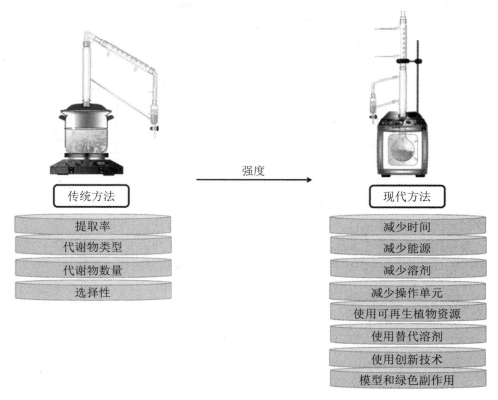

图 1.3 天然产物绿色提取的创新或变革

药品、化妆品和食品等各行业对天然产物的需求日益增加。植物或动物原料经过提取可生产出天然产物。为了满足市场需求并符合现行法规,提取工艺面临着挑战,即提高提取效率(产率和对目标化合物的选择)、减少或消除石油化工溶剂的消耗以及适当的能源消耗。最近,在绿色化学和工程的基础上各行业引入了绿色提取,即现代的"可持续加工"。关于天然产物的绿色提取,Chemat 等[2]给出了定义:绿色提取是基于提取工艺的探索和设计,它既可以减少能源消耗,又可以使用替代溶剂和可再生天然产物,并能确保提取物/产品安全高质。对于工业界人士和科学家来说,天然产物绿色提取的六项原则应被视为建立绿色标签、章程和标准的指导方针,并在固液萃取工艺的各个方面进行创新性思考。这些绿色提取原则是经过实践检验并成功应用于工业生产的创新范例,但不宜将其视为法律法规。六项原则具体如下:

原则一:筛选及使用可再生植物资源进行创新。

原则二:使用替代溶剂,主要是水或生物基溶剂。

原则三：利用创新技术实现能源回收，减少能源消耗。

原则四：生产副产品而不是废品，包括生物和农业精炼工业。

原则五：减少单元操作，保证提取工艺的安全、稳定和可控。

原则六：生产无污染、可生物降解的非变性提取物。

本章旨在说明天然产物的概念，并举例说明天然产物作为原料如何在不同的行业中使用。为此，我们仅讨论在植物中提取的化合物。植物细胞的生物分子通常分为两大类：初级代谢产物和次级代谢产物。前者是指植物代谢过程中的关键化合物，后者是指参与植物特定功能的化合物。Croteau 等[6]根据其生物活性和在植物生态中的作用，引入术语"植物天然产物"来定义次级代谢产物。现在"天然产物"一词泛指植物提取物，包括具有技术、功能或营养用途的植物特有化合物[7-8]。

本章首先以柑橘树（柑橘树就像一个生物炼制厂，可以生产几种具有很高价值的代谢物）为例，说明了代谢物到生物组织的改变；然后综述了植物中不同种类代谢物的化学结构和多样性；最后介绍了天然产物作为配料的一些应用。

本章还举例说明了天然产物绿色提取作为绿色教学和研究的工具在学术界及工业界的成功应用，并对天然产物绿色提取的创新性和竞争力提出了挑战。

1.1　柑橘只能生产果汁吗？

本节将通过柑橘树的例子来说明代谢物到生物组织的转变。在工业上，柑橘主要用于生产果汁。然而，柑橘的化学成分多样，柑橘树可以看作一个天然产物的生物精炼厂。下文将介绍柑橘汁生产过程中副产品的价值，以及在柑橘树和柑橘中鉴定植物化学物质的几个例子。

柑橘是加工业的主要作物之一，2012 年总产量达到 6.8×10^7 t。[9]其中，95%用于生产柑橘汁。生产 1 L 柑橘汁需要 3 kg 柑橘，因此产生的副产品具有很大的增值潜力。[10]此外，不仅是副产品，整棵柑橘树都可以用于营养品、药品和化妆品的生产。柑橘汁在生产过程中会产生不同类型的副产品——柑橘树产生的副产品和柑橘本身产生的副产品。柑橘汁在生产过程中产生的副产品有果肉、果皮和柑橘籽。[10-11]

柑橘果实的主要副产品之一是果肉[42.5%（质量分数）的柑橘废料]。[9,12]由于其纤维含量高，主要用于牲畜饲料。此外，在牛饲料中添加果肉比添加富含淀粉的添加剂更有利于牛的生长和泌乳。[13]

柑橘皮占柑橘总量的 50%，在副产品中所占比例很高。[11]柑橘皮通过水蒸气蒸馏[14]或冷压[15]提取精油，精油可作为食品和饮料的调味剂，还可用在化妆品和香水中。[16]柑橘皮还含有一些有价值的化学物质，如果胶[17]，可用作食品稳定剂，添加到果酱或果冻等食品中。柑橘皮含有纤维素[18]和半纤维素等，经过生物炼制后，这些分子可以转化为生物燃料和生化物质。从柑橘皮中提取的果汁经蒸发浓缩后，可得到柑橘糖蜜[19]，多用作牲畜饲料[13]，或用于酒精发酵。因为植物果汁中的植物化学物质会产生强烈的苦味，要想进一步利用这种副产品就需要进一步精制。柑橘糖蜜的精制产品可作为天然甜味剂。柑橘籽只占柑橘汁生产残渣的一小部分（0.5%～5%）。柑橘籽的主要价值在于其含油量（高达40%），可用有机溶剂提取柑橘籽油。[20-21]由于柑橘籽含油量高，也可以通过机械压榨回收油脂。

花、叶和木质纤维素生物质的应用多种多样。从花和叶中提取的精油，即橘花油和橘叶油等（含量小于1%[22]）可用在化妆品和食品中。[23-24]值得注意的是，从花和叶中提取精油后蒸馏出的水（橘花露和青香露），由于其具有香味，也可以与精油一样进行销售。根、枝和叶产生的木质纤维素类物质也可生产生物化学物质和/或生物燃料。[25-26]这些不可食用的部分还含有一些生物碱，可用于制药工业。

由于柑橘树和柑橘果实的植物化学成分种类多，因此柑橘副产品的用途众多。下面将研究这些天然产物的结构和分布。本节将重点介绍柑橘树中已鉴定的植物化学物质的化学结构，它们的分布和结构如图1.4和图1.5所示。这些植物化学物质种类多、结构复杂，可以根据它们的生化功能将其分为初级代谢产物和次级代谢产物。

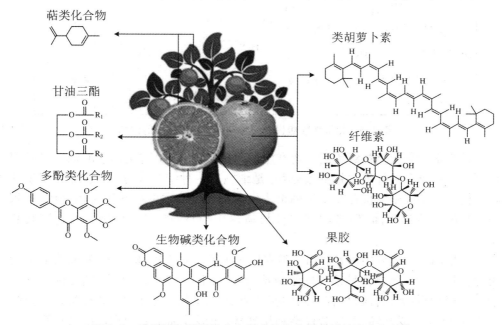

图 1.4 柑橘树和柑橘果实中所含植物化学物质的定位和结构

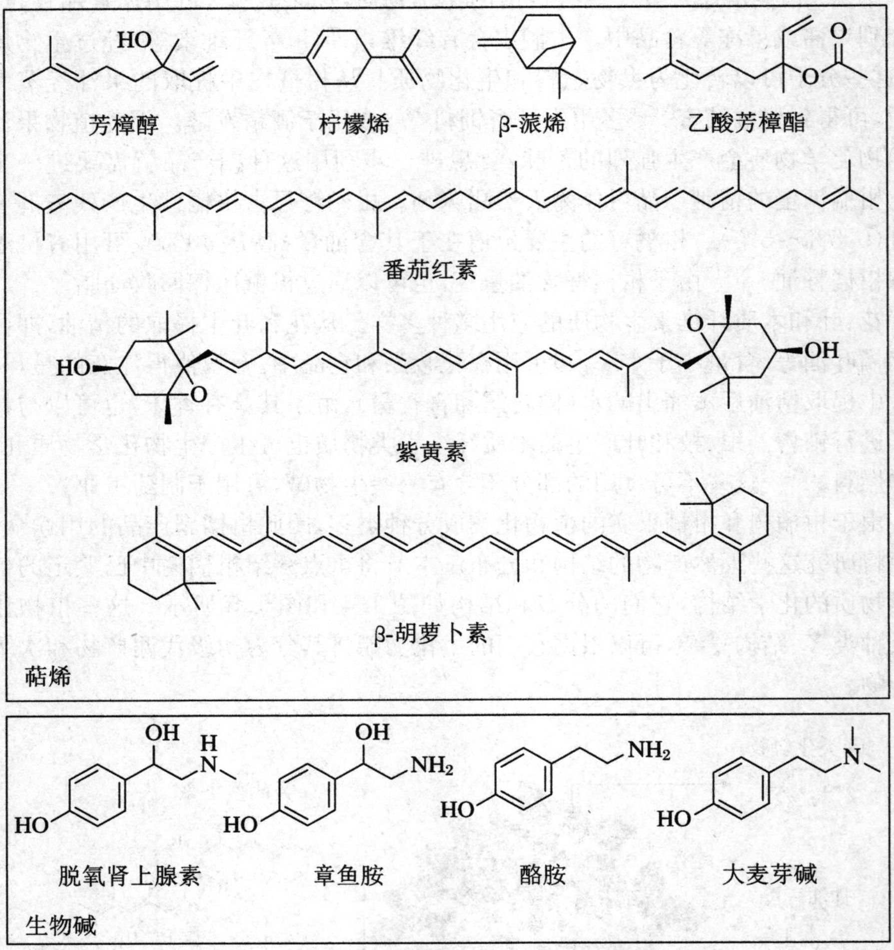

芳樟醇　　　　柠檬烯　　　　β-蒎烯　　　　乙酸芳樟酯

番茄红素

紫黄素

β-胡萝卜素

萜烯

脱氧肾上腺素　　　章鱼胺　　　　酪胺　　　　大麦芽碱

生物碱

图 1.5　柑橘树次级代谢产物(萜类和生物碱)的结构

纤维素和果胶是初级代谢产物产生的两种聚合物,是前文详述的副产品的组成部分。纤维素是纤维二糖的聚合物,是细胞的一种结构成分[27],它存在于整棵柑橘树中。果胶则仅仅存在于柑橘果皮中。脂质成分主要存在于柑橘籽中,尽管柑橘籽的含油量很高,但考虑到整棵柑橘树中柑橘籽的含量较低,因此脂肪总量低。

在柑橘树的成分中可鉴定出三类常见的次级代谢产物:萜类、生物碱类和多酚类化合物。萜类化合物是精油的组成成分,在不同柑橘组织精油(橘花油和橘叶油)中发现的萜类化合物具有不同的萜类成分。橘花油主要含有芳樟醇、柠檬烯、β-蒎烯、反式 β-罗勒烯、乙酸芳樟酯和松油醇,而橘叶油主要含有乙酸芳樟酯和芳樟醇。[23-24,28]柑橘皮中仅仅含有一种萜类成分——柠檬烯。在芸香科植物(如柑橘)的果实中,研究者首次发现了高浓度的柠檬苦素类似物,后来在其他植物中也发现了这种化合物。[29-30]柑橘树中包含的另一种萜类化合物是类胡萝卜素:β-隐黄质、β-胡萝卜素、番茄红素和紫黄质异构体,但仅在柑橘果实中可检测到这些成分,[31]而生物碱类化合物分布在柑橘树的叶子和根部。[32]由于其生物活性,这些化合物在医药领域有着广泛的应用。辛弗林是一种肾上腺素,可用于控制体重,已在柑橘树中发现。[33]它主要是从柑橘科植物中分离出来的,通常存在于果汁中。虽然辛弗林可以合成,但人类对于天然产物的需求日益增加,使得这种生物碱成为重要的提取目标。柑橘树中常见的其他生物碱有章鱼胺、酪胺、N-甲基酪胺和大麦芽碱。[34]多酚类化合物是柑橘树中的第三类次级代谢产物,在柑橘树(准确地说是在柑橘皮和柑橘汁中)中发现的多酚类化合物主要是黄烷酮苷,如柚皮素、橙皮苷、柚皮苷和新橙皮苷。[35]柑橘科植物特有的这些多酚类物质,由于其抗氧化性,越来越受到人们的关注。木质素主要是植物细胞膜的结构成分,在一般情况下,存在于整棵柑橘树中。

本节以柑橘树为例,介绍了柑橘汁生产过程中产生的副产品的增值途径,让我们可以区分不同种类的天然产物分子。下面将总结植物中已经鉴定出的代谢物的种类,旨在对天然产物进行分类。

1.2 天然产物化学

天然产物是指天然产生的任何物质或化合物。就植物而言,这一宽泛的定义可用于任何化学植物成分或植物化学成分。在生物化学中,植物化学物质通常按其功能分为两类:初级代谢产物和次级代谢产物。初级代谢产物包括植物基本代谢和生存所必需的任何化合物。次级代谢产物(如花粉引诱剂)具有生态功能,可保护植物和微生物免受感染,并起到化感作用(指正效应或负效应,如植物化学物质诱导一株植物向另一株植物生长)。本节将简要地介绍已知的初级代谢产物,重点介绍次级代谢产物。

1.2.1 初级代谢产物

1.2.1.1 糖

糖是储存和运输能量的主要代谢物,存在于植物的每一个器官中。[27]在细胞中,糖以淀粉的形式存储,淀粉是葡萄糖的聚合物。葡萄糖既是次级代谢产物的前体,也是细胞膜的组成部分。如纤维素,一种由葡萄糖单元重复组成的大分子,既是植物细胞膜的主要成分之一，也是地球上较丰富的化合物之一。

由于糖在植物基本代谢中的众多功能，其构成了一类代谢物。许多生物化学参考书中描述了糖的分类、化学性质和结构[36-37]，因此本节不讨论它们的多样性，但举例说明糖在工业上的应用。糖分为两类：糖和糖苷，糖和糖苷分别是糖的聚合物或糖与非糖分子的结合。[38]

工业加工的糖通常是果糖、葡萄糖和糖衍生物（如多元醇）。提取最多的糖是蔗糖（如从甜菜和甘蔗中分离出来的糖）。[38]从植物中提取的多糖主要是果聚糖，如胰岛素、淀粉、纤维素、纤维、黏胶和果胶。[38]这些大分子可以用于生产食品或非食品，也可以通过化学转化来生产化学物质或配料[如淀粉（改性淀粉）、糊精、葡萄糖糖浆、葡萄糖和山梨醇]。纤维是一类主要由纤维素、半纤维素、果胶和木质素组成的成分，由于其不易被消化，这些化合物被称为膳食纤维。[38]黏胶是高亲水性胶体，可应用其流变学性质进行产品生产（如制药）。果胶主要存在于水果（如苹果、柑橘类水果）中，是构成细胞壁的结构性大分子。[38]

1.2.1.2　脂

与糖类似，脂具有能量储存的功能[27]，它是许多代谢产物的前体。脂是一组非均相的化合物（如脂肪酸、甘油酯、酸酯等）。在植物中，脂以油的形式储存在脂质体中，主要由三酰基甘油（甘油和脂肪酸酯）组成。[27]一些酯类化合物结构如图1.6所示。

脂肪酸是由具有羧酸官能团的线性饱和和不饱和烃链组成的一大类化合物。常见的饱和脂肪酸包括丁酸（C_4）到花生酸（C_{20}）。[39]脂肪酸可通过相同的代谢途径延伸合成具有更长链的脂肪酸，但在植物界并不常见。不饱和脂肪酸通常是由相应的饱和脂肪酸通过双键加成反应形成的。[8]我们可以用不饱和脂肪酸的数目及其在碳链上的位置来分类不饱和脂肪酸，如棕榈油酸（C_{16}：1）、油酸（C_{18}：1）、亚油酸（C_{18}：2）、亚麻酸（C_{18}：3）和花生四烯酸（C_{20}：4）是常见的不饱和脂肪酸。[27]

脂肪酸与植物中的初级代谢产物（如甘油）结合，可形成复杂的化合物（单甘酯、二甘酯和三甘酯），如糖脂、甘油糖脂和磷脂（基于鞘氨醇结构）[40]，或芳香聚酮，如蒽醌[41]、萘醌[42]。

1.2.1.3　氨基酸和蛋白质

氨基酸是酶、肽和结构蛋白的组成部分，因此在新陈代谢中非常重要，同时它也是许多次级代谢产物（如生物碱、甜菜碱、部分多酚等）的前体。蛋白质在人类和动物营养中起着重要的作用。然而，由氨基酸、蛋白质和酶组成的最终产物或提取物的应用非常有限，因此本节不介绍。

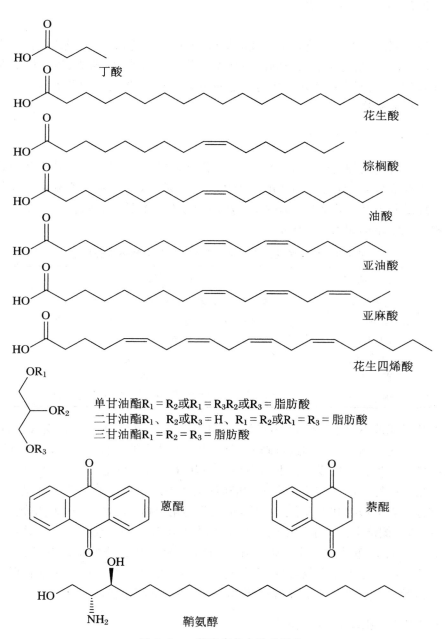

图 1.6　一些脂类化合物的结构

1.2.2 次级代谢产物

次级代谢产物参与植物特定性状的形成,如花的颜色和香味,因此在植物中起着重要的作用。[6]植物化学物质的次级代谢产物有三种类型:萜类、生物碱类及多酚类化合物。[6]由于次级代谢产物与特定的功能相关,因此它们的种类和多样性取决于所选择的植物。

1.2.2.1 萜类化合物

萜类化合物的种类繁多,已鉴定的萜类化合物多达 25000 种。[6]萜类化合物是精油的主要成分。[43]异戊二烯是萜类家族的组成部分,主要通过乙酰化等途径合成。[44]萜类化合物根据异戊二烯的单元数进行分类。主要类别见表 1.1,部分萜类化合物的化学结构如图 1.7 所示。

表 1.1　根据异戊二烯的单元数对萜类化合物进行分类

类　别	以萜类基团为例
单萜烯(C_{10})	芳樟醇(非环状)、柠檬烯(环状)、蒎烯(双环)
倍半萜烯(C_{15})	法尼醇(非环状)、甜没药烯(环状)、α-胺醇(多环)
二萜(C_{20})	叶绿醇(非环状)、视黄醇(环状)、紫杉二烯(多环)
二倍半萜(C_{25})	香叶基法尼醇
三萜烯(C_{30})	皂甙元(多环)
四萜(C_{40})	β-胡萝卜素(红色色素)、叶黄素(黄色色素)

四萜类胡萝卜素家族包含类胡萝卜素和叶黄素,它们是主要的色素成分,也具有营养。对这些萜类化合物进行修饰,会产生一些特定的化合物亚类,这些化合物是某些植物的生物活性成分。下面列举一些有价值的萜类化合物:银杏内酯 B 是银杏属植物中经高度修饰的二萜。[45]甜味剂工业中最受关注的甜菊糖苷是三环二萜。柠檬苦素类似物和柠檬苦素一样,是三萜类化合物的降解物,称为四降三萜类化合物(由于侧链上去除了四个碳)。[30]苦木素类化合物(如鸦胆丁)是三萜类化合物的另一个例子,它失去了十个碳,因此不能与二萜类化合物的结构混淆。[47]甾体是四环修饰的三萜类化合物,是一类具有生物活性的化合物。植物中的甾醇主要是植物甾醇,如豆甾醇、谷甾醇、岩藻甾醇、麦角甾醇和樟脑甾醇。[48]

1.2.2.2 生物碱类化合物

一般而言,生物碱是含氮化合物,其具有很强的药理作用,因此可以密切监测可能含有这种化合物的食用产品。[49]生物碱的生物合成是从各种氨基酸开始的,根据前体比根据它们的结构更容易分类。[8]部分生物碱类化合物的结构如图 1.8 所示。

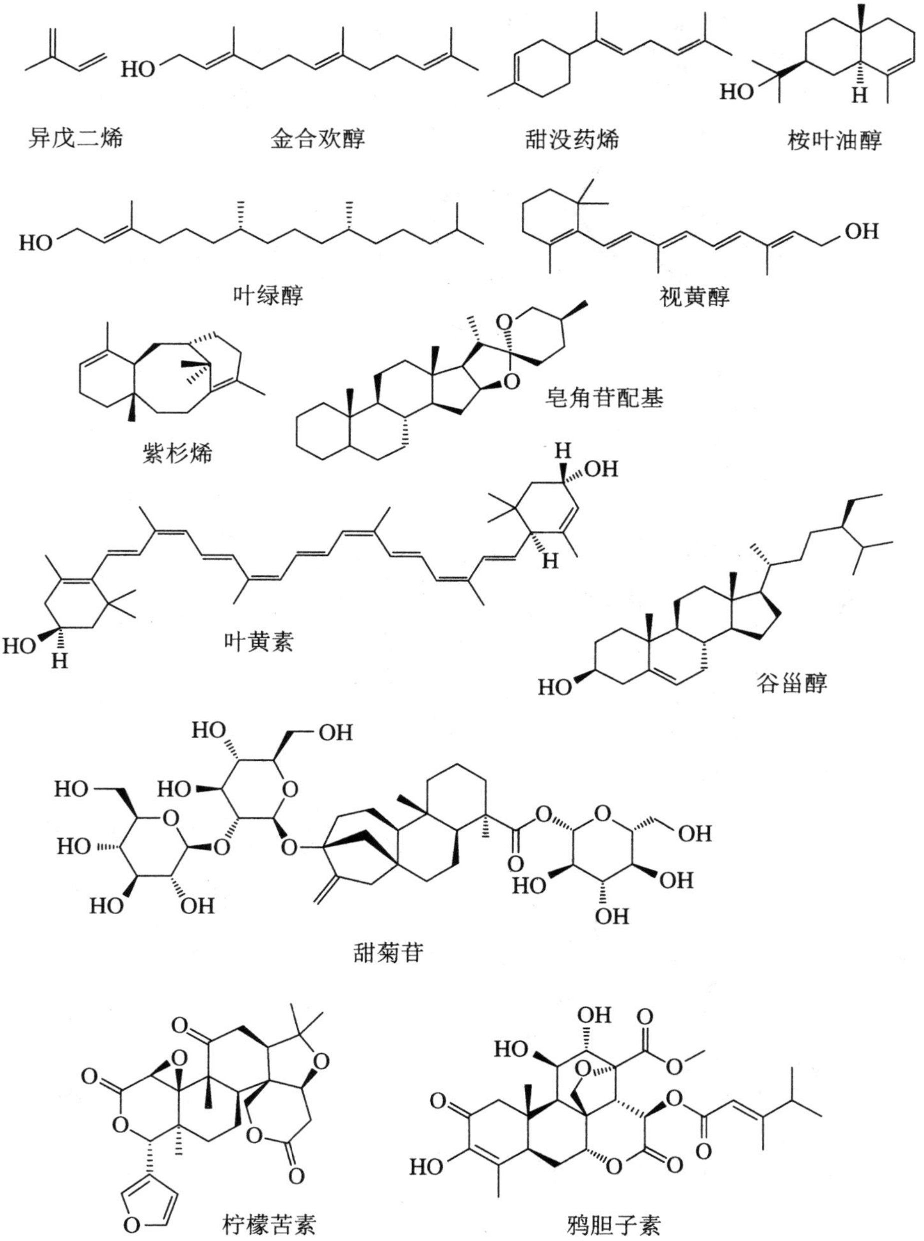

异戊二烯　　　　金合欢醇　　　　甜没药烯　　　　桉叶油醇

叶绿醇　　　　　　　　　视黄醇

紫杉烯　　　　　　皂角苷配基

叶黄素　　　　　　　谷甾醇

甜菊苷

柠檬苦素　　　　　鸦胆子素

图 1.7　部分萜类化合物的化学结构

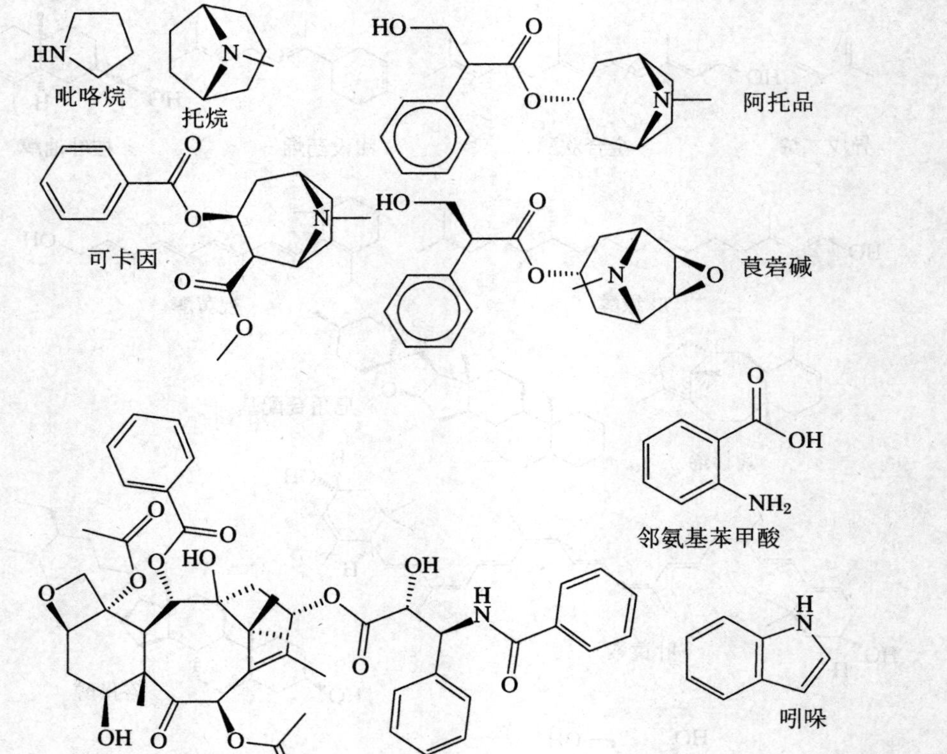

吡咯烷　托烷　　　　　　　　　　阿托品

可卡因　　　　　　　莨菪碱

紫杉醇　　　　邻氨基苯甲酸

吲哚

番茄碱　　骆驼蓬碱

血清素

咪唑　嘌呤　　色胺

图1.8　生物碱结构和分子示例

由 L-谷氨酸转化为 L-鸟氨酸的生物碱包含吡咯烷环系统和托烷环系统，后者存在于可卡因[39]、阿托品[41]或东莨菪碱[49]中。吡咯利嗪环系统是衍生自 L-精氨酸的另一种结构。上述托烷环系统中的生物碱来源于赖氨酸，它形成了哌啶的核心结构。基于这种结构的著名生物碱之一是黑胡椒中的胡椒碱。[50] L-赖氨酸是喹唑啉结构的前体[51]，大部分水果和植物中不存在这种结构，但其可能存在于某些特定的植物中。同样的道理也适用于来源于吲哚嗪结构的生物碱。[52] 吡啶生物碱作为维生素 B 家族，在人类饮食中更为普遍（如烟酸）[53]，含有这样核心结构的生物碱起源于天冬氨酸。由色氨酸合成的生物碱含有吲哚核心结构（色胺[54]、去氢骆驼蓬碱[55]、血清素[56]），比较罕见的是吡咯吲哚生物碱或其衍生的离子化合物，如甜菜碱[57]、甜菜素。然而，甜菜碱的生物合成途径表明它的合成是从酪氨酸开始的，而不是色氨酸。

邻氨基苯甲酸作为色氨酸的中间体，也能生成天然生物碱（喹唑啉、喹啉和吖啶）[58]，但在水果和植物中并不重要。咪唑结构的生物碱也是如此，它们来源于组氨酸。[59] 嘌呤衍生生物碱以其大量存在和能食用而闻名[60]，主要以咖啡因、可可碱和茶碱为代表。其他生物碱通常是此处描述的纯生物碱与其他类别化合物的结合，如萜类生物碱（紫杉醇）[2]或甾体萜类化合物（番茄苷）[61]。

1.2.2.3　多酚类化合物

多酚类物质是自然界常见的营养物质，其药理作用使其成为营养学学科研究的重点。[62-66] 由于很多学者已经深入研究了多酚类物质，因此我们只简要地介绍多酚的主要类别。

酚酸是多酚的一大类。最简单的酚酸结构是苯环上含有一个羧基，同时还有一个或多个羟基（图 1.9）。最常见的酚酸是没食子酸，也可以认为是酯（没食子酰）、绿原酸（4-绿原酸），以及阿魏酰奎宁酸（4-阿魏酰-D-奎宁酸），这些酸来源于反式肉桂酸。[67] 其他常见的酚酸含有不同的取代结构，包括羟基苯甲酸，如水杨酸[68]；羟基肉桂酸，如 3-香豆酸[69]；原儿茶酸，如 3,4-二羟基苯甲酸、香草酸和胡椒酰酸[70]；肉桂衍生物，如阿魏酸、咖啡酸和对香豆酸[62]。由于植物化学物质生物合成的主要途径早已存在，因此它们在食品工业和营养补充剂中普遍存在，它们要么作为独立的化合物，要么作为试剂而广为人知。[71]

酚酸的取代链越长，取代位置越多，结构越复杂（图 1.10）。这些化合物是可水解的单宁，是具有葡萄糖中心结构的没食子酸酯。单宁酸是多取代可水解单宁酸的一个很好的例子，每个葡萄糖结构能产生 10 个没食子酸结构。[72] 它们的化学组成和几何结构使可水解单宁类化合物成为一个极其多样化的家族。

除了可水解的单宁，多酚中最大的家族是黄酮类化合物。[73-75] 其特征是含有一个苯并吡喃酮部分作为中心核心结构。这类化合物又可细分为以下亚类：香豆素类、黄酮类、异黄酮类、新黄酮类，以及所有这些核心结构的其他衍生物。所有这些

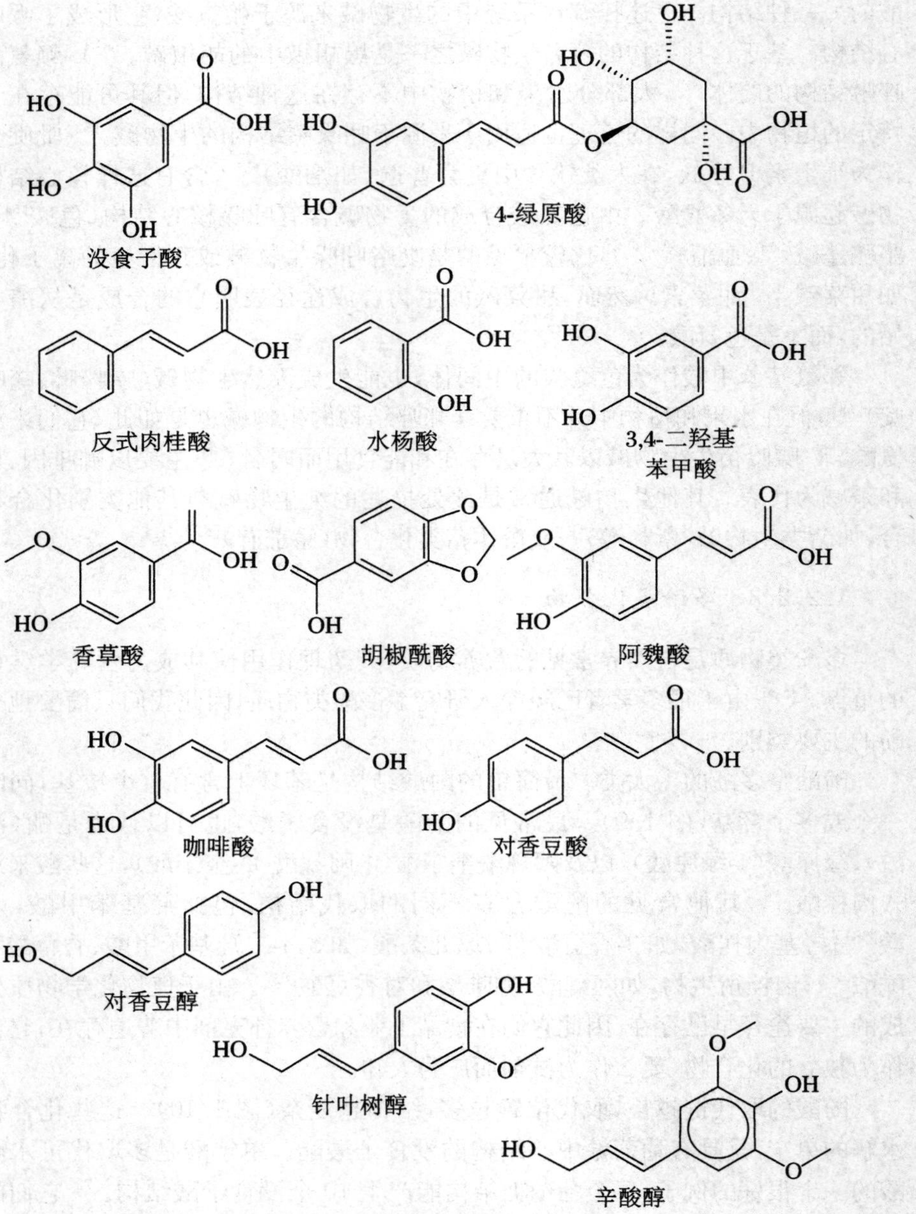

没食子酸　　　　　　　　4-绿原酸

反式肉桂酸　　　　水杨酸　　　　3,4-二羟基
　　　　　　　　　　　　　　　　　　苯甲酸

香草酸　　　　　　胡椒酰酸　　　　　阿魏酸

咖啡酸　　　　　　对香豆酸

对香豆醇

针叶树醇

辛酸醇

图 1.9　多酚结构(酚酸)的例子

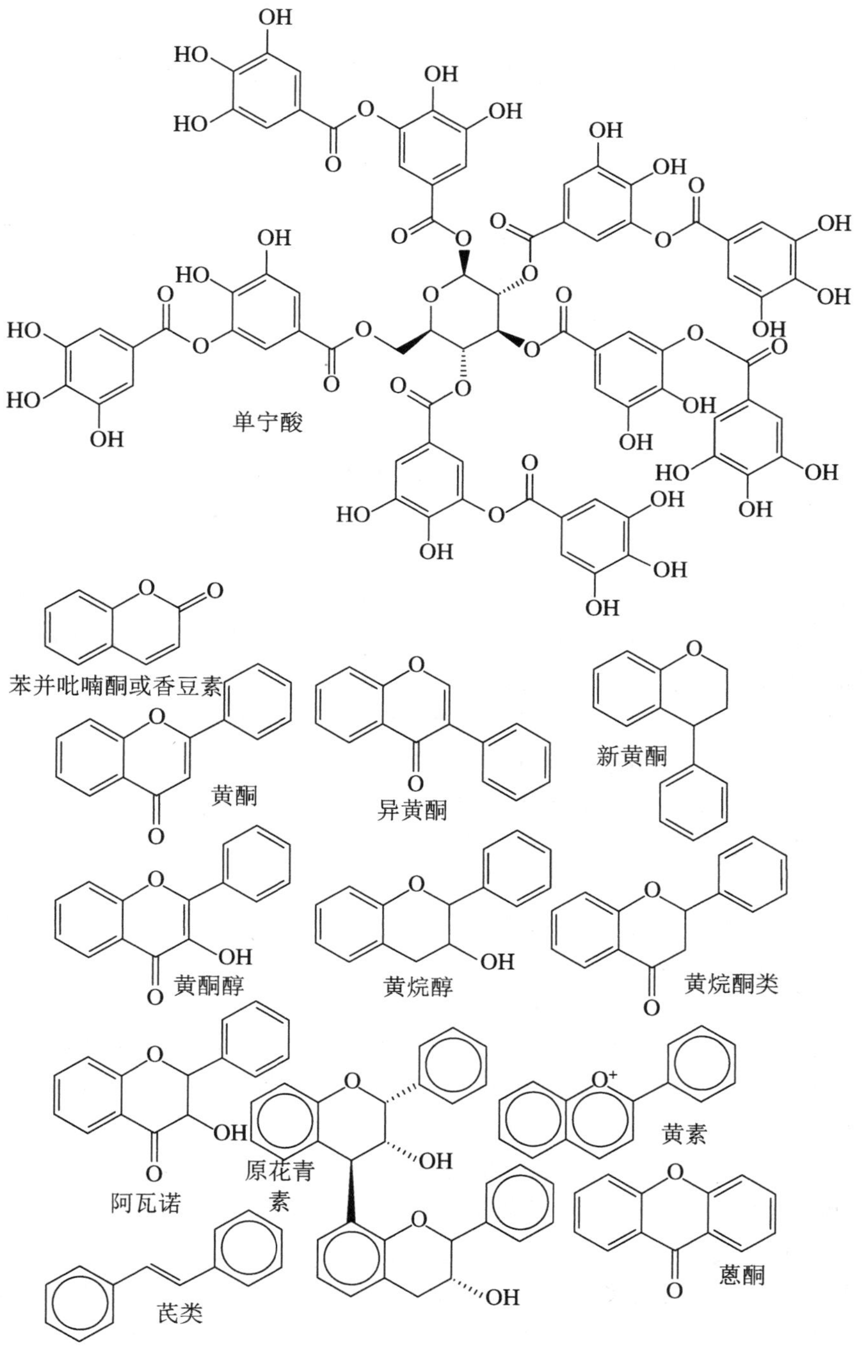

单宁酸

苯并吡喃酮或香豆素

黄酮

异黄酮

新黄酮

黄酮醇

黄烷醇

黄烷酮类

阿瓦诺

原花青素

黄素

芪类

蒽酮

图 1.10　多酚类化合物结构示例（类黄酮）

黄酮都是从含有营养的原料中分离出来的。黄酮包含以下几类化合物：黄酮醇、黄烷醇、黄烷酮和黄烷酮醇。[76-78]黄酮醇二聚体或三聚体也属于原花色素。[79]花青素的特殊基团(作为花青素的苷元核心结构)是黄酮类化合物的离子型[62,71]，具有黄酮核心结构的化学特异性。属于这个大家族的其他化合物还有黄原酮[80-81]和芪类化合物[82]，它们存在于特定属和科的可食用植物中。

除了上述多酚类化合物，还存在聚合结构多酚。木质素是植物次生细胞壁的重要组成部分，占地球上所有非化石碳燃料的30%。[83-84]它在木材和木质结构中含量较高，但作为细胞结构成分也存在于叶片、花朵和果实中。木质素是由3个单木素分子组成的高分子，即对香豆醇、松柏醇和芥子醇，它们都经过不同程度的甲氧基化。[83]

1.3 从代谢物到成分

植物在医药、工业或食品上的用途与其生物分子组成有关。初级代谢产物在植物界无处不在，是植物代谢的必需物质，并构成人类和动物营养的基础。次级代谢产物的浓度要比初级代谢产物低得多，而且由于其生物功能，其是植物物种特有的。然而，由于一些化合物影响生物系统，人们对次级代谢产物产生了浓厚的兴趣。[85]具有这些特性的化合物被定性为生物活性物质。[85]Bernhoft[86]提出了生物活性化合物的定义：植物次级代谢产物对人类和动物产生药物或毒理学效应。由于其反应性和化学性质，生物活性物质被广泛应用。下面将详细介绍次级代谢产物在制药、营养和食品行业的应用。生物活性化合物的用途可以根据其技术作用进行分类：着色剂、功能性食品和保健品、保鲜剂、香料、香精和食用油。[7]表1.2给出了一些次级代谢产物应用的实例。

天然着色剂是指染料、颜料或任何能产生颜色的物质。[7]自然界中的天然色彩有黄色、橙色、红色、蓝色和绿色。产生这种颜色的生物活性化合物根据其化学结构、物理性质(如溶解性)及其在植物中的分布(如花、叶子、浆果等)不同而不同。[7]所有生物活性化合物都有一个发色团(分子特异性结构)，它能吸收可见光区域内的光，即色素。[100]一些天然色素，如叶绿素含有金属离子(如 Mg、Fe、Zn)，它们与复合物的整体颜色相关。[101]考虑到颜色的多样性，研究者已经鉴定了各种色素的主要生色基团：类胡萝卜素(萜类)、叶绿素、花青素(多酚类)、甜菜红色素(生物碱)和姜黄素。[100]这几类物质是商业上可用的天然色素，可用作合成颜料的替代品。然而，天然着色剂在物理(光、温度和氧气)、化学(碱、酸、氧化剂和还原剂)和生物(酶、微生物)等方面都不如人工合成的着色剂稳定。[100-101]

表 1.2　部分次级代谢产物的应用

代谢物	植物来源	提取物	应用举例	参考文献
萜类：单萜类				
柠檬烯、芳樟醇 香叶醇 香茅醇 月桂烯 薄荷醇	柑橘属 香蜂草 天竺葵 啤酒花 薄荷	液体，挥发性提取物	精油的主要成分来自不同的植物，主要应用在化妆品（香水、除臭剂、身体护理剂）和食品（调味料）中	[87] [88] [89] [90] [91]
四萜类：类胡萝卜素				
胭脂素 降红木素	罗勒兰	红木：富含碧心油的降红木素提取物、水溶性提取物	黄红色色素、着色剂 E106b（黄油、人造黄油、奶酪、谷物、鱼类制品）	[92]
酮类胡萝卜素 辣椒红 辣椒红素 玉米黄质 黄质 花药黄素	红辣椒 （辣椒属）	辣椒粉：油性树脂、粉末	橙红色色素、着色剂和调味剂 E160c：食品行业（汤、香肠、奶酪、零食、沙拉酱）；营养和制药行业	[93]
藏红花素 苦味酸 藏花醛	番红花	藏红花	橙红色色素、调味品（饮料、烘焙、糖果、咖喱、汤）	[94]
β-胡萝卜素	胡萝卜 棕榈果	富含 β-胡萝卜素的油溶性提取物	食品色素、医药（如维生素 A）	[95]
多酚类：类黄酮				
花青素	葡萄提取物 （葡萄属）	粉末	从蓝色到红色的食品色素 E163[软饮料、糖果、乳制品、水果防腐剂（果酱、水果罐头）]	[96]
异黄酮	大豆	粉末	抗氧化剂和营养品	[97]
木酚素	亚麻籽	粉末	营养品	[98]
生物碱				
咖啡因	咖啡豆	粉末	食品饮料配料、医药	[99]

香料和香精主要来源于芳香植物中所含的精油。在工业中，精油用于生产香精和香料，广泛应用于肥皂、化妆品、香水、烘焙食品、冰淇淋、气雾剂、糖浆和药物制剂中。[102] 精油的特征是有浓郁的香气，是挥发性的透明液体。由于精油的密度通常比水低，一般采用水蒸气蒸馏法提取。[16] 植物的种类和植物组织不同，精油含

量也不同，植物中的精油含量为 0.01%～15%（质量分数），[7] 可以用不同的植物器官来提取精油：种子（八角茴香[103]）、树皮（肉桂[104]）、木材（玫瑰木[105]）、根茎（生姜[106]）、叶子（迷迭香[107]）、花（薰衣草[108]）、果皮（橙子[87]）和根（缬草[109]）。从化学的角度来看，精油是复杂的化合物混合物。萜类是精油中最常见的化合物，更确切地说是单萜类（精油的 90% 已鉴定为萜类[7]）。莽草酸酯、聚酮基和生物碱基的芳香族和脂肪族化合物也是精油的组成部分（如醛类、醇类、酚类、甲氧基衍生物和亚甲基二氧基化合物）。[7,110]

虽然所有食品和食品成分在营养和感官特性方面发挥着重要作用，但有些食品成分可能具有其他功效，除了具有基本营养功能之外，还具有保健功效等。[111]这些功能食品富含特定的生物活性物质，这些生物活性物质具有促进健康的有益作用，如防治心血管疾病、降低胆固醇、防治退行性疾病等。[7]在功能性食品中，根据促进健康的生物活性化合物的浓度可以区分营养药物。这些活性化合物浓缩后可用作营养补充剂，即营养药物。[112]功能性食品中的植物生物活性物质主要因其不同的性质而被使用，所有生物活性化合物不仅具有其特定的健康功效（纤维、有机酸、多不饱和脂肪酸[113]、植物甾醇[114]和有机硫化物[115]），有些还可用到抗氧化剂（酚类、生育酚[116-117]）和着色剂（花青素、甜菜红素[118-119]）中。

食用脂肪和食用油分别是固体和液体物质，主要成分是脂肪酸甘油酯（90%～95%），其中还有微量的非甘油酯类物质（植物甾醇、生育酚等）。[120-121]脂肪和油广泛应用于食品工业，一些主要的应用包括营养（特别是必需的脂肪酸）食品、烹饪食品、涂抹产品（烘焙产品和黄油中的配方）、起酥油等。[122-123]脂肪和油的非食品应用包括肥皂、洗涤剂、油漆、清漆、塑料和润滑剂等。[124]

本节介绍了植物中的天然产物作为配料该如何使用。虽然这只是简要的介绍，但可以确定代谢物可用于各行各业，主要用作食品补充剂或添加剂（芳香剂、香精、着色剂），也可用于许多其他行业，如制药和农业、工业，或者可用作药物提取物或饲料。本节以柑橘树生物炼制为实例，强调了工艺副产品的巨大价值与潜力。通过推广生物精炼技术，实现废弃生物质中未利用代谢物的商业化应用，从而在农业、工业领域获得巨大收益。

1.4 绿色提取的科研和教学

教育在实现绿色化学和绿色工程的理念方面起着重要的作用。[125]绿色化学教学有几个关键功能：首先，它提供了与新化学产品和工艺相关的基础知识，以及开发更清洁技术所需的数据。[126]其次，科研院所开发的这些新产品和工艺，在某些情况下可以直接应用于工业。最后，学术界可引导学生开发绿色化学技术，并为他们提供开发绿色化学技术的工具。

　　例如，为了说明绿色化学在教学实验室中的应用，我们在阿维尼翁大学采用了一种新的绿色化学方法，将超声波能量和微波能量作为能源来教授基本的提取概念。

　　例如，我们采用了一种新的方法，以微波能为能源，来教授精油提取的基本原理（图 1.11）。精油是植物为自身需要而产生的挥发性次级代谢产物，而非营养物质，它们广泛应用于食品、化妆品和药品中。[127]一般来说，它们是有机化合物的复杂混合物，可赋予植物特有的气味和风味。这项教学的目的是让学生有机会比较这种绿色提取技术与传统水蒸气蒸馏法（世界各地所有教学实验室都使用）提取精油的不同，并使学生了解使用绿色化学方法的优势。绿色微波提取是一种更绿色的加热方法，因为提取时间往往比使用传统工艺所需的时间短。

图 1.11　阿维尼翁大学硕士生在绿色和传统提取技术方面的实践工作

　　众所周知，在化学和食品工业中，微波能可对各种过程的速率产生显著的影响。[128]微波提取是一个影响现代化学多个领域的方法，所有相关应用都表明，微波提取是传统技术的替代方法。微波能是一种非接触式热源，用于植物精油的提取，具有加热效率高、能量传递快、热梯度小、可选择性加热、设备体积小、对加热控制反应快和启动快、可增加产量、可减少工艺步骤等优点。微波辐射作用下的提取过程在一定程度上受极化、体积和选择性加热的影响。

微波能是实现可持续绿色化学目标的关键技术，可用于科研、教学和商业领域。研究表明，微波辅助特别适合于无溶剂条件下的有机合成，因为反应可以在常压下安全进行，可以允许同时存在各种产物。无溶剂技术与微波辐射相结合具有特殊的效能，目前已经证实这是绿色经济工艺。与传统方法相比，主要的改进在于速度、产率和产品纯度的提高。采用微波水扩散-重力法，从新鲜柚子皮中提取精油，并与传统的水蒸气蒸馏法进行比较。与传统方法相比，该方法具有提取时间短、产量高、成本低、更环保的特点（无残留物产生、不使用水或溶剂），还具有绿色生产（减少大气中的二氧化碳）等重要优点。微波水扩散-重力法来自实验室的实验，它可用来教授基本的可持续化学课程，并成功地将绿色化学融入发达国家和发展中国家的教学实验室中。

与此同时，我们还利用这种理念开发了便携式微波辅助提取（Portable Micro-wave Assisted Extraction，PMAE）技术[129-130]，它可直接用于农作物或树木。这种技术也适用于实验室教学，因为它不需要任何特殊的微波设备。

近年来，我们已成功开发出便携式生产设备，可用于现场提取、样品制备、数据分析和处理。便携式生产设备易于搬运、便于携带，能够在不同的环境中进行调节或调整。[131]微型化（小型化）设备在科学技术领域有着广泛的应用[132]，包括医学、化学、环境、食品安全[133]等领域。通过减小早期工艺中设备的体积或开发全新的设备，可以简单地实现工艺微型化。与传统设备相比，微型设备可显著减少植物基质和溶剂的消耗、占地面积、电力需求、系统成本、分析时间，大大提高大量并行分析的能力。对于需要现场快速检测的应用来说，微型设备十分有用。[134-135]考虑到设备体积的减小，在使用微型微波技术时，只需要在一个小型玻璃器皿中放入少量样品，将该玻璃器皿设计成一个微型蒸馏器，然后放置在微波炉中。这样，便携式微波辅助提取设备可以提供新鲜样品的实际状态和其挥发油含量的信息。除了可以快速提供样品的真实信息外，这个实验还可以让学生学习提取、色谱和光谱分析技巧。这是一个快速、可持续、绿色提取天然产物的直观的例子。如果将其商业化，并采用微波能进行绿色化学提取，那么将会取得成功（图 1.12）。

天然产物的提取有着悠久的历史，自古以来就与贸易联系在一起。公元前3500 年，美索不达米亚就已经出现提取工艺。[136]在同一时期，贸易活动和商品交换日益频繁。叙利亚最早使用的溶剂是蒸馏水[136]，而古埃及最早使用的溶剂是啤酒和葡萄酒等发酵饮料[137]。

目前，天然产物的提取在天然配料生产过程中占有重要地位。因其功能特性（着色、抗氧化、风味和生物活性），越来越多的产品中含有植物成分。药品和食品是使用植物提取物的最大市场，其次是个人护理。植物配方是一个不断增长的行业，市场非常活跃，如个人护理（特别是化妆品）、食品（由保健品行业带动，2012 年增长约 5%）和制药领域（2%）。植物提取行业的发展与几个因素有关，具体如下：

图 1. 12　阿维尼翁大学为小学生作绿色提取介绍

（1）消费者对天然来源成分的需求。

（2）与未加工的植物制品相比，对成分的标准化和稳定性的需求。

目前的一个趋势是，在食品、个人护理和营养保健的不同市场使用天然提取成分代替合成成分。消费者对天然产品的需求推动了这一趋势。在食用色素、食品抗氧化剂、调质剂、芳香剂、活性化合物等工业领域，天然产品已经成功地提供了天然解决方案。值得注意的是，研究者并没有提供明确的证据，说明植物原料的制造工艺会对环境产生影响，也没有说明植物成分背后的工艺类型和加工水平。此外，消费者也没有能力区分手工生产的非标准化产品和工业生产的标准化产品。

绿色提取是一个专项研究，是提取工艺开发和设计的全面战略，它可减少能源的消耗，促进替代溶剂和可再生原料的使用。目前，绿色提取主要由欧洲的几个研究小组在实验室中进行研究。绿色提取意味着美好的前景，可促进各行各业环境保护与生产实践的合理有序发展。

一些工业企业十分关注绿色提取原则，其中一些原则已经应用于工业实践。具体如下：

1. 使用替代溶剂

目前，工业生产根据植物原料和目标化合物的性质、溶剂的可用性及其成本的不同选择不同的溶剂。监管部门还规定了在特定应用中的可用溶剂以及不可用溶剂。除了发酵产生的水和乙醇外,目前使用的溶剂几乎都来源于原油。正己烷等亲油性溶剂是寻求替代的主要溶剂之一。使用替代溶剂还需要溶剂制造商参与溶剂成本的降低工作。部分溶剂不需要更换为替代溶剂,如将发酵产生的酒精作为提取剂,符合绿色溶剂的概念。对于极性化合物,水也是最佳的绿色溶剂。水在食品、个人护理用品或制药配料等的生产过程中已经大量使用。尽管水提取是生态友好型工艺,但它需要优化能源利用率并回收极性化合物(黄酮类化合物、酚类化合物、生物碱),而这些往往是目标化合物。在生产过程中,水也是促进水解和酶活性的溶剂。

2. 使用可再生原料生产植物提取物

农业副产品已经被一些行业用作植物提取物的原料(如葡萄籽、葡萄渣和人参纤维等)。利用农业副产品为初级生产者(种植者)提供了额外的收入,并在全球范围内改善了整条农业价值链。目前,农业副产品价值化的趋势是增加农业副产品的附加值,并从低价值(如有机肥料、饲料颗粒等)转向高价值的特殊成分(如功能成分、保健成分等)。

3. 通过回收能量和减少操作来降低能源消耗

天然产品行业竞争非常激烈,为了生存,植物提取物生产商已经在使用优化的工艺。研发、生产和成本控制部门一直在寻找更高效、更经济的方法来提取植物。大多数企业意识到,他们需要减少生产过程中的碳排放,因此他们通过回收能量以及减少操作来降低能源消耗,并且有利于安全稳定和受控工艺的绿色提取原则已经成为企业尤其是大型企业的目标。新提取技术[如加压液相提取、微波辅助提取(Microwave Assisted Extraction,MAE)等]的出现,必将有益于长期寻求高效提取工艺的企业。

尽管绿色提取原则满足了消费者对绿色产品的需求,但还需要使他们明白绿色提取原则对他们有什么好处。消费者并不一定都熟悉什么是提取剂或溶剂以及如何使用它们提取植物成分,这就需要科研人员和技术人员向他们进行普及。

绿色提取如何应用于植物提取行业?还有哪些工作要做?下面将以抗氧化剂迷迭香提取物生产工艺为例进行介绍,迷迭香提取物是安全高效的植物抗氧化剂,它已经取代了各种食品基质(尤其是肉类和饮料)中的部分合成防腐剂。最初,迷迭香提取物用作香料,1997年,Naturex、Raps和Robertet公司决定邀请所有迷迭香提取物生产商联手,将迷迭香注册为欧洲立法范围内的食品抗氧化剂。2010年,迷迭香提取物被欧盟委员会列为食品添加剂,编号为E392(欧盟委员会指令2010/67/EU和2010/69/EU于2013年被欧盟条例231/2012和1333/2008废止)。迷迭香提取物应采用欧盟委员会规定的四种提取工艺之一生产,即通过溶剂(乙醇、丙酮或乙醇加正己烷)提取或超临界二氧化碳提取工艺生产,并符合纯度标准。Naturex公司提取的迷迭香量很大,目前约占摩洛哥采收迷迭香总量的50%。

1.4.1　通过选择植物品种和利用可再生植物资源进行创新

Naturex 公司使用摩洛哥等地的迷迭香已有 20 年的历史，其长期研究不同地点、不同年份采集的迷迭香中鼠尾草酸与迷迭香酸的含量。生长在阿特拉斯山脉中的一些特殊迷迭香品种中的鼠尾草酸含量特别高，在高温和降水量偏低的情况下，鼠尾草酸浓度降低[138]，并且随着迷迭香中相对含水量的下降，酸含量也随之降低[139]。迷迭香是一种多年生植物，地上部分可以进行修剪。这种野生采收是可持续和可再生的，并对摩洛哥的经济作出了巨大的贡献。

1.4.2　使用替代溶剂和农用溶剂

有几种提取方法来源于迷迭香的提取：极性化合物如迷迭香酸用水和甲醇提取；亲脂性化合物如二萜酚酸用丙酮或乙醇溶剂提取。有几种亲脂性化合物（含鼠尾草酸）需要使用多步提取工艺，首先采用乙醇提取，然后调节不同的 pH 进行分步沉淀和溶解，最后要经过多步纯化。[140] 有机溶剂乙醇由发酵而得。

1.4.3　废弃物生产副产品（包括生物炼制）

在大多数迷迭香加工工艺中，迷迭香叶首先经过水蒸馏提取，制备出精油后进一步精制，用于香精、香料。我们注意到，这一操作是为了增加产品附加值，同时也是出于技术原因。大多数客户需要除臭和脱色后的迷迭香提取物，以减少感官和色泽对其配方的影响，减少对抗氧化剂 E392 最新纯度标准的影响，其纯度标准包括抗氧化化合物和挥发性化合物的比例。迷迭香叶还含有其他有价值的组分：熊果酸、迷迭香酸、鼠尾草酸及其衍生物、黄酮类化合物和木质纤维素纤维。尽管一些馏分已经进行了定价（如鼠尾草、熊果酸和迷迭香酸等），但仍有很多馏分没有定价（如纤维、蜡等），因此还需要做更多的工作。迷迭香是一种优良的模式生物，可用于研究全面完整的生物炼制工艺。

1.4.4　优先选择非变性和无污染物的可生物降解提取物

产品经过纯化和干燥后，需要根据技术指标分析天然纯化提取物，以确保其与标准相符合，也与目标工艺（质量收率和活性收率）相匹配。Naturex 公司已经开发了一系列针对迷迭香酸和鼠尾草酸的测试方法，这些方法已被公认为市场标准并在世界范围内广泛使用。内部标准，如鼠尾草醇和鼠尾草酸之间的比例，可以确保在加工过程中鼠尾草酸没有降解。

章 末 小 结

　　绿色提取是一种先进的提取理念，能够降低能源消耗和提高工艺效率，并最大限度地减少生产过程对环境的影响。工业参与及验证促进了绿色提取工艺的发展，同时绿色提取的新技术和新手段也促进了工业企业新产品的开发及现有产品的优化改进。绿色提取的研究工作很重要，需要学术界和工业企业的协同攻关和合作交流，以促进绿色提取准则的工业转化应用，使广大消费者获得更多的绿色产品。

参 考 文 献

［1］ Armenta, S., Garrigues, S., and De La Guardia, M. (2008) Green analytical chemistry. TrAC, Trends Anal. Chem., 27, 497-511.

［2］ Chemat, F., Vian, M. A., and Cravotto, G. (2012) Green extraction of natural products: concept and principles. Int. J. Mol. Sci., 13, 8615-8627.

［3］ Anastas, P. T. and Warner, J. C. (1998) Green Chemistry: Theory and Practice, Oxford University Press, New York, 135p.

［4］ Li, X. and Franke, A. A. (2009) Fast HPLC-ECD analysis of ascorbic acid, dehydroascorbic acid and uric acid. J. Chromatogr. B, 877, 853-856.

［5］ Warner, M. G., Succaw, G. L., and Hutchison, J. E. (2001) Solventless syntheses of mesotetraphenylporphyrin: new experiments for a greener organic chemistry laboratory curriculum. Green Chem., 3, 267-270.

［6］ Croteau, R., Kutchan, T., and Lewis, N. (2000) in Biochemistry and Molecular Biology of Plants (eds B. Buchanan, W. Gruissen, and R. Jones), American Society of Plant Physiologists, Rockville, MD, pp. 1250-1319.

［7］ Cavalcanti, R. N., Forster-Carneiro, T., Gomes, M. T. M. S., Rostagnon, M. A., Prado, J. M., and Meireles, M. A. A. (2013) in Natural Product Extraction: Principles and Applications, Green Chemistry, Vol. 21 (eds M. A. Rostagno, J. M. Prado, and G. A. Kraus), Royal Society of Chemistry, Dorchester, pp.1-46.

［8］ Dewick, P. M. (2002) Medicinal Natural Products: A Biosynthetic Approach, 2nd edn, John Wiley & Sons, Ltd, 520p.

［9］ FAOSTATS http://faostat. fao. org/site/567/DesktopDefault. aspx? PageID = 567 ♯ ancor (accessed 14 March 2014).

［10］ Rezzadori, K., Benedetti, S., and Amante, E. R. (2012) Proposals for the residues recovery: orange waste as raw material for new products. Food Bioprod. Process., 90, 606-614.

［11］ Kesterson, J. W. and Braddock, R. J. (1976) By-Products and Specialty Products of Florida Citrus, Bulletin 784, Agricultural Experiment Stations, University of Florida.

[12] United States Agricultural Research Service (1956) Chemistry and Technology of Citrus, Citrus Products and By-Products, U. S. Department of Agriculture.

[13] Bampidis, V. and Robinson, P. (2006) Citrus by-products as ruminant feeds: a review. Anim. Feed Sci. Technol. , 128, 175-217.

[14] Ferhat, M. A. , Meklati, B. Y. , Smadja, J. , and Chemat, F. (2006) An improved microwave Clevenger apparatus for distillation of essential oils from orange peel. J. Chromatogr. A, 1112, 121-126.

[15] Minh Tu, N. T. , Thanh, L. X. , Une, A. , Ukeda, H. , and Sawamura, M. (2002) Volatile constituents of Vietnamese pummelo, orange, tangerine and lime peel oils. Flavour Fragance J. , 17, 169-174.

[16] Chemat, F. and Sawamura, M. (2010) in Citrus Essential Oils (ed M. Sawamura), John Wiley & Sons, Inc. , Hoboken, NJ, pp. 9-36.

[17] Masmoudi, M. , Besbes, S. , Chaabouni, M. , Robert, C. , Paquot, M. , Blecker, C. , and Attia, H. (2008) Optimization of pectin extraction from lemon by-product with acidified date juice using response surface methodology. Carbohydr. Polym. , 74, 185-192.

[18] Bicu, I. and Mustata, F. (2011) Cellulose extraction from orange peel using sulfite digestion reagents. Bioresour. Technol. , 102, 10013-10019.

[19] Grohmann, K. , Manthey, J. A. , Cameron, R. G. , and Buslig, B. S. (1999) Purification of Citrus peel juice and molasses. J. Agric. Food Chem. , 47, 4859-4867.

[20] Okoye, C. , Ibeto, C. , and Ihedioha, J. (2011) Preliminary studies on the characterization of orange seed and pawpaw seed oils. Am. J. Food Technol. , 6, 422-426.

[21] Aranha, C. P. M. and Jorge, N. (2011) Physico-chemical characterization of seed oils extracted from oranges (Citrus sinensis). Food Sci. Technol. Res. , 19, 409-415.

[22] Smadja, J. (2009) in Essential Oils and Aromas Green Extraction and Applications (ed F. Chemat), Har Krishan Bhalla & Sons, Dehradun, pp. 122-146.

[23] Dugo, G. , Bonaccorsi, I. , Sciarrone, D. , Costa, R. , Dugo, P. , Monde, L. , Santi, L. , and Fakhry, H. A. (2011) Characterization of oils from the fruits, leaves and flowers of the bitter orange tree. J. Essent. Oil Res. , 23, 45-59.

[24] Bonaccorsi, I. , Sciarrone, D. , Schipilliti, L. , Trozzi, A. , Fakhry, H. A. , and Dugo, G. (2011) Composition of Egyptian Neroli oil. Nat. Prod. Commun. , 6, 1009-1014.

[25] Demura, T. and Ye, Z.-H. (2010) Regulation of plant biomass production. Curr. Opin. Plant Biol. , 13, 298-303.

[26] Kumar, R. , Singh, S. , and Singh, O. V. (2008) Bioconversion of lignocellulosic biomass: biochemical and molecular perspectives. J. Ind. Microbiol. Biotechnol. , 35, 377-391.

[27] Guignard, J. L. (1996) Biochimie végétale, Dunod, Paris, 274p.

[28] Bousbia, N. , Vian, M. , Ferhat, M. , Meklati, B. , and Chemat, F. (2009) A new process for extraction of essential oil from Citrus peels: microwave hydrodiffusion and

gravity. J. Food Eng. , 90, 409-413.

[29] Manners, G. D. (2007) Citrus limonoids: analysis, bioactivity, and biomedical prospects. J. Agric. Food Chem. , 55, 8285-8294.

[30] Roy, A. and Saraf, S. (2006) Limonoids: overview of significant bioactive triterpenes distributed in plants kingdom. Biol. Pharm. Bull. , 29, 191-201.

[31] Fanciullino, A.-L. , Dhuique-Mayer, C. , Luro, F. , Casanova, J. , Morillon, R. , and Ollitrault, P. (2006) Carotenoid diversity in cultivated citrus is highly influenced by genetic factors. J. Agric. Food Chem. , 54, 4397-4406.

[32] Pellati, F. and Benvenuti, S. (2007) Fast high-performance liquid chromatography analysis of phenethylamine alkaloids in Citrus natural products on a pentafluorophenyl-propyl stationary phase. J. Chromatogr. A, 1165, 58-66.

[33] Putzbach, K. , Rimmer, C. , Sharpless, K. , Wise, S. , and Sander, L. (2007) Determination of bitter orange alkaloids in dietary supplement Standard Reference Materials by liquid chromatography with atmospheric-pressure ionization mass spectrometry. Anal. Bioanal. Chem. , 389, 197-205.

[34] Pellati, F. and Benvenuti, S. (2007) Chromatographic and electrophoretic methods for the analysis of phenetylamine alkaloids in Citrus aurantium. J. Chromatogr. A, 1161, 71-88.

[35] Khan, M. K. , Zill, E. H. , and Dangles, O. (2014) A comprehensive review on flavanones, the major citrus polyphenols. J. Food Compos. Anal. , 33, 85-104.

[36] Harper, A. H. , Murray, E. G. D. , Mayes, P. A. , and Rodwell, V. W. (2002) Biochimie de Harper, 25th edn, De Boeck, Presses de l'Université de Laval, 933p.

[37] Voet, D. , Voet, J. G. , Rousseau, G. , and Domenjoud, L. (2005) Biochimie, De Boeck Supérieur, 1600p.

[38] Bruneton, J. (1987) Eléments de phytochimie et de pharmacognosie, Technique et Documentation Lavoisier, 585p.

[39] Hounsome, N. , Hounsome, B. , Tomos, D. , and Edwards-Jones, G. (2008) Plant metabolites and nutritional quality of vegetables. J. Food Sci. , 73, R48-R65.

[40] Sugawara, T. and Miyazawa, T. (1999) Separation and determination of glycolipids from edible plant sources by high-performance liquid chromatography and evaporative light-scattering detection. Lipids, 34, 1231-1237.

[41] He, X.-G. (2000) On-line identification of phytochemical constituents in botanical extracts by combined high-performance liquid chromatographic-diode array detection-mass spectrometric techniques. J. Chromatogr. A, 880, 203-232.

[42] Dzoyem, J. , Kechia, F. , and Kuete, V. (2011) Phytotoxic, antifungal activities and acute toxicity studies of the crude extract and compounds from Diospyros canaliculata. Nat. Prod. Res. , 25, 741-749.

[43] Meyer-Warnod, B. (1984) Natural essential oils: extraction processes and application to some major oils. Perfum. Flavor. , 9, 93-104.

[44] Dewick, P. M. (2002) The biosynthesis of C5-C25 terpenoid compounds. Nat. Prod.

Rep. , 19, 181-222.

[45] Acton, Q. A. (2012) Diterpenes-Advances in Research and Application: 2012 Edition, Scholarly Editions, Atlanta, 109p.

[46] Wölwer-Rieck, U. (2012) The leaves of Stevia rebaudiana (Bertoni), their constituents and the analyses thereof: a review. J. Agric. Food Chem. , 60, 886-895.

[47] Houël, E. , Bertani, S. , Bourdy, G. , Deharo, E. , Jullian, V. , Valentin, A. , Chevalley, S. , and Stien, D. (2009) Quassinoid constituents of Quassia amara L. leaf herbal tea. Impact on its antimalarial activity and cytotoxicity. J. Ethnopharmacol. , 126, 114-118.

[48] Ghanbari, R. , Anwar, F. , Alkharfy, K. M. , Gilani, A.-H. , and Saari, N. (2012) Valuable nutrients and functional bioactives in different parts of olive (Olea europaea L.): A review. Int. J. Mol. Sci. , 13, 3291-3340.

[49] Cordell, G. A. (2013) Fifty years of alkaloid biosynthesis in Phytochemistry. Phytochemistry, 91, 29-51.

[50] Srinivasan, K. (2007) Black Pepper and its pungent principle-piperine: a review of diverse physiological effects. Crit. Rev. Food Sci. Nutr. , 47, 735-748.

[51] Bunsupa, S. , Yamazaki, M. , and Saito, K. (2012) Quinolizidine alkaloid biosynthesis: recent advances and future prospects. Front. Plant Sci. , 3, article 239, 1-7.

[52] Michael, J. P. (2008) Indolizidine and quinolizidine alkaloids. Nat. Prod. Rep. , 25, 139-165.

[53] Dembitsky, V. , Poovarodom, S. , Leontowicz, H. , Leontowicz, M. , Vearasilp, S. , Trakhtenberg, S. , and Gorinstein, S. (2011) The multiple nutrition properties of some exotic fruits: biological activity and active metabolites. Food Res. Int. , 44, 1671-1701.

[54] Servillo, L. , Giovane, A. , Balestrieri, M. L. , Casale, R. , Cautela, D. , and Castaldo, D. (2013) Citrus genus plants contain N-methylated tryptamine derivatives and their 5-Hydroxylated forms. J. Agric. Food Chem. , 61, 5156-5162.

[55] Dhawan, K. , Dhawan, S. , and Sharma, A. (2004) Passiflora: a review update. J. Ethnopharmacol. , 94, 1-23.

[56] Badria, F. A. (2002) Melatonin, serotonin, and tryptamine in some egyptian food and medicinal plants. J. Med. Food, 5, 153-157.

[57] Stintzing, F. and Carle, R. (2007) Betalains: emerging prospects for food scientists. Trends Food Sci. Technol. , 18, 514-525.

[58] D'Yakonov, A. L. and Telezhenetskaya, M. V. (1997) Quinazoline alkaloids in nature. Chem. Nat. Compd. , 33, 221-267.

[59] Jin, Z. (2011) Muscarine, imidazole, oxazole, and thiazole alkaloids. Nat. Prod. Rep. , 28, 1143-1191.

[60] Ashihara, H. , Sano, H. , and Crozier, A. (2008) Caffeine and related purine alkaloids: biosynthesis, catabolism, function and genetic engineering. Phytochemistry, 69, 841-856.

[61] Andersson, C. (1999) Glycoalkaloids in Tomatoes, Eggplants, Pepper and Two Sola-

num Species Growing Wild in the Nordic Countries, Nordisk Ministerrad and Nordisk Rad.

[62] Scalbert, A. and Williamson, G. (2000) Dietary intake and bioavailability of polyphenols. J. Nutr., 130, 2073S-2085S.

[63] Gorinstein, S., Zemser, M., Haruenkit, R., Chuthakorn, R., Grauer, F., Martin-Belloso, O., and Trakhtenberg, S. (1999) Comparative content of total polyphenols and dietary fiber in tropical fruits and persimmon. J. Nutr. Biochem., 10, 367-371.

[64] Duthie, G., Duthie, S., and Kyle, J. (2000) Plant polyphenols in cancer and heart disease: implications as nutritional antioxidants. Nutr. Res. Rev., 13, 79-106.

[65] Saleh, Z., Stanley, R., and Nigam, M. (2006) Extraction of polyphenolics from apple juice by foam fractionation. Int. J. Food Eng., 2, article 2, 1-15.

[66] Llorach, R., Martínez-Sánchez, A., Tomás-Barberán, F., Gil, M., and Ferreres, F. (2008) Characterisation of polyphenols and antioxidant properties of five lettuce varieties and escarole. Food Chem., 108, 1028-1038.

[67] Soong, Y. and Barlow, P. (2006) Quantification of gallic acid and ellagic acid from longan (Dimocarpus longan Lour.) seed and mango (Mangifera indica L.) kernel and their effects on antioxidant activity. Food Chem., 97, 524-530.

[68] Szajdek, A. and Borowska, E. (2008) Bioactive compounds and healthpromoting properties of berry fruits: a review. Plant Foods Hum. Nutr., 63, 147-156.

[69] Rice-Evans, C., Miller, J., and Paganga, G. (1997) Antioxidant properties of phenolic compounds. Trends Plant Sci., 2, 152-159.

[70] Haminiuk, C., Maciel, G., Plata Oviedo, M., and Peralta, R. (2012) Phenolic compounds in fruits: an overview. Int. J. Food Sci. Technol., 47, 2023-2044.

[71] Crozier, A., Jaganath, I., and Clifford, M. (2009) Dietary phenolics: chemistry, bioavailability and effects on health. Nat. Prod. Rep., 26, 1001-1043.

[72] Santos-Buelga, C. and Scalbert, A. (2000) Proanthocyanidins and tanninlike compounds: nature, occurrence, dietary intake and effects on nutrition and health. J. Sci. Food Agric., 80, 1094-1117.

[73] Kuhnau, J. (1976) The flavonoids. A class of semi-essential food components: their role in human nutrition. World Rev. Nutr. Diet., 24, 117-191.

[74] Cook, N. and Samman, S. (1996) Flavonoids: Chemistry, metabolism, cardioprotective effects, and dietary sources. J. Nutr. Biochem., 7, 66-76.

[75] Ross, J. and Kasum, C. (2002) Dietary flavonoids: bioavailability, metabolic effects, and safety. Annu. Rev. Nutr., 22, 19-34.

[76] Schieber, A., Berardini, N., and Carle, R. (2003) Identification of flavonol and xanthone glycosides from mango (Mangifera indica L. Cv. "Tommy Atkins") peels by high-performance liquid chromatography-electrospray ionization mass spectrometry. J. Agric. Food Chem., 51, 5006-5011.

[77] Hoffmann-Ribani, R., Huber, L., and Rodriguez-Amaya, D. (2009) Flavonols in fresh and processed Brazilian fruits. J. Food Compos. Anal., 22, 263-268.

[78] de Almeida, A., Miranda, M., Simoni, I., Wigg, M., Lagrota, M., and Costa, S. (1998) Flavonol monoglycosides isolated from the antiviral fractions of Persea americana (Lauraceae) leaf infusion. Phytother. Res., 12, 562-567.

[79] Dixon, R. and Xie, D. (2005) Proanthocyanidins: a final frontier in flavonoid research? New Phytol., 165, 9-28.

[80] Suksamrarn, S., Suwannapoch, N., Ratananukul, P., Aroonlerk, N., and Suksamrarn, A. (2002) Xanthones from the green fruit hulls of Garcinia mangostana. J. Nat. Prod., 65, 761-763.

[81] Balunas, M. J., Su, B., Brueggemeier, R. W., and Kinghorn, A. D. (2008) Xanthones from the botanical dietary supplement mangosteen (Garcinia mangostana) with aromatase inhibitory activity. J. Nat. Prod., 71, 1161-1166.

[82] Boonlaksiri, C., Oonanant, W., Kongsaeree, P., Kittakoop, P., Tanticharoen, M., and Thebtaranonth, Y. (2000) An antimalarial stilbene from Artocarpus integer. Phytochemistry, 54, 415-417.

[83] Boerjan, W., Ralph, J., and Baucher, M. (2003) Lignin biosynthesis. Annu. Rev. Plant Biol., 54, 519-546.

[84] Pfaltzgraff, L. A., De Bruyn, M., Cooper, E. C., Budarin, V., and Clark, J. H. (2013) Food waste biomass: a resource for high-value chemicals. Green Chem., 15, 307-314.

[85] Azmir, J., Zaidul, I. S. M., Rahman, M. M., Sharif, K. M., Mohamed, A., Sahena, F., Jahurul, M. H. A., Ghafoor, K., Norulaini, N. A. N., and Omar, A. K. M. (2013) Techniques for extraction of bioactive compounds from plant materials: a review. J. Food Eng., 117, 426-436.

[86] Bernhoft, A. (2010) A brief review on bioactive compounds in plants. Proceedings from a Symposium held at The Norwegian Academy of Science and Letters, Oslo, Norway.

[87] Allaf, T., Tomao, V., Besombes, C., and Chemat, F. (2013) Thermal and mechanical intensification of essential oil extraction from orange peel via instant autovaporization. Chem. Eng. Process.: Process Intensif., 72, 24-30.

[88] Saeb, K. and Gholamrezaee, S. (2012) Variation of essential oil composition of Melissa officinalis L. leaves during different stages of plant growth. Asian Pac. J. Trop. Biomed., 2, S547-S549.

[89] Boukhatem, M. N., Kameli, A., and Saidi, F. (2013) Essential oil of Algerian rose-scented geranium (Pelargonium graveolens): chemical composition and antimicrobial activity against food spoilage pathogens. Food Control, 34, 208-213.

[90] Bernotiene, G., Niviskiene, O., Butkiene, R., and Mockute, D. (2004) Chemical composition of essential oils of hops (Humulus lupulus L.) growing wild in Aukštaitija. Chemija, 15, 31-36.

[91] Charles, D. J., Joly, R. J., and Simon, J. E. (1990) Effects of osmotic stress on the essential oil content and composition of peppermint. Phytochemistry, 29, 2837-2840.

[92] Scotter，M. (2009) The chemistry and analysis of annatto food colouring：a review. Food Addit. Contam. , Part A, 26, 1123-1145.

[93] Giuffrida，D. , Dugo，P. , Torre，G. , Bignardi，C. , Cavazza，A. , Corradini，C. , and Dugo，G. (2013) Characterization of 12 Capsicum varieties by evaluation of their carotenoid profile and pungency determination. Food Chem. , 140, 794-802.

[94] Cossignani，L. , Urbani，E. , Simonetti，M. , Maurizi，A. , Chiesi，C. , and Blasi，F. (2014) Characterisation of secondary metabolites in saffron from central Italy (Casia, Umbria). Food Chem. , 143, 446-451.

[95] Ahamad，M. N. , Saleemullah，M. , Shah，H. U. , Khalil，I. A. , and Saljoqi，A. U. R. (2007) Determination of beta carotene content in fresh vegetables using high performance liquid chromatography. Sarhad J. Agric. , 23, 767-770.

[96] Bridle，P. and Timberlake，C. F. (1997) Anthocyanins as natural food colours：selected aspects. Food Chem. , 58, 103-109.

[97] Setchell，K. D. and Cassidy，A. (1999) Dietary isoflavones：biological effects and relevance to human health. J. Nutr. , 129, 758S-767S.

[98] Saleem，M. , Kim，H. J. , Ali，M. S. , and Lee，Y. S. (2005) An update on bioactive plant lignans. Nat. Prod. Rep. , 22, 696-716.

[99] Riddell，L. J. , Sayompark，D. , Penny，O. , and Keast Russell，S. J. (2012) in Caffeine：Chemistry, Analysis, Function and Effects (ed V. R. Preedy), The Royal Society of Chemistry, Cambridge, pp. 22-38.

[100] Delgado-Vargas，F. , Jiménez，A. R. , and Paredes-López，O. (2000) Natural pigments：carotenoids, anthocyanins, and betalains：characteristics, biosynthesis, processing, and stability. Crit. Rev. Food Sci. Nutr. , 40, 173-289.

[101] Wilska-Jeszka，J. (2007) in Chemical and Functional Properties of Food Components (ed Z.E. Sikorski), CRC Press, Boca Raton, FL, pp. 245-274.

[102] Brud，W. S. (2009) in Handbook of Essential Oils (eds K. H. C. Baser and G. Buchbauer), CRC Press, Boca Raton, FL, pp. 843-853.

[103] Rodrigues，V. M. , Rosa，P. T. V. , Marques，M. O. M. , Petenate，A. J. , and Meireles，M. A. A. (2003) Supercritical extraction of essential oil from aniseed (Pimpinella anisum L.) using CO_2：solubility, kinetics, and composition data. J. Agric. Food Chem. , 51, 1518-1523.

[104] Li，Y.-Q. , Kong，D.-X. , and Wu，H. (2013) Analysis and evaluation of essential oil components of cinnamon barks using GC-MS and FTIR spectroscopy. Ind. Crops Prod. , 41, 269-278.

[105] Almeida，M. R. , Fidelis，C. H. V. , Barata，L. E. S. , and Poppi，R. J. (2013) Classification of Amazonian rosewood essential oil by Raman spectroscopy and PLSDA with reliability estimation. Talanta, 117, 305-311.

[106] Roy，B. C. , Goto，M. , and Hirose，T. (1996) Extraction of ginger oil with supercritical carbon dioxide：experiments and modeling. Ind. Eng. Chem. Res. , 35, 607-612.

[107] Allaf, T., Tomao, V., Ruiz, K., Bachari, K., ElMaataoui, M., and Chemat, F. (2013) Deodorization by instant controlled pressure drop autovaporization of rosemary leaves prior to solvent extraction of antioxidants. LWT-Food Sci. Technol., 51, 111-119.

[108] Chemat, F., Lucchesi, M. E., Smadja, J., Favretto, L., Colnaghi, G., and Visinoni, F. (2006) Microwave accelerated steam distillation of essential oil from lavender: a rapid, clean and environmentally friendly approach. Anal. Chim. Acta, 555, 157-160.

[109] Safaralie, A., Fatemi, S., and Salimi, A. (2010) Experimental design on supercritical extraction of essential oil from valerian roots and study of optimal conditions. Food Bioprod. Process., 88, 312-318.

[110] Charles, S. (2009) in Handbook of Essential Oils (eds K. H. C. Baser and G. Buchbauer), CRC Press, Boca Raton, FL, pp. 121-150.

[111] Hasler, C. M., Bloch, A. S., Thomson, C. A., Enrione, E., and Manning, C. (2004) ADA reports, position of the American Dietetic Association: functional foods. J. Am. Diet. Assoc., 104, 814-826.

[112] Herrero, M., Cifuentes, A., and Ibañez, E. (2006) Sub- and supercritical fluid extraction of functional ingredients from different natural sources: plants, food-by-products, algae and microalgae: a review. Food Chem., 98, 136-148.

[113] Kolanowski, W. and Laufenberg, G. (2006) Enrichment of food products with polyunsaturated fatty acids by fish oil addition. Eur. Food Res. Technol., 222, 472-477.

[114] Jones, P. J. and Abumweis, S. S. (2009) Phytosterols as functional food ingredients: linkages to cardiovascular disease and cancer. Curr. Opin. Clin. Nutr. Metab. Care, 12, 147-151.

[115] Santhosha, S. G., Jamuna, P., and Prabhavathi, S. N. (2013) Bioactive components of garlic and their physiological role in health maintenance: a review. Food Biosci., 3, 59-74.

[116] Anna-Maija, L., Vieno, P., and Afaf, K.-E. (2002) in Functional Foods (eds G. Mazza, M. Le Maguer, and J. Shi), CRC Press, Boca Raton, FL, pp. 1-38.

[117] Shahidi, F. (2005) Nutraceuticals and functional foods in health promotion and disease prevention, in Proceedings of WOCMAP III, Vol. 6: Traditional Medicine and Nutraceuticals, Acta Horticulturae 680, International Society for Horticultural Science, Belgium.

[118] Stintzing, F. C. and Carle, R. (2004) Functional properties of anthocyanins and betalains in plants, food, and in human nutrition. Trends Food Sci. Technol., 15, 19-38.

[119] Dillard, C. (2000) Phytochemicals: nutraceuticals and human health. J. Sci. Food Agric., 80, 1744-1756.

[120] Xenakis, A., Papadimitriou, V., and Sotiroudis, T. (2010) Colloidal structures in natural oils. Curr. Opin. Colloid Interface Sci., 15, 55-60.

[121] Ollé, M. (2002) Analyse des corps gras, Techniques de l'ingénieur, dossier P3325,

p. 15.

[122] Gui, M. M., Lee, K. T., and Bhatia, S. (2008) Feasibility of edible oil vs. non-edible oil vs. waste edible oil as biodiesel feedstock. Energy, 33, 1646-1653.

[123] Gunstone, F. D. (2002) Vegetable Oils in Food Technology. Composition, Properties and Uses, Blackwell Publishing Ltd, Oxford, p. 352.

[124] O'Brien, R. D. (2003) Fats and Oils: Formulating and Processing for Applications, 2nd edn, CRC Press, Boca Raton, FL, pp. 234-291.

[125] Peñas, F. J., Barona, A., Elias, A., and Olazar, M. (2006) Implementation of industrial health and safety in chemical engineering teaching laboratories. J. Chem. Health Saf., 13, 19-23.

[126] Armenta, S., Garrigues, S., and De La Guardia, M. (2008) On-line vapour-phase generation combined with Fourier transform infrared spectrometry. TrAC, Trends Anal. Chem., 27, 15-23.

[127] Araus, K., Uquiche, E., and Del Valle, J. M. (2009) Matrix effects in supercritical CO_2 extraction of essentials oils from plant material. J. Food Eng., 92, 438-447.

[128] Wiesbrock, F. and Schubert, U. S. (2006) Microwaves in chemistry: the success story goes on. Chim. Oggi-Chem. Today, 24, 30-34.

[129] Chemat, F., Perino-Issartier, S., Petitcolas, E., and Fernandez, X. (2012) "in situ" extraction of essential oils by use of Dean-Stark glassware and a Vigreux column inside a microwave oven: a procedure for teaching green analytical chemistry. Anal. Bioanal. Chem., 404, 679-682.

[130] Perino, S., Petitcolas, E., De La Guardia, M., and Chemat, F. (2013) Portable microwave assisted extraction. An original concept for green analytical chemistry. J. Chromatogr. A, 1315, 200-203.

[131] McMahon, G. (2007) Analytical Instrumentation: A Guide to Laboratory, Portable and Miniaturized Instruments, John Wiley & Sons, Ltd, Chichester, 318p.

[132] Contreras, J. A., Murray, J. A., Tolley, S. E., Oliphant, J. L., Tolley, H. D., Lammert, S. A., Lee, E. D., Later, D. W., and Lee, M. L. (2008) Hand-portable Gas Chromatograph-Toroidal Ion Trap Mass Spectrometer (GC-TMS) for detection of hazardous compounds. J. Am. Soc. Mass Spectrom., 19, 1425-1434.

[133] Kim, S. J., Gobi, K. V., Harada, R., Shankaran, D. R., and Miura, N. (2006) Miniaturized portable surface plasmon resonance immunosensor applicable for on-site detection of low-molecularweight analytes. Sens. Actuators B, 115, 349-356.

[134] Ryvolová, M., Macka, M., and Preisler, J. (2010) Portable capillary-based (non-chip) capillary electrophoresis. TrAC, Trends Anal. Chem., 29, 339-353.

[135] Sui, X., Liu, T., Ma, C., Yang, L., Zu, Y., Zhang, L., and Wang, H. (2012) Microwave irradiation to pretreat rosemary (Rosmarinus officinalis L.) for maintaining antioxidant content during storage and to extract essential oil simultaneously. Food Chem., 131, 1399-1405.

[136] Levey, M. (1955) Evidences of ancient distillation, sublimation and extraction in Mes-

opotamia. Centaurus, 4, 23-33.

[137] Bart, H.-J. (2011) Extraction of natural products from plants: An introduction, in Industrial Scale Natural Products Extraction (eds H.-J. Bart and S. Pilz), Wiley-VCH Verlag GmbH, Weinheim.

[138] Luis, J. C. and Johnson, C. B. (2005) Seasonal variations of rosmarinic and carnosic acids in rosemary extracts. Analysis of their in vitro antiradical activity. Span. J. Agric. Res., 3, 106-112.

[139] Munné-Bosch, S. and Alegre, L. (2000) Changes in carotenoids, tocopherols and diterpenes during drought and recovery, and the biological significance of chlorophyll loss in Rosmarinus officinalis plants. Planta, 210, 925-931.

[140] Naturex (1999) High purity carnosic acid from rosemary and sage extracts by pH-controlled precipitation. US Patent US 5859293 A.

作者: Farid Chemat, Natacha Rombaut, Anne-Sylvie Fabiano-Tixier, Jean T. Pierson, Antoine Bily

译者:葛少林, 孙丽莉

第 2 章　绿色提取的工艺工程和产品设计

2.1　市场与市场发展

几乎所有药物发展史均表明,植物提取物是药物治疗的基础。即使在化学合成药物取得巨大进展的今天,植物源药物依然发挥着十分重要的作用。尤其是近些年,由于工业化国家"返璞归真"热潮的兴起和"植物源产品更加天然、健康、环保"这一认知的强化,以植物提取物为基础的植物源食品、调味剂、农产品和化妆品市场需求大幅增长。[1-3]市场中一些企业的成功案例也表明,植物源产品的发展已成为热点。植物源产品企业中绝大部分小型公司只专注于德国市场,而大型企业则需要进军欧洲市场,甚至全球范围市场。低廉的价格促进了欧洲以外主流市场的发展,却限制了资金密集型新技术和相关技术的开发。

在植物源药物和植物源产品中,植物的复杂混合物和纯化的提取物变得日益重要。而截至目前,植物的大多数提取工艺都基于已往经验的积累,操作条件和设备选型尚待优化。实验设计(Design of Experiment, DoE)和物理化学建模可用于提取工艺的优化设计,但由于植物源药物原料及其提取物的复杂性,尚未完成由经验积累向科学方法的工艺优化转变。本章介绍了植物提取中面临的问题及解决方案,并提出了有关植物源药物的监管框架。

2.2　监　管　框　架

植物提取物法规主要针对提取物及其副产品的应用问题,在药品、食品和其他应用之间有所区分。

《德国药品法》与《药品和活性剂制造条例》为德国市场的发展提供了监管框架。一些欧洲标准,如《欧洲药品生产质量管理规范指南(欧盟)》和《欧洲药典》,进一步修订了规则与标准,并证实了在生产过程中有关《药用植物种植和采集质量管理规范》的原则与标准可归入《药品生产质量管理规范》。药物进入市场之前需获得国家相关机构的批准,如德国的联邦医疗机构、欧洲中部的欧洲药品管理局及美国的食品和药物管理局(Food and Drug Administration,FDA)。在此之前,必须进行相应的调查和研究证明药物的有效性、无害性和高质量。国际医药法规协和会的通用技术文件(Common Technical Document,CTD)会对其档案文件进行核实。在 CTD 的"药品"一节中,其要求所有有关提取物质量的信息必须是确定的,如生产和评估方法、稳定性及植物材料的质量和来源。如果将提取物直接用作植物源药物的活性成分,则需在批准文件中准备该植物的相关文件。相反,如果提取物只是一种分离的天然物质的中间产物,用作活性药物成分或用于部分合成的离析物,则需提交药物管理档案中记录的信息。

《食品、烟草制品、化妆品和其他日用品管理法》中的"食品与饲料准则"是德国食品卫生管理的基本标准。其中,危害分析和关键控制点是保证食品质量和防御风险的重要工具。与药品相反,食品缺少审批程序,因此监管部门负有更大的责任,欧盟准则及其中央机构——欧洲食品安全局的职能越来越重要。在美国,FDA承担类似的任务。食品企业可根据企业特定的指导方针和政策对上述制度及法规进行修订。

如果某种植物提取物及其产品的应用不属于药品或食品法管理范畴,则由化学品类法规管理。德国化学品的法律依据是《化学品法案》和《有害物质条例》,欧盟进一步完善了《化学物质的注册、评估、授权和限制》。因应用了化学品的命名规则和标准,此类用于生产药物或食品的植物提取物无需注册。若用水作为提取剂,通过蒸汽蒸馏或加热分离水(干法提取),则此类用于化妆品或药品的植物提取物也无需注册。在化学品领域,欧洲化学品管理局是欧洲的权威监管机构。企业关于深加工和次级代谢产物的专业指南对于植物提取物的生产也非常重要。

2.3　系统装备与工艺设计

系统地对固液萃取过程进行经济优化设计是十分必要的。以数据为基础的系统优化方法本质上可以分为三种:DoE、图解设计和物理化学建模。

德国研究团队发表了丹参、甜菜、香兰豆和胡椒的提取工艺设计数据。丹参提取实验比较了双水相系统、乙醇和乙醇/水混合系统三者之间的差异。[4-5]其他有机溶剂及超临界二氧化碳的提取工艺也已有报道。[6]在从甜菜中提取蔗糖的实验中,通过 DoE 与物理化学建模优化了操作参数和设备。[7]在香草和辣椒的提取实验中,使用了物理化学建模和 DoE 联合物理化学建模分析法,实验主要用于确定物理化学模型参数和模型验证。[8-10]未来的研究方向为超临界提取[11-12]和提取物的后续纯化[7,13]。

除了德国，欧洲和世界各地还有许多其他用于工艺技术设计和植物提取优化的方法。绝大部分都集中在超声波、微波及亚临界溶剂等工艺改进方法和绿色提取技术两个方面。

本节的重点是溶剂提取的系统设计和优化。

2.3.1　DoE

DoE 作为一种基于实验的设计方法，是应用最广泛的方法。根据不同的体系，确定潜在影响因素的参数，包括：

（1）温度。

（2）粒径。

（3）溶剂流速和流向。

（4）溶剂种类。

（5）提取时间。

产品参数包括：

（1）产率。

（2）纯度。

（3）空时产率。

（4）提取动力学及提取时间。

（5）设备效能。

（6）提取物浓度及稀释倍数。

针对不同的系统，须分别测定以上数据。单个参数之间的相互作用可以通过实验设计确定，从而找到最佳参数集。不同体系得到的参数集存在差异，无法在其他体系中直接应用。因此，需根据原材料的种类进行实验设计，以分别获得各体系的最佳参数集。可见，工艺设计是一项成本密集型和时间密集型工作。

不同于 DoE，图解计算和物理化学建模适用于所有体系的系统优化，可帮助DoE 减少实验工作量，创建工艺体系数据库，实现提取过程的高效和可预测性设计。

2.3.2　图解计算法

图 2.1 是通过体系中各组分间的平衡计算提取率的示意图。其定义了两种提取极限，分别为：

（1）恒定的载体相分数。

（2）载体相和液相之间的比例恒定。

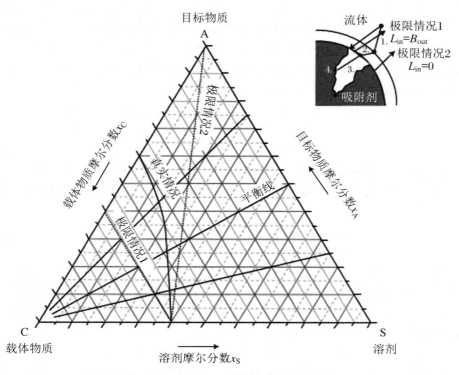

图 2.1　Mersmann 等[16]描述的提取平衡

　　实际提取率应介于二者之间。如果溶剂分数和目标组分分数的总和是恒定的,那么将得出恒定的载体相分数。这意味着目标组分的提取物被等量的溶剂代替(极限情况 1)。如果不进行交换,只从原料中提取目标组分,那么原料中液相和基质相的质量及其比例保持恒定(极限情况 2)。[16-17]

　　在当前的应用体系中,由目标组分和溶剂组成的萃取相与由载体基质、目标组分和溶剂组成的固相之间始终存在平衡。通过加压等方式改变残留溶剂含量,从而改变三种组分的比例,会使平衡线偏移,这与通过化学势定义的平衡线相矛盾。

　　我们可以通过质量平衡闭合,获得独立于过程的平衡线,这是物理化学建模的先决条件。[8,10]下一章将讨论如何确定独立于过程的平衡线,并介绍如何确定流体动力学和传质动力学模型参数。

2.3.3　物理化学建模

　　相关文献中最常出现的模型有"缩核""破壁细胞和完整细胞""解吸"。这些模型的理论等已被大量证实。[18]

　　在基于模型的溶剂提取设计中,最常用的模型是"解吸","破壁细胞和完整细胞"和"缩核"模型主要用于超临界二氧化碳提取。"解吸"的理论基础是"分布式塞流"模型,因此,在描述提取过程时,需要考虑原料基质和液相间目标组分的平衡,以及提取动力学和流体动力学。液相平衡如式(2.1)所示,其中 k_f 为传质动力学中的传质系数,流体动力学是对流与弥散的和,其中对流指内部流速,用 u_z 表示,弥散指轴向弥散系数,用 D_{ax} 表示。

$$\frac{\partial c_L(z,t)}{\partial t} = D_{ax} \cdot \frac{\partial^2 c_L(z,t)}{\partial z^2} - \frac{u_z}{\varepsilon} \cdot \frac{\partial c_L(z,t)}{\partial z} - \frac{1-\varepsilon}{\varepsilon}$$

$$\cdot k_f \cdot a_p \cdot [c_L(z,t) - c_p(z,r=r_p,t)] \tag{2.1}$$

假设物料平流通过填充床,则原料的平衡如式(2.2)所示。对于逆流过程,其传质动力学以及对流和弥散与液相平衡[7]类似。孔隙扩散用有效孔隙扩散系数 D_e 表示。

$$\frac{\partial q(z,r,t)}{\partial t} = D_e \cdot \frac{1}{r^2} \cdot \frac{\partial}{\partial r}\left[r^2 \cdot \frac{\partial c_p(z,r,t)}{\partial r}\right] \tag{2.2}$$

颗粒的总载荷 q 与附着到基质上的固相浓度 c_S 和基质孔隙中的液相浓度 c_P 相关[请参见式(2.3)]。在填充床中,粒内孔隙率和粒间孔隙率之间存在区别。粒内孔隙率 ε_p 是指相对于颗粒总体积的孔体积。粒间孔隙率为颗粒之间的孔隙,计算方法为粒间孔隙体积与仪器总体积的比值。

$$q(z,r,t) = \varepsilon_p \cdot c_p(z,r,t) + (1-\varepsilon_p) \cdot c_S(z,r,t) \tag{2.3}$$

根据式(2.4),由二元扩散系数 D_{12}、颗粒孔隙率 ε_p、收缩系数 δ 和弯曲度 τ 可推导出式(2.2)中的有效孔隙扩散系数 D_e。[19-20]

$$D_e = \frac{D_{12} \cdot \varepsilon_p \cdot \delta}{\tau} \tag{2.4}$$

式(2.5)给出了固相中各组分收缩系数的近似值,其中 λ 为无量纲的孔径。收缩系数取决于扩散的成分,是指孔径大小对分子扩散速度的影响。[10]

$$\delta = (1-\lambda)(1 - 2.1044\lambda + 2.089\lambda^3 - 0.948\lambda^5) \tag{2.5}$$

式(2.6)是以朗缪尔方法为例得到的平衡线。根据系统的不同,平衡线也可能是线性或反朗缪尔型。

$$c_S = c_{max} \cdot k_H \cdot \frac{c_p}{1 + c_p \cdot k_H} \tag{2.6}$$

根据文献中的多级浸渍和渗滤实验[7,10]确定的模型参数有:

(1) 平衡。

(2) 传质动力学。

(3) 流体动力学。

对于外推性工艺设计,模型参数在灵敏度分析中的相对质量平衡误差不能超过 ±5%。因此,在下列四个体系中,应该闭合质量平衡,保证模型参数的确定和后续过程设计中误差的最小化。

（1）目标组分和副组分。

（2）载体基质。

（3）溶剂。

（4）通过溶剂和原材料进入工艺设计过程中的水。

文献中对确定模型参数的实验装置（图 2.2）有详细的介绍。[18]为闭合质量平衡，需对目标组分和副组分、水、溶剂及固体基质四个体系分别进行高效液相色谱和气相色谱分析、干法称重、甲苯蒸馏、Karl-Fischer 滴定。

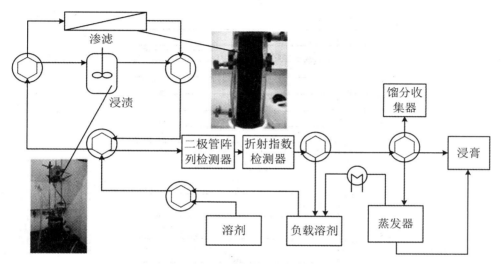

图 2.2　文献[18]中测量平衡、流体动力学和传质的常设装置

通过多级提取可以确定组分 i 在载体基质和液相间的平衡。因此，假设孔隙中的液相载荷与主体液相载荷相同。图 2.3 展示了甜菜中蔗糖[7]、香草豆[8-10]和花椒[9-10]中的目标组分和副组分的平衡线。不同类型的平衡线间差别十分明显，香草豆和甜菜的平衡浓度在液相与固相间呈线性关系。花椒的平衡线遵循朗缪尔曲线。理论上说，当溶剂容量不足时就可能会出现反朗缪尔曲线。提取剂中目标组分的最大浓度受容量限制。

我们需要进一步确定传质动力学参数。传质动力学由薄层、孔隙扩散系数和流体动力学参数（即轴向扩散系数）进行定量。其计算方法以及实验测定目前已经得到应用。这种计算方法在早期工艺开发阶段具有指导作用。根据式（2.7）和式（2.8）中 Schmidt 和 Sherwood 无量纲数可以计算出轴向扩散系数。[22]

$$Sc = \frac{\eta_L}{\rho_L \cdot D_{12}} \tag{2.7}$$

$$Sh = \frac{k_f \cdot d_p}{D_{12}} \tag{2.8}$$

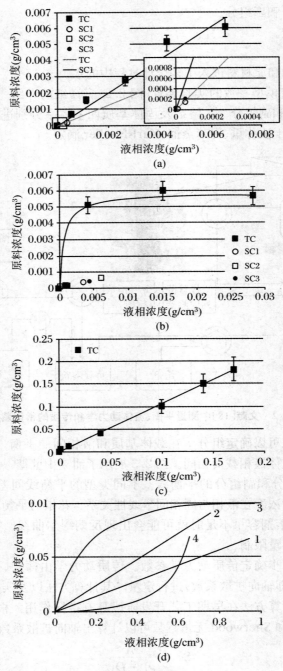

图 2.3　平衡线

（a）香草豆[8,10]，（b）胡椒[10]，（c）甜菜[10]，（d）平衡线示意图[10]；

1 和 2：线性，3：朗缪尔，4：反朗缪尔，TC：目标组分，SC：副组分[21]。

通过式(2.9)中的 Péclet 数估算流经填充床的轴向扩散系数。[22]

$$Pe = \frac{d_p \cdot u_z}{\varepsilon \cdot D_{ax}} \tag{2.9}$$

无量纲数可通过经验公式相互关联。式(2.10)给出了 Péclet 数(对流传质与扩散传质之间的关系)与雷诺数[惯性力与黏性力之间的关系,式(2.11)]之间的关系。式(2.12)描述了无量纲数 Schmidt、Sherwood 和 Reynolds 之间在传质时的关系。[19]

$$Pe = \frac{0.2}{\varepsilon} + \frac{0.11}{\varepsilon} \cdot (\varepsilon \cdot Re)^{0.48} \tag{2.10}$$

$$Re = \frac{u_z \cdot d_p \cdot \rho_L}{\varepsilon \cdot \eta_L} \tag{2.11}$$

$$Sh = 2 + 1.1 \cdot Sc^{0.33} \cdot Re^{0.6} \tag{2.12}$$

随着系统知识的增加,模型参数的计算值有可能被实际测量值代替,从而提高预测的精确度。与 DoE 相比,建模可以在行为类似的系统基础上获得早期工艺开发阶段的值。例如,对于原料属性、目标组分属性和溶剂相似的系统,轴向扩散系数的值相似。图 2.4 为与轴向扩散系数相关的系统第一表征。其中,原料属性包括原料的产地、基质属性和原料的湿度三个主要因素。

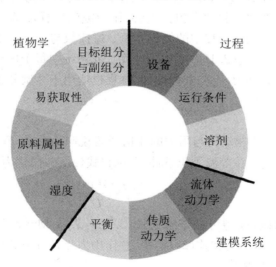

图 2.4　根据系统的特性对系统进行分类[8]

目前的研究状况是对这些参数进行量化,从而确定扩散路径与限制因素。虽然将植物特性纳入工艺设计的第一步具备可行性[8-10,23,24],但目前,这些方法主要提供定性信息。

2.3.4　描述扩散的方法

根据菲克(Fick)第一定律，粒子流密度 J 与浓度梯度成正比[式(2.13)]，比例因子为菲克扩散系数 D。因此，粒子流密度说明了单位时间内有多少粒子扩散通过与其移动方向正交的区域。菲克第二定律的定义如式(2.14)所示，可以表示不同地点、不同时间的浓度差。

$$J = - D \frac{\partial c}{\partial x} \tag{2.13}$$

$$\frac{\partial c}{\partial t} = D \frac{\partial^2 c}{\partial x^2} \tag{2.14}$$

对于多孔球形颗粒，可以应用式(2.15)给出的菲克第二定律的扩展形式。

$$\frac{\partial c}{\partial t} = D \left(\frac{\partial^2 c}{\partial x^2} + \frac{2}{x} \cdot \frac{\partial c}{\partial x} \right) \tag{2.15}$$

2.3.4.1　Maxwell-Stefan 法

一般而言，Maxwell-Stefan 扩散考虑系统中驱动力和阻力之间的平衡。阻力存在于系统各组分之间。驱动力包括电势、压力或浓度梯度等。该模型主要基于所考虑的体积元分子碰撞过程中的能量守恒。碰撞数与分子的数量相关。通用的 Maxwell-Stefan 方程[式(2.16)]适用于计算二元系统中每个体积元内某一方向上作用于 1 型分子的总动力。[25-26]类似地，此方程也适用于 2 型分子。

$$d_1 = \frac{1}{p} \nabla p_1 = - \frac{x_1 \cdot x_2 (u_1 - u_2)}{D_{12}} \tag{2.16}$$

方程中 D_{12} 定义为驱动力与阻力的比值或者说阻力系数 F_{12}。x_i 表示摩尔分数，u_i 表示分子速度。在等温等压条件下，可将式(2.16)简化为式(2.17)。

$$d_1 = \nabla x_1 = - \frac{x_1 \cdot x_2 (u_1 - u_2)}{D_{12}} \tag{2.17}$$

对于多组分系统，模型可以拓展为式(2.18)，表示 Maxwell-Stefan 方程的一般关系和最终形式。此外，在式(2.18)中，总作用力与各分子速度和浓度的相关性被因变量摩尔通量 N 替代。

$$d_i = \nabla x_1 = - \sum_{j=1}^{n} \frac{x_i \cdot N_j - x_j \cdot N_i}{c_t \cdot D_{ij}} \tag{2.18}$$

Maxwell-Stefan 方程可以从气态系统转为液态系统，因为式(2.19)在计算 Maxwell-Stefan 扩散系数和驱动力时考虑了聚合状态。

$$d_i = \frac{x_i}{R \cdot T} \nabla_{T,P} \mu \tag{2.19}$$

当物质在多孔系统中扩散时,分子间及分子与多孔基质间的相互作用都会阻碍传质。Krishna 和 Wesselingh[26]认为,以催化剂颗粒中的扩散为例,菲克定律无法描述相互作用,因此常常导致错误的结果。

"尘气模型"是目前描述多孔材料扩散过程最常用的模型。[27-28]对于多孔介质中的传质,根据平均自由路径与孔径的关系,可能有以下机制:

(1) 努森扩散 J_i^K。

(2) 分子扩散 J_i^M。

(3) 对流通量 J_i^Y。

(4) 表面扩散 J_i^S。

当平均自由程大于孔径时,会发生努森扩散。因此,一个分子与壁面的碰撞比两个分子间的碰撞更频繁。在对流中,混合物可看作由压力差推动的流体。因此,相比于分子与壁面的碰撞,两分子间的碰撞占主导地位。在文献中,为检验发生了哪种扩散机制,将孔隙分为了微孔、中孔和大孔,见表 2.1。[29]

表 2.1　多孔物质的表征[8,29]

孔径	规格	传质
<2 nm	微孔	主动运输
2~50 nm	中孔	努森扩散,毛细血管运输
>50 nm	大孔	分子扩散

当孔径大于 50 nm 时,可以忽略努森扩散。除命名特性外,还可以通过无量纲努森数[式(2.20)]评估努森扩散的影响。式(2.20)中,λ 为各个分子的平均自由程,d_P 为孔隙直径。若 Kn 显著大于 1,即平均自由程大于孔径,则在描述扩散时必须考虑发生努森扩散。

$$\text{Kn} = \frac{\lambda}{d_P} \tag{2.20}$$

分子扩散是指在浓度梯度或其他外力作用下发生的分子移动。当发生分子扩散时,相比于分子与壁的碰撞,分子之间的碰撞占主导地位。

表面扩散的机理与其他三种不同。表面扩散是已经扩散和吸附到表面上的分子在表面上横向移动。由努森扩散扩展可得到表示分子扩散的 Maxwell-Stefan 方程[式(2.21)]。式中,D_{ik}^{eff} 考虑了系统孔隙率和曲折因数的有效 Maxwell-Stefan 扩散系数,即结合了上述系统特性的有效努森扩散系数。Γ 是描述系统非理想性的热力学因子。

$$-\sum_{j=1}^{n-1}(\Gamma_{ij} \cdot \nabla x_j) = -\sum_{j=1}^{n}\frac{x_j \cdot N_i - x_i \cdot N_j}{c_t \cdot D_{ij}^{eff}} + \frac{N_i}{D_{iK}^{eff}} \tag{2.21}$$

2.3.4.2　扩散系数的计算

计算二元混合物中 Maxwell-Stefan 扩散系数的方法也称 Vignes 法。式

(2.22)为双组分系统公式，多组分系统为式(2.23)。努森扩散系数计算公式为式(2.24)。[25]

$$D_{MS} = (D_{ij}^*)^{x_j} \cdot (D_{ji}^*)^{x_i} \tag{2.22}$$

$$D_{MS} = (D_{ij}^*)^{(1+x_j-x_i)/2} \cdot (D_{ji}^*)^{(1+x_i-x_j)/2} \tag{2.23}$$

$$D_{iK} = \frac{2}{3} r \sqrt{\frac{8R \cdot T}{\pi \cdot M}} \tag{2.24}$$

有效扩散系数考虑了多孔固体的孔隙率和曲折因子[式(2.25)]，其中 ε 为孔隙率，τ 为曲折因子。[33-34]

$$D_{ij}^{eff} = \frac{\varepsilon}{\tau} \cdot D_{ij} \tag{2.25}$$

2.3.4.3　热力学因子

热力学因子描述了系统的非理想性。如式(2.26)所示，热力学因子是通过克罗内克因子 δ_{ij}、摩尔分数和活度系数定义的。

$$\Gamma_{ij} = \delta_{ij} + x_i \cdot \left[\frac{\partial \ln(\gamma_{ij})}{\partial x_j}\right]_{T,p,\Sigma} \tag{2.26}$$

2.3.4.4　活度系数的确定

通过基团贡献模型（UNIFAC）、非随机双液模型（NRTL）或通用似化学模型（UNIQUAC）能够计算非理想多组分体系中的活度系数。活度系数需要通过调整实验数据才能确定。UNIFAC 模型是基于基团贡献法估算活度系数的方法，因此活度系数由组合部分 γ_i^C 和误差部分 γ_i^R 组成。组合部分说明了分子基团的几何尺寸，而误差部分说明了基团之间的相互作用关系。对于水/乙醇等简单体系，可采用 Taylor 和 Krishna 的方法进行简化计算。[25]

2.3.4.5　原理证明

图 2.5 表征了乙醇/水混合体系中乙醇的参数。图 2.5(a)将 Van Laar 模型、Margules 模型和 NRTL 模型的计算数据与 Tyn 和 Claus[35] 的实验数据进行比较，其中 NRTL 模型和 Van Laar 模型的计算值与菲克扩散系数的真实值偏差最小。热力学因子的定义式包含活度系数对摩尔分数的导数，由此可以看出，热力学因子与建模方法相关。

图 2.5(b)为三种模型下乙醇/水混合体系的热力学因子图。因尚未出现热力学因子的实际过程测量实验，所以无法与实验数据进行比较。

图 2.5(c)是通过 NRTL 模型计算得到的 Maxwell-Stefan 扩散系数与菲克扩散系数的变化过程，由图可知，与菲克扩散系数相比，Maxwell-Stefan 扩散系数随乙醇摩尔分数的增加而变化较小。各模型中的活度系数是通过 UNIFAC 模型计

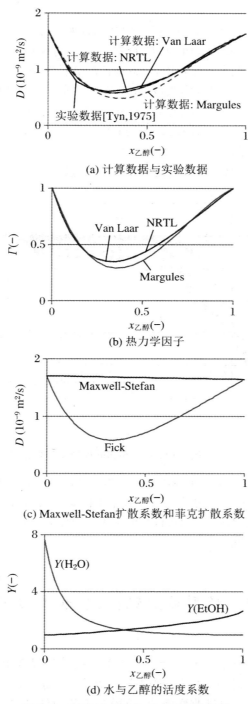

(a) 计算数据与实验数据

(b) 热力学因子

(c) Maxwell-Stefan扩散系数和菲克扩散系数

(d) 水与乙醇的活度系数

图 2.5　乙醇/水混合体系中乙醇的参数

算得出的。

图 2.5(d)描述了随着乙醇摩尔分数的增加,水与乙醇的活度系数变化过程。

根据菲克和 Maxwell-Stefan 提出的模型,我们可模拟从固体多孔基质中提取水的过程。在逆流提取水的过程中,溶剂即乙醇会扩散到基质中。图 2.6 为 Maxwell-Stefan 模型、菲克模型与实验数据的比较(以香兰素为例),其中 Maxwell-Stefan 模型可以更准确地模拟实际情况。两个模型在 Ⅱ 区域中出现了明显的偏差,这可能是因为模型参数是在计算或实验过程中产生的。在图 2.6 的 Ⅲ 区域中,当质量平衡闭合时存在测量不确定性。图 2.6 中的数据在质量平衡中显示 4% 的测量误差,灵敏度分析表明该误差量化后在可接受范围内。[36]

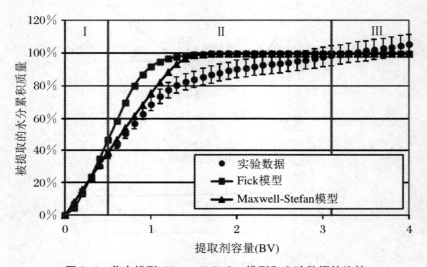

图 2.6　菲克模型、Maxwell-Stefan 模型和实验数据的比较

Maxwell-Stefan 对在其他多孔介质中的扩散已经完成建模[35],如催化剂和沸石,因此可以通过 Maxwell-Stefan 模型预估水的提取过程并帮助确定固相基质中溶剂的组成。根据混合溶剂的不同,在模型中可反映出不同的平衡线、溶胀度以及传质动力学的真实情况。

2.4　模型的实现:设备和过程设计

以"解吸法"为基础的模型设计可作为单一操作的提取单元,也可用于整个过程的设计和优化,下文将有案例详细说明。模型设计需要提前检查其有效性,如对于新开发的工艺,可以通过改变流速、粒径等工艺条件,完成对其有效性的验证。此外,需要预测工艺设计在大规模生产中的适应性。

如果将植物提取视为单个单元操作,那么可以针对以下不同的目标变量进行工艺优化:

(1)产量。

(2)时空产率。

(3)纯度和副产物谱。

(4)达到平衡并稀释提取物。

(5)提取时间。

(6)溶剂消耗。

(7)设备效能。

也可以根据工艺定义其他目标变量,如能耗。

图2.7为香兰素提取体系中各目标变量雷达图。[8]通过渗滤研究验证可表明五级浸渍法能确定香兰素的最高产率。纯度是指提取得到的香兰素与五种主要提取副组分之和的比值,其他副组分因质量小对纯度影响很小。将五级浸渍法作为参考工艺,可评估设备效能、溶剂消耗和提取时间。由于工业工艺设备效能太高,五级浸渍法并不适用。但五级浸渍法呈现的是一种完整的提取,各成分产率都是100%,可以此为基础拓展工艺设计。

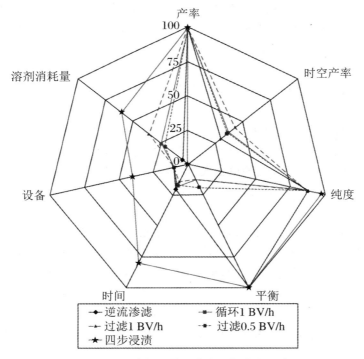

图 2.7 香兰素提取体系中各目标变量雷达图

2.4.1　核心因素的量化

我们可根据产品的不同来确定目标变量的主导性。对于高价值产品,如香兰素,产率是决定性因素,溶剂消耗与成本则是次要因素。相反,对于低价值产品,如甜菜中的蔗糖,则需要溶剂成本最低化。溶剂消耗和成本大多随着收率的增加而显著增加,只有使用不成比例的高剂量溶剂才能实现接近 100% 的产率。因此,产率损失可以提高工艺利润。[8,10]

除了研发新的提取工艺,当前的物理化学建模也适用于现有工艺的优化。在工艺优化中,模型验证不是通过改变操作条件,而是通过工业参考流程进行预测的。平衡和传质动力学参数与原料相关,可以在实验室中确定,而流体力学参数与工艺过程相关,因此必须根据工业规模来确定。

2.4.2　原理证明——工艺优化

以糖的提取为例,图 2.8 和图 2.9 为萃取塔示踪实验对其工艺的优化,用于确定保留时间,从而确定液相的流体动力学参数。剖面图展示了四个不同的高度在不同时刻示踪剂的浓度,验证模型是在类似文献的基础上建立的。利用验证的模型,可对包装密度等工艺参数进行优化。

2.4.3　原理验证——以成本为导向的决策

如果植物提取不是进行单一单元设计或优化,而是集成到整个工艺过程中,则需要将净化单元模型与固相提取模型相结合。随着提取技术的发展,纯度因素越发重要,工艺优化需要对涉及的单元操作进行综合评估。纯度越高,优化工艺的经济效益越高。需要根据产品决定是否通过增加溶剂消耗、延长提取时间或降低纯度来增加产率。

图 2.7 中列出的所有参数都有具体的分离成本,即每公斤产品的成本。

纯度决定了提取物的质量。为确保全面质量管理条例中对质量的最高要求,重现性对于质量规范最为重要。验证后的重现性能确保成分、纯度与含量在规定的范围内。

高价值产品主要由产品产率驱动,低价值产品则主要关注溶剂的消耗。

具体的分离成本是评价集约型制造工艺参数的基础。雷达图清晰地展示了不同的成本驱动因素。

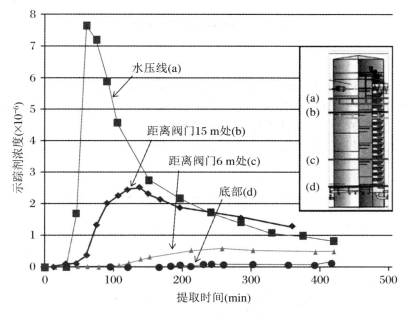

图 2.8　液相示踪实验[7]

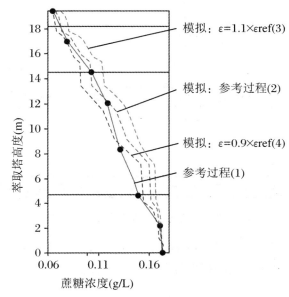

图 2.9　外压孔隙密度对甜菜提取工艺的影响[7]

2.5　提取物的纯化

在已刊出的文章中,有学者讨论过通过化学介质和/或植物提取物实验研究数据构建结构化程序的可能性[13,37-38],具体过程如图 2.10 所示。所研究的混合物通常由已知物质和未知物质组成,未知物质可以通过多维层析等方法分离为已知物质后再经核磁共振鉴定。因此,需要对样品和提取物进行高成本或大量实验的纯化。

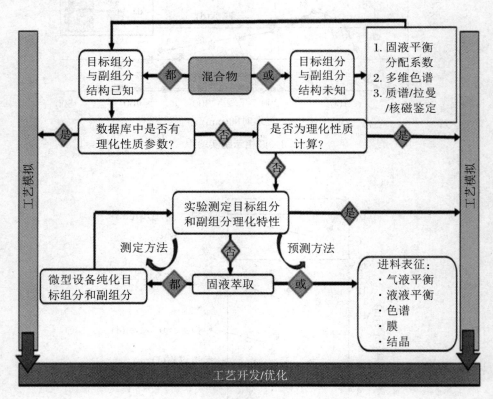

图 2.10　复杂混合物的系统工艺设计[38]

化学介质的数据为单元操作或溶剂选择提供了初步方向,也为各种模型参数的计算提供了数据基础。植物提取纯化中的单元操作有:

(1) 固相提取。

(2) 液液萃取。

(3) 蒸馏。

（4）色谱。

目标组分与副组分所需的化学介质数据主要有：

（1）摩尔质量。

（2）密度。

（3）极性，由辛醇和水之间的分布平衡给出。

（4）沸点和蒸发焓。

（5）熔化温度和焓。

（6）等电点。

在多特蒙德数据库（Dortmund Database，DDB）[39]、物理性质设计研究所（Design Institute for Physical Properties，DIPPR）数据库[40] 及 Reaxys 数据库[41] 等中，存储了部分植物成分的化学介质数据。这些有关纯化学品的数据可以为工艺设计提供定向指导。对于简单的分子，如醇或酯，可以直接在数据库中找到所需的数据。到目前为止，化学数据的测量还没有标准化的方法，故不对数据的有效性作出陈述，但在计算单元参数和选择单元操作时需要检查数据的适用性。随着分子复杂程度的增加，可用的数据量也随之减少。[13,38]

随着数据库的广泛使用，一些化学数据可以通过计算获得。对于单萜等简单分子，通过基团贡献法就可以获得合适的结果，随着分子复杂性的增加，一些模型将失效。即使使用微扰-统计缔合流体理论方法（PC-SAFT）或量子力学计算［如真实溶剂似导体屏蔽模型（COSMO-RS）[38]］，许多二萜的化学数据也存在显著的误差。很难作出"哪个模型计算出的分子数据与真实值偏差最小"的一般性陈述。

使用纯化学品的数据对复杂混合物进行工艺设计没有建设性，因为所含的副组分可能会影响组分的可分离性。特别是对于植物提取物来说，各种副组分会在很大程度上影响目标组分在水和有机溶剂中的溶解度。[8]

对于复杂混合物的工艺设计，需要对数据结果进行实验确定，其中，化学介质数据和应用的模型所需参数间存在一些区别。对于基于模型的工艺设计，遵循 Josch 等的方法，可进行实验模型参数确定和模型验证。[13]

多组分混合物的模型参数可以通过标准化方法确定。根据建模深度和需考虑到的影响，平衡、传质动力学和流体动力学是主要需要确定的参数。[37]

2.5.1　建模方法

类似于固体提取，已知的可比较系统可以在工程开发的早期阶段提供定向指导。如扩散系数和轴向弥散系数等参数可以根据单元操作相关关系来估计。表2.2为各个单元操作的模型参数。

表 2.2　文献[13]中的单元操作和特定模型参数

单元操作	关键成分的热力学平衡	动力学	流体动力学	成本计算
排阻色谱	分子量、大小	扩散系数（体积、膜、孔、表面）	轴向弥散（液体）	亨利（电感单位）、容量、生产率、稀释
离子交换色谱法	洗脱顺序（改性剂和吸附剂的浓度）、等电点	扩散系数（体积、膜、孔、表面）、目标组分等温线	轴向弥散（液体）	亨利（电感单位）、容量、生产率、稀释
反相/正相色谱	洗脱顺序（改性剂和吸附剂的浓度）、疏水性	扩散系数（体积、膜、孔、表面）、目标组分等温线	轴向弥散（液体）	亨利（电感单位）、容量、生产率、稀释
蒸馏	在温度和盐浓度下混合物的气液平衡	传质系数	轴向弥散（液体、气体）	组分和溶剂的热容、低沸点组分/溶剂的蒸发焓
液液萃取	pH、温度、溶剂和盐浓度下混合物的液液平衡	扩散系数（体积、膜）	轴向弥散（连续相和分散相）	容量、密度、黏度、表面张力
膜	分子量、大小	扩散系数、纯溶剂密度	轴向弥散（渗透、保留）	分子量截止值、压力-流量曲线
固液萃取	pH、温度、溶剂和盐浓度下的固液平衡	扩散系数（体积、膜、孔）、溶解度	轴向弥散（液体）	容量、固液平衡线、稀释

随后，基于模型对单元操作和总工艺连接进行设计，得到最优的整体工艺。因此，过程建模总是与成本计算相结合。[42] 液液平衡、气液平衡、分子量、解离常数等参数是后续研究的重点（图 2.11）。

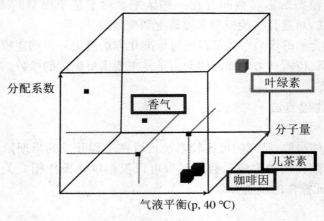

图 2.11　分离属性

2.5.2　中试车间和微型工厂

微型工厂技术已被证明为一种有效标准，在精细化学工艺开发过程中可以减少大量的工作量和工作时间。[43-44]

营养品、农产品、化妆品、调味品和药品等产品的分子结构趋于复杂。除了经典的合成路线外，生物技术发酵液和植物提取物也对价值产品的规模化供应作出了越来越大的贡献。

发酵液与提取物都是复杂混合物，必须被分离为高纯度产品。有研究指出，原料的物理特性能在数据库中找到的不到 5%，混合物甚至更少。因此，化工过程模拟方法缺乏基本的数据输入。为了直接从原始的复杂混合物中确定模型参数，需要在小型实验室测量单元中进行实验。实验数据基于模型进行评估，并以足够的精度确定模型参数。概念工艺设计可解释潜在的高效工艺概念。[45] 这些工艺方案最终通过微型工厂验证，并生成测试量以进行质量控制。

图 2.12 描述了分离科学中所有单元操作的典型现代微型工厂。

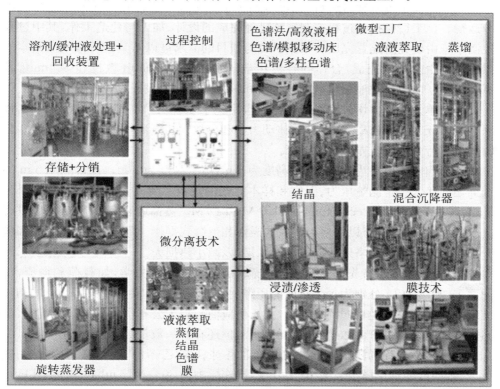

图 2.12　克劳斯塔尔工业大学分离与加工技术研究所的微型工厂

研究的目标是开发过程建模方法，确定复杂混合物的有效实验模型参数，并对过程建模和数据进行最后合理的实验验证。

微型工厂是按照实体工业中复杂混合物的工艺来设计与配置的，通过了ATEX 防爆认证、CE 安全认证和 TÜV 安全认证，且其设计认证（DQ）、操作认证（OQ）和运行验证（PQ）须符合 GMP 的要求。

微型工厂将蒸馏、多级液液萃取、浸渍或渗透的固体提取、沉淀/结晶、膜技术、批间色谱及模拟移动床色谱（Simulated Moving Bed，SMB）/多柱色谱模式（Multi-Column Chromatography，MCC）进行综合使用。必要时可将更多的专业设备整合到生产线。

微型工厂进一步的设备集成集中于从蒸馏和提取开始的微分离设备。基本的平台为 Ehrfeld-Bayer 技术服务的标准设备。色谱和膜处理将是长期存在的单元操作。工厂中的微结构设备由合作伙伴制造并经过研究院表征，目的是更换设备更加方便，并能在工艺操作中直观地比较小型设备和微型设备的性能。

微型工厂的运行量为 1~2 L/h。制备、处理缓冲液和溶剂的容器单元总容积约为 11 m^3。蒸馏塔或三个自动连续旋转的蒸发仪可以实现溶剂的循环利用。每个单元的操作都可以独自运行，也可以通过柔性干耦合连接管与任何工艺序列组合运行。该工厂包括其过程控制系统已经完成的设计、加工与建造工作，其中过程控制系统由研究所配置完成。根据研究与项目的需求可以对其进行修改。基本的操作分析由研究所完成，合作的有机化学研究所（Kaufmann 教授和 Schmidt 教授）可提供气相/高效液相色谱串联质谱和核磁共振分析服务。

所有单元的操作均采用国际纯粹与应用化学联合会（IUPAC）/欧洲化学工程联盟（EFCE）标准测试系统进行流体动力学和分离性能测试，可对生成的复杂混合物数据进行合理的误差分析和解释。

该蒸馏塔的内径为 50 mm，总高度为 6 m，填料高度为 3 m。在每隔 0.5 m 的截面之间接入一个测量压力、温度和样本数据的端口。当前蒸馏塔使用的填料为 Kühni/ Sulzer Chemtech Rombopak 9 M 和 12 M。蒸馏塔装有真空泵，可以进行真空蒸馏实验，塔底可以切换为间歇式操作和连续式操作。除了进料口、塔底和馏分加热/冷却系统外，塔外还有一层绝缘层，以减小热损失。

根据一般程序，首先用水-空气系统确定基本的流体力学，如载荷和溢流点。图 2.13 和图 2.14 分别为每个高度的压降和溢流点与填料供应商数据比较的初步结果。在塔高与直径相同的条件下，由于供应商数据未公布实验中的液体流速，虽然本实验结果与供应商数据有较小的差异，但还在同一数量级内。

欧洲化学工程局测试体系可测试蒸馏塔对氯苯/乙苯混合溶液的分离性。氯苯/乙苯溶液的理论塔板数为 10~40 层，操作压力为 30~1013 mbar。[47] 利用 Fenske 方程评价分离测试数据，结果表明该蒸馏塔的理论塔板数为 18 层（具体数据未公布），等板高度为 0.16 m，与供应商数据一致。

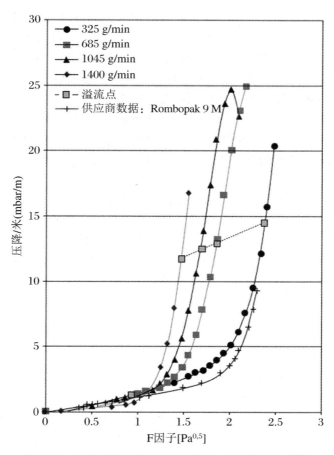

图 2.13　不同液体流速下每米压降与 F 因子的关系[46]

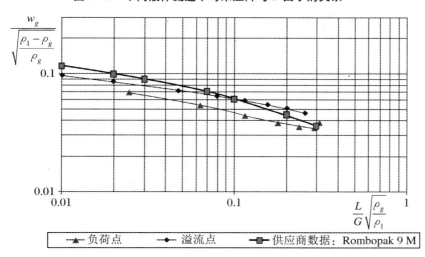

图 2.14　负载因子与流参数间的关系[46]

　　除了单液滴测量池和一个 200 级克雷格逆流提取器外，微型工厂还有三个用于液液萃取研究的单元。其中一个是 10 级混合澄清槽单元，每级混合澄清槽容量约为 180 mL，必要时可以使用 Rhodius 聚结网等聚结辅助设备。另外两个是萃取塔单元。两个萃取塔的内径均为 26 mm，带有绝缘护套，总高均为 5 m。每个沉降区的直径为 50 mm。萃取塔的总体积约为 4 L，有效逆流高度为 3.5 m。萃取塔的能量输入类型为常用的两种：目前，一种为填充结构化 Montz B1-750 填料的脉冲萃取塔，另一种为搅拌式的 Kühni-ECR 转盘塔。通过在线示踪剂检测和在不同萃取塔截面上拍摄照片对塔柱高度上的液滴尺寸分布进行了解，可以确定轻相和重相的稳态停留时间。

　　根据应用的测试方法体系，如欧洲化学工程局测试体系下的甲苯/丙酮/水混合溶液或乙酸丁酯/丙酮/水混合溶液[49]，结合工艺操作参数，如能量输入、相比和流量（与溢流点相关），收集数据集。图 2.15 为在没有传质的条件下，乙酸丁酯/水混合溶液在转盘塔中各操作点的数据结果。与大尺寸的萃取塔相比，该萃取塔溢流点处的荷载较低。在对溢流点的优化设计中，除了增加壁面效应外，轴承环是公认的重点目标。

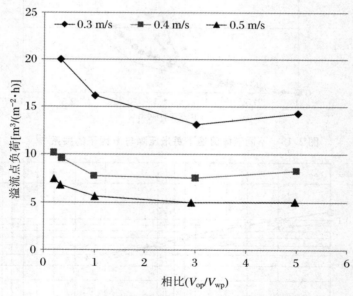

图 2.15　不同相比和液滴速度点下的溢流点载荷

　　转盘式萃取塔的填料总高为 4 m，而脉冲填料萃取塔的填料总高为 5 m。膜和色谱设备在目前已有文献中已经有了较全面的介绍。[50-52]

2.6　全过程开发与设计

第 3 章将详细介绍代替野生采集法的《药用植物种植和采集质量管理规范》中的种植和收获方法。其主要目的是调整成分的组成,实现提纯等生产活动的稳定进行。

分离方法开发的一般原理在 Strube 等[53] 的《流体工艺技术》(*Fluid Process Technology*)的第 5 章和 Bart 等[24] 的《工艺规模天然产物提取》(*Industrial Scale Natural Products Extraction*)的第 5 章中均有详细描述。

因此,现在缺乏的是创新的制造方案。

由于大多数制药公司过去所重视的重磅疗法时代已经结束,分层医学被视为新的希望。如果能解决分层问题,那么临床成功的可能性极大。分层医学的定义决定了它所对应的是低批量生产,不具有规模经济的潜力,故而连续柔性制造的概念应运而生。连续柔性制造不仅证实了它的巨大潜力,也刺激了中小型企业的发展。

这些概念在植物化学制品、保健品、食品、化妆品和香料等传统的批量生产工业中也具有重要的应用潜力。[22]

如果将这些制造链转移到连续生产中,则会产生具有高生产率和产品灵活性且占地面积小的集装箱型工厂,如图 2.16 所示。

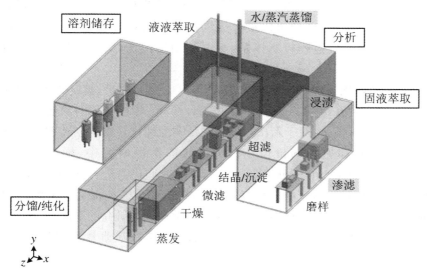

图 2.16　集装箱中植物化学的生产工厂概念图[55]

正如上文所述，连续柔性制造可用于 100 kg 的小规模生产。如图 2.17 所示，在资本输出与总输出中典型成本降低幅度达 3%～10%。

批量生产与连续生产

年产量	(kg)	1.852	1.852	
产药量	(kg/批)	300	1.5	大规模
TC量	(%)	4%	4%	
资本自出	(T€)	5.884	1.620	

年产量	(kg)	185	185	
产药量	(kg/批)	30	0.15	小规模
TC量	(%)	4%	4%	
资本自出	(T€)	2.231	872	

图 2.17　两种规模批量生产与连续生产成本对比

如图 2.17 所示，不到 100 万欧元的投资可使中小企业能够在完全集成的模式下运营，包括具有一定财务风险并可因此获得必要融资的制造业。这种生产概念使中小企业能够更好地控制其价值链，并在市场竞争的同时更好、更长久地保护它们的研究和业务。

单元操作的规模比传统试点工厂规模小，有的甚至接近大批量生产的、价格受"规模经济"影响的标准实验室设备规模。如果可以将现有的、经过验证的技术进行智能化组合，则可以最大程度地减少对特殊设备的开发。此外，为了更经济高效地开发过程控制体系，可以利用西门子 S7 等对标准工业系统进行重新配置。

例如，从植物化学产品市场的发展来看，可以预见的是，被定义为标准提取物的现有产品将继续在市场上占有一定的份额，尽管它所需的原材料数量很少，且市场增长潜力适中。但是，对于新出现的且被证实为纯化合物的创新型产品，则具有足够的市场空间和更高的价值。在所进行的案例研究中，标准的投资回报（Returns on Investment，ROI）时间为 1～3 年，其间仍需进行详细的实验研究，证明在稳健的运行条件下，该项目具有降低 10 倍商品成本的潜力。为此，需发起筹资活动，让在这些领域中活跃的中小企业共同承担这项研究的费用。

提出的方法如提纯技术，可以在现有的标准提取物基础上，生产出新的具有更高价值的纯品，占领新的细分市场。

图 2.18 总结了这些制造方法的整体工艺，包括溶剂回收。化合物通过蒸馏或固液萃取进行分馏和提纯。优选新鲜收获的原料进行提取，防止干燥，使化合物浓

度与成本价值最大化。通过从温室中连续采摘或进行植物细胞发酵提高工艺效率。可再生资源的引入,使得高能耗生产模式进一步被优化或摒弃。因此,这种新的集约式生产理念可以认为是"无痕工厂和无痕生产"(Traceless Plant and Traceless Production,TPTP)。

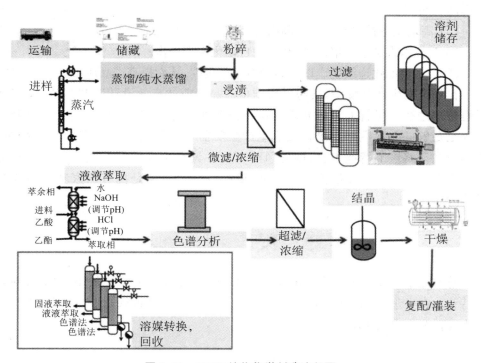

图 2.18　TPTP 植物化学制造流程图

章 末 小 结

化工制药厂的工程化趋势揭示了全球范围内边界条件的相关变化。不同地区的市场增长和能源供应,以及全球竞争力的增强,都指向以下三个方向:

(1) 在工艺和工厂设计以及相应配置方面具有更高的灵活性。

(2) 提高工艺和成本效率。

(3) 基于需求的应变能力。

在对备选方案进行深入研究中发现大多数方案的实用价值都未得到证实,我们针对一些附加变量进行了评估和汇总分析,并提出以下建议:

(1) 用平台方法取代平台工艺。

(2) 继续沿用提出质量源于设计(Quality by Design,QbD)理念建立的模型支持工艺开发并快速跟踪数据文件。

（3）用小规模集装箱式、灵活分散式的连续生产代替批量生产。

（4）使用新的生产商或者全球生物制药合同生产组织（Contract Manufacture Organization，CMO）制造概念，制造商不仅出售设备，还出售知识产权、专有技术等提高利润。

（5）高端制造技术在全球范围内得到应用，其中包括：

① 对技术人员进行培训，使其进行自动化生产操作。

② 应用自动化连续生产以提高制造的稳定性，从而提高产品质量。

在规范的生产环境中，要想发展增值产品产业，"高效设计"和"高效生产"是最有效的途径。尽管大量研究表明这些概念在理论上是可行的，但在应用上却仍缺乏足够的实验数据支撑。工业生产中所需要应用的技术大多数已经存在，创新点在于将它们智能组合，因此风险不大。具有挑战的是将此设计转移应用于制造业中。由于该难题没有公司能够独立解决，目前是拥有国家基金的各企业合力解决。

致　　谢

感谢克里斯托夫·海林（Christoph Helling）、伊拉杰·库杜斯（Iraj Koudous）、斯特芬·索贝尔（Steffen Zobel）和马丁·卢克（Martin Lucke）对本章研究工作的大力支持和作出的贡献。

参 考 文 献

[1] Tegtmeier，M.（2012）Pflanzenextraktion：schlüsseltechnologie zur nachhaltigen Nutzung von Bio-Ressourcen. Plant extraction：key technology for sustained use of bioresources. Chem. Ing. Tech.，84(6)，880-882.

[2] Bart，H.-J. et al.（2005）Konzeptpapier der Fachgruppe "Phytoextrakte-Produkte und Prozesse"，DECHEMA.

[3] Bart，H.-J. et al.（2012）Positionspapier der Fachgruppe Phytoextrakte-Produkte und Prozesse，DECHEMA.

[4] Schneider，P.，Bischoff，F.，Müller，U.，Bart，H.-J.，Schlitter，K.，and Jordan，V.（2011）Plant extraction with aqueous two-phase systems. Chem. Eng. Technol.，34(3)，452-458.

[5] Schneider，P.，Hosseiny，S.S.，Bischoff，F.，Müller，U.，Bart，H.-J.，Schlitter，K.，and Jordan，V.（2011）Surfactant mediated extraction of triterpenes and their direct HPLC analysis from the micellar system. Instrum. Sci. Technol.，39(5)，407-418.

［6］　Bart，H.-J. and Schmidt，M.（2007）Feststoffextraktion. Chem. Ing. Tech.，79（5），663-667.

［7］　Both，S.，Eggersglüß，J.，Lehnberger，A.，Schulz，T.，Schulze，T.，and Strube，J.（2013）Optimizing established processes like sugar extraction from sugar beets：design of experiments versus physicochemical modeling. Chem. Eng. Technol.，36（12），2125-2136.

［8］　Both，S.，Koudous，I.，Jenelten，U.，and Strube，J.（2014）Model-based equipment-design for plant-based extraction processes：considering botanic and thermodynamic aspects. C. R. Chim.，17（3），187-196.

［9］　Kassing，M.（2012）Process development for plant-based extract production. Dissertation. Clausthal University of Technology，Shaker Verlag，Aachen.

［10］　Kassing，M.，Jenelten，U.，Schenk，J.，Hänsch，R.，and Strube，J.（2012）Combination of rigorous and statistical modeling for process development of plant-based extractions based on mass balances and biological aspects. Chem. Eng. Technol.，35（1），109-132.

［11］　Brunner，G.（2010）Applications of supercritical fluids. Annu. Rev. Chem. Biomol. Eng.，1（1），321-342.

［12］　Laurent，A.，Lack，E.，Gamse，T.，Marr，R.（2001）：In：（eds A. Bertucco，G. Vetter）Industrial Chemistry Library：High Pressure Process Technology：Fundamentals and Applications，vol. 9，Elsevier，pp. 351-403.

［13］　Josch，J.-P.，Both，S.，and Strube，J.（2012）Characterization of feed properties for conceptual process design involving complex mixtures，such as naturalextracts. Food Nutr. Sci.，3（6），836-850.

［14］　Chemat，F.（2011）Éco-Extraction du Végétal，Dunod，Paris.

［15］　Chemat，F.，Albert-Vian，M.，and Fabiano-Tixier，A. S.（2013）Program Book of Abstracts，International Congress on "Green Extraction of Natural Products"，Avignon，France，April 16-17，2013，Green Extraction of Natural Products，www. univ-avignon. fr/fr/minisite/minigenp2013/accueil. html（accessed 13 August 2014）.

［16］　Mersmann，A.，Kind，M.，and Stichlmair，J.（2005）Thermische Verfahrenstechnik. Grundlagen und Methoden，2. Aufl，Springer-Verlag（VDI-Buch）.

［17］　Harker，J. H.，Backhurst，J. R.，and Richardson，J. F.（2002）Particle Technology and Separation Processes，Chemical Engineering，vol. 2，5 Aufl，Butterworth-Heinemann.

［18］　Kassing，M.，Jenelten，U.，Schenk，J.，and Strube，J.（2010）A new approach for process development of plant-based extraction processes. Chem. Eng. Technol.，33（3），377-387.

［19］　Ndocko Ndocko，E.，Bäcker，W.，and Strube，J.（2008）Process design method for manufacturing of natural compounds and related molecules. Sep. Sci. Technol.，43（3），642-670.

［20］　Wilke，C. R. and Chang，P.（1955）Correlation of diffusion coefficients in dilute solutions. AIChE J., 1(2), 264-270.

[21]　Both, S., Tegtmeier, M., and Strube, J. (2014) Produktion von Pflanzenextrakten: Von Evolution zur Revolution. Z Arznei-Gewurzpfla., 19(4), 169-177.

[22]　Herbert, V. G. (2002) Verfahrensentwicklung: Von der ersten Idee zur chemischen Produktionsanlage, Wiley-VCH Verlag GmbH, Weinheim.

[23]　Allaf, T., Tomao, V., Ruiz, K., and Chemat, F. (2013) Instant controlled pressure drop technology and ultrasound assisted extraction for sequential extraction of essential oil and antioxidants. Ultrason. Sonochem., 20(1), 239-246.

[24]　Bart, H.-J. and Pilz, S. (eds) (Hg.) (2011) Industrial Scale Natural Products Extraction, Wiley-VCH Verlag GmbH & Co. KgaA.

[25]　Taylor, R. and Krishna, R. (1993) Multicomponent Mass Transfer, John Wiley & Sons, Inc., New York.

[26]　Krishna, R. and Wesselingh, J. A. (1997) The Maxwell-Stefan approach to mass transfer. Chem. Eng. Sci., 52(6), 861-911.

[27]　Krishna, R. (1987) A simplified procedure for the solution of the dusty-gas model equations for steady-state transport in non-reacting systems. Chem. Eng. J., 35(2), 75-81.

[28]　Mason, E. A. and Malinauskas, A. P. (1983) Gas Transport in Porous Media: The Dusty-Gas Model, Elsevier Science Publishers B. V., Amsterdam.

[29]　Dörfler, H.-D. (2002) Grenzflächen und kolloid-disperse systeme, Springer-Verlag, Berlin.

[30]　Caldwell, C. S. and Babb, A. L. (1956) Diffusion in ideal binary liquid mixtures. J. Phys. Chem., 60(1), 51-56.

[31]　Danner, R. P. and Daubert, T. E. (1983) Manual for Predicting Chemical Process Design Data, AIChE, New York.

[32]　Vignes, A. (1966) Diffusion in binary solutions. Variation of diffusion coefficient with composition. Ind. Eng. Chem. Fundam., 5(2), 189-199.

[33]　Brenner, H. and Gaydos, L. J. (1977) The constrained brownian movement of spherical particles in cylindrical pores of comparable radius: models of the diffusive and convective transport of solute molecules in membranes and porous media. J. Colloid Interface Sci., 58(2), 312-356.

[34]　Guiochon, G., Shirazi, S. G., and Katti, A. M. (1994) Fundamentals of Preparative and Nonlinear Chromatography, Academic Press, Boston, MA.

[35]　Tyn, M. T. and Calus, W. F. (1975) Temperature and concentration dependence of mutual diffusion coefficients of some binary liquid systems. J. Chem. Eng. Data, 20(3), 310-316.

[36]　Borrmann, C. (2012) Methode zur Auslegung von integrierten Downstream Processing Verfahren am Beispiel der hydrophoben Interaktions- und Ionenaustauschchromatographie. Dissertation. Clausthal University of Technology, Shaker Verlag, Aachen.

[37]　Josch, J. P. (2012) Charakterisierung von Rohstoffgemischen für die Verfahrensentwicklung zur Produktreinigung aus komplexen Matrizes. Dissertation. Institut für

Thermische Verfahrens- und Prozesstechnik，TU Clausthal.

[38] Koudous，I.，Both，S.，Gudi，G.，Schulz，H.，and Strube，J.（2014）Process design based on physicochemical properties for the example of obtaining valuable products from plant-based extracts. C. R. Chim.，17(3)，218-231.

[39] http://http://www. ddbst. com/online. html（accessed January 2014），657-705.

[40] DIPPR http://dippr. byu. edu/students/（accessed January 2014）.

[41] ELSEVIER https://www. reaxys. com（accessed January 2014）.

[42] Both，S.，Helling，C.，Namyslo，J.，Kaufmann，D.，Rother，B.，Harling，H.，and Strube，J.（2013）Resource-efficient process technology for energy plants. Chem. Ing. Tech.，85(8)，1282-1289.

[43] Deibele，L. and Dohrn，R.（2006）Miniplant-Technik in der Prozessindustrie，Wiley-VCH Verlag GmbH，Weinheim.

[44] Goedecke，R.（2006）Fluidverfahrenstechnik. Grundlagen，Methodik，Technik，Praxis，Wiley-VCH Verlag GmbH，Weinheim.

[45] Strube，J.，Grote，F.，Josch，J. P.，and Ditz，R.（2011）Process development and design of downstream processes. Chem. Ing. Tech.，83(7)，1044-1065.

[46] Helling，C.，Fröhlich，H.，Eggersglüß，J.，and Strube，J.（2012）Fundamentals towards amodular microstructured production plant. Chem. Ing. Tech.，84（6），892-904.

[47] Onken，U. and Arlt，W.（1990）Recommended Test Mixtures for Distillation Columns，2nd edn，Institute of Chemical Engineers，Rugby.

[48] Sulzer Chemtech Ltd（2010）Structured Packings for Distillation，Absorption and Reactive Distillation，Winterthur，www. sulzerchemtech. com/portaldata/11/Resources//brochures/mtt/Structured_Packings_April_2010. pdf（accessed 19 August 2014）.

[49] Misek，T.，Berger，R.，and Schröter，J.（1985）Standard Test Systems for Liquid Extraction，2nd edn，Institute of Chemical Engineers，Rugby.

[50] Borrmann，C.，Helling，C.，Lohrmann，M.，Sommerfeld，S.，and Strube，J.（2011）Phenomena and modeling of hydrophobic interaction chromatography. Sep. Sci. Technol.，46(8),1289-1305.

[51] Grote，F.，Fröhlich，H.，and Strube，J.（2011）Integration of ultrafiltration unit operations in biotechnology process design. Chem. Eng. Technol.，34(5)，673-687.

[52] Grote，F.，Froehlich，H.，and Strube，J.（2012）Integration of reverse-osmosis unit operations in biotechnology process design. Chem. Eng. Technol.，35(1)，191-197.

[53] Strube，J.，Schulte，M.，Arlt，W.（2006）：Chromatographie，in Fluidverfahrenstechnik. Grundlagen，Methodik，Technik，Praxis.（ed. R. Goedecke）Wiley-VCH Verlag GmbH，Weinheim.

[54] Strube，J.，Grote，F.，and Ditz，R.（2012）in Bioprocess Design and Production Technology for the Future（ed G. Subramanian），Wiley-VCH Verlag GmbH，Weinheim，657-705.

[55] Strube，J.，Ditz，R.，Fröhlich，H.，Köster，D.，Grützner，T.，Koch，J.，and

Schütte，R.（2014）Efficient engineering and production concepts for products in regulated environments：dream or nightmare? Chem. Ing. Tech.，86(5)，687-694.

作者：Simon Both，Reinhard Ditz，Martin Tegtmeier，Urban Jenelten，Jochen Strube

译者：葛少林，徐冰霞

第 3 章　绿色提取原料的定制化生产

药用植物原料不仅是天然产物关键结构形成的基础,而且是其质量形成的基础。这就是植物提取产物的基础,其关键质量要素包括:

(1) 活性物质的含量与组成。

(2) 药用植物原料的基质(其巨大的差异具体取决于生长环境和采后处理)。

(3) 纯度(如农药残留、重金属、真菌毒素、多环芳香烃等)。

许多生产商低估了这些要素,甚至没有考虑到这一点,也没有意识到质量相关要素的不确定性而导致的后续问题,从而导致提取、质量控制和质量保证过程中的偏差。

药用植物原料的供应可以通过以下两种方式实现:

(1) 人工栽培。

(2) 野外采集。

一般而言,优先考虑人工栽培。相较于野外采集来说,人工栽培可以让生产者(农民)更好地控制植物的生长条件。然而,对于大多数植物而言,建立栽培标准相当耗时,根据植物自身的不同需求,常常需要几年时间。

建立栽培标准的第一步就是物种多样性评价:若条件允许,可以从植物园或植物保护机构,尽可能地在原生地收集植物种质资源。针对收集的种质资源,评估它们的生长环境、生物质产量,关注物质或物质类群的生物合成及需要分离的杂质,如蜂斗菜中存在的肝毒性吡咯烷嗪生物碱[1],甜叶菊提取物中的苦味物质甜菊甙[2]。最好是直接从不含负面物质的材料开始研究,而不是试图通过下游的工艺技术去除它们。

驯化的目的是发现即使在单一栽培中也能生存的合适品种。因此,需要验证各种土壤和肥料,以便掌握品种的最佳生长条件。

因此,栽培措施需要不断改进和优化,包括播种、施肥、除草、病虫害防控,甚至可能包括灌溉。与此同时,还要建立与之相适应的采收和采后处理措施。在条件允许的情况下,可以对已经在其他作物上应用的设备或者技术进行改造,在有些情况下,还需要开发设备用于专用工艺。

然而,获取大多数的药用和芳香植物(Medicinal and Aromatic Plant,MAP)仍然采用野外采集的方式。[3] 主要原因是需求量太小,多数物种每年的需求量仅有几吨。所以,发展人工栽培进行成本密集型的投入毫无意义。

一些植物需要严苛的生长条件，这在农业环节难以实现，所以人工栽培的经济成本不合理。一些植物可能与其他植物或微生物共生，而这些植物或微生物在农业环节很难实现规模化。

3.1　可持续发展

无论是何种来源方法，栽培和野生采集都应在可持续发展的基础上进行。1987 年 3 月，"可持续性"一词成为联合国布伦特兰委员会的既定名词，"可持续发展"被定义为"既能满足当代人的需要，又不对未来子孙后代满足其需要的能力构成危害的发展"。[4]

可持续发展包含三个"基石"，它们对整个过程都起到重要作用（图 3.1）。[5]如果存在一个短板，那么整个系统会变得不稳定：

（1）社会可持续发展是一个社会系统（家庭、社区和组织）具备一定程度的幸福感（应进行明确界定）的能力。如贫穷、不公、落后的教育体系、战争等问题，则展现了社会的不可持续性。

（2）环境可持续发展是指有能力提供一定水平的环境质量，以确保任何物种不会面临濒危甚至灭绝。

（3）经济可持续发展是指一个经济体确保一定的经济生产水平的能力。

图 3.1　可持续发展房屋模型（结构）

3.1.1 社会可持续发展

鉴于众所周知的工作分工,所有参与生产的人员收入水平并不相同。野外采集过程很难监管,因此,企业必须控制中间经销商的收入比例以及采集人员的工资,必须禁止雇佣童工,应该进行多次审核以掌握全面的信息。另一个至关重要的问题就是教育培训,在栽培过程中,每个员工都需要对其职责范围内的任务接受最低程度的教育培训。驾驶拖拉机或收割机的工人不仅需要关注潜在的风险,还需要了解他们所负责设备的操作和保养要求。病虫害防治工作者应具备相应的资质。一般而言,可以通过适当的施肥来保障作物的最佳养分供应,但同时也应避免施肥过量。过量施肥将导致邻近生态区功能失调并且产生不必要的成本,影响可持续发展。

企业不应忽视对野外采集工作者的培训,野外采集工作者应该确切地掌握如何进行野外操作。这意味着他们要详细了解如何处理废弃物,如何处理环境卫生问题,要保护自然环境尤其是要保护受到关注的作物。此外,他们应该具有当地植物学的相关经验和知识,如当我们关注的农作物有毒时,应知道如何去处理这些有毒的植物。他们也应该熟悉当地的野生动物,当他们遇到这些动物时知道如何去应对。这些野外采集工作者必须准确掌握植物种类,并且能够区分与其相近的品种或性状相似的物种。在中欧,有一些食用植物和有毒植物混杂的典型例子,如熊葱(*Allium ursinum*,功能与大蒜相似的香料)叶和山谷百合(*Convallaria maja-lis*,又名君影草、风铃草,一种含有强心苷的药用植物)叶。[6] 还有用作苦味剂的龙胆(*Gentiana lutea*)根与茎及白藜芦(*Veratrum album*,一种含有强心苷成分的植物)。[7] 尤其是考虑到世界其他区域的生物多样性远远高于中欧地区,这些例子足以表明野外采集工作者具备必要的植物学知识是多么重要。

3.1.2 环境可持续发展

栽培措施不能把原生地转变为耕地,只能在种植其他作物的农田中继续栽种。很遗憾,有一些负面的例子,应该引起足够的重视,如基于使用植物源可再生能源的决策,导致全球很多地区的耕地需求急剧增加。再如,在印度尼西亚,为了生产棕榈油,几千平方英里(1 英里≈1.609 千米)的热带雨林变成了耕地。[8] 很多生态系统对这些影响非常敏感,可能会因为耕地的扩张和使用而永远失去生机。从长远来看,土壤处理措施对可持续发展至关重要。[9] 栽培措施不能对附近土地的生态系统造成负面影响。如果耕地施肥过量,那么显然会对土壤造成负面影响,同时也会破坏空气和水质。几十年来,氮肥对环境的破坏已经众所周知,欧盟理事会早在1991 年就出台了饮用水中氮浓度的相关法规。[10] 与此同时,一些欧盟成员国经常计算所谓的"农场平衡"，即追踪耕地施肥、饲料投放等农牧生产环节的氮肥投入及产出（粮食、牛奶、肉类和禽蛋），并假定氮肥仍然残留在土地中。[11]基于化学分析和开发的先进地理信息系统，农民能够将土壤农化分析结果存储到相应的地理映射系统当中，以便能够控制施肥量，满足整个农场每一块田地的个性化需求。

野外采集的可持续性控制要复杂得多，首先要遵守国际法《濒危野生动植物种国际贸易公约》（Convention on International Trade in Endangered Species of Wild Fauna and Flora，CITES）（于1975年生效）。[12]这是一项各国政府之间的国际协议，以确保野生动植物国际贸易不威胁其生存。公约中的受保护物种名录经常更新：

(1) 受威胁濒临灭绝的物种。

(2) 必须控制贸易使这些物种免受伤害。

(3) CITES缔约方中至少有一个成员国支持保护这些物种。

如果有企业打算利用受保护物种名录中的植物进行商业化生产，那么他们应当联系当地的主管部门，确保可以找到进行持续性生产的途径。

还有一项国际法是《生物多样性公约》（Convention on Biological Diversity，CBD），它包含三个主要目标：

(1) 保护生物多样性。

(2) 生物多样性组成的可持续利用。

(3) 公正公平地使用种质资源。

CBD是由联合国环境规划署发起的，并于1993年12月29日生效。[13]如果计划商业化种植特定作物，那么必须考虑该公约。

《名古屋议定书》（2010年）就如何确保公平公正地共享利用种质资源产生的利益给出了明确指导，实现了《生物多样性公约》的第三个目标。[14]

3.1.3　经济可持续发展

经济可持续发展是指一个经济体可以在没有资金或补贴的情况下，在长期内无限期地维持一定水平的经济生产。它与社会的可持续发展息息相关，因为它直接与工人的收入相互影响。贫困门槛或贫困线的定义是"在某个国家中，达到基本生活水平所必需的最低收入"。只有工人挣到足够的钱养活自己，工作才具有可持续性。

3.2　生　产　技　术

3.2.1　选择栽培基地

选择栽培基地的两项基本环境标准是土壤和气候。

土壤的特征在于其矿物成分,如结构、质地、有机物、pH 和养分。由于这些成分对整个农业生产至关重要,已开发的土壤质量评估系统可用于评估每个特定区域的潜力。联合国粮食及农业组织(Food and Agriculture Organization,FAO)颁布的《世界土壤资源参考基准》可将全球土壤的一般特征进行分类。[15]一种功能更集中的方法为"慕尼黑土壤质量等级"划分,可用于比较作物产量估算。[16]

气候是指某个地区相对较长时间内盛行的天气,即平均天气。地区气候因素包括日照(持续的时间和强度)、空气湿度、降水、气温和风。天气描述的是当前的具体情况,而气候则是基于区域平均天气(包括波动性)的统计性描述。通过对当地气候进行研究,经营者应该了解陌生地点购置新土地的潜在风险和挑战。天气预报告知农民未来几天或几周的天气,气候则从长期的视角预测会发生什么天气事件。气候变化是另一个需要重点关注的重要因素,从长远来看,当前用于人工栽培甚至野外采集的地点,可能因气候变化而消失或受到威胁。农业一直是一项长期性的工作,涉及大量的资金投入,这就是为什么考虑气候变化是决策的关键因素。政府间气候变化专门委员会是由联合国环境署和世界气象组织建立的,受联合国领导。该组织经常更新关于气候变化的全球报告。各个国家和地方行政机构提供本区域气候变化的数据,气候变化对世界粮食安全具有至关重要的影响。

土壤与天气、气候和气候变化之间相互作用的复杂性,在一些书中有所体现。[17]目前的生物多样性是数百万年进化演变的结果。在过去的几千年中,人类种植生存必需的作物,已经干扰到这一进化演变进程。在过去的几百年中,由于土地使用方式的巨大变化,人类虽出于无意,但已严重影响到这种进化过程。

要记住,自然是进化的结果。必须强调,每个物种或群落都有其生长发育的生态要求。这就是系统栽培的基础总是源于植物原始生境特性的原因。

人工栽培总是从与植物原始生物群落相似的条件开始,这就是土壤和气候,包括昼夜长短和季节,应与植物原始生境的条件相当的原因。这些因素可能会在栽培后期有所改变。一个重要的辅助方案是使用"柯本-盖革"(Koeppen and Geiger)[18]气候分类图。将 1976—2000 年观测到的历史气候数据与 A1FI 场景预测的 2001—2025 年气候数据进行比较时,可以看出哪些区域的气候发生了较高和较低的波动。

土壤污染物的分析也是地质量评价的一项基础性指标。如重金属，在土壤中也许是天然存在的；但是，在大多数情况下，这些重金属是先前人类活动（如采矿或化学工业）的污染物。因此在租赁或购置物业时，强烈建议对以前的土地用途进行调查，要检测的关键重金属有镉、铅、汞和砷（相关质量标准参见 3.4 节）。在某些情况下，甚至还要检测钡、锌和铜。根据以前的土地用途，对下述几类物质进行检测具有重要意义：

（1）煤灰沉积物（含有多环芳香烃，一组潜在的致癌物质）。

（2）污水污泥（含有多种污染物，如重金属、杀虫剂、药物甚至有机物）。

（3）杀虫剂和除草剂[此类物质种类繁多，主要是过去曾大量使用的有机物，如用于防治疟疾的双对氯苯基三氯乙烷（DDT）、越南战争中的橘子剂]。

在任何情况下，都应该避免不加选择地破坏天然生境来耕种农作物。全球的土地使用非常密集，因此需要对未开发的天然环境加强保护。

3.2.2　轮作

轮作（Crop Rotation）即在同一田块上经常更换农作物类型的种植方式。轮作已经实践了数千年，对土壤具有以下好处：

（1）通过绿肥或豆类作物补充氮（如苜蓿、豆类、三叶草、小扁豆、大豆、花生和豌豆），它们与固氮菌在根系形成根瘤菌共生系统。

（2）减少植物特有病原体的积累。

（3）通过轮作浅根和深根作物来改变土壤质地。

饲料作物与药用或芳香植物之间轮作，通常情况下不会导致严重的问题，因为这些轮作的植物种类大多与大面积栽培的农作物不同。正因如此，它们减小了盛行的病虫害压力。在某些情况下，它们甚至会增加有机质或减少土壤害虫（如线虫）。而且，多年生作物还可减少侵蚀和养分流失。在易受侵蚀区域，有一些专门的耕作技术，如少耕甚至免耕。这些技术可以确保地面永久覆盖，土地能够承受大雨、强风甚至防止水分蒸发。然而，杂草控制对于这些技术的实施来说是一个挑战，留茬是一项劳动密集型但能够防止侵蚀的技术。[20]

但是，在专门生产药用和芳香植物的公司中，种植间隔长可能会导致严重的轮作问题。主要问题是病虫害防控压力增加。为避免此类灾害的发生，应采用以下常规农业方法：

（1）同科作物实行间隔。

（2）在叶类、根（根茎）类和谷类作物之间实施轮作。

（3）选择适宜的前茬作物。

（4）在极易感染的情况下，应休耕或种植绿肥以进行土壤培育。

一些根茎类作物,如匍匐冰草(*Agropyron repens*)或马来水飞蓟(*Silybium marianum*),由于其营养器官生命力持久,能在数年后发芽,会给后续作物造成问题。因为要尽量避免使用化学除草剂,所以人工清除这些根茎至关重要。

前一茬作物的选择直接取决于后一茬作物的需求。例如,需要优良种子床的作物不应该直接种植在那些留有粗糙植物残渣的田块上;留有豆科作物固定氮的田块,后茬应种植对氮素需求量大的作物。

3.2.3　施肥

农业生产中,施肥是向土壤或直接向作物施加额外的养分,肥料的组成和施加量取决于土壤的质量和农作物的需求。了解这些因素的信息是制定施肥策略的基础。我们必须系统地分析土壤的养分、污染、组成和特征,如酸度或 pH。

据估计,全球作物产量的 30%～50%得益于施肥和工业革命成果。[21]此外,肥料是重要的产业,2019 年的销售额预计将达到约 1950 亿美元。[22]总体而言,药用和芳香植物产业的劳动力成本高昂,这就是采取包括适量施肥措施以达到最佳产量的原因。

肥料可以是有机肥或无机肥。

所有主要的无机元素都具有肥效,它们的比例有所不同:

(1) 大量营养素[在植物干物质中的含量(无水)介于 0.15% 和 6% 之间]:氮(N)、钾(K)、磷(P)、镁(Mg)、钙(Ca)和硫(S)。

(2) 微量营养素[在植物干物质中的浓度(无水)介于 0.15×10^{-6} 和 400×10^{-6} 之间]:硼(B)、锰(Mn)、铁(Fe)、锌(Zn)、氯(Cl)、铜(Cu)、钼(Mo)和镍(Ni)。

利比希在 1840 年提出了"最小因子定律"[23],即植物的生长取决于处于最小量状态的营养物质。

如果将一种供应给作物的养分提高到与其他竞争性养分相当的程度,则作物的单产会随之提高,这表明作物的产量与其限制性养分的浓度成正比。

自然界中几乎所有的生物都需要不同程度的营养物质,也就是说农艺师应该明确限制性养分,以便了解替代营养素的具体有效浓度。但是,高浓度的养分投入不仅会造成无谓的支出,更重要的是还会破坏生态环境,所以农艺师不应使用过高浓度的养分。同时,科学家们正在努力建立一种系统以实现所谓的农场产投平衡,即土壤的养分投入与作物的养分利用之比应接近于 1,此种计算可以对适宜的施肥水平作出预判。但是,土壤的养分循环相当复杂,它不仅取决于土壤、养分投入以及作物之间的相互作用。图 3.2 展示了农场氮循环因素间的相互作用。

除了主要从大气中转化为氮盐的化学氮外,所有养分都是矿质养分,因此经常会含有其他矿物质。即便经过纯化,也不能完全排除重金属污染。如果此类矿物肥料在农田中长期施用,那么这些肥料中的重金属可能会在农田积累,并达到作物的临界浓度。

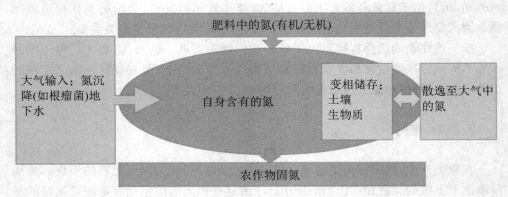

图 3.2　农场生态循环[24]

最初无机肥一般是由淋融或降雨直接释放的，所以施肥浓度过高时，会导致有害的相互作用，如氮灼伤(烧根)。这就引发了控释肥料的开发，即将所需的无机物质与可溶性聚合物用热塑性塑料或硫包衣。这种缓释肥每次浸出后连续释放，可以使肥料缓慢释放。

欧盟负责对无机肥的使用进行监管[25]以确保其有效性，同时遵照无机肥的使用说明以防止其对环境、人类、植物和动物的健康造成不利影响。

有机肥根据以下几种来源进行分类：

(1) 天然矿藏：如硝石(含钾和硝酸盐)、石灰石(主要用于调节土壤 pH 的碳酸钙)、磷矿和骨粉(高浓度磷酸盐)。

(2) 来源于动物和人类的排泄物，如粪便、鸡粪和鸟粪。

(3) 植物来源的物料(如堆肥和海藻)，以及轮作作物(包括豆类作物)，它们能够通过根瘤菌固定土壤中的氨(NH_4^+)和大气中的氮(N_2)。[26]

这些有机肥可以为土壤提供有机物质和微量营养素、微生物以及二氧化碳的沉积物，增加土壤的生物多样性。无机肥中的矿质养分在所有这些有机肥中都存在，但是这些矿质养分的含量尚不确定。因为有机肥养分在土壤中释放得较为缓慢[27]，所以不像无机肥那样能够系统地调节土壤养分失衡。

但是，某些生物肥料甚至有助于有害土壤病原体的生长，这些病原体会给农作物本身和消费者带来麻烦(如蔬菜上的大肠杆菌或沙门氏菌)。许多有机肥(如污水、污泥)都含有重金属和有机物(如活性药物成分、杀虫剂和除草剂)，会导致有机肥使用的诸多麻烦。[28]

一方面，施肥是农业革命极其重要的催生因素。农业革命会引导更加高效的农业，从而足以应对世界人口的不断增长。另一方面，由于地球环境已经遇到诸多问题，因此必须以明智的、恰当的方式加以应对，例如：

(1) 土壤：海洋富营养化、蓝婴综合征、重金属和持久性的有机污染物。

（2）大气：温室气体。

① 含氨肥料造成的甲烷排放（如稻田）。

② 来源于氮肥的笑气（NO_2）。

③ 来源于土壤施肥或地表堆肥产生的二氧化碳。

在充分尊重自然的前提下，有机农业及其分支应使作物、土壤和大气之间的复杂循环维持可持续的平衡。

3.2.4　有机农业

有机农业有着悠久而多样的历史，自农业伊始，人类已经从轮作、园艺等生态相互作用中受益。但是，几百年前人类不可持续的农耕导致了自己文化的衰落，众所周知的案例是复活岛的滥伐森林。[29]

有机农业尚无明确定义，但几乎所有有机农业体系都采取可持续农业措施，如农业机械化、除草、绿肥、动物粪便、轮作以及病虫害综合防治，这样做的目的是避免有害物质的引入，如合成的杀虫剂和除草剂、矿质肥料以及其他农业机械化操作。始于 19 世纪末的农业工业化极大地提高了农作物的产量，而农业工业化的核心步骤是田间生产的机械化和自动化，以及由"哈博工艺"（Haber-Bosch Process）等发明驱动的矿物肥料应用工艺，也就是将大气中的氮转化为氨。在农业快速工业化的同时，农艺组织的反对观点也随之而生。如阿尔伯特·霍华德爵士（Sir Albert Howard）和他的妻子加布里埃尔（Gabrielle），在孟加拉地区深入研究印度的传统农业措施，得出的结论是其中一些农艺措施优于传统农业措施。阿尔伯特·霍华德爵士被视为有机农业之父，1940 年出版了著作《农业圣典》（*An Agricultural Testament*）[30]，此书目前仍然是有机农业的经典。

人智学创始人鲁道夫·施泰纳（Rudolf Steiner）在 1925 年发表了他的"农业讲座"[31]，标志着生物动力农业的开端。

与此同时，涌现了大量多种多样的有机农业技术，下面介绍其中的卓越技术。

1. 生物动力农业

生物动力农业有着非常全面的运作方式。该技术将植物生长、土壤肥力和畜牧业之间的生态联系作为一个整体来看待，融合了鲁道夫·施泰纳（1861—1925）的理念与深奥的人智学思想。与常规有机农业一样，该技术反对使用人造化学制剂，它与其他农业技术的不同之处在于，它将土壤、植物和动物视为一个整体系统。从事生物动力农业的种植者通过引种和种植当地的品种，扩大了本地种植品种的分布体系。整个生物动力农业工艺根据星象播种以及种植历法进行安排，有几个生物动力产品认证机构，其中最重要的一个是德米特国际集团。[32]

2. 自然农法

自然农法也称"福冈农法"（Fukuoka Farming），以其创始人日本哲学家福冈正信（1913—2008）命名，是一种生态农业方法。它又称为无为农业，因为它声称无需生产投入和设备，这种技术利用了每个特定生态系统中生物有机体的复杂性。自然农法体现了福冈总体哲学思想——人的成长和自我净化（The Cultivation and Perfection of Human Beings）。[33]福冈确定了自然农法的五项核心原则：① 免耕；② 不施肥；③ 不打农药（或除草剂）；④ 不除草；⑤ 不剪枝。虽然福冈的方法起源于日本西部亚热带气候的四国岛，但已经在印度[34]和非洲部分地区进行了推广。如果在耕种时土壤有植被覆盖，那么种植一些有益的草本植物，如紫花苜蓿或其他豆科作物，可增加土壤养分。留在地面上的碎物料会变成堆肥，进而变成有机质回馈到土壤中，如立体农业可以形成禽畜一体化系统，典型的例子是稻田养鸡、稻田养鱼或稻田养鸭。

3. 法国集约农业和生物集约农业

集约农业是指在一个封闭的系统中，力求实现最高的可持续性，在尽可能保持精耕细作（尽可能高产）的同时，提高土壤肥力。许多生物集约栽培技术都源自古玛雅、古中国和古希腊。艾伦·查德威克（Alan Chadwick，1909—1980）将生物动力农业（包括法国的集约园艺）与这些技术进行了融合。[35]受鲁道夫·施泰纳的强烈影响，查德威克创建了一个集约系统，该系统涉及对表土和底土的四个相邻区域进行耕作，该方法也被称为"双掘法"。构建疏松透气的高苗床，播种天然授粉的种子，采取堆肥种植、集约种植和配套种植的栽培方式，以达到种植比例的平衡，包括收获约60%的富碳作物（用于生产堆肥）、30%的富能农作物（用于生产口粮）以及作为备选的10%的经济作物（用于销售）。[36]

4. 免耕农业

免耕农业也叫免耕栽培或直播，即年复一年地进行种植或畜牧的时候，不进行翻耕等农事操作，以免对土壤造成扰动，从而保持土壤表面完好无损，使进入土壤的水分得以保存、养分得以保持循环，从而减少了雨水和风对土壤造成的侵蚀。翻耕可使整个土壤生态系统上下易位，而免耕则保护了土壤的生物多样性，提升了土壤的生物肥力和伸缩性。1940年，免耕先驱爱德华·福克纳（Edward Faulkner）在美国实施了第一个免耕工程[37]，遗憾的是巴西巴拉那州的赫伯特·巴茨（Herbert Bartz）等继任者将其与除草剂配合而大量推广应用，使得该技术大量普及。[38]

考虑到不同产品生产方法之间的差异，显而易见，个体客户和企业客户并不完全了解产品质量，基于此，人们敦促政府建立标准。早在1991年欧洲农业部长理事会就通过了理事会条例（EEC）No.2092/91[39]，即关于有机农业及相应农产品和食品标识的法规。起初，它仅适用于植物产品，后来引入了动物产品的规定。用于生产或作为产品使用的转基因生物，通常被排除在有机产品之外。

自1991年以来，该法规进行了数次修订，于2007年作为欧盟法规（EC）No. 834/2007进行了完整的修订，虽然该法规变得非常全面，但也导致了其不易理解。[40]

目前该法规设定了欧盟内部产品及进口产品的通用最低标准,成员国和私人组织仍然有权颁布上面已提及的附加的或更严格的标准,满足要求的产品可以贴上欧盟有机认证标识。[41]

对于化妆品行业,欧盟国际生态认证中心制定了 Ecocert 标准[42],其定义的质量水平高于法律最低要求,并确保使用天然和有机生产的成分。相关专家、消费者和权威机构成员联合制定了标准 ECOCERT 2002。该标准已经发布并受到当局的监督。这家总部位于法国的组织,已在全球认证了 8000 多种不同的产品。

以下是 ECOCERT 2002 标准的基本要求:

(1) 原料应源自可再生资源生产,且采用环保工艺,产品中的成分至少 95% 应为天然来源,且生产过程应可控。

(2) 基于选定标识要求,使用有机栽培原料的方法如下:

① 生物化妆品配方中至少 95% 的植物组分以及 10% 以上的总成分应按照有机农业规范要求生产。

② 天然化妆品配方中至少 50% 的植物组分以及 5% 以上的总成分应按照有机农业规范要求生产。

(3) 应明确告知顾客清晰的信息。

3.3　种子及种质资源保存

3.3.1　育种

植物育种是一种农业科学,通过遗传优化栽培种的性状以获得更高的品质。自新石器时代晚期农业开始以来,人类即开始进行育种,人们更愿意从那些具有最理想品质的个体植物中选种来优化作物。这也是小麦、黑麦、玉米、土豆、大米等主要农作物可以回溯数千年繁殖历史的原因。1865 年,格雷戈尔·孟德尔(Gregor Mendel)发现了"遗传定律",育种开始变得更引人注目。当前,主要农作物的育种工作主要由以企业、政府机构、学术团体或研究中心为主的专业植物育种机构来完成。

育种目标可能多种多样,诸如:

(1) 增产(如一个生长周期的生物量)或提高某种次级代谢产物的含量,图 3.3 HPLC(高效液相色谱)指纹图谱展示了在增加东莨菪碱含量的同时降低其他莨菪烷类生物碱含量的情况。

(2) 适应各种气候条件,如干旱、大风和耐高温(即区域引种或气候变化因素)。

（3）改良物种对特定害虫的耐受性或抗性。

（4）提高采收（收获）效率。

育种不仅仅是为了达成其中一个目标,而且要同时达成多个目标。

育种可以分为传统育种和基因工程两种。传统育种是通过传统育种技术完成设定的育种目标,而基因工程则是在获得相关基因信息的前提下(这些基因的靶向育种目标已知),将特定基因转录到宿主植物中。由于有机农业严禁使用基因工程,因此不再赘述。

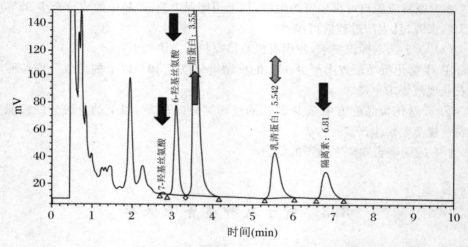

图 3.3　软木茄属杂交种样品中托烷生物碱的 HPLC 指纹图谱

在开始实施育种计划之前,强烈建议对育种目标的潜在成本进行经济评估,这是因为所采用的育种方法成本高、时间久,有时长达几年。这就是仅值得对那些需求量大且符合长远需求的农作物开展育种的原因。如果需求量小,且产品的生命周期预期不超过 20 多年,那么在大多数情况下,采取持续的野外采集方式会更加高效。

除非明确设定了育种目标,为了避免陷入困境,不应开展育种工作。以下为选育工作的程序[43]:

1. 种质资源收集

应从自然界(兼顾 CITES 和《生物多样性公约》)、植物苗圃或其他种质资源库中尽可能多地收集具有不同性状的种质资源,同时尽可能全面地记录各种性状。

2. 筛选育种

即系统地比较选择收集到的种质资源材料。

（1）正向表达筛选:即将具备目标性状的植物用于杂交,全面考察个体单位的表型,同时采用图像自动采集系统筛选特定的形态特征,相应结果可以结合传代直接使用或杂交育种协同使用。

（2）负向表达筛选：即将不具备目标性状的植物从种群中淘汰。

（3）组合育种（混合育种）：融合了两个步骤，首先在 F1 代中跟踪检测感兴趣的性状（基因型），然后通过杂交将其组合在一起。

3. 杂交育种

选择的自花授粉植物通常会停止开花，而异花授粉植物，选定种群中除目标植物外的其他个体则不再开花，以便使用其花粉对整个种群进行授粉。在组合育种中，为了保障有针对性地进行授粉，通常将一种植物的花粉带到另一种植物的柱头上来融合选定植物的理想性状。

4. 传代

育种后的果实种子经过纯化，再次培养出具有融合特性的子代。考虑到环境的影响以及后续的育种工作，育种的栽培环境应与大规模栽培的环境相近。当植物的进化状态比较稳定时，就可以将其采集以备将来之需。

5. 扩繁

选定的植物只有单个个体或小的种群，需要通过扩繁增殖才能进行大规模种植。可以通过以下两种方式进行扩繁：

（1）营养扩繁：与所选植物本身具有相同遗传背景的扩繁植物，许多木本植物通过扦插进行扩繁。在温室或苗圃中，将所选植物的嫩芽取下并进行处理以使其生根，扎根后，再将幼苗移植室外；非木质植物可以通过各种离体营养繁殖技术进行扩繁。

（2）有性繁殖：采取有性繁殖收获种子进行扩繁，采取上述筛选育种方法，以获得遗传同质的种子。

6. 新品种推广

因繁殖取决于杂交，杂交取决于花朵，所以要想获得育种结果，必须经过数代的选择，而且由物种的繁殖周期而定，也可能持续数 10 年，这也是育种成本高昂且必须进行知识产权保护的原因。因此，应该确保育种工作者的权利，基于所赋予的这些权利，育种工作者可以将品种授权给其他人，也可以成为该品种的独家销售商。育种工作者申请相应权益的要求是：① 他的品种必须尚未商业化。② 他的品种必须兼具稳定、独特、新颖、均质的特点。因此，必须通过几代实验获得相同的表型来证明其稳定性，即性状遗传必须稳定。新品种必须有区别于其他品种的前所未有的植物学性状，如形状、颜色或株高。[44]

以下育种技术备受关注：

1. 杂种优势育种

有针对性地经过几代异化授粉育种程序，直至获得遗传同质的植物群体，也就是说植物群体的 DNA 等位基因基本相同。杂种优势育种不仅可以增产，还能够提高作物对气候变化以及害虫的耐受性和抗性。因为杂种优势种子的有性繁殖会导致近交退化，所以保留母本群体以及各种保护育种措施就显得至关重要。

2．杂交育种

因为糅合了杂交优势育种与自交系的各自特点，子代表现出"杂种效应"，即子代的平均表型比父本更具活力，同时还遗传了父本的优势性状，所以生产的种子必须与杂种优势育种的要求相当。

3．单倍体育种[45]

用尚未成熟的花粉和单倍体植物进行繁殖，用秋水仙素或类似物质处理这些材料，使双单倍体（纯合）植物不能形成子代细胞（抑制有丝分裂）。

4．诱变育种

采用各种胁迫措施（如 X 射线、热处理、冷休克和化学诱变）处理植物材料来获得突变体，如果 DNA 在胁迫处理中不能够定向改变，那么只有很少一部分实验材料才能成功地应用到下一步育种程序中。

3.3.2　种子

我们可以通过各种处理措施来使种子商业化，从而为投放市场做准备。[46]

1．普通种子

在限定条件下从精选群体中收获、干燥、纯化和储存。

2．标准粒径种子

将常规种按照大小筛分成不同的类别，以便高效地实施机械化播种。

3．分级种子

通过分离低比重的种子来剔除活力最低的部分，以便提高种子的平均发芽率。

4．包衣种子

种子被含有杀菌剂、杀虫剂、营养物质、天然提取物或其他活性物质的包衣覆盖，这类种子的外表通常被彩色的耐磨层包被。

5．丸化种子

种子用促生长剂、驱虫剂组合物包衣，有所不同的是种子的形状匀称一致，以便高质量机械化播种。

欧盟规定了主要食品作物和种子的质量标准[47]，次要农作物代表性质量指标是异物含量（不超过 5%，具体取决于种子）、气味、干燥失重、颜色和千粒重（以克为单位）。

有机农业使用农业原产地的有机种子至关重要，为了缓解获得有机种子的压力，欧盟成员国建立了"有机种子"资料库。[48]

3.3.3　营养繁殖

对于某些植物，营养繁殖（无性繁殖）在经济上比生产种子更值得，尤其是木本植物可以通过扦插来进行有效的繁殖(参见 3.3.1 节"育种");而某些药用和芳香植物,因为它们是杂交植物,既不能进行有性繁殖,也会导致回交的后果,所以必须进行营养繁殖。例如,洋薄荷(胡椒薄荷)是水薄荷及绿薄荷杂交的后代,而绿薄荷是圆叶薄荷和欧薄荷的杂交后代。种子在生产过程中可能会产生异质(分化)的世代群体,这些群体具有原始物种的一些性状,而这些原始物种又具有不同的天然成分。大蒜不能生产种子,因此它采取蒜瓣[50]生根栽培[49]的方式来进行繁殖。

3.3.4　病害

植物病原体属于以下生物种群。[51]

1. 细菌

大多数与植物相关的细菌都是腐生的,这些细菌不会对植物造成危害。但是,其中一部分细菌会通过产生毒素危害植物,如土壤农杆菌会产生植物激素"植物生长素"而引起植物生成根瘤,欧文氏菌的细菌能够产生细胞壁降解酶,进而引起植物发生软腐病。如果没有大规模的化学控制方法,那么用石灰溶液喷洒则可控制欧文氏菌。一般而言,最有效的措施是在清除受影响区域的同时注意避免污染病菌残留。

2. 病毒、类病毒和病毒样生物

病毒有几个种,数量庞大的种在植物上的表现大多数是无症状的,对农作物产量的影响较小,而对经济作物的影响较大,如多年生植物果树受到的病毒感染。这类病菌需要生物媒介以便于传播,如昆虫或蚜虫,包括真菌、线虫和原生动物。如果能够得到有效控制,那么病毒的影响就会降到最低。

3. 真菌

真菌通过有性或无性的方式进行孢子繁殖,借助风和水远距离传播。有些真菌甚至可以土传病害,也就是说它们可以在土壤中存活很长时间,直至重新感染新的植物。传统农业采用化学试剂防控真菌,而对于新的抗性菌株则难度较大;有机农业则将卫生防疫作为基础。我们可以通过一定的栽培措施将受感染的病叶残体处理掉,土壤覆以一定的覆盖物避免土壤真菌侵害植物;如果采取灌溉措施,则仅根茎周围浇水,需保持叶片干爽;木本植物需经常修剪以保持通风透光。在有机农业中,使用铜作为杀菌剂仍存在争议,因为铜离子具有较高的生态毒性。[52]

4. 卵菌

卵菌为真菌样生物,其中最著名的是疫霉菌。没有适用于户外耕作的化学处理方法,仅有的措施是保持受感染的田块休耕,避免田块积水,禁止使用未经消毒的农业机械。

5. 寄生植物

最主要的寄生植物是槲寄生,这是一种用于治疗癌症的药用植物。

6. 线虫

这种蠕虫状动物主要生活在亚热带和热带地区的土壤中，有些寄生于植物根部，从而导致农作物减产。马铃薯孢囊线虫是最著名的例子，每年造成的经济损失高达 1 亿欧元。控制线虫的最佳措施是轮作，即种植那些不利于线虫生存的作物。

3.3.5 虫害

3.3.5.1 除虫

在本节内容中，害虫包括对植物造成危害的高等动物。这些害虫包括：

1. 昆虫

一些物种以植物为食，直接危害田间或仓储农作物，如毛毛虫、蚜虫、一些昆虫的幼虫、蝗虫和蟋蟀等，其他物种则通过传播病毒对农作物造成间接危害，如带刺吸式吻针的昆虫（包括蝗虫和蚜虫）。目前，人们已经研发了几种化学杀虫剂来控制昆虫的侵害，杀虫剂可分为触杀型和内吸型，触杀型杀虫剂（如氯氰菊酯、苄氯菊酯等）通过散剂施用，保留在处理过的植物的表面；内吸型杀虫剂（如乐果、吡虫啉、噻虫胺等）可施用于种子、土壤，甚至喷洒到植物上，它们可用于植物的整个生育期。

触杀型杀虫剂中的残留物可以通过洗涤稀释，而内吸型杀虫剂中的残留物会留在农作物中。如果不加区别地使用杀虫剂，就会对益虫（如蜜蜂）造成危害。基于这个原因，欧盟在 2013 年禁止了一些对蜜蜂有高毒性的新烟碱类杀虫剂。[53] 我们还可以通过部署有益的生物来控制许多昆虫（即生物防治），这类生物对作物生长具有正向促进作用。这些有益的生物中，尤以昆虫、细菌、线虫、植物、真菌较为明显，它们具有提升土壤健康、控制害虫、利于授粉的主要作用。一个著名的例子是瓢虫吃蚜虫[54]；又如间作可使许多栽培作物都从中获益，如胡萝卜和洋葱间作[55]；再如苏云金芽孢杆菌是一种有益于蝴蝶的细菌。

2. 蜗牛

蜗牛以各种农作物为食。在传统农业中，人们不仅使用神经毒性物质，如甲硫威和硫双威等控制蜗牛，还会在作物周围种植菠菜、水芹或芥末等植物引离蜗牛，或者种植鼠尾草、九里香、春黄菊或独活草来消灭它们。另一种有效的措施是使用番茄叶制成的液体肥料。此外，饲养以蜗牛为食的天敌也会有控制效果，如刺猬、鼹鼠、鼩鼱和乌鸦等。

3.3.5.2 除草

农艺师都会尽力为自己的植物提供最佳条件，基于此，需要格外关注作物与非农作物之间的竞争。过去，杂草通过除草、深翻、耕种、其他机械措施、杂草垫或地膜覆盖来进行防治。如今,人们已经开发出化学除草剂可以选择性地除草而不对农作物造成危害。有机农业采用农业机械措施,并结合灵活的作物轮作制度来控制杂草。

3.3.6 采收技术

对于主要农作物,采收技术已经有了长足的发展,同时进行了高效的优化。每种植物器官——花朵、叶子、草药、根、根茎和谷粒都有适用的设备,其中大多数设备能够直接将农作物与异物分离;而对于大多数人工栽培的药用和芳香类植物来说,此类设备需要改造以适宜于其特定农作物器官的形态。通常,设备在使用前应进行清洁维护,应擦掉润滑剂、清洗污渍,以避免与之前收获的农作物残留发生交叉污染。作物的质量取决于采收工艺以及适宜的季节:已知多种次级代谢产物在植物的某个生长阶段达到峰值,如桦树叶表皮中的黄酮含量在夏天就开始下降。[56]

3.3.7 收获纯化(采收纯化/收获净化)

即便使用了精心设计的采收技术来收获作物,也无法完全避免异物进入。对于大多数采收程序来说,进一步纯化是至关重要的一步。根据作物的具体情况,对其进行筛分、分类、脱粒或人工剔除不想要的物质。根和根茎在干燥前要洗净以去除残留的土壤。新鲜或干燥的物料也可以进行纯化,如果对新鲜物料进行纯化,则应尽快完成纯化以免新鲜作物发酵而滋生细菌。

3.3.8 机械处理

农作物可以通过干燥或冷冻直接保存,而粉状物料本身可以通过磨碎(花、叶和草药)或切片(叶、树皮、根和根茎)来保存。

3.3.9 热处理

干燥过程是收获后的又一处理步骤,对产品质量至关重要。如果在过低的温度下干燥,则可能会产生发酵,或由于微生物的生长而使作物掺假;如果在过高的温度下干燥,则天然化合物(如酶或次级产物)可能会降解,或者由于美拉德反应,农作物的质地可能会发生变化。因此,对农作物进行干燥处理必须达到完全明显的干燥为止(对农作物实施的干燥处理要彻底)。大体上,草药和树叶压碎后干燥的损失小于10%,但这是在储存过程中避免微生物滋生所必需的。

3.3.9.1　自然干燥

目前,野生采集植物的干燥仍然没有技术支持,一般是摊薄置于阴凉的、通风良好的干净地面上,直至彻底干燥为止。卫生和避免暴晒对于保证最佳质量至关重要。

3.3.9.2　人工干燥

主要的人工干燥技术有滚筒式干燥、盘式干燥和带式(或层式)干燥,这几种干燥方式各有优缺点。借助热交换器可避免废气和作物之间直接接触,热量是通过燃烧天然气或其他燃料获得的。从生态环保的角度来看,最受欢迎的干燥技术是使用太阳能的人工干燥。

3.4　质　量　标　准

3.4.1　质量管理

有些机构已经建立了用于生产芳香植物和药用植物的质量管理方法。主要有以下几个质量管理方法:

(1) 世界卫生组织(World Health Organization,WHO)的《药用植物优良农业和采集规范指南》。[57]

(2) 欧洲草药种植者协会(European Herbs Growers Association,EURO-PAM)的《药用和芳香植物良好农业和野生采集实践指南》。[58]

(3) 欧洲药品管理局(European Medicines Agency,EMA)的《草药来源原材料的良好农业和采集规范指南》。[59]

这三个指南的重点是产品不同,EMA 和 WHO 的标准仅针对药用植物,而 EUROPAM 的标准还包括芳香植物。

由于 EMA 的《草药产品/传统草药产品质量指南》[59]是最严格的指南,在此通过总结该指南的各个章节来举例说明:

1. 引言

该指南为建立适当的质量管理体系规定了最低的质量要求,因为原料质量对产品质量产生了直接重大的影响。

2. 总论

该指南旨在解决质量控制过程中的特定问题,并保证与质量相关的关键步骤受控,以确保能够实现产品高质量的目标。与此同时,该指南规定了健康和作物处理的最低安全标准,以保障消费者的利益不受侵害。生产过程中的所有参与者(种植者、收集者、贸易商和加工者)都应遵守这些注意事项。

3. 质量担保

相关合作伙伴之间的协议应符合法律要求,并以书面形式签订。

4. 人员及培训

加工程序应符合法律要求,并且应对员工进行相关过程和卫生责任方面的培训。应确保工作人员的福利及健康(如免受有毒或过敏性植物的侵害),包括分配足够的防护服(社会责任)。应将有伤口、受到感染、患有传染病的人排除在开放处理货物的区域之外。种植工作者和采集工作者需要安排进一步适宜的培训,例如,如何准确地识别物种,以及何时以可持续的方式进行采集。他们需要通过培训以准确地执行指南的相关要求。如果他们驾驶拖拉机、收割机之类的车辆,或使用农药等化学药品,那么必须要接受充分的培训。一般而言,从事耕种或采集的工作者需要具备环境保护和植物物种保护的相关知识。

5. 建筑物和设施

建筑物和设施应保持清洁、通风良好,并与牲畜隔离,其必须对货物提供足够的保护,以免货物受到鸟、啮齿类动物和家畜的损坏,还要制定运行良好的病虫害防治计划。货物应该进行适当的包装和堆放,以防止交叉污染和掺假。

6. 设备

设备应清洁、维护良好,并在需要时进行定期校准。与产品直接接触的设备,在使用后必须清洁,以防止交叉污染。

7. 归档

与质量相关的每个生产步骤,如灌溉、施肥、农药施用、修剪、采收和采收后处理,都应记录在案;还应该记录影响产品质量的事件,如极端天气状况;地理位置也应备案,且要批量建立档案,以确保从植物生长地点到干燥物料包装全过程的可追溯性。相关各方(工作人员、商人和客户)之间的所有协议都应记录在案,最好以合同的形式存档。

8. 种子和育种材料

所用材料的来源应按照属、种、品种(栽培种、化学型)和来源以可追溯的方式记录下来。原始材料应无病虫害。

9. 栽培

栽培措施不应对环境造成影响,且需进行适当的轮作。不得使用被重金属、污泥或其他残留物污染的土壤,应尽量减少化学药品的使用;粪肥应实施堆肥,且无人类粪便;肥料应严格按照其规定使用。灌溉应根据物种的要求,在适当的水质条件下进行;应尽量减少农药、除草剂或其他化学试剂的施用,如果必须施用,那么应严格按照法规和生产商的规定使用。

10. 采集

在采集过程中，必须谨慎操作以保持自然栖息地尽可能不受侵扰，在任何情况下，都必须满足包括 CITES 要求在内的法律要求。

11. 采收

采收应在能够获得最佳产品质量的时候进行，必须剔除破损的作物。采收还应在最佳天气条件下进行，要避免在土壤潮湿、下雨等情况下采收。如果无法避免，则应采取适当的措施（如采收后立即进行清洁和干燥）以降低潜在被污染风险。一般而言，应将收获的物料置于保护状态（通过干燥、冷冻、直接蒸馏等），以防止微生物的发酵和滋生。与农作物接触的所有设备应尽可能保持清洁，如果可能的话，应避免农作物与土壤接触，而且应避免与其他有毒杂草一起采收。

12. 预处理

预处理包括清洗、干燥前切片、熏蒸、冷冻、蒸馏、干燥等措施，应在作物脱水后立即进行。作物应在保存之后直接包装，在两个操作步骤间隙，应使作物免受暴晒、雨水、昆虫等的侵害。在露天干燥的情况下，必须严格执行重点的卫生要求，同时避免暴晒，摊薄作物以确保空气流通，直至物料干燥为止。如果使用其他干燥技术，那么应该基于植物的特定要求调整干燥过程，记录相应的信息并归档。同时，应最大限度地将物料过筛（在运行良好的振筛中）检验以剔除异物。

13. 包装

最好使用新材料进行包装，如果回收包装材料，则应以适当的方式对回收的包装材料进行清洁。包装材料应存放在清洁干燥的地方，且需与其他产品分开单独存放，这些区域应避免牲畜、家畜和害虫的侵扰。

14. 储存和配送

仓库环境应能够保护物料免受阳光暴晒，通风良好，温度不会剧烈波动。新鲜物料应储存在 1～5 ℃ 的环境中，而冷冻物料应储存在 −18 ℃ 以下的环境中。进行大宗货物运输时，应采取措施（如适当的透气）避免滋生霉菌。如果必须进行熏蒸作业，那么只能由经过认证的专业人士实施，熏蒸作业所用的化学物质必须登记注册，所有申请都必须记录在案。

3.4.2　质量控制

用于生产药品（如植物提取物和天然化合物）的草药原料应符合《欧洲药典》[60] 的"草药"专题要求。

每个物种都需要对外观和感官特性进行详细描述，还要进行宏观检验和微观测试，以确认物种类别，也可以使用色谱进行测定，如薄层、高效液相或气相色谱。

产品纯度需通过异物检测界定，且异物不得超过 2%；产品中的沙土率需通过总灰分或酸溶性灰分检测界定；相关干燥工艺信息可通过干燥失重或含水量表征，不同物料的最大含水量不同,一般而言平均含水量不应超过 12%。高含水量的物料因提取物得率减少会损害购买者的利益,当含水量超过 12%时,会促进微生物的滋生,进而导致成分降解产生毒素(如霉菌毒素)。

　　除此之外,必须测定重金属镉、铅和汞,如果已知土壤中存在其他高浓度的重金属或植物易于富集的特定重金属,那么这些重金属也需要进行检测;农残和除草剂残留不得超过《欧洲药典》和欧盟指令 396/2005 中规定的限定范围;在新的应用认证前要进行放射性检测;必须检测微生物污染,并根据后续生产步骤规定可行的限定标准,直接用于凉茶的干的药用植物,其限定标准比用作提取原料的药用植物更为严格。

　　因为样品应代表整个批次,所以对于分析结果至关重要的是,采样过程应充分说明。因为样品抽样来自整个批次,样品代表性对于分析结果的稳定性来说至关重要,所以抽样过程也应详细说明。如果一批样品少于 3 个储罐,那么应从每个储罐中分别取样并混合均匀;如果多于 3 个储罐,那么抽样储罐的数量应按照 $n^* = \sqrt{N} + 1$ 计算,每个储罐按照上、中、下 3 个部位分别取样。除此之外,还有其他要求,如单个样品样本群体的界定、基于植物器官的最低样品重量(根、树皮、根茎和茎> 500 g,叶、花、种子和果实>250 g,植物碎片>125 g)等。

词汇及缩略语

DDT	双对氯苯基三氯乙烷(长效杀虫剂)
EMA	欧洲药品管理局
EUROPAM	欧洲草药种植者协会
FAO	联合国粮食及农业组织
HPLC	高效液相色谱
MAP	药用和芳香植物
WHO	世界卫生组织

参 考 文 献

[1]　Chizzola,R. (1993) The main pyrollizidine alkaloids of petasis hybridus: variation within and between populations. ISHS Acta Horticulturae 333: WOCMAP I — Medicinal and Aromatic Plants Conference: Part 1 of 4, November 1993.

[2]　Yadav, A. K., Singh, S., Dhyani, D., and Ahuja, P. S. (2011) A review on the improvement of stevia [Stevia rebaudiana (Bertoni)]. Can. J. Plant Sci., 91(1), 1-27.

[3]　ISSC-MAP: Bundesamt für Naturschutz http://www. bfn. de/ fileadmin/MDB/documents/service/skript195. pdf (accessed 29 March 2014).

[4]   United Nations General Assembly (1987) Report of the World Commission on Environ-
        ment and Development: Our Common Future, Transmitted to the General Assemblyas
        an Annex to Document A/42/427-Development and International Co-operation: Envi-
        ronment; Our Common Future, Chapter 2: Towards Sustainable Development; Para-
        graph 1. United Nations General Assembly, 20 March 1987, http://www. un-docu-
        ments. net/ocf-02. htm (accessed 29 March 2014).

[5]   Thwink The Three Pillars of Sustainability, http://www. thwink. org/sustain/glossary/
        ThreePillarsOf-Sustainability. htm (accessed 29 March 2013).

[6]   BfR (2005) Risk of Mix-up with Bear's Garlic, 10/2005, http://www. bfr. bund. de/
        en/prss_information/2005/10/risk_of_mix_up_with_bears_garlic-6228. html (accessed
        14 March 2014).

[7]   Grobosch, T., Binscheck, T., Martens, F., and Lampe, D. (2008) Accidental intoxi-
        cation with Veratrum album. J. Anal. Toxicol., 32, 768-773.

[8]   Smith, J. (2010) Biofuels and the Globalization of Risk, Zed Books Ltd, London.

[9]   David, R. (2007) Montgomery: Dirt — The Erosion of Civilizations, University of
        California Press, Berkeley.

[10]   EUR-Lex Council Directive 91/676/EEC of 12 December 1991 Concerning the Protec-
        tion of Waters Against Pollution Caused by Nitrates From Agricultural Sources, http://
        eur-lex. europa. eu/LexUriServ/LexUriServ. do? uri = CELEX: 31991L0676: en: NOT
        (accessed 29 December 2013).

[11]   European Community. Nitrogen in Agriculture, http://ec. europa. eu/agriculture/
        envir/report/en/nitro_en/report. htm (accessed 29 December 2013).

[12]   CITES http://www. cites. org/eng/disc/EText. pdf (accessed 29 December 2013).

[13]   CBD http://www. cbd. int/intro/default. shtml (accessed 29 December 2013).

[14]   CBD The Nagoya Protocol, https://www. cbd. int/abs/ (accessed 19 March 2014).

[15]   WRB (2006) World Reference Base for Soil Resources 2006, A Framework for Interna-
        tional Classification, Correlation and Communication. World Soil Resources Reports
        103, FAO, Rome, p.145.

[16]   Mueller, L. et al. (2010) Assessing agricultural soil quality on a global scale. 19th
        World Congress of Soil Science, Soil Solutions for a Changing World, Brisbane, Aus-
        tralia, August 1-6, 2010.

[17]   McKibben, P. (2012) The Global Warming Reader: A Century of Writing About Cli-
        mate Change, Penguin Press, 432p.

[18]   World Maps of Köppen-Geiger Climate Classification http://koeppen-geiger. vuwien.
        ac. at/shifts. htm (accessed 29 March 2014).

[19]   Rubel, F. and Kottek, M. (2010) Observed and projected climate shifts 1901—2100
        depicted by world maps of the Köppen-Geiger climate classification. Meteorol. Z., 19,
        135-141.

[20]   Unger, P. W. and McCalla, T. M. (1989) Conservation tillage systems. Adv. Agron.,
        33, 2-53.

[21] Stewart，W. M.，Dibb，D. W.，Johnston，A. E.，and Smyth，T. J.（2005）The contribution of commercial fertilizer nutrients to food production. Agron. J.，97，1-6.

[22] Ceresana（2013）Market Study：Fertilizers-World，May 2013，http：//www. ceresana. com/en/marketstudies/agriculture/fertilizers-world/（accessed 12 January 2014）.

[23] Brock，W. H.（1999）Justus von Liebig，translated by Siebeneicher，G. E. p. 27，Vieweg & Teubner，Braunschweig.

[24] Pau Vall，M. and Vidal，C. Nitrogen in Agriculture in："Agriculture and Environment"，http：//ec. europa. eu/agriculture/envir/report/en/nitro_en/report. htm（accessed 11 January 2014）.

[25] Europa Summaries of Legislation Regulation（EC）No 2003/2003 of the European Parliament and of the Council of 13 October 2003 Relating to Fertilisers，http：//europa. eu/legislation_summaries/food_safety/contamination_environmental_factors/l21278_en. htm（accessed 5 January 2014）.

[26] Maeder，P.，Fliebach，A.，Dubois，D.，Gunst，L.，Fried，P.，and Niggli，U.（2002）Soil fertility and biodiversity in organic farming. Science，296(5573)，1694-1697.

[27] Birkhofer，K.，Bezemer，T. M.，Bloem，J.，Bonkowski，M.，Christensen，S.，Dubois，D.，Ekelund，F.，Fliessbach，A.，Gunst，L.，Hedlund，K.，Maeder，P.，Mikola，J.，Robin，C.，Setälä，H.，Tatin-Froux，F.，Van der Putten，W.，and Scheu，S.（2008）Long-term organic farming fosters below and above ground biota，implications for soil quality，biological control and productivity. Soil Biol. Biochem.，40(9)，2297-2308.

[28] European Community Use of Sewage Sludge in Agriculture，http：//ec. europa. eu/environment/waste/sludge/（accessed 03 November 2014）.

[29] Dangerfield，W.（2007）The Mystery of Easter Island. Smithsonian Magazine（Apr. 1）.

[30] Howard，A.（1943）An Agricultural Testament，Oxford University Press，Oxford.

[31] Kirchmann，H. and Bergström，L.（eds）（2008）Organic Crop Production — Ambitions and Limitations，Springer-Verlag，Berlin.

[32] Demeter International http：//en. wikipedia. org/wiki/Demeter_International（accessed 18 January 2014）.

[33] Hanley，P.（1990）Agriculture：a fundamental principle. J. Bahá'í Stud.，3 Fukuoka，M.，（1978）. One Straw Revolution. Emmaus：Rodale Press（1），http：//www. google. de/url? sa = t&rct = j&q = &esrc = s&frm = 1&source = web&cd = 1&cad = rja&ved = 0CCwQFjAA&url = http% 3A% 2F% 2Fwww. bahai-studies. ca% 2Fjournal% 2Ffiles% 2Fjbs% 2F3. 1% 2520Hanley. pdf&ei = d2jjUvijF8PctAbOYGwAw&usg = AFQjCNHC-CUEwVmSgeTbWRqhcKqEI_QHNvw（accessed 11 August 2014）.

[34] Tegta，M.（2010）Masanobu Fukuoka：The Man Who Did Nothing. DNA Daily News and Analysis（Aug. 22，2010），Mumbai，India（25 Jan. 2014）.

[35] Alan Chadwick Biography on the Alan Chadwick Homepage，http：//alanchadwick. org/html%20pages/chronology. html（accessed 25 January 2014）.

[36] Jeavons，J.（2004）How to Grow More Vegetables：And Fruits，Nuts，Berries，Grains

and Other Crops Than You Ever Can Imagine, 6th edn, Ten Speed Press, Berkeley.

[37] Faulkner, E. (1945) Ploughman's Folly, M. Joseph Ltd Press.

[38] Derpsch, R. http://www. rolfderpsch. com/en/no-till/historical-review/. (accessed 03 Nov 2014) A Short History of No-Till, http://www. rolf-derpsch. com/notill. htm.

[39] EN Council regulation (EEC) no. 2092/91 of 24 June 1991 on organic production of agricultural products and indications referring thereto on agricultural products and food-stuffs, Off. J. Eur. Union, 198, 1, http://eurlex. europa. eu/LexUriServ/LexUriServ. do? uri = CONSLEG:1991R2092:20080514:EN:PDF (accessed 11 August 2014).

[40] EN Regulations Council regulation (EC) no. 834/2007 of 28 June 2007 on organic pro-duction and labelling of organic products and repealing Regulation (EEC) no. 2092/91, Off. J. Eur. Union, 189, 1-23 http://eur-lex. europa. eu/LexUriServ/LexUriServ. do? uri = OJ:L:2007:189:0001:0023:EN:PDF (accessed 11 August 2014).

[41] European Commission The EU Organic Logo, http://ec. europa. eu/agriculture/organ-ic/downloads/logo/index_en. htm (accessed 11 August 2014).

[42] ECOCERT http://www. ecocert. com/en (accessed 15 March 2014).

[43] Diepenbrock, W., Ellmer, F., and Leon, J. (2012) Ackerbau, Pflanzenbau und Pflanzenzüchtung, 3rd edn, UTB Verlag Stuttgart.

[44] CIOPORA http://www. ciopora. org/ (accessed 30 March 2014).

[45] Bundesministerium für Bildung und Forschung Biosicherheit: Gentechnik-Pflanzen-Umwelt, Haploidenzüchtung, http://www. biosicherheit. de/lexikon/854. haploidenzu-echtung. html (accessed 30 March 2014).

[46] Dacher, M. and Pelzmann, H. (1999) Arznei- und Gewürzpflanzen, 2nd edn, AV-Verlag, Kloster Neuburg, pp. 59-60.

[47] EU (2004) Council directive 2004/117/EC: Marketing of plant seed amended as regards of examinations carried out under official supervision and equivalence of seed produced in third countries. Off. J. Eur. Union, 198, 1, http://eur-lex. europa. eu/LexUriServ/LexUriServ. do? uri = OJ:L:2005:014:0018:0033:EN:PDF (accessed 30 March 2014).

[48] European Commission Organic Seed Databases of the EU, http://ec. europa. eu/agricul-ture/organic/eupolicy/eu-rules-on-production/seedsdatabase/index_en. htm (accessed 30 March 2014).

[49] Kooperation Phytopharmaka Arzneipflanzenlexikon der Kooperation Phytopharmaka-Monographie Pfefferminze, http://www. koop-phyto. org/arzneipflanzenlexikon/pfef-ferminze. php (accessed 30 March 2014).

[50] Bayerische Landesanstalt für Weinbau und Gartenbau Kulturanleitung Knoblauch, http://www. lwg. bayern. de/gartenakademie/infoschriften/gemuese/linkurl_0_7_0_9. pdf (acccessed 30 March 2014).

[51] Schloesser, E. (1997) Allgemeine Phytopathologie, Thieme Verlag Stuttgart.

[52] Heibertshausen, D., Braus, O., Langen, G., Kogl, K.-H., Bleyer, G., Kassemeyer, H.-H., Loskill, B., Maier, K., Maixner, M., and Berkelmann-Löhnertz, B. (2010) Kupferminimierung im ökologischen Rebschutz, Deutsches Weinbau Jahrbuch 2010,

Verlag Ulmer，Stuttgart.

［53］ European Commision Bees and Pesticides：Commission Goes Ahead with Planto Better Protect Bees，http：//ec. europa. eu/food/animal/liveanimals/bees/neonicotinoids_ en. htm（accessed 31 March 2014）.

［54］ Hodek，I.，Honek，A.，and van Emden，H. F.（2012）Ecology and Behaviour of the Ladybird Beetles，Wiley-Blackwell，Hoboken，NJ.

［55］ Mateeva，A.，Ivanova，M.，and Vassileva，M.（2002）Effect of intercropping on the population density of pests in some vegetables. Acta Hortic.，579，507-511.

［56］ Valkama，E.，Salminen，J.，Koricheva，A.，and Pihlaja，K.（2004）Changes in leaf trichomes and epicuticular flavonoids during leaf development in three birch Taxa. Ann. Bot.，94，233-242.

［57］ WHO（2003）Guidelines on Good Agricultural and Collection Practices（GACP）for Medicinal Plants，Geneva，http：//apps. who. int/medicinedocs/en/d/Js4928e/（accessed 22 March 2014）.

［58］ EUROPAM（2010）Guidelines for Good Agricultural and Wild Collection Practice of Medicinal and Aromatic Plants（GACP-MAP），Brussels，http：//www. europam. net/ documents/gacp/EUROPAM_GACP_MAP_8.0. pdf（accessed 22 March 2014）.

［59］ EMEA GACP Guideline of the EMA，http：//www. ema. europa. eu/docs/en_GB/document_library/Scientific_guideline/2009/09/WC500003362. pdf（accessed 15 March 2014）.

［60］ European Pharmacopoeiahttp：//online. edqm. eu/EN/entry. htm（accessed 15 March 2014）.

延 伸 阅 读

（1）European Commission EU Organic Farming Legislation（欧盟委员会欧盟有机农业立法）：http：//ec. europa. eu/agriculture/organic/eu-policy/ legislation_en（accessed 14 August 2014）.

（2）European Commission EU Organic Farming News（欧盟委员会欧盟有机农业新闻）：http：//ec. europa. eu/agriculture/organic/news_en（accessed 14 August 2014）.

（3）EN EU Directive on Traditional Herbal Medical Products（EN 欧盟传统草药医疗产品指令）：http：//eur-lex. europa. eu/LexUriServ/LexUriServ. do？ uri = OJ：L：2004：136：0085：0090：en：PDF（accessed 14 August 2014）.

（4）European Union EU Organic Farming（欧盟有机农业）：http：//europa. eu/geninfo/ query/resultaction. jsp？ ResultCount = 25&Collection = EuropaFull&ResultMaxDocs = 200& SourceQueryText = scadplus01&qtype = simple&DefaultLG = en&ResultTemplate = % 2Fresult_ fr. jsp&page = 1&QueryText = Organic + farming&y = 10&x = 12（accessed 14 August 2014）.

作者：Hansjoerg Hagels

译者：郭东锋，孔俊

第4章　固液萃取中的传质强化

　　植物源提取物通常被用于食品、保健品、化妆品、香原料/香精以及医药行业。消费者对天然来源产品的青睐,导致近年来植物源提取物的经济价值逐年增长。2003 年,棕榈、绿茶和蓝莓三个草本提取物的市场价值在欧洲就有 67 亿欧元,全球范围内更是达到了 175 亿欧元。根据 FAO 的报告,植物源的食品、食品添加剂和药品的年增长率预计有 6%～8%。[1] 为了满足对植物提取物不断增长的需求,必须加快新工艺和新产品的开发及工业化。现有制造工艺需要从能源、溶剂消耗及溶剂选择等方面进行优化。在这个快速扩大的全球市场中,拥有许多新的、生命周期短的产品的公司需要调整其开发和生产工艺,缩短上市时间,降低生产成本。特别是在以可持续提取过程为目标的绿色提取领域,提取工艺的改进,以及随之而来的新的创新工艺、过程改进、环境友好溶剂以及能源节约非常重要,以下是一些改进的提取工艺的例子:

　　(1) 微波提取。

　　(2) 超声提取。

　　(3) 高压提取。

　　(4) 脉冲电场。

　　(5) 瞬时减压。

　　(6) 闪式提取。

　　本章介绍了一些传统的和新的提取方法。在红茶、丁香花蕾和微藻的案例中比较了不同的技术,展示了实验室和中试级别一些有效提取流程的细节,揭示了创新技术和改进方法怎样与传统技术竞争以及应该如何设计可持续的绿色提取过程。

4.1　固液萃取的研究进展

　　固液萃取是从植物中分离产物的最古老的工艺。早在公元前 3500 年,美索不达米亚平原的人们就已经制造出了植物提取物用于医药和化妆品。固液萃取非常重要,其是在整个工艺过程中最常使用的单元操作。固液萃取是使用液体溶剂从固体中选择性释放、淋溶和浸出产物的一个过程。与其他分离过程相比,固液萃取过程得到的是复杂的多成分混合物,如果想要得到富集的植物提取物或纯的产物,还需要进行一步或多步纯化。在整个过程中,溶剂回收对于成本控制非常重要。图 4.1 使用最简单的框图呈现了固液萃取流程。首先,固体原材料需与溶剂混合并被提取。然后,固液两相分离,通过不同的纯化步骤,目标化合物从提取物中分离出来。固液萃取主要受以下参数影响:溶剂类型、pH、固液比、颗粒尺寸和温度。溶剂与目标化合物的匹配程度会正向影响提取选择性,因此为了得到高的产率和目标产物纯度,溶剂的极性和 pH 非常重要。

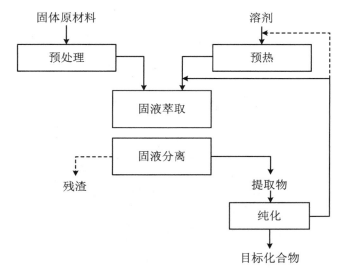

图 4.1　固液萃取流程图[2]

固液萃取涵盖很多工艺过程,例如,从油籽中提取油脂,从草本植物中提取精油,从甜菜和甘蔗中提取糖,以及从药用植物中提取药品和保健品。用热水将粉碎的原材料制成茶和咖啡是日常生活中的固液萃取案例。[2-3]尽管该过程广泛地应用于许多领域,但还是需要从自动化程度、传质效率和经济性等方面对其进行优化。[4]我们通过文献调研的方式了解植物固液萃取的研究现状,包括提取设备和模式,因为我们的关注点是植物提取,所以其他使用了固液萃取的工业领域,如采矿、造纸或油脂工业,被排除在文献调研之外。

以固液萃取、浸滤、煎煮、洗脱为关键词检索文献,得到 75000 个结果。排除有关植物富集土壤重金属的内容,还保留了 1500 篇文章,最终得到 300 篇文章。根据提取方法可将这 300 篇文章划分为几个组,结果如图 4.2 所示。

50% 的文献描述了超临界流体提取在医药和食品处理过程中的应用。文献中有关植物溶剂提取的内容大约占 20%,植物原材料的溶剂提取包括加压液体提取(Pressurized Liquid Extraction,PLE)和加速溶剂提取,在提取罐内加压,可以让有机溶剂的温度达到 100~200 ℃。[8-10]大约有 10% 的文献是关于 MAE 的[13-14],另外还有大约 10% 的文献是关于超声辅助提取(Ultrasound Assisted Extraction, UAE)的[13-14]。尽管在文献中很少报道,但 100～500 L 体积范围内的间歇式提取罐从 1990 年开始就在工业中使用了,具体如图 4.3 和图 4.4 所示。

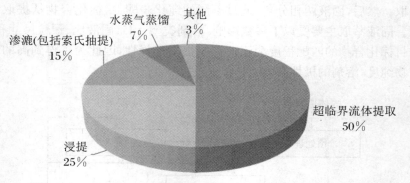

图 4.2　固液萃取的文献调研结果

图 4.3　用于植物提取的工业级超声辅助间歇式反应器

本图由 Martin-Bauer Italia, Nichelino, Turin-IT 友情提供。

图 4.4　工业级超声反应器的内部结构

本图由 Martin-Bauer Italia, Nichelino, Turin-IT 友情提供。

　　搜索固液萃取的仪器和设备,能够得到 16000 篇文章,排除关于利用植物富集土壤中重金属的内容,还有大约 800 篇文章,最终筛选出 30 篇文章。以提取设备的不同将文章进行分类,最终得到下面的饼状图(图 4.5)。

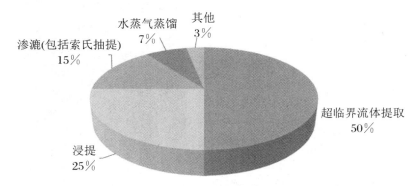

图 4.5　有关固液萃取设备的文献调研

　　50% 的文献是关于超临界流体提取设备的,25% 的文献讨论浸提设备,15% 的文献涵盖渗漉设备,7% 的文献关注隔水和供水两种方式的水蒸气蒸馏设备。

4.1.1　间歇式工艺

　　植物溶剂提取最常见的方式是浸提,需使用配备温度控制系统的搅拌容器。浸提器中的固液萃取在达到平衡状态时终止。平衡状态取决于目标产物的固液分配系数,而达到平衡状态所需的时间由扩散和传质效率决定。因此,浸提通常采用多次提取工艺,每次添加新鲜溶剂,以达到完全溶解目标产物的目的。通常在浸提器的底部配有过滤装置以实现固液分离。

　　图 4.6 展示了典型的浸提设备,原料需放置在筛板上,随着溶剂运动。在提取过程中搅拌器使固液混合物保持流动,直到达到设定的产物浓度,然后排出液体,固体仍然在提取罐中,如果需要可以进行下一次提取。图 4.6 中的设备可以使用蒸汽间接将残渣中的溶剂闪蒸出来,其优点是更加安全,也能减少废物。目前浸提式提取器的工作体积可以达到 6000 L。[15-17]

4.1.2　连续式工艺

　　连续式工艺主要用于大规模、单一产品(如食用油)的工厂。菜籽或其他油料植物中的油脂可以通过机械压榨、离心的方式获得。与溶剂提取过程相比,机械压榨是一个更加经济的方法,但是如果采取完全压榨的方式,最少有 5%(质量分数)的油脂仍然残存在原料中。考虑到在压榨过程中油饼会产生多余的热量,可能会导致油脂变质，在实际生产中，油饼中的残油通常高达 15%～20%（质量分数）。可以使用轻质烷烃（如正己烷）提取残留油脂。

(a)　　　　　　　　　　　　　　　　　　　　　(b)

图 4.6　E&E 装备的浸提器和 GEA Niro 装备的渗漉器

连续式溶剂提取器的特点是体积相对较小，设计可以更紧凑。根据溶剂和原材料的流向不同，工艺设计有所差异。如果溶剂和原材料同向运动，那么该工艺设计是顺流的；如果它们反向运动，那么工艺设计是逆流的。渗漉式固液萃取器的工艺设计是假逆流式，因为原料固定不动，而溶剂从中渗漉而过。在逆流式工艺过程中，提取液中目标化合物的浓度更高，同时残渣中的溶剂残留也更低，因此溶剂使用量大幅下降，提取时间也比间歇式方法更短，这对保证最终产品的质量有好处。[3]目前已有大量文献探讨了固液萃取器的设计，但是，其中的绝大多数设计要么没有被工业领域广泛接受，要么根本没有被应用过。有些设计已经过时，或者仅仅使用了很短的时间。[21]

目前，市面上有一些公司生产连续式逆流提取器，它们中大部分瞄准了油脂提取行业（表 4.1）。

BMA（Braunschweigische Maschinenbauanstalt AG）的产品为 BMA 塔式提取器；Crown Iron Works 的产品为 Model Ⅲ、Model Ⅳ 和 Model Ⅴ 提取器；De Smet 的产品为 LM 和 Reflex 提取器；GEA Niro 的产品为 Contex 提取器；Harburg-Freudenberger 的产品为 Carousel 提取器；Lurgi 的产品为 Sliding Cell 提取器。[22-23]

表 4.1　固液提取器纵览

公司	提取器	产量 (t/d)	产率	固液比	停留时间 (min)	平衡级	原料粒径 (mm)
BMA, 德国	BMA 塔式提取器	4000～17000	99	3～5	90～150	—	5～100
Crown Iron Works, 美国	Model Ⅲ 渗滤式	最大 12000	80～99	0.8～8	30～180	—	1～20
	Model Ⅳ 浸没式	最大 800	80～99	0.8～8	30～300	—	1～20
	Model Ⅴ (特殊材质) 渗滤式	最大 800	80～99	0.8～8	30～300	—	1～20
De Smet, 比利时	LM 提取器	500～5000	99	约 1	60～120	5～10	0.3～15
	Reflex 提取器	500～12000	99	约 1	60～120	5～10	0.3～15
GEA Niro, 丹麦	Contex 提取器	12～24	＞90	约 6	30～120	3～5	0.9～50
Harburg-Freudenberger, 德国	Carousel 提取器	50～5000	90～98	0.85～1	30～90	—	—
Lurgi, 德国	Sliding Cell 提取器	100～5000	98～99	—	—	8～12	0.5～20

　　BMA 生产的 BMA 塔式提取器,用于从甜菜中制糖,在所有连续逆流式提取器中,该公司生产的设备产量最大,高达 17000 t/d。甜菜/汁液混合物从底部进入萃取塔,从顶部使用螺旋输送机排出,同时提取溶剂(新鲜的水和 80 ℃加压水)从顶部流下。精心设置的输送刀片和挡板让甜菜轻柔地输送穿过提取区域。[24]

　　Crown Iron Works 的 Model Ⅲ 和 Model Ⅴ 是连续式环形浅床提取器,其处理能力根据原材料的物理特性而变。Model Ⅲ 提取器的最大产量为 12000 t/d,原料通过位于提取器上部的送料斗进入,内部的链式装置则将原料送到提取器的顶部，并用多级泵组喷出溶剂淋洗原料。提取器的底部具有两个功能：第一，缓慢翻转原料，当原料离开提取器底部时，整个料床倒置；第二，使提取器上部加入的溶剂与料床一起移动，产生一种浸润效应，有利于在提取器的底部去除残油，原料被上部的喷淋液多级连续淋洗，最后一级喷淋新鲜溶剂，以彻底去除残油。在最后的沥干环节，料床被抬升到一个缓坡，以保证没有多余的溶剂从排出物中溢出。Model Ⅴ提取器是浸滤式的，产能与 Model Ⅳ 提取器类似，Model Ⅴ用于提取颗粒和粉状物料，这种物料粒径太细，不适合渗漉处理。在 Model Ⅴ 提取器中，一个输送系统带着物料沿提取器平缓的底部区域运动，在整个过程中，物料始终浸没在相反方向流动的溶剂中。

　　GEA Niro 和 Vantron Mau 设计了螺旋式连续逆流提取器。GEA Niro 的 Contex 提取器是为工业级连续提取器的放大而制造的一个测试单元。固体物料通过两个螺旋输送器向上输送，加热到 95 ℃ 的溶剂在重力作用下逆向运动。典型的喂料速率为 5 kg/h 和 20 kg/h（工业级可达 12～24 t/d），停留时间为 0.5～2 h。[25] Vantron Mau 生产的提取器由几个仓室组成，每个仓室装备一个循环泵让溶剂产生逆流，喂料速率与 Contex 提取器相似，停留时间为 1～6 h[26]。De Smet 生产的 LM 提取器是一种连续式渗滤提取器，产量最高可达 5000 t/d。物料通过渗滤带输送，料床的高度由一个可移动的滑板调节。溶剂从顶部喷洒到渗滤带上，其先穿过料床进入收集盘，然后被泵到料床的进口位置，与物料的运动方向相反。[3,21,27] Harburg-Freudenberger 生产的 Carousel 提取器也是逆流式渗滤提取器，它配有气密罩和缓慢旋转的喂料轮。喂料轮不断地将粉碎物料从进料阀处转移到一个固定的筛盘后从出料阀排出。与此同时，溶剂从提取器顶端喷洒，然后从原料和筛盘中渗出，最后被收集进入提取室。在滤饼被排出之前，可以执行一个产品特有的淋洗工序。根据不同的需求，Carousel 提取器可以装配一个或多个喂料轮，以实现 50～5000 t/d 的产量[28]。De Smet 的 Reflex 提取器与 Carousel 提取器的原理相同，但是产量最大可以达到 12000 t/d[27]。

4.1.3　共水和隔水蒸馏

　　水提或者水蒸气蒸馏是生产热不稳定物质的最常用技术。其基本原理如下：大部分的互不相溶物质可以形成低沸点共沸物，共沸物的沸点比其任意组分的最高沸点要低。

　　水蒸气蒸馏的示意图如图 4.7 所示。

　　在静置的蒸馏罐中预先装上低沸点化合物原料，然后通入水蒸气，共沸物被蒸出，最后通过冷凝器液化，流入油水分离器中，并分层为低密度成分（有机相）和水相。

　　一般来说，蒸馏过程中的系统压力可以通过拉乌尔定律描述，具体如下：

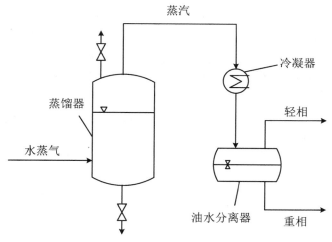

图 4.7　水蒸气蒸馏

$$p = x_1 p_1^* + x_2 p_2^* \tag{4.1}$$

式中，p_1^* 和 p_2^* 是两种成分的饱和蒸汽压力，x_1 和 x_2 是它们的摩尔分数。通常我们近似地认为油水的溶解度非常低，所以我们可以认为目标产物与水在蒸汽中不互溶，因此两个摩尔分数都近似为 1，两相混合物的总压力是单个组分的饱和压力 p_i^* 之和。

$$p = p_1^* + p_2^* \tag{4.2}$$

在大气压下，混合物的沸点低于 100 ℃，因此可以处理上述热敏性物料。对于某些两相系统来说，沸点可以直接从 Hausbrand 相图中读出。图 4.8 标出了

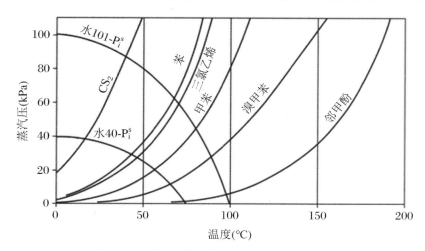

图 4.8　根据文献[29]制成的 Hausbrand 相图

40 kPa 和 101 kPa 下的相图。

如果不提供蒸汽，而是直接向物料中加水，整个工艺就称为共水蒸馏。理论基础与隔水蒸馏相同。

以上描述的提取分离原理目前已经运用到植物原材料制备精油的生产工艺中。因为精油在水中的溶解度非常低，可以生成低沸点共沸物，因此可以在相对较低的温度下生产制备精油。

在工业生产中，制备级大型蒸馏设备必须按照《欧洲药典》的规定使用。图4.9 为符合规定的装置。

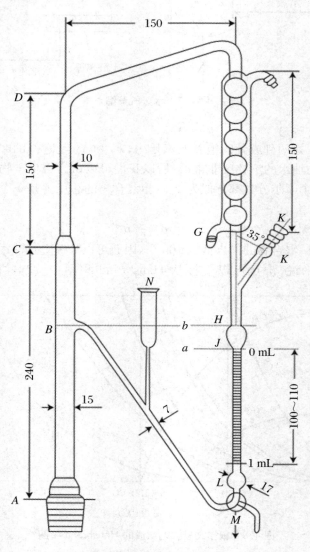

图 4.9 水蒸气蒸馏装置[30]

4.1.4　蒸馏器蒸馏

蒸馏是通过在蒸馏器中对液体进行蒸发和冷凝来分离不同挥发性物质的传统方法。在该领域,除了化学家和最初的炼金术士之外,酿酒行业在几百年间一直利用蒸馏器从发酵的蔬菜和水果中生产制备高质量的烈性酒饮料。简单的蒸馏需要严谨的操作以保证酒质最好,而甲醇、甲醛等有毒物质最少。最近关于蒸馏的动态模拟给出了几个有用的模型,可以改进蒸馏操作,增加能源效率,改善酒精饮料的安全性和口味。[31]

希罗多德(Herodotus)和普林尼(Pliny)描述了如何使用普通蒸馏方法(图4.10)从植物原料中回收精油(参见2.3节)。

图4.10　14世纪的 Rosenhut 蒸馏设备[32]

Chemat[33]介绍了微波改进的 Clevenger 装置———一种现代版的蒸馏器,他开发了一系列精巧的装置,由 Milestone 公司(意大利贝加莫)制造,用于微波辅助快速蒸馏精油。

4.1.5　机械压榨

菜籽油及其他一些高含油产品,可以通过机械压榨然后离心的方式生产。与溶剂提取相比,该方式的生产成本更低。但是即使是完全压榨,在最好的情况下,仍有5%(质量分数)的油脂残存在原料中。一般从油籽中分离油脂主要有三种工艺:硬压榨(或称为全压榨)、预压榨后溶剂提取及直接溶剂提取。[34]硬压榨指的是尽可能多地将油脂榨出,而预压榨只是压榨出容易提取的油脂,部分去油的原料可使用溶剂完全提取出残油。膨化技术的发展让直接溶剂提取变得可行，大豆油的大规模生产广泛采用直接溶剂提取技术。油脂提取工艺的选择需要考虑几个因素，如含油率、市场价值、在不影响产品成本的情况下残渣中允许的残油含量及溶剂处理造成的环境问题。

我们可以使用现代螺旋压榨机生产用于保健品和化妆品的高品质油脂，并且仅通过沉淀或过滤来纯化。利用机械压榨方法提取大豆油的前期投入及操作成本较低，且能产出不受污染的产品。[35]高品质冷榨油的生产需要专业知识以及整个生产链，必须剔除不符合质量标准的原料，其他的关键点在于有正确的采收时间、温湿度受控的原料存储、使用最新一代的螺旋挤压技术处理原料以及快速纯化产生的油脂。一般对于一个批次的大豆，预压榨油以及随后从料饼中通过溶剂提取的油脂混合在一起被称为粗油，需要进行精炼处理。但是，人们更加偏爱绿色环保的压榨油，因未经任何溶剂处理，所以将两个部分分开处理在经济上可能更加有利。一方面，压榨油没有溶剂残留，且避免了任何精炼处理，因此其品质更高。另一方面，我们已知通过溶剂提取的油脂比简单压榨油的磷脂含量更高。冷榨油保留了如甾醇和生育酚等保健成分，因此能够增强油脂的氧化稳定性。[36]油脂的氧化稳定性主要取决于脂肪酸的组成以及抗氧化和易氧化成分的含量。

最近，人们利用图4.11的连续式螺旋挤压机制备了三种具有良好感官特性的油脂，并与正己烷提取的油脂进行了对比分析。冷榨的提取得率尽管比索氏抽提方法低，但是人心果油得率可达18%，猴面包油得率可达9%，小麦胚芽油得率可达3%。

快速加热压榨（100～105℃）技术（图4.12）对油料爆破膨化的连续生产工艺来说是回收油脂最快速的方式。但是其产率受几个重要工艺参数的制约，其中喂料速度和油料的水分对其产率影响最大。

今天，机械压榨的产品在食品和化妆品行业中起着越来越重要的作用。在所有的压榨工艺中，原材料的预处理都包括混合、捏合、加热、剪切成型，最后经过一个精心设计的模具挤压成型并干燥油脂产品。根据现场设备（螺旋压榨、膨化及双螺旋压榨）以及处理能力（从3 kg/h到150 t/d）的不同，可以选用不同的压榨模式。在实验室内，许多研究者关注工艺参数（螺旋旋转速度、温度和背压）以及原材料参数（油料种类、品种、含水率以及预处理）对生产性能（油脂得率及处理能力）的影响。除了常见的油料品种，研究者使用这种不需要引用溶剂的技术处理了一些不常见的品种，得到了多种用于保健和医药产品行业的植物油脂。

图 4.11　连续式螺旋挤压机(30 kg/h)

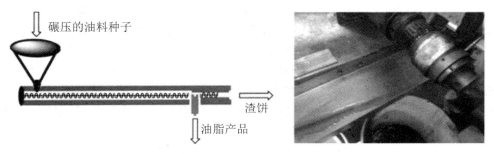

图 4.12　压榨过程中的油脂产品走向

本图由意大利坎波莫罗内 Parodi Nutra srl 公司友情提供。

4.2　固液萃取工艺的改进

4.2.1　MAE

在过去 10 年中，人们对 MAE 进行了广泛的研究，并成功地将其用于植物材料的固液萃取过程中。[39] 尽管传统方法（浸提、索氏提取等）存在若干缺陷，但 MAE 或其他非常规方法还远远不能完全取代它们。现在微波辐射已经用于快速提取几种生物体中的活性物质、植物保健素、功能食品成分和医药活性物质。MAE 的主要优势在于：溶剂消耗更低、样品处理更少、提取时间更短，且选择性、回收率和重现性更好。该方法可以在单次提取过程中处理 10～15 个样品，所以可以提高样本通量。良好实验室实践（Good Laboratory Practice，GLP）和自动化的实现让该技术特别适用于医药行业。

由于没有壁效应和温度差，MAE 的介电立体式加热方式减少了产物的热降解。有报道称，因为水的介电常数更高，耗散系数更低，因此水中多酚的 MAE 比传统方法的效率更低。[40] 在 MAE 中，最好选用高介电常数和耗散系数的溶剂，MAE 的提取特性还取决于植物原料的种类和用于提取的溶剂。在极性分子或离子存在下，由于环境分子的相互碰撞，MAE 可以实现快速加热，因此该过程不需要高压。在天然产物提取过程中，微波功率为 25～750 W，而提取时间为 30 s～10 min。MAE 已用于提取茶叶、亚麻籽、植物的根、香荚兰以及其他植物的多酚。因为在腺体和脉管系统中自由水的存在，MAE 可以让目标产物从植物组织中解吸出来。在这个过程中产生了原位的加热和膨胀效应，植物细胞破损，而待提取的分子会流入有机溶剂中。微波能的效果受溶剂和固体植物组织的介电敏感性的强烈影响。大多数时候，样品浸没在能够强烈吸收微波能的单一或混合溶剂之中，由于温度上升，溶剂穿过植物组织的能力提升。最近人们研发了另外一种 MAE 方法，先将新鲜（或者复水）的植物材料在流式微波反应器中快速加热，然后恰当地进行提取，大多数时候这种方法更快且更有效率，图 4.13 展示了这种配有阿基米德螺旋泵的提取系统。

MAE 的主要缺点是相对较高的设备投资以及细小颗粒原料的筛分。最新一代的高效 MAE 设备放弃了炉式设计（图 4.14），配有独立的多路进气管道，这些反应器受惰性气体（N_2 或 Ar）或还原性气氛（N_2 中混有少量的 H_2）的保护。还原性气氛避免了产物的氧化降解，便于亚临界水的提取。

图 4.13　用于植物种子或其他组织预热的阿基米德螺旋泵系统

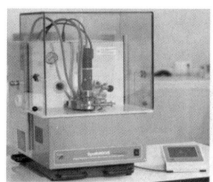

图 4.14　SynthWAVE 微波反应器

　　微波水扩散重力（Microwave Hydrodiffusion and Gravity，MHG）法是一种不需要溶剂的提取技术，用于提取精油、燃料和抗氧化剂。这项技术由原有"倒置"的微波蒸馏改进而来，结合了微波加热和常压下的地球重力分离技术。该技术的原理比较简单，具体的方法主要是：将植物材料放置于微波反应器中，不添加水或任何溶剂。植物材料中原位水内部受热，导致植物细胞膨胀、花和其他组织破裂。微波的加热作用使原位水和精油从组织中释放出来，在重力作用下流出微波反应器。[41]

　　图 4.15 展示了该项技术的一个简单应用，从不同植物组织中分离精油。如图 4.16 所示的 MAC-75 反应器，该提取方法已扩大到中试规模。[42]

图 4.15　NEOS-GR 反应器和鼠尾草的蒸馏

图 4.16　中试规模的 MAC-75 反应器

4.2.2　UAE

目前已经开发出几种工业化技术，以提取植物材料中的高价值产品。提取技术的发展趋势主要集中在开发减少或弃用溶剂的新方法。早在 20 世纪 50 年代，研究者就已经在实验室开展了利用超声（Ultrasound，US）提高提取产率的研究。现在，UAE 已经成为促进各种植物组织提取的成熟技术。UAE 的原理通常是空化效应。

最佳的操作条件和反应器参数与植物组织的物理特性紧密相关。超声可以轻易破坏植物分泌结构的外腺体，因此其代谢产物可以很容易地释放到溶剂中；而坚硬的木质化结构需要更高的能量密度。当输入的声波能足够高时,就会产生空化效应,即在液体的成核点产生大量的微气泡,气泡在声波的稀薄相中生长,在压缩相中塌缩。在塌缩过程中,会有冲击波穿过介质。在高强度声波作用下,气泡成核、生长和塌缩的整个过程称为空化,气泡的塌缩将超声能转变为机械能,以冲击波形式存在的机械能相当于大气压(300 MPa)的好几千倍。当声波能产生的能量超过细胞壁的强度承受极限时,部分植物组织细胞会解体。加剧细胞破碎的另外一个因素是微流作用(非常高的速度梯度产生了剪切应力)。微流是由超声引起的气泡径向震动产生的。细胞悬浮液吸收的能量有很大一部分会转化成热能,所以高效的冷却很关键。超声会释放出大量的植物体蛋白质,因此我们要时刻关注蛋白变性。影响细胞破碎的主要因素是细胞原位水喷射和 US 产生的冲击波,US 的机械效应导致了细胞壁的破碎、传质的增强以及促进溶剂(或任何液体)进入细胞内部,从而加速了植物体内部的有机化合物的释放。在声波强度相等的情况下,低频声波(18~30 kHz)的机械效应更强,而 400~1000 Hz 的高频声波的机械效应几乎消失。目前已经证实 UAE 是一种有用的技术,有很多优点,并且已经被放大到工业级别。通常 UAE 提取物的纯度和得率较高,提取时间更短,工作温度更低。UAE 最突出的优势是当植物组织分解时产生的水化作用,这可以在很大程度上避免目标产物的化学降解。利用超声能处理悬浮的植物组织颗粒会导致细胞壁和细胞膜的快速破碎。大型的连续超声设备在很多年前已经出现,并广泛地应用于化学工业领域,但还没有应用到细胞破碎中。这可能是因为在超声条件下,某些(可能是大部分)酶发生了构型改变,以及伴生的自由基、单线态氧和过氧化氢会对有机物产生氧化破坏。自由基淬灭剂(如 N_2O)可以减少这些负面作用。与绝大多数的细胞破碎方法一样,UAE 会产生非常细小的细胞残体碎片,导致下游处理困难。但超声仍然是一个常用的实验室细胞破碎处理方法。尽管已知空化效应可以原位产生高温和高压条件,但是从细胞中提取的化合物与酶的活性并不受影响,这可以归因于这样一个事实:US 产生的极端条件的存在时间很短(通常只有几毫秒),所以不会导致酶的失活。

间歇式的 US 设备可以设计成浸浴式、浸没头式和空化管式(图 4.17)。

但是对于更大型的设备,连续处理可以更方便。将多个超声单元按照顺序连接,可以增加停留时间(图 4.18)。

连续式 UAE 是该领域的一个创新成就,它使用了固定在一个面板或安装在探头上的多换能器探针系统。通常 UAE 使用的流式反应器的结构都能进行有效快速的清洗,图 4.18~图 4.22 是各种 UAE 的实验装置。

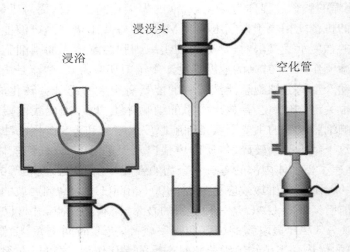

浸浴   浸没头   空化管

图 4.17　超声探头系统

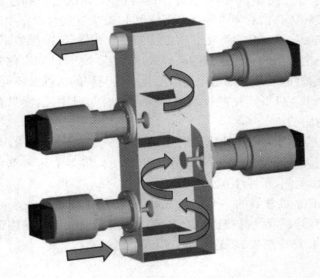

图 4.18　多探头连续提取器

图 4.19　超声振板流式提取器

图 4.20　安装在多探头提取器振板底部的换能器

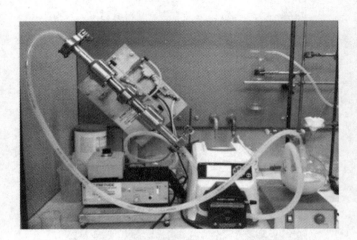

图 4.21　Sonitube 超声流式反应器

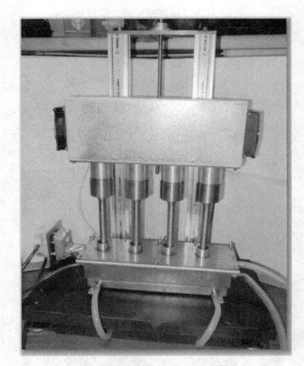

图 4.22　多探头水平反应器

4.2.3　涡流提取

　　高速旋转混合器经过不断发展,最终演化成高效涡流提取器,其适用于溶剂提取过程及水蒸气蒸馏的改进。间歇式和连续式的设备都有商业化产品,并广泛应用于多种植物原材料,特别是一些皮、根、种子等坚硬、干燥组织的提取。一般来说,花叶类材料可以在收获时立即处理,但坚硬的植物材料必须粉碎减小尺寸以便提取。对于叶子类材料,太强的机械力可能会产生微小植物组织,在随后的过滤环节很难处理。

　　尽管涡流提取的传质相对较好,但是相关文献很少有报道。Périno-Issartier[43]描述了一种微波涡流水蒸气蒸馏(Microwave Turbo Hydrodistillation,MTHD)装置,以及它在分离脱水巴西胡椒木种子精油中的应用,涡流产生的介电加热和机械应力将蒸馏时间从 180 min 减少到了 30 min,极大地节约了时间和能源。Lico spa(意大利阿尔奇萨泰)设计了一种坚固耐用、结构紧凑和功能多样的工业级涡流提取设备,图 4.23~图 4.25 展示了它的一系列独立的精致单元组件,这些组件分别

图 4.23　涡流提取组件
本图由意大利阿尔奇萨泰 Lico spa 友情提供。

图 4.24　涡流提取:蒸发装置
本图由意大利阿尔奇萨泰 Lico spa 友情提供。

用于粉碎、提取、蒸发和混合。

图 4.25　涡流提取单元的内部视图

本图由意大利阿尔奇萨泰 Lico spa 友情提供。

整个腔壁用作交换界面,温度为 −196 ℃(液氮温度)至 350 ℃,这可能与惰性气体的高真空或高压有关。非常高速的旋转会产生紧密接触的微粒和微液滴,在腔壁表面形成非常薄的产品层。几秒后,自洁式混合器会清空并准备好下一批生产。

4.3　固液萃取工艺改进案例

4.3.1　传统和超声辅助浸渍红茶中的茶多酚

原材料预处理和高价值组分的提取是整个工艺过程的第一步。实际上,由于缺乏物理化学基础,这些单元操作没有在经济方面优化设计。但是已经有文献论述了天然产物的提取[44-47]以及随后的纯化过程[48]在方法学上的优化设计。对于固液萃取过程,实验统计设计和理化模型建立被研究得最多,我们关注最多的首先是化学平衡及传质动力学。考虑到技术和经济上的限制,提取特性、基于原材料和溶剂体系的设备特性等工艺参数必须优化。例如,目标产物和副产物在原料中的分布、原料的结构及水分含量是影响平衡和传质动力学的主要因素。超声技术可以强化提取过程,因此可改进传质动力学和准平衡行为。本节以红茶中茶多酚的提取为例,分析和讨论超声对传质和最终产物平衡的影响,对比分析传统和超声辅助浸渍的残渣的粒径分布和扫描电镜(Scanning Electron Microscope,SEM)图像。

4.3.1.1　材料与方法

我们从相平衡和传质动力学的角度分析和讨论两种提取工艺,同时引入了粒径分布和 SEM 检测。实验室实验使用肯尼亚的红茶,提取溶剂为纯乙醇和 90/10 的乙醇/水溶液。总多酚的提取过程如下:首先进行 5 次浸提(每次 24 h),然后进行 96 h 的渗滤,溶液流速为 0.1 BV/h。将上述过程中总多酚的提取得率假定为 100%,每千克干原料中的多酚含量为 211.4 g。

UAE 使用的超声提取反应器为 PEX1,内径为 14 cm×10 cm,容积为 1 L。在反应器基部配有一个转化器,工作频率为 25 kHz,最大输出功率为 150 W。双层夹套通过冷却/加热系统可以控制提取温度。考虑到部分能量会被转变为热能并分散到基质当中,为了确定真实的超声功率,我们通过式(4.3)测量并计算热功率:

$$P = m \cdot C_p \frac{\mathrm{d}T}{\mathrm{d}t} \tag{4.3}$$

式中,C_p 是溶剂在某一压力下的热容[J/(g·K)],m 是溶剂的质量(g),$\mathrm{d}T/\mathrm{d}t$ 是每秒的升温速率。图 4.26 展示了用于比较传质动力学和平衡曲线测定的装置。

图 4.26　超声装置

实验中,提取温度为 40 ℃,固液比为 1/3(m/m)。本节测定了多次浸提实验的固液平衡曲线,每次提取都必须达到平衡状态。因为多酚总量的测定以及两相中所有的成分都接近平衡,因此固液两相的平衡浓度也可以测定。

为了确定质量平衡,除了多酚总量外,还测定了固液两相的水、干物质、副产物以及溶剂的量,具体的测定方法见表 4.2。

表 4.2　材料与方法

	原料中	液相中
总多酚	多阶段浸渍	福林-西奥卡特（Folin-Ciocalteu）比色法
干物质	干燥、称重	干燥、称重
水	干燥、称重、甲苯蒸馏	卡氏滴定
溶剂质量	干燥、称重	计算

总多酚测定采用福林-西奥卡特比色法。[50]吸光度 Abs_i 测定波长为 620 nm。参比溶液的浓度为 3 g/L，样品中多酚的浓度 $c_{pp,i}$ 可根据式（4.4）计算得出：

$$c_{pp,i} = \frac{Abs_i}{Abs_{ref}} \cdot c_{ref} \tag{4.4}$$

原材料中的干物质及残渣含水率可使用水分测定仪 Sartorius MA 150 测定。SEM 可用来分析原材料组织及量化超声的影响，使用仪器为 FEI/Philips XL30 FEG ESEM，每个样品都以新鲜茶叶作为参照。

4.3.1.2　设备原理

植物材料中高价值组分的提取设备的优化主要取决于原材料类型和处理量。[51]总的来说，根据原料特性、理化参数和成本因素，设备的选型有所不同。所谓的原料特性是指：

（1）目标产物和副产物的提取难度。

（2）原材料的组织结构。

（3）含水量。

（4）处理过程中原材料的溶胀行为。

理化特性是指：

（1）平衡常数。

（2）传质动力学。

（3）流体动力学（主要由设备决定）。

如果考虑经济因素，设计过程的优化还需要引入以下因素：

（1）设备影响。

（2）投资成本。

（3）操作成本。

溶剂和能源消耗显著影响操作条件，在工艺设计中应该考虑到这些成本，溶剂消耗和目标产物得率之间也需要平衡。对于低价值产品，如从甜菜中提取蔗糖，溶剂消耗以及随之而来的操作成本必须保持在较低水平。对于高价值产品，如香豆中的香兰素，溶剂消耗可以放在其次考虑。高的产物得率可以补偿操作成本。[51]因此，工艺设计中的另外一个限制因素是提取物的产率和纯度，也可称为产品质量。

　　根据上述因素,可以研究不同的提取设备。本书首次对传统浸渍和超声辅助浸渍进行了比较,详细分析和讨论了原料中目标产物的提取特性和传质动力学。初始阶段确定了三种提取模式(图 4.27)。

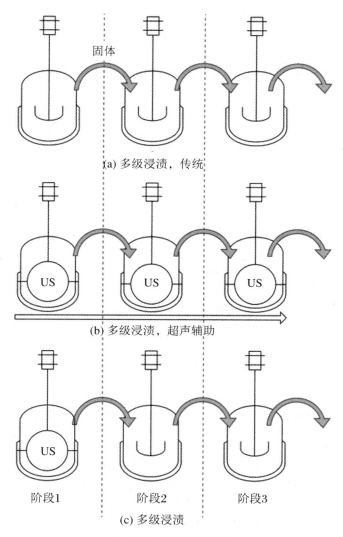

图 4.27　三种提取模式

　　首先,将传统的多级浸渍[图 4.27(a)]与超声辅助多级浸渍[图 4.27(b)]进行比较。除此之外,第一级采用超声预处理,后两级采用传统的浸渍模式[图 4.27(c)]来考察超声对提取的影响。

4.3.1.3　多级浸渍和全提取的平衡曲线

平衡曲线可以通过多级浸渍及可控渗滤[46,52]的处理方法来测定。如果曲线的斜率下降，那么平衡曲线向萃取相移动，表明萃取相中目标产物的浓度提高，固相中的目标物残留更少。一般来讲，平衡曲线有三种类型：线型[46,51]、朗缪尔型[46]及反朗缪尔型。

反朗缪尔型平衡曲线是由液相中的极限容量引起的。该平衡关系会导致高的固相负载及低的液相浓度，因此该平衡曲线更多地存在于理论中而非现实世界中。[52]

图 4.28 展示了在不同溶剂组成（纯乙醇或者乙醇/水溶液）及两种提取工艺（常规和超声辅助）作用下的红茶多酚的准平衡曲线。所有的平衡曲线都是朗缪尔型。

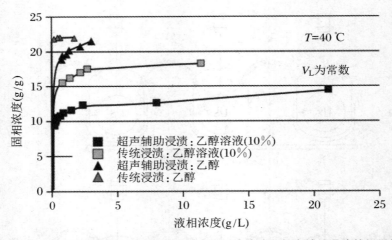

图 4.28　以纯乙醇及乙醇/水溶液(10∶90)为溶剂的传统和超声辅助浸渍的拟平衡曲线

由乙醇和水组成的溶剂表现最好，在固液比为 1/3 的条件下，第一级浸渍的提取物浓度 $c_{多酚}$ 就可以达到 21 g/L，固相中的残留负载一般为 14 g/L。对于纯乙醇溶剂，液相浓度范围为 2～4 g/L，固相残留为 22 g/L。因此，平衡曲线向固相转移。

固相中多酚的最大残留 q_{max} 由采用的工艺和溶剂类型决定，纯乙醇提取的最大残留负载大约为 22 g/g 固体，而 90/10(m/m) 比例的乙醇/水溶液提取的最大残留负载为 15～17 g/g 固体，低的最大残留负载意味着高的液相浓度，因此溶剂消耗和操作成本更低。

只有当溶剂比例很高的时候，固相残留才会较低。随着浸渍级数的增加，液相浓度越来越低，固相残留减少得也越慢。只有当液固浓度梯度差持续很高的情况下，全提取工艺才有经济可行性。渗漉设备可以实现溶剂消耗最小化的目标。无论如何，浸渍设备还是适用于小斜率线性平衡曲线的原材料——溶剂系统。大部分的组分可以在首次浸渍中就被提取出来,可以实现高提取物浓度和低残留比例。因此,浸渍液中目标产物的比例要比渗滤液高。

　　如上所述,图 4.28 通过多级浸渍的方式测定了拟平衡曲线。为了获得高的液相浓度,必须再次加入液相,因此两相的浓度梯度降低。

　　水可以加大极性多酚在溶剂混合物中的溶解度。除此之外,水分会导致原材料组织的膨胀,使溶剂更容易与组分接触。

　　此外,我们还可以利用超声攻击原材料颗粒的表面。大体上,超声可以整体或部分破坏颗粒表面,从而增加溶剂与组分的接触机会。[49]图 4.29 描绘了这两种情况。

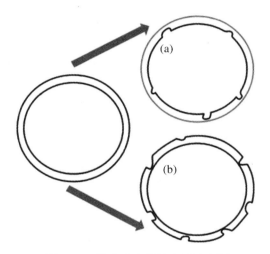

图 4.29　超声攻击颗粒表面示意图

注意:处理的原材料和超声暴露时间决定了处理后颗粒的表面结构。

4.3.1.4　传质动力学

　　图 4.30 为不同工艺下乙醇和乙醇/水溶液浸渍的传质动力学曲线,由于采用超声技术可以获得更高的平衡浓度,因此其传质也更好。虽然传质动力学曲线改善了,但采用和不采用超声处理的相对传质速率的差异在 ±5%,在测量的误差范围之内。使用两种溶剂提取的传质动力学特征几乎一样,但是平衡状态却有很大区别。使用乙醇/水溶液取代纯乙醇,其提取平衡浓度可以提高大约 500%。而在同种溶剂下,采用不同处理工艺的平衡浓度差异大约为 13%,因此溶剂的选择比处理工艺的选择更加重要。但无论如何,如果溶剂确定,那么超声还是可以改善提取工艺的。

　　图 4.31 展示了以乙醇/水溶液为溶剂,超声预处理[图 4.27(c)展示的概念]及多级超声辅助浸渍对传质动力学和平衡状态的影响,并展示了第一次和第二次浸

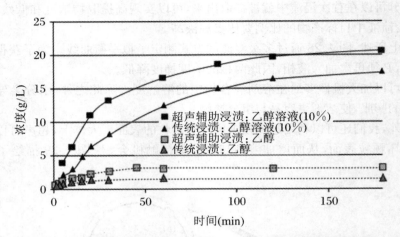

图4.30　对比乙醇和乙醇/水溶液(90∶10)的传统和超声辅助浸渍

渍的提取动力学。

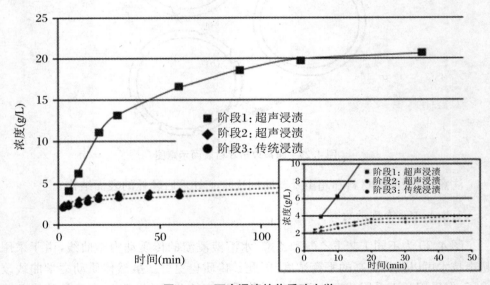

图4.31　两次浸渍的传质动力学

第一次为超声辅助浸渍,第二次选择性地使用或不使用超声。

　　此处,第一次浸渍使用超声,第二次浸渍选择性地使用超声或不使用超声。即使是在第二次浸渍中,超声也可以产生更高的液相浓度(∼13%)。和图4.30一样,超声的使用并没有增强提取动力学。经过20∼30 min的提取,就可以达到准平衡态,这就产生了一个问题,超声攻击到底是彻底地摧毁了固相颗粒表面,还是产生了更多的碎片,从而导致颗粒的传质比表面积增加。通过粒径分布和扫描电镜分析,我们研究了超声攻击的原理,结果将在下文中讲述。

至此,超声辅助浸渍的动力学和平衡态优劣势已经讨论完了。但是想要将其应用于工业,还需要综合考虑后期的分离成本以及操作成本。[53-55]在工业规模的提取工艺中增加一个或两个以上的生产步骤,其增加的成本往往是不可接受的。

4.3.1.5　粒径分布

与传统浸渍相比,超声的使用导致更多的颗粒粒径下降(图 4.32)。

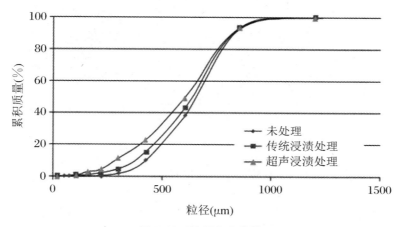

图 4.32　粒径分布比较

在传统浸渍处理下,粒径从最初的 660 μm 降低到 640 μm,而超声辅助浸渍降低到 610 μm,与传统处理相比,超声辅助浸渍的粒径大约下降了 5%,每种处理的浸渍时间都为 30 min。

分析提取液中的干物质含量也可以观察到相同的趋势。超声提取液中的干物质含量与传统提取相比从 2.9% 增加到 4.3%(质量/质量),增加了 30%～35%。因此,干物质的定义是含有大量目标物的多组分混合物,如多酚。但是超声破坏了原料的组织结构,同时使提取液变得浑浊。

4.3.1.6　扫描电镜检测——细胞破碎

图 4.33 为原材料,即粉碎的红茶茶叶的扫描电镜图片,因为高度粉碎(平均粒径为 660 μm),即使不进一步处理,也可观察到不同的植物结构,如表皮、气孔和维管束。

30 min 的浸渍会导致植物表皮消失,深层的植物组织显露出来,因此我们无法确定传统和超声辅助浸渍这两种方法之间的显著差异。图 4.33 显示了几乎相同的植物组织,但由于叶片组分的差异,无法进行定量分析,但是我们可以肯定的是茶叶组分的提取是从表面开始的。

(a) 初始状态

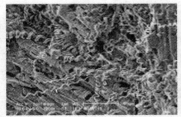 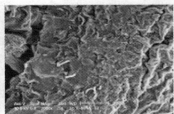

(b) 30 min的传统浸渍   (c) 30 min的超声辅助浸渍

图4.33   茶叶的扫描电镜分析

4.3.1.7   结论

本部分阐述了红茶中茶多酚提取的结果。这里采用了两种类型的浸渍方式——传统浸渍和超声辅助浸渍,考察了提取溶剂中水的存在对最终物质平衡和传质动力学的影响,分析了提取物中干物质和多酚含量的差异,也比较了粒径分布和扫描电镜图像的不同。

超声提取可以得到更高的液相准平衡浓度,多酚含量增加了大约15%。由此,多酚组分的溶解度及接触溶剂的难易程度需要被讨论。采用超声的效果没有在乙醇溶剂中添加水的效果好,水的存在导致多酚的溶解度和原材料的膨胀度更高,得率就相应提高。因此,需要预先选定或者优化溶剂,再进行超声辅助浸渍。

通过粒径分析,提取过程中原料颗粒的粒径降低了。在30 min的超声提取后,与常规方法相比,粒径有5%的下降。通过对提取物中干物质含量的检测,可以发现,除了多酚外,茶叶中的其他组分也被提取出来,这些组分的含量在超声提取中要高出30%～35%。

经过扫描电镜分析,我们并没有发现两种处理后的茶叶颗粒有任何明显的不同。因为原料的粉碎度很高(平均粒径为 $600\sim700~\mu m$),在电镜下可以发现不同的植物组织,如表皮、气孔和维管束。提取过程可以让更多的叶片组织显露出来,但是由于茶叶颗粒的高变异性导致了茶叶组分的高变异性,无论如何我们都无法通过扫描电镜图像分辨两种浸渍方式之间的差别。

本部分考察了三种设备模式的提取结果,在这里对比分析了传统多级浸渍与超声辅助多级浸渍模式,同时也讨论了第一级采用超声预处理,随后均采用传统浸渍的处理模式。结果表明,超声处理后的液相浓度更高,即使只是将超声作为预处理手段,结论也相同,第二级超声集体处理的产物得率比传统处理高 13% 左右。

4.3.2　丁香花蕾间歇式和连续式超声辅助浸渍中试工艺

丁香是最古老也是价值最高的东方植物,全世界范围内均广泛承认其药用和食用价值。丁香是一种生长在印度尼西亚雨林的桃金娘科常绿乔木(丁香、丁子香)的未开放的花蕾,文献中的主要关注点是其精油组分和生物学性质。丁香酚是丁香精油的标志组分,因其抗氧化性和抗菌性而引起人们的广泛关注。丁香精油的其他主要成分包括丁香酚乙酯和 β-丁香烯(图 4.34)。

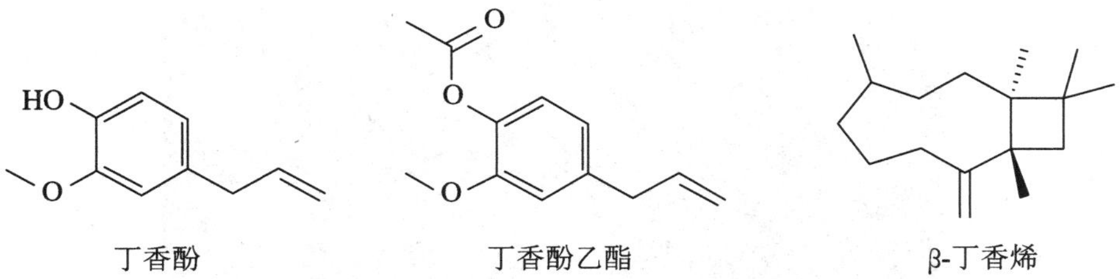

丁香酚　　　　　　　　　丁香酚乙酯　　　　　　　　β-丁香烯

图 4.34　丁香酚、丁香酚乙酯和 β-丁香烯的化学结构

这种植物常被当作草药使用,可治疗消化不良、急性/慢性胃炎和腹泻,也可用于多种食品和饮料。丁香酚实际上是一种重要的香料,用于化妆品和肌肤护理。β-丁香烯有多种生物学特性,包括消炎、抗菌、抗氧化、抗癌和局部麻醉作用。尽管水蒸气蒸馏、超临界二氧化碳流体提取和超热水提取技术都已经应用于丁香花蕾的提取,但是工业上最常用的丁香花蕾提取方法仍然是浸渍法。

在本案例中,我们提取了三个不同产地(印度、中国和马达加斯加)的丁香花蕾,提取物利用顶空气质联用技术(HS-GC/MS)进行成分分析。分析了粗提物得率[干基提取物/干基原料(质量/质量)]、总多酚含量和抗氧化活性。本研究的目的是比较间歇式和连续式超声辅助浸渍的效率及这两种最新的浸渍方法与传统浸渍之间的效率差异。

4.3.2.1　实验方法和提取设备

连续式超声辅助浸渍采用了一种新的多探头反应器，工作模式为连续流动，能量密度高达 200 W/100 mL（图 4.35 和图 4.36），这种超声反应器受专利保护，专门用于改进提取过程。[56]

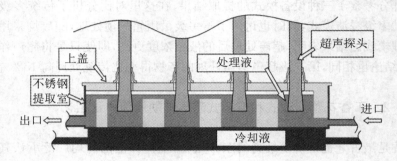

图 4.35　多探头反应器的原理图

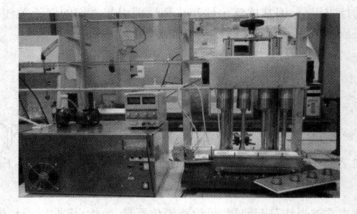

图 4.36　多探头反应器的实验室装备图

1. 浸渍

粉碎后的丁香花蕾样品（1 kg）分散在 20 L 的乙醇/水（1∶1，体积比）溶液中，然后转移至不锈钢圆柱形容器中进行机械搅拌（15 min）。在预实验中，悬浮的物料先在室温下浸渍 15 h，随后过滤并真空浓缩去除溶剂。

2. 间歇式超声辅助浸渍

粉碎的丁香花蕾样品（1 kg）分散在 20 L 的乙醇/水（1∶1，体积比）溶液中，机械搅拌 15 min，然后使用 25 L 间歇式超声提取器（R. E. U. S，法国）处理 45 min（图 4.37）。

该中试反应器的底部装有震动板（频率为 25 kHz，以水为介质的测量有效功率为 360 W,能量密度为 18 W/L)。我们可采用文献中报道的经典量热法测量有效功率。[57] 超声与机械搅拌(60 rpm)配合使用,提取 45 min,可观察到温度从20 ℃上升到 30 ℃。

图 4.37　25 L 间歇式超声反应器实验装置

3. 连续式超声辅助浸渍

粉碎的丁香花蕾样品(1 kg)分散在 20 L 的乙醇/水(1∶1,体积比)溶液中,在一个不锈钢圆柱形提取罐中机械搅拌 15 min,提取罐顶部装有液体进料装置,底部配有出料阀。悬浮液随后使用多探头流动式超声提取罐处理(四个 21 kHz 探头),提取罐分隔成四个聚氟乙烯小室,每个分隔室配备一个超声探头,总体积为 500 mL。本次提取总共设定了三种循环,每种循环的流速通过调节蠕动泵(Masterflex L/S Digital Drive,600 rpm)分别设定为 450 mL/min、900 mL/min 和 1350 mL/min,总提取时间均为 45 min。因为三种流速循环产生的涡流导致物料颗粒始终处于悬浮状态,所以蠕动泵提供的高流速对工艺的成功实现起着至关重要的作用。该系统的提取功率最高可达 1 kW,该数据可通过实时在线功率表读出。水中的有效功率为 450 W,能量密度为 1.12560 W/(kJ^{-1} · L)。

在连续式超声辅助浸渍工艺中,一个循环(即整个悬浮液通过超声室的一个完整通道)消耗的总能量(包括蠕动泵的能量消耗)为 0.451215 kW/(h^{-1} · J),这要比间歇式超声辅助浸渍(972 kJ,0.36 kW/h)略高。

4.3.2.2　结果与讨论

1. 粗提物得率

提取条件、工艺和提取罐类型显著影响过程效率和提取物的化学组成。使用高流速的连续式超声辅助浸渍可以得到最高的粗提物得率。简单的计算表明,除了功率、超声频率和反应器的几何尺寸之外,悬浮液流速对提取的影响也很大,在选定的三种流速下,尽管总停留时间相同,但悬浮液分别经历了一、二、三次循环,而多循环的提取得率更高,这个发现强调了流速对提高提取物得率的关键作用。

该实验重复了三次,结果可使用得率 ± 标准差(Standard Deviation,SD)的形式表示。

2. 多酚含量

在前人关于超声辅助浸渍多酚的研究基础之上[58],不同条件下丁香花蕾提取物中总多酚含量如图 4.38 所示。

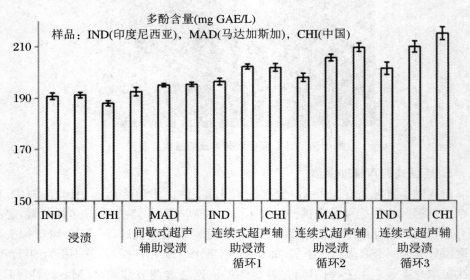

图 4.38　以每升提取物中的没食子酸质量(mg)计算的总多酚含量

在最高流速下的连续式超声辅助浸渍提取液中的多酚含量最高,这清楚地表明,随着超声流速的提高,粗提物中的总多酚含量也相应提高。总多酚含量以每升提取液中的没食子酸质量(mg)表示(GAE/L),数值在 190.86 ± 1.25 mg GAE/L 到 215.02 ± 2.5 mg GAE/L 之间波动。

3. 顶空气质联用分析

根据基质的溶解度、绝对量和挥发性的不同,释放到顶空中的挥发物浓度也不同,顶空挥发物的捕集分析与最终提取物的感官轮廓紧密相关。通过气质联用分析计算不同提取条件下丁香花蕾提取物主要成分的色谱峰面积比例,结果表明高流速超声辅助浸渍提取物(图 4.38)的主要成分色谱峰面积占比最大,三个产地丁香花蕾顶空香味成分的典型色谱如图 4.39 所示。

4.3.2.3　结论

使用连续式超声辅助浸渍进行过程优化的工业应用主要依赖于高能量密度、

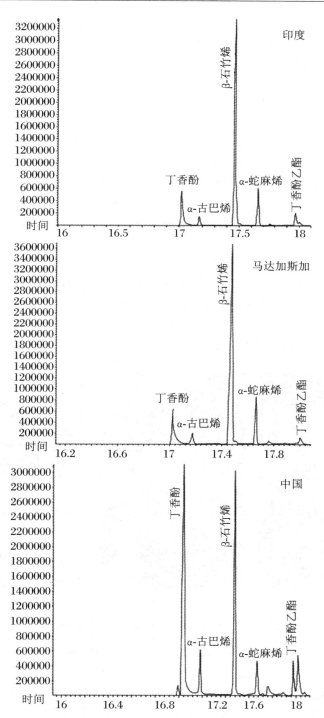

图 4.39　三个产地(印度、马达加斯加、中国)丁香花蕾的典型顶空气质联用图

多探头的大型超声设备的开发。但是，粗提物的高得率、高的总多酚含量以及卓越的抗氧化活性都已经证明干丁香花蕾中的活性成分可以被连续式超声辅助浸渍简单、高效地提取出来。

4.3.3　微藻油的 MAE 和 UAE

因为单位种植面积的微藻产油率比传统油料作物高出 10 倍，利用其替代传统的生物燃料作物正受到前所未有的关注。但是由于脱水和提取过程中存在的技术和经济问题，这个替代过程进行得并不顺利。提取效率可以通过超声和微波提取的方式大大改善。工业放大的可行性直接与提取器效率、能源消耗、环境影响及综合成本息息相关。本案例主要关注微拟球藻提取过程的优化。

4.3.3.1　实验方法和设备

UAE 可通过使用大功率转换器实现（探针系统由 Danacamerini-Torino 制造，意大利），该转换器包括浸没式探头（19.5 kHz）和一个空化管（图 4.40）。这个喇叭杯状的系统还有一个安装在升降机（21.5 kHz）上的薄壁钛合金圆桶[59]，提取温度通过恒温系统可以保持在 50～60 ℃。

(a) 超声探头　　　　　　　(b) 超声空化管　　　　　　(c) 封闭的微波容器

图 4.40　超声探头、超声空化管和封闭的微波容器

MAE 使用了一个专业的多模式微波炉（2.45 GHz，Microsynth-Milestone，意大利贝尔加莫），微波炉被密封在一个聚氟乙烯容器中。提取温度保持在 60 ℃ 或 90 ℃，由光纤温度探头监测。微波设备时刻调节输入功率以保证操作温度恒定。当提取温度为 60 ℃ 时，微波功率范围为 25～30 W；当提取温度为 90 ℃ 时，微波功率范围为 30～35 W。

　　恒定重量的干微藻(5 g)悬浮在溶剂中(50 mL,比率为 1 : 10 g/mL,或 250 mL,比率为 1 : 50 g/mL)。两种处理的操作条件为:时间为 5～60 min,温度为室温至 90 ℃。

　　本研究测试了不同的溶剂组合:水/氯仿/甲醇(1 : 1 : 2)混合物、氯仿/甲醇(2 : 1)混合物、正己烷、丙酮和甲醇。提取完成后,提取物使用布氏漏斗过滤并蒸发溶剂。在使用水/氯仿/甲醇(1 : 1 : 2)混合物时,过滤后加入了水/氯仿(1 : 1)混合物以形成油水两相系统,使用氯仿/甲醇(2 : 1)混合物时,过滤后加入水最终形成了氯仿/甲醇/水(8 : 4 : 3)混合物,分离含有脂质成分的有机相并真空浓缩去除溶剂,如有必要可采用氯仿提取水相(提取 1～2 次,每次 20～50 mL)。

　　一般来说,MAE 的能量消耗比 UAE 低,但是高能量密度的快速超声处理(5 min)能量消耗与 MAE 相当。当然,能耗还与反应器效率有关。在总提取时间为 10 min 的情况下,提取温度为 60 ℃时能量消耗最低,但是 90 ℃时的得率最高。根据这些发现,我们必须在更广阔的视野背景下选择最佳操作条件,包括从微藻培养到最终产品的整个生产过程。这些技术的能量消耗可以与从微藻中能获得的理论最大能量比较,以展示当前的技术进步以及强调进一步研发的必要。

　　通过氯仿/甲醇混合物常规提取、以甲醇为溶剂的快速 UAE 和 MAE 能够从干微藻中提取一定的脂肪含量(质量分数)[图 4.40(c)]。MAE 能够得到最高的提取得率和最低的能量消耗,特别是在高温和高压情况下(图 4.41)。

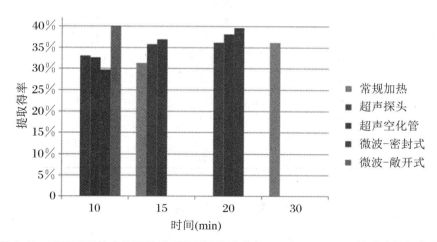

图 4.41　采用不同技术处理微拟球藻甲醇混合物(1 : 10)10～30 min 的油脂提取得率

4.3.3.2　结论

　　本研究证实了 UAE 和 MAE 技术在微藻生物油生产方面的优势。传统提取过程的最佳溶剂是氯仿/甲醇混合物,而 UAE 和 MAE 的最佳溶剂是 MeOH,所有过程中以油脂/干微藻(质量/质量)计的最优产率均相当。微波和超声提取的溶剂需求量更低,避免了含氯废物排放,提取所需要的时间更短,这两种技术还能够进行一步化顺序提取/转酯化反应生产生物柴油。所有这些优点,加上微波反应器的低能耗,可能进一步减少提取过程对环境的影响。使用微波-连续式反应器进行微波辅助生物柴油生产近年来在工业上已经有所进展,微藻全自动连续流动式的MAE 将更加容易实现。

章 末 小 结

设计更高效的提取工艺以满足工艺强化和降低能耗的要求,一直是近年来的主要研究课题之一。安全性、可持续性、环境和经济因素结合在一起迫使实验室研究和工业化生产转向非常规技术和更加绿色环保的生产方案。

缩 写 符 号

本节中的缩写符号见表 4.3。

表 4.3　缩写符号

缩写字母	描述	单位
Abs	吸附	nm
c	浓度	g/L
c_p	热容	J/K
m	质量	kg
p	压力	bar
P	能量	J
T	时间	s
T	温度	K
X	摩尔分数	—

参 考 文 献

[1] Bäcker, W. et al. (2003) Konzeptpapier des Arbeitskreises: Phytoextrakte-Produkte und Prozess, DECHEMA e. V, Frankfurt.

[2] Schönbucher, A. (2002) Thermische Verfahrenstechnik, 1st edn, Springer, Berlin, Heidelberg.

[3] Voeste, T., Weber, K., Hiskey, B., and Brunner, G. (2006) Liquid-solid extraction, in Ullmann's Encyclopedia of Industrial Chemistry, Wiley-VCH Verlag GmbH, Weinheim.

[4]　Sattler, K. (2001) Thermische Trennverfahren. Grundlagen, Auslegung, Apparate, VCH Verlagsgemeinschaft mbH, Weinheim.

[5]　Jarvis, A. P. and Morgan, E. D. (1997) Isolation of plant products by supercriticalfluid extraction. Phytochem. Anal., 8(5), 217-222.

[6]　Hamburger, M., Baumann, D., and Adler, S. (2004) Supercritical carbon dioxide extraction of selected medicinal plants: effects of high pressure and added ethanol on yield of extracted substances. Phytochem. Anal., 15(1), 46-54.

[7]　Brunner, G. (2005) Supercritical fluids: technology and application to food processing. J. Food Eng., 67(1-2), 21-33.

[8]　Richter, B. E., Jones, B. A., Ezzell, J. L., Porter, N. L., Avdalovic, N., and Pohl, C. (1996) Accelerated solvent extraction: a technique for sample preparation. Anal. Chem., 68 (6), 1033-1039.

[9]　Benthin, B., Danz, H., and Hamburger, M. (1999) Pressurized liquid extraction of medicinal plants. J. Chromatogr. A, 837(1-2), 211-219.

[10]　Smith, R. M. (2002) Extractions with superheated water. J. Chromatogr. A, 975(1), 31-46.

[11]　Kaufmann, B. and Christen, P. (2002) Recent extraction techniques for natural products: microwave-assisted extraction and pressurised solvent extraction. Phytochem. Anal., 13(2), 105-113.

[12]　Ondruschka, B. and Asghari, J. (2006) Microwave-assisted extraction: a state_of-the-art overview of varieties. Chimia, 60(6), 321-325.

[13]　Jacques, R. A., dos Santos Freitas, L., Pérez, V. F., Dariva, C., de Oliveira, A. P., and Caramão, E. B. (2007) The use of ultrasound in the extraction of Ilex paraguariensis leaves: a comparison with maceration. Ultrason. Sonochem., 14(1), 6-12.

[14]　Vilkhu, K., Mawson, R., Simons, L., and Bates, D. (2008) Applications and opportunities for ultrasound assisted extraction in the food industry: a review. Innovative Food Sci. Emerg. Technol., 9(2), 161-169.

[15]　E & E-Verfahrenstechnik http://www.eunde-verfahrenstechnik.de.

[16]　Samtech Extraktionstechnik http://www.samtech.at/extraktionsverfahren/.

[17]　Tournaire Equipment http://www.tournaire.fr.

[18]　E & E Verfahrenstechnik http://www.extraction.de/.

[19]　Gea Niro http://www.niro.de/.

[20]　CrownIron Works (2009) http://www.crownironworks.com (accessed 13 August 2014).

[21]　Schwartzberg, H. G. (1980) Continous counter-current extraction in the food industry. Chem. Eng. Prog., 76(4), 67-85.

[22]　Kassing, M., Strube, J., Jenelten, U., and Schenk, J. (2009) Status der Fest-Flüssig-Extraktion von Pflanzenmaterial: Stand der Technik und Modellierung. Chem. Ing. Tech., 81 (8), 1064-1064.

[23]　Meireles, M. A. A. (2008) Extracting Bioactive Compounds for Food Products, CRC

　　　　Press, Boca Raton, FL.

[24]　BMA (2009) http://www.bma-de.com (accessed 13 August 2014).

[25]　GEA-Niro (2009) http://www.geaniro.com (accessed 13 August 2014).

[26]　Poirot, R., Prat, L., Gourdon, C., Diard, C., and Autret, J. M. (2007) Fast batch to continuous solid-liquid extraction from plants in continuous industrial extractor. Chem. Eng. Technol., 30 (1), 46-51.

[27]　DeSmet (2009) http://www.desmetballestra.com/.

[28]　Harburg-Freudenberger (2009) http://www.harburg-freudenberger.com (accessed 13 August 2014).

[29]　Baerns, M. et al. (2006) Technische Chemie, Wiley-VCH Verlag GmbH, Weinheim. ISBN: 978-3-527-31000-5.

[30]　(2011) Europäisches Arzneibuch, 7th edn, Deutscher Apotheker Verlag, Stuttgart. ISBN: 376925564X.

[31]　Sacher, J., García-Llobodanin, L., López, F., Segura, H., and Pérez-Correa, J. R. (2013) Dynamic modeling and simulation of an alembic pear wine distillation. Food Bioprod. Process., 91(4), 447-456.

[32]　Glidemeister, E. and Hoffmann, F. (1910) Die ätherischen Öle, Miltitz bei Leipzig, Schimmel.

[33]　Ferhat, M. A., Meklati, B. Y., Smadja, J., and Chemat, F. (2006) An improved microwave clevenger apparatus for distillation of essential oils from orange peel. J. Chromatogr. A, 1112 (1-2), 121-126.

[34]　Johnson, L. A. (2000) Recovery of fats and oils from plant and animal sources, in Introduction to Fats and Oils Technology, 2nd edn (eds R. D. O'Brien, W. E. Farr, and P.J. Wan), AOCS Press, Champaign.

[35]　Sriti, J., Taloub, T., Faye, M., Vilarem, G., and Marzouk, B. (2011) Oil extraction from coriander fruits by extrusion and comparison with solvent extraction processes. Ind. Crops Prod., 33 (3), 659-664.

[36]　Lampi, A.-M. and Heinonen, M. (2009) Berry seed and grapeseed oils, in Gourmet and Health-Promoting Specialty Oils (eds R. A. Moreau and A. Kamal-Eldin), AOCS Press, Urbana.

[37]　Cravotto, G. (2011) Green extraction techniques for high-quality natural products. Agrofood Industry High-Tech, 22(6), 57-59.

[38]　Savoire, R., Lanoisellé, J.-L., and Vorobiev, E. (2013) Mechanical continuous oil expression from oilseeds: a review. Food Bioprocess Technol., 6(1), 1-16.

[39]　Chemat, F. and Cravotto, G. (2013) Microwave-assisted Extraction for Bioactive Compounds: Theory and Practice, Series: Food Engineering Series, vol. 4, Springer Science, New York.

[40]　Leonelli, C., Veronesi, P., and Cravotto, G. (2013) Microwave-assisted extraction: an introduction to dielectric heating, in Microwave-Assisted Extraction for Bioactive Compounds: Theory and Practice, Series: Food Engineering Series, vol. 4 (eds F. Che-

mat and G. Cravotto), Springer Science, New York.

[41] Abert Vian, M., Fernandez, X., Visinoni, F., and Chemat, F. (2008) Microwave hydro-diffusion and gravity: a new device for extraction essential oils. J. Chromatogr. A, 1190(1-2), 14-17.

[42] Filly, A., Fernandez, X., Minuti, M., Visinoni, F., Cravotto, G., and Chemat, F. (2014) Solvent-free microwave extraction of essential oil from aromatic herbs: from laboratory to pilot and industrial scale. Food Chem., 150, 193-198.

[43] Périno-Issartier, S., Abert-Vian, M., Petitcolas, E., and Chemat, F. (2010) Microwave turbo hydrodistillation for rapid extraction of the essential oil from Schinus terebinthifolius Raddi Berries. Chromatographia, 72(3-4), 347-350.

[44] Bart, H. J. et al. (2012) Positionspapier der Fachgruppe Phytoextrakte: Produkte und Prozesse, DECHEMA.

[45] Kaßing, M., Jenelten, U., Schenk, J., and Strube, J. (2010) A new approach for process development for plantbased extraction processes. Chem. Eng. Technol., 33 (3), 377-387.

[46] Kaßing, M., Jenelten, U., Schenk, J., Hänsch, R., and Strube, J. (2012) Combination of rigorous and statistical modeling for process development of plant-based extractions based on mass balances and botanical aspects. Comput. Chem. Eng. 35 (1), 109-132.

[47] Strube, J., Bäcker, W., and Schulte, M. (2010) Process Engineering and Mini-Plant Technology, in Industrial Scale Natural Products Extraction (eds H. J. Bart and S. Pilz), Wiley-VCH Verlag GmbH, Weinheim.

[48] Josch, J. P., Both, S., and Strube, J. (2012) Characterization of feed properties for conceptual process design involving complex mixtures such as natural extracts. Food Nutr. Sci., 3(6), 836-859.

[49] Chemat, F. (2011) Éco-Extraction du Végétal. Procédés innovants et solvants alternatifs, Dunod, Paris.

[50] Obanda, M. and Owuor, P.O. (1997) Flavanol composition and caffeine content of green leaf as quality potential indicators of Kenyan black teas. J. Sci. Food Agric., 74 (2), 209-215.

[51] Both, S., Eggersglüß, J., Lehnberger, A., Schulz, T., Schulze, T., and Strube, J. (2013) Optimizing established processes like sugar extraction from sugar beets: design of experiments versus physicochemical modeling. Chem. Eng. Technol., 36 (12), 2125-2136.

[52] Both, S., Koudous, I., Jenelten, U., and Strube, J. (2013) Model-based equipment design for plant-based extraction processes: considering botanic and thermodynamic aspects. C.R. Chim., 17(3), 187-196.

[53] Blass, E. (1997) Entwicklung verfahrenstechnischer Prozesse. Methoden, Zielsuche, Lösungssuche, Lösungsauswahl, Springer, Berlin.

[54] Hurme, M. and Järveläinen, M. (1995) Combined process synthesis and simulation sys-

tem for feasibility studies. Comput. Chem. Eng. , 19 (Supp. 1), 663-668.

[55] Both, S. , Helling, C. , Namyslo, J. , Kaufmann, D. , Rother, B. , and Strube, J. (2013) Resource efficient process technology for energy plants. Chem. Ing. Tech. , 85 (8), 1282-1289.

[56] Daghero, P. and Cravotto, G. (2012) Plant composition comprising the phytocomplex of a plant species and process for preparing same. EP Patent 2520182 A1, Priority Application IT 2011-TO390.

[57] Kimura, T. , Sakamoto, T. , Leveque, J.-M. , Sohmiya, H. , Fujita, M. , Ikeda, S. , and Ando, T. (1996) Standardization of ultrasonic power for sonochemical reaction. Ultrason. Sonochem. , 3(3), S157-S161.

[58] Alexandru, L. , Cravotto, G. , Giordana, L. , Binello, A. , and Chemat, F. (2013) Ultrasound-assisted extraction of clove buds with batch- and flow-reactors: a comparative study on a pilot scale. Innovative Food Sci. Emerg. Technol. , 20, 167-172.

[59] Cravotto, G. , Boffa, L. , Mantegna, S. , Perego, P. , Avogadro, M. , and Cintas, P. (2008) Improved extraction of vegetable oils under high-intensity ultrasound and/or microwaves. Ultrason. Sonochem. , 15(5), 898-902.

[60] Bermúdez Menéndez, J. M. , Arenillas, A. , Menéndez Díaz, J. Á. , Boffa, L. , Mantegna, S. , Binello, A. , and Cravotto, G. (2014) Optimization of microalgae oil extraction under ultrasound and microwave irradiation. J. Chem. Technol. Biotechnol. , 89, 1779-1784.

作者：Simon Both, Jochen Strube, Giancarlo Cravatto
译者：张福建，田振峰

第 5 章　绿色提取工艺改进的基本策略

5.1　从高产能到高质量可控工业制造工艺改进策略

众所周知,在很长的一段历史时期,手工生产和工业生产的主要区别就在于生产规模。在那个历史时期内,工业化就专指大的生产规模。工程师们满怀激情地认为增加产能(通常与降低成本相联系)是确保市场占有率的唯一因素。他们设计、建造和使用越来越大的生产单元,只关注提高设备效率,增加设备容量,从而降低生产成本。能源(煤、石油等)随手可得且价格低廉,让从业者们可以接受能源密集型和工艺控制不佳的生产工艺。工程师们主要追求降低成本,他们很少关注环境的影响以及副产品的处理,甚至最终的产品质量也不是主要的生产目标,因此在很长一段时间内工业化生产伴随着低品质,特别是与手工制品相比。在很长的时间内工业制造都是一维的,只是为了满足更大的生产规模和更多的产品需求量等。但是,近年来,大规模的工业生产开始关注消费者的认知和需求,开始考虑工艺和产品对人类及环境的危害。

5.2　"改进的工业制造"的含义

降低有毒有害材料的使用已经形成共识,人们已经认识到自然资源正在逐步减少。产品在自然环境中的不可逆变化是选择工业生产工艺的最主要因素,如果没有有效的保存手段,那么从农业生产到工业制造过程的产能过剩会导致真正的经济危机。这些在工业生产中永恒的互相制约因素定义了可持续技术,进而导致了改进工业制造概念的提出,这一概念是以多维工艺改进策略(Process Intensification Strategy, PI-S)为基础,在单元操作性能、最终产品质量以及设备可靠性等方面建立的多重准则。

5.2.1　单元操作性能

从设备操作性能的角度来看，PI-S 主要有以下目标：

(1) 在显著提高得率的同时，显著降低能源消耗。

(2) 使用天然原材料降低对环境的影响，并回收残渣和"废物"。

(3) 更优的工艺动力学优势。

确实，PI-S 在当前的技术革新中是必不可少的，其优势在于：

(1) 高质量的最终产品。

(2) 生产和运输成本更有竞争力。

但是，由于能源、耗材和/或设备因素导致生产成本过高（如冷冻干燥），或是由于特殊要求导致物流运输成本过高（如冷链、罐装等），一些可以提高产品质量的技术根本没有或很少被使用。

环境影响是考虑是否引入新的生产工艺的主要因素。在全球气候变暖的背景下，在权衡新的工艺改进措施时不可避免地会更多地考虑环境。为了保证改进措施能够减少环境影响，科学家们和工程师们必须降低总的能源消耗以减少二氧化碳排放，也必须大量回收有价值的"固体废物"，将它们转变为有价值的副产品。在工业过程中必须逐步降低温室气体、高污染的水和流出物的排放。

5.2.2　最终产品质量

PI-S 的其中一个目标是进行高效的质量控制，需要根据产品的性质，逐步增加控制指标和控制标准。因此，食品、化妆品和医药产业中高质量的可持续发展政策往往存在相反和互相冲突的要求。这些产业主要关注香味（口味和香气）、颜色及质地等感官/感觉因素，但是功能和营养特色也必须兼顾：

(1) 含有维生素、黄酮、多酚、抗氧化因子、不饱和脂肪酸、矿物质等。

(2) 遵循安全和健康原则。该类产品必须满足安全标准法规，如微生物数量（不含细菌或孢子等）。

(3) 减少或完全去除天然的或合成过敏源（无过敏源产品）。

(4) 减少完全不含天然或诱导的抗营养化合物，如豆科物质羽扇豆碱、油炸零食中的丙烯酰胺和挥发性危险化合物。

下面这些是最终产品质量的其他一些要求：

(1) 消费者能够快速便捷地消费（干燥蔬菜的快速复水；能够通过简单的粉碎得到干燥粉末等）。

(2) 高功能性。

(3) 环境友好型包装（如可食用膜）；最终产品必须容易储藏运输，且储运过程中耗能较低。

5.2.3　设备可靠性

从设备的角度来看,PI-S 的主要目标是高度可靠的反应器,它要求:

(1) 减少维护。

(2) 增强工艺控制的稳定性。

(3) 设备容易清洗。

由于新的电子和自动化方法的发展,生产工艺一旦确定后,设计适用于该工艺的设备变得更加容易。出于安全原因,设备必须能进行简单和高效的清洗,这样设备也能够被扩展到其他产品生产领域。很容易设计一些新的自动化维护方法,从而提高设备的可靠性。

人们主要从动力学的角度来研究设备可靠性的改进:动力学速度越快,生产停留时间越短,反应器体积要求越小,生产的同质化程度越高。这些会产生以下好处:

(1) 质量控制水平提高。

(2) 设计更小尺寸的设备,而产能更大。

对于一些超短时的操作,设备采用连续或分批生产模式的效率几乎相同。工业装备不再追求最大规模,因为新的高效生产工艺的开发,设备可以:

(1) 灵活性更高。

(2) 不再必须放大(甚至可以缩小)。

(3) 可以尽量靠近原材料产地。

这些方面的优点可以大幅提高安全性,减少危险性有毒物质带来的环境风险。

5.3　工艺改进的多维方式

5.3.1　改进策略的目标

工艺改进是针对产品质量和设备可靠性的多维策略,依赖于高效的单元操作。PI-S 可以创造一个基于创新生产过程的新工业时代,PI-S 的目标是可持续发展,旨在获得最高的产品质量、最小的综合成本和最小的环境影响。

5.3.2　食品工业的具体案例

在食品工业中，可以建立明确定义的 PI-S 与品质保证方法（Quality Assurance Methods，QAM）（如质量风险管理、危害分析和关键控制点、危害和可操作性分析等）之间的联系。通过结合安全性和商业价值，可以验证该过程控制并确认其有效性。可以使用多准则优化生产条件，食品工业的 PI-S 应该提高工厂设备的可靠性来完美适应新的革新改进工艺，更加重视成本和环境的影响。

5.3.3　PI-S 是一种持续的稳步开发策略

PI-S 是一种持续的稳步开发策略，必须通过研究工作来显著改善最终产品的质量、单元操作性能和设备可靠性。

事实上，正如 Allaf 和他的合作者在很多关于干燥、溶剂提取、精油提取的论文中指出的那样，PI-S 的核心关键点是改进过程动力学，从而

（1）缩小工厂规模。

（2）提高产率和产能。

（3）降低能源消耗等。

5.4　初始基础分析原理

仅通过实验研究和不同新技术的比较不能够很好地定义和建立 PI-S。一般单元操作特性和需求目标之间的鸿沟必须通过对不同关联现象的基本认识来填平。

5.4.1　改进程序

5.4.1.1　改进循环

过程、设备和最终产品系统的确定应该进行如下步骤：

（1）过程基础分析。

（2）产品的在线和最终评估。

（3）适当的设备设计。

因此，可持续性更好的 PI-S 应该采取循环方式（图 5.1），使用基本概念来分析现象，解决限制性因素，采用绿色工业生产新策略，改进单元操作以使产品质量、工

艺动力学、成本和环境影响达到综合最优。

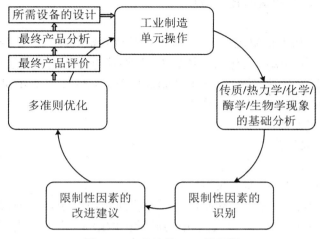

图 5.1　多级连续 PI-S 流程图

1988 年以来,Allaf 和同事建立了一种新的整合改进策略,其核心是分析现象(主要是动力学)。在这个改进程序中,基础原理分析是第一阶段,最主要的目标是识别限制性因素,以及找到增加动力学速度、改善质量和工艺性能的可能方法。这种策略与经验模型完全不同,经验模型不能解释物理学现象,一般仅适用于单元操作的控制和/或自动化方面,往往只能在非常有限的工艺条件下使用。

在理论原理模型中,我们不需要控制工艺过程就能够理解工艺、分析现象并建立产品结构和功能之间的关联。一些预处理操作可以从其对动力学的影响角度来分析优劣,这些预处理方式包括粉碎、膨胀,以及在很多蔬菜中进行的细胞壁破碎。

5.4.1.2　多循环强化程序

考虑到其主要目标,PI-S 毫无疑问需要通过多次重复循环来实现,每次循环都需要识别出当前和需求状态之间的差别,然后寻求基础手段来开发新的改进方法。新工艺过程需要鉴别产品的结构和功能特性,结合装备工程来量化工艺过程表现,进而从原理模型中实现一个新的改进制造操作。

5.4.1.3　过程改进认证

整个程序改进显然是一种战略性政策,需要专业研究员、制造和生产部门的工程师以及市场和国际文化等多方面的科学研究者共同努力来实现。"人类工业文明"的新的可持续发展是一条充满挑战的道路,需要专业研究员、工业工程师、营养学家、营销和商务专家共同在一起进行多维和多层次分析,从而加速应用创新性可持续技术以及大规模地扩展应用领域。PI-S 是一种涉及多个工业部门和多种控制指标的有效的可持续开发策略。

5.4.2　PI-S 中的瞬时控制减压

因为 PI-S 是基于传质规律研究的，且产品的功能特性与结构特性紧密相关，因此认识工艺过程中瞬时变化的具体影响，并将其与传统热力学过程相比较就显得非常重要。实际上，瞬时控制减压（Détente Instantanée Contrôlée，DIC）在天然植物处理过程中起到以下具体作用：

（1）彻底改变结构。

（2）调节提取工艺。

（3）增加提取动力学的速率。

（4）获取更高的产率和提取物品质。

在 Allaf 及其同事的实验室和各种工业化应用研究中，基于瞬时压差加工技术的热力学 PI-S 可以减少工艺过程中的质量扩散限制，增加传质。[33] 甚至在一些案例中，采用 DIC 处理，工业化生产可以直接采用实验室级别的优化条件。

5.4.2.1　简介

在研究 DIC 之前，Allaf 定义了真实热力学温度 θ。[1] 系统中的温度 θ 是系统粒子平移动能的平均摩尔密度（表 5.1），它与温度 T（单位为 K）的关系为

$$\theta = \frac{3}{2}RT = \frac{1}{2}M\langle V_i^2 \rangle \tag{5.1}$$

式中，θ 是系统的平均热力学温度（J/mol）；R 是广义理想气体常数 $[R = 8.314\,\mathrm{J/(mol \cdot K)}]$；$T$ 是以开氏温标表示的温度；M 是构成研究系统的粒子的摩尔质量。

表 5.1　水蒸气和空气的真实热力学温度 θ(J/mol)

$T(\mathrm{℃})$	$T(\mathrm{K})$	$\theta(\mathrm{J/mol})$	平移涨落速率均值	
			水蒸气(m/s)	空气(m/s)
−273.15	0	0	0	0
−18	255.15	3182	595	468
0	273.15	3406	615	485
20.01	293.16	3656	637	502
37.01	310.16	3868	656	516
47.59	320.74	4000	667	525
127.78	400.93	5000	745	587
207.97	481.12	6000	817	643
288.15	561.3	7000	882	695

$\langle V_t \rangle$ 是粒子平移的平均速率,它是一个随机的三向同性的速率之和,统计学上的均一值为 $\langle V_t^2 \rangle = \langle V_x^2 \rangle + \langle V_y^2 \rangle + \langle V_z^2 \rangle = 3\langle V_x^2 \rangle$。

泄压是指系统从高温、高压向低压状态的转变。为了让系统达到新的温度平衡(沸腾)状态,泄压通常伴随着一定量可挥发物的自蒸发。如果是瞬时泄压操作,那么在很短的时间(通常只有几十毫秒)内,系统速度是各向异性的,统计学上的均一速度只发生在两个方向 $\langle V_t^2 \rangle = \langle V_y^2 \rangle + \langle V_z^2 \rangle = 2\langle V_x^2 \rangle$。在这短短的几十毫秒内,气相的绝对温度($T$,单位为 K)或真实热力学温度($\theta$,单位为 J/mol)会降到初始水平的 2/3。这个渐进值比负压状态下的平衡温度(沸点温度)低得多,因此自蒸发效率更高,且蒸发量也更大。

5.4.2.2 DIC 中的传质现象

DIC 处理主要是将物料在极短的时间内降压,通常压力会降到真空。在高温/高压环境下仅持续很短的时间,饱和蒸汽、高温压缩空气、高压微波等多种方法都可以实现高温高压环境。

DIC 处理的温度通常为 60~180 ℃,压力会比平衡态高(图 5.2 例子中的饱和蒸汽温度为 151 ℃,压力为 0.3 MPa)。

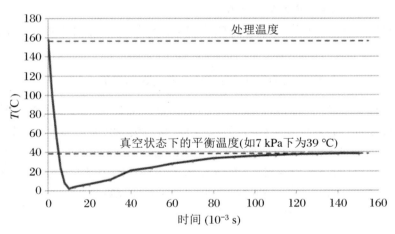

图 5.2 减压至真空过程中的温度变化

处理温度 $T_t = 158$ ℃,真空平衡温度 $T_e = 28$ ℃。

处理条件主要取决于产品和目的(是否除杂、调质、自蒸发、提取和/或干燥),针对挥发物的提取,DIC 的处理温度通常比标准的水蒸气蒸馏使用的大气压下的水的沸点温度高,从而使每个挥发物的蒸汽压力更高,高温阶段的处理时间很短,随后会进行瞬时减压,最终压力会降到 5 kPa。DIC 的降压速率($\Delta P/\Delta t$)超过 0.5 MPa/s 时会产生以下现象:

(1) 挥发性化合物的自蒸发。

(2) 产品的瞬时冷却,这阻止了热降解。

(3) 组织间隙的膨胀,甚至是细胞壁和内含物的分离。

1. 加热阶段

加热阶段让产品从初始温度 T_a 上升到饱和蒸汽压温度 T_t,首先通过对流/冷凝作用,升温效应发生在物料表面,然后通过传导作用延伸至物料内部。蒸发潜热 $L = 2017.42\ \text{kJ/kg}$,干物质的比显热 $c_{p,d} = 1.13\ \text{kJ/(kg·K)}$,而水的比热 $c_{p,w} = 4.182\ \text{kJ/(kg·K)}$,因此压缩蒸汽的用量为

$$m_v = \frac{(c_{p,d} + W c_{p,w})(T_t - T_a)}{L} = 0.111\ \text{kg(蒸汽/干物质)} \tag{5.2}$$

物料的含水量转变为

$$W_t = W_i + \Delta W$$

$$= W_i + \frac{(c_{p,d} + W c_{p,w})(T_t - T_a)}{L} = 26.01\%(\text{干生物质}) \tag{5.3}$$

被物料吸收的比热变为

$$Q = (c_{p,d} + W c_{p,w})(T_t - T_a) = 232\ \text{kJ/kg(干物质)}$$

$$= 64.5\ \text{Wh/kg(干物质)} \tag{5.4}$$

假设在加热过程中对流作用可以忽略不计,饱和蒸汽到物料表面的热流速率应该为

$$加热的表面动力学:\frac{\text{d}Q}{\text{d}t} = k_{冷凝} S_{\text{eff}} L (T_t - T) \tag{5.5}$$

从动力学的角度来看,因为刚开始的抽真空步骤让蒸汽几乎充满了物料表面及所有的封闭孔洞,两种介质(蒸汽和物料)之间的接触会非常紧密,有效交换面积 S_{eff} 会更大,因此加热是一个持续时间非常短的过程。

在这个短暂的冲洗步骤之后,热量和水分在物料的内部从表面通过传导作用转移和扩散到内部核心,并分别遵循傅里叶定律和菲克定律:

$$\boldsymbol{\varphi} = -\lambda_{\text{eff}} \nabla T \tag{5.6}$$

$$\frac{\rho_W}{\rho_d}(\boldsymbol{v}_W - \boldsymbol{v}_d) = -D_{\text{eff}} \nabla\left(\frac{\rho_W}{\rho_d}\right) \tag{5.7}$$

假设 $\boldsymbol{v}_d = 0$,ρ_d 为常数,热量和水分连续分布,上述方程可以转变为

$$\frac{\partial \rho_W}{\partial t} = -\nabla(D_{\text{eff}} \nabla \rho_W) \tag{5.8}$$

$$\frac{\partial T}{\partial t} = -\nabla(\alpha_{\text{eff}} \nabla T) \tag{5.9}$$

应该首先确定好 DIC 高温段的持续时间(t_c),这样物料内的温度和水分含量才能保持一致。值得注意的是,无论水分含量 W(干基)、温度 T、孔隙率及平均孔

径是多少,有效扩散系数 α_{eff} 和 D_{eff} 的取值分别为 10^{-7} m²/s 和 10^{-10} m²/s。因为热量传导的速度更快,因此 t_c 的时间设定主要是为了让水分含量在物料内均匀一致,在当前的例子中,t_c 应该大于 6.5 s。

2. 降压阶段

当整个系统从高温高压状态突然降低到真空状态时,各种瞬时现象会自动产生,这些现象包括自挥发/冷却以及膨胀/玻璃态转变过程。

3. 自挥发/冷却

因为过热的水和挥发性化合物的自挥发是一个绝热的过程,必然会引发残余物料的充分冷却。当体系压强突然瞬时下降时,温度会立即降低到最低水平 T_d,然后再上升到平衡温度 T_e。这会导致产生的蒸汽量远高于准静态自动蒸发。

每千克干物质经过 DIC 处理产生的自蒸发水蒸气的量为

$$m_v = \frac{(c_{p,d} + W_t c_{p,w})(T_t - T_d)}{L} > 0.129 \text{ kg(蒸汽/干物质)} \quad (5.10)$$

式中,T_d 是刚开始降压时物料达到的温度。

因此,在压力瞬时下降以后,物料的残余水分含量 W_r 为

$$W_r = W_t + \frac{(c_{p,d} + W_t c_{p,w})(T_d - T_t)}{L} < 13.1\% \text{(干生物质)} \quad (5.11)$$

5.4.2.3　DIC 质构改性

当体系突然泄压到真空状态时,多孔基质中挥发物分子的自蒸发和整个体系的冷却降温会同时发生。由此提供的蒸汽量足以在多孔材料内形成巨大的机械应力,而不会达到过高的加工温度[1],同时玻璃态转变的可能性会变大。

物料的结构改性在很大程度上依赖于产生的蒸汽量和物质的黏弹性,黏弹性是温度和水分含量的函数,保持新的膨胀结构需要低温和低水分含量的玻璃态转变。这个特征能够解释为什么压力必须要降低到真空状态。物料结构膨胀是为了显著增加蒸发量,并且让平衡温度达到玻璃态转变水平,这种变化对一些无淀粉产品来说非常重要。

1. 质构改性模型

当达到平衡温度 T_e 时,产生的蒸汽的比体积可以根据公式计算:

$$V_v = \frac{(c_{p,d} + W_t c_{p,w})(T_t - T_d)}{L} \frac{RT_e}{M_w P_v} \quad (5.12)$$

在当前条件下,这个数值为

$$V_v > 3.652 \text{ m}^3/\text{kg(干物质)} \quad (5.13)$$

而初始孔隙体积为 V_a,可以通过物料的比体积和真实体积之差进行计算,$V_a = \left(\dfrac{1}{\rho_{\text{specific}}} - \dfrac{1}{\rho_{\text{intrinsic}}}\right)$($\rho_{\text{specific}}$ 和 $\rho_{\text{intrinsic}}$ 分别指比密度和实际密度),孔隙体积不超过:

$$V_a = \left(\frac{1}{1023} - \frac{1}{1318} \right) \text{m}^3/\text{kg}(干物质) = 0.000219 \text{ m}^3/\text{kg}(干物质)$$

$$(5.14)$$

在瞬时加压的过程中,在这个有限空间中产生的约束压力的最高值可以达到

$$\Delta P_{\max} = \frac{m_v}{M_W} \frac{RT_e}{V_a} - P_v = \frac{(c_{p,d} + W_t c_{p,w})(T_t - T_d)RT_e}{M_W L \left(\frac{1}{\rho_{\text{specific}}} - \frac{1}{\rho_{\text{intrinsic}}} \right)} - P_v \quad (5.15)$$

在当前的 DIC 改质的案例中,限定空间中的约束压力的最高值为

$$\Delta P_{\max} > 83.5 \text{ MPa} \quad (5.16)$$

无论改质方式是什么,自蒸发的水蒸气量 m_v,孔径和周围环境之间的约束压力差的最大值 $\Delta P_{\max}$ 都是非常重要的参数,但是当体系压力降低到大气压水平的时候,无论是挤压蒸煮、气体爆破、膨化还是爆裂,它们的 m_v 以及 $\Delta P_{\max}$ 值均只有 DIC 处理的一半:

$$m_v = 0.056 \text{ kg}(干物质), \quad \Delta P_{\max} = 44.3 \text{ MPa} \quad (5.17)$$

值得注意的是,约束压力差 ΔP 是孔径随着时间变化的驱动力:

$$\mu 2\pi R \frac{\mathrm{d}R}{\mathrm{d}t} = \frac{1}{2} \pi R^2 \Delta P \quad (5.18)$$

因此,孔隙的变化率与 ΔP(孔隙内部与外部介质的压力差)成正比,与黏度成反比。但是因为压力差取决于初始值和孔径的变化,我们可以建立一个与 Arhaliass 等[2]使用的方程式类似的方程式。

2. 玻璃态转变

DIC 在加热过程中,更精确地说,是压力在瞬时下降之前,整个体系的湿度和温度非常高,这样的高温高湿环境通常有很大的可能性导致物料表现出黏弹性行为。新的蜂窝状膨胀结构的保持与物料的玻璃态转变紧密关联。瞬时压力下降,在 DIC 处理过程中,会使物料的湿度和温度降低。物料的玻璃态转变的可能性通常就会增加。

事实上,在不同的湿度下,测量玻璃态转变温度符合 Allaf[4]创建的 Gordon-Taylor 关系式[3]:

$$T_g(W) = \frac{T_{g,m} + kWT_{g,w}}{1 + kW} \quad (5.19)$$

$$(T_{g,m} - T_g) = (T_g - T_{g,w})kW \quad (5.20)$$

式中,W 是水分含量(干基),$T_{g,m}$ 和 $T_{g,w}$ 分别是干物质和纯水的玻璃态转变温度。注意 Orford 等[5]建议 $T_{g,w} = -139 \text{ ℃}$。最后 k 是 Gordon-Taylor 关系式参数,数值因材料而不同,在 $k = 1$ 的情况下,可以得到图 5.3。

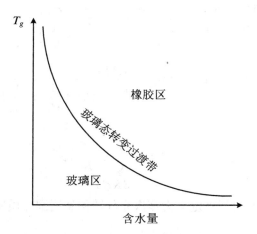

T_g

橡胶区

玻璃态转变过渡带

玻璃区

含水量

图 5.3　玻璃态转变温度随干基含水率变化曲线

5.4.3　渗透过程中的传质

Allaf 认为蒸汽一旦生成,就会通过渗透作用从物料的中心向周围环境转移。[1]这个过程在瞬时减压开始后立即发生,因为整个内部压力要高于外部环境压力,转移过程在真空阶段持续进行。在 DIC 处理条件下,当体系压力降低后,多孔物料中产生的蒸汽压力非常高,气相输送在非常短的时间内就能够完成,各种膜材料和多孔材料的渗透传质总体遵循达西定律,压力差是渗透传质的"驱动力":

$$\rho_v(\boldsymbol{v}_v - \boldsymbol{v}_d) = -\frac{K}{\nu_v}\nabla P \tag{5.21}$$

式中,渗透系数 K(以 m^2 为单位)取决于固体基质结构、孔隙率和迂曲度,而运动黏度 ν_v(以 m^2/s 为单位)取决于温度和输送流体的性质(如密度、分子大小等)。使用拍摄速率为每秒 1000 幅图像的高速摄像机记录瞬时自蒸发时间段的物料变化[6],根据材料和 DIC 条件的不同,膨胀时间为 20~200 ms。

通过对达西方程式积分(积分的上、下限分别为近似为圆形的颗粒外径 R_s 和孔径 R_0)可以计算出蒸汽流量:

$$m_v = \frac{4\pi K}{\nu_v}\frac{(P_{孔隙} - P_{提取})}{\left(\dfrac{1}{R_0} - \dfrac{1}{R_s}\right)} \tag{5.22}$$

式中,孔隙中的总压力 $P_{孔隙}$ 随着蒸汽转移逐渐下降。孔隙和颗粒半径(分别为 R_0 和 R_s)被视为常数(忽略物料膨胀),则式(5.22)可以转变为

$$\frac{\mathrm{d}P_{孔隙}}{\mathrm{d}t} \frac{MV_{微孔}}{RT} = -\frac{4\pi K}{\nu_\nu} \frac{(P_{孔隙} - P_{提取})}{\left(\dfrac{1}{R_0} - \dfrac{1}{R_s}\right)} \tag{5.23}$$

$$\Delta P = \Delta P_{max} \exp\left[-\frac{3KRT}{\nu_\nu} \frac{t}{MR_0^3\left(\dfrac{1}{R_0} - \dfrac{1}{R_s}\right)}\right] \tag{5.24}$$

达西特征传质时间为

$$\tau = \frac{MR_0^3\left(\dfrac{1}{R_0} - \dfrac{1}{R_s}\right)\nu_\nu}{3KRT} \tag{5.25}$$

通常，真空阶段（f）的时间被定义为蒸汽充分转移到周围介质所花费的时间。

5.5　提　取　工　艺

　　近年来，大量如生物医药、食品、保健品、化妆品、药品、香水、调味品和香料行业越来越多地选择基于天然植物的活性成分来代替合成化合物。然而，提取工艺存在以下缺点：

　　（1）提取过程的产率和速率较低，导致生产能力较低。

　　（2）能耗较高。

　　（3）提取物质量较差。

　　（4）残渣的利用率较低，通常给环境带来负面影响。

　　研究者和工程师们尝试定义和采用创新方法来满足相关的 PI-S 需求，从而解决上述问题。

5.5.1　挥发物的提取

　　根据每种化合物的蒸气压不同，人们开发出了植物源挥发物（如精油）的不同提取工艺。这些工艺通常是广为人知的共水蒸馏（首先是固液，然后是液汽相互作用）以及隔水蒸馏（固汽相互作用），热量和质量通过对流和冷凝过程传递和转移到沸水或蒸汽中。

　　与这些传统工艺相关的问题主要是：工艺效率较低以及由固体残渣的热降解导致的精油品质较低。工艺效率较低主要是由植物组织结构、传热和传质（固体与液体）以及不同过程的动力学差异导致的。这就要求研究者能够识别出限制步骤，提出更合适的 PI-S 方法，从而降低能源消耗并减少环境影响。

水分和精油在高温时会变成蒸汽,蒸汽经过若干步骤的冷凝会变成溶液,以保证不同比重的互不相溶液体的分离。共水和隔水蒸馏的动力学速率较低,工艺处理时间很长(长达 24 h,有时甚至更久,因此会导致热敏性分子降解),同时也会消耗大量能源。[7-13]

5.5.1.1 动力学

1. 热能和液体表面的相互作用

热能与液体首先在物料表面相互作用,因此会首先提取出表层的挥发物,初始可及性系数 δX_s 可以表征这个没有扩散作用的短时步骤,它仅仅与交换表面和周围环境的蒸汽压力差相关。Allaf[1]建议使用洗脱过程模型来定义这个步骤。

精油(Essential Oil,EO)蒸汽产生速率:

$$m_{v,EO} = \frac{dm_{v,EO}}{dt} = k_{EO}\langle A \rangle [p_{EO,X\text{-}s} - p_{EO,cond}] \tag{5.26}$$

水蒸气产生速率:

$$m_{v,w} = \frac{dm_{v,w}}{dt} = k_w\langle A \rangle [p_{w,X\text{-}s} - p_{w,cond}] \tag{5.27}$$

对流/冷凝产生的热量:

$$Q = hA[T_{蒸汽} - T_{X\text{-}s}] \tag{5.28}$$

热量平衡方程式为

$$Q = m_{v,EO}L_{v,EO} + m_{v,w}L_{v,w} \tag{5.29}$$

从式(5.28)和式(5.29)中可以看出 Allaf[1]认为吸收的热量主要是用于水的蒸发,因为精油的挥发性非常差($p_{EO} \ll p_w$),蒸发潜热也非常小($L_{v,EO} \ll L_{v,w}$),所以蒸发所需的热量非常有限。

2. 内部转移过程

(1) 内部能量转移。

在短暂的初始阶段后,因为植物体可以看成一种多孔材料,在基质内部同时且持续进行热量和质量转移。[6,14-15]

热源温度可以决定原材料内部的温度分布。在水蒸气蒸馏中,饱和水蒸气保证了固体基质外表面通过对流/冷凝作用进行的热量转移。随后,一旦达到了最高温水平(非常接近饱和蒸汽温度),固体内的热量就会通过类似的传导现象逐渐扩散。多孔基质内部存在的水和其他挥发性成分说明在孔隙内部发生了相对复杂的对流-蒸发/冷凝现象。这类似于傅里叶传导模型的强化热量传导现象,其驱动力是温度梯度,通常具有非常高的热传导率。

(2) 内部液体和蒸汽的质量传递。

植物体的天然结构通常是物质扩散的限制性过程,质量扩散的效率比热量扩散低得多。

研究者通常认为精油在多孔材料内的转移是一种以各挥发性化合物的蒸汽压梯度为驱动力的气体扩散现象。具有有效扩散系数 D_{eff} 的菲克定律可以与内部热量传导转移表达式偶联成下列方程式：

$$\nabla \cdot (- \lambda_{eff} \nabla T) + (\rho_d c_{pd} + \rho_{EO} c_{pEO} + \rho_w c_{pw}) \frac{\partial T}{\partial t}$$

$$+ \frac{\partial}{\partial t} \left[\frac{\psi}{R_{GP} T} (p_{EO} M_{EO} L_{EO} + p_w M_w L_w) \right] = 0 \tag{5.30}$$

Allaf[1]认为转移热量主要是用来蒸发精油和水蒸气。但是，因为外部蒸汽压是饱和的，多孔材料内部的水蒸气压力 p_w 应该大致为一个常数：

$$- \lambda_{eff} \nabla \cdot (\nabla T) + \psi M_{EO} L_{EO} \frac{\partial}{\partial t} \left(\frac{p_{EO}}{R_{GP} T} \right) = 0 \tag{5.31}$$

他们同样假设精油蒸气的质量转移遵循菲克定律：

$$\frac{p_{EO}/T}{\rho_d} (v_{EO} - v_d) = - D_{effEO} \nabla \left(\frac{p_{EO}/T}{\rho_d} \right) \tag{5.32}$$

假设 $v_d = 0$ 而 ρ_d 为常数，式(5.32)可以转变为

$$(p_{EO}/T) v_{EO} = - D_{effEO} \nabla (p_{EO}/T) \tag{5.33}$$

对于一维(r)均质和各向同性的介质，公式可转化为

$$(p_{EO}/T) v_{EO} = - D_{effEO} \left[\frac{\partial (p_{EO}/T)}{\partial r} \right] \tag{5.34}$$

$$- \lambda \frac{\partial^2 T}{\partial r^2} + \psi M_{EO} L_{EO} \frac{\partial}{\partial t} \left[\frac{p_{EO}}{R_{GP} T} \right] = 0 \tag{5.35}$$

要达到扩散效果，精油蒸气应该从 $r = 0$ 的方向向 $r = R$ 的方向移动：

$$v_{EO} > 0 \tag{5.36}$$

$$\frac{\partial (p_{EO}/T)}{\partial r} < 0 \tag{5.37}$$

交换表面的温度和 p_{EO}/T 均具有最高值；但是在靠近颗粒中心的时候，情况似乎相反：

$$\frac{\partial (p_{EO}/T)}{\partial r} > 0 \tag{5.38}$$

这与提取操作需要的条件完全相反。[16-17]在典型的水蒸气提取精油的过程中，需要采用耗时很长的"渐进"过程(图 5.4)。

5.5.1.2　精油提取的改进

与标准水蒸气蒸馏相比，挥发物提取的 PI-S 应该解决主要的相互限制条件，

这涉及将扩散传质与传导传热彻底地分离开来。第一个改进措施是采用微波技术,它能够避免热传导现象,物料内部能够受热均匀,在这种情况下,传质以蒸汽压力差为驱动力,压力差随着半径的增加而增加(从内核到交换面),近似地遵循菲克扩散定律;另外一个非常有效的方法是让物料内部到周围介质的蒸汽传导遵循达西定律,在这里将总的压力梯度作为驱动力。事实上,在建立周围真空环境的同时使用 DIC 技术[4]实现目标产物的瞬时自蒸发,可以完全解除精油提取过程中操作条件的互相制约,提取的动力学速率也会得到很大提高。DIC 技术提取挥发性化合物只需要极短的时间(2～3 min)。

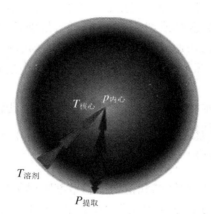

图 5.4　水蒸气蒸馏提取挥发性化合物的悖论:从"渐进"动力学角度解释精油和热量传递的联合影响

因此,DIC 可以作为解除条件制约的合适解决方案,是对精油提取工艺的极大改进。在这里必须再强调一次,水的存在是非常重要的,因为其蒸汽压通常比其他天然挥发分子高 10 倍以上。

5.5.2　溶剂提取的案例

5.5.2.1　简介

溶剂提取通常用于从固体或液体物料中获得产品。各行各业中,如化学和生物化学行业,以及食品、化妆品和保健品行业[18],溶剂提取都是非常重要的单元操作。

溶剂提取包括很多经典的工艺,很多方法的原理都涉及固体或液体的相互作用,从而将目标产物溶解出来[19],Allaf[1]将这些方法列举如下:

1. 渗滤

使用热的溶剂冲洗粉碎得非常细的物料床。这种方法用于咖啡制备过程。

2. 煎煮

固体物料浸没在沸腾溶剂中，该过程的条件非常苛刻，应该仅适用于非热敏性成分的提取，但是这种方法的提取速度很快，而且在某些时候是必需的。

3. 热浸

将物料浸没在加热但不沸腾的溶剂中，然后冷却混合溶液。茶粉的制备是一个典型的例子。

4. 冷浸

将物料浸没在冷的溶剂中，该操作耗时非常长，提取得率也较差。但是，这是提取不稳定分子的唯一方法。为了使提取更加有效，冷浸可以持续 4～10 天，在这段时间内可能会出现物料发酵或细菌污染的问题，特别是在溶剂是水的情况下，这些问题会造成活性分子的快速降解。为了避免或减少这些缺陷，浸渍可以在一个密封的容器中进行，甚至在某些案例中，浸渍会在冰箱中进行。

5. 浸解

浸解特别适用于香水和制药行业，它是一种热浸渍，因为其速度更快，通常可以避免降解和细菌污染问题。

5.5.2.2　提取过程

在所有这些方法中，组织结构和植物细胞壁都阻碍传质。因此，溶剂提取过程涉及固体与液体和液体与液体的相互作用，从而溶解目标组分。溶剂是一种能够从固体或液体中"溶解"目标产物从而产生提取液的液体，所谓提取液其实就是溶剂和可溶物的混合液。第二步分离通常可以回收大部分溶剂，获得不含溶剂的提取物。传统溶剂提取的另外一个缺陷是安全性，特别是使用来源于石化产品的有机溶剂。从提取物和残渣中去除微量残留溶剂也非常困难，超临界或亚临界流体的特殊溶剂的使用可以认为是解决上述问题的创新且有价值的方法，但是因为其操作成本非常高，它们只在生产一些高附加值产品和天然医药产品时才有吸引力。因为这些操作都是使用如 CO_2 和水这样的无害溶剂，产生的残渣可以二次利用，因此对环境几乎没有影响。但是从动力学的角度看，所有的这些过程都是相似的，因为在淋洗阶段物料的交换面积没有变化，而在液体扩散阶段，溶剂在多孔固体内部的扩散效率没有变化，从设备的角度看，缺点是显而易见的，因为特殊溶剂的提取非常耗时。在这种情况下，应该使用 PI-S 来改进工艺从而使过程表现更优、产品质量更好、设备的可靠性和可及性更佳。为了解决传统溶剂的问题，同时解决过程限制因素，可以使用超声、微波、快速溶剂提取、脉冲电场等新的提取方式，但是这些提取方式并没有解决主要问题，因此还需要进一步讨论 PI-S。每种天然产物提取工艺性能的改善应该瞄准在提高过程动力学、降低能耗的同时增加物料初始接触效率 δX_s、有效扩散系数 D_{eff} 和平衡提取物浓度 X_∞，最后要保持目标产品的最佳品质。

1．限制性过程的识别和单元操作改进

在溶剂提取过程中，活性分子是通过扩散作用转移到周围环境中的，扩散的驱动力是溶液到固体物料表面（溶质的浓度最大）的浓度梯度。初始阶段，物料表面的溶质首先溶解进入溶剂中，该过程发生在物料表面（外部淋洗过程），溶质一经溶解立即转移到周围的溶剂介质中。固体与液体之间的相互作用是通过固体介质和溶剂的密切接触实现的。在提取过程中，固体物料中的溶质浓度持续变化，导致了传质过程的不稳定。

在交换界面，体系迅速趋向于准平衡态，扩散接近于 0，提取过程几乎停止了。相反，如果通过充分的搅拌让液相连续变化，液相中的溶质扩散会持续进行，直到固相物质损耗殆尽。

在这个"淋洗"阶段以后，一系列后续过程连续发生，反映了初始含有溶质的固体基质和提取溶剂之间的相互作用。这些连续的过程包括以下步骤：

（1）溶剂在多孔固体基质内部扩散。

（2）基质内部的溶质溶解于充满固体基质孔隙的溶剂当中。

（3）溶质在充满溶剂的孔隙中向外扩散。

（4）溶质从交换界面向周围的溶质/溶剂混合物转移。

提取动力学方程通常以不同时间下固体物料中的溶质浓度来表示，$X = f(x)$，因为从动力学的角度来看，这四个过程是连续发生的，提取速率由最慢的步骤，也就是限制性步骤决定，PI-S 首先应该分析这些不同的步骤，并确定限制性步骤，为这个工艺操作的优化改善奠定基础。

2．溶质在液体溶剂中的溶解

溶剂中溶质的溶解可以用热力学平衡状态下的饱和浓度ϖ_c来表示，该参数是一个以溶剂、提取物性质和温度为自变量的函数。[20]通常情况下，目标物的溶解不是限制性过程，除非选用的溶剂或温度不合适。通常根据目标溶质的性质来选择合适的提取溶剂和提取温度。但也需要考虑杂质的性质和种类，以利于后续的分离步骤。

因此，通常很容易避免让溶解变为限制性过程。在实践中，溶解通常是一个快速甚至是瞬时的过程，溶质在溶剂中的溶解过程并不会左右提取过程。

3．表面交换和溶质在环境溶剂中的转移

当靠近交换面时，溶质的溶解速度很快，其向环境介质的转移是通过扩散或对流的方式实现的。

溶质从交换界面向外部溶剂中的转移不应是提取过程中的限制性步骤，除非是在缺乏充分搅拌的情况下进行。外部溶质转移的改进非常容易，只需要采用对流的方式来代替扩散转移，这可以通过对外部"溶剂介质"的充分搅拌来实现，外部转移的阻力变得可以忽略不计，这也就是为什么搅拌常常会成为提取工艺的基本组成部分。[20]

在淋洗阶段，可以通过初始接触效率 δX_s 来表示交换界面与流动的外部溶剂介质之间的纯相互作用：

$$\delta X_s = k_e \mathrm{SESA}_{\mathrm{eff}}(\varpi_e - \varpi_{溶剂})\delta t \tag{5.39}$$

在动力学研究中，δX_s 通常与扩散没有任何关系。它的物理意义是溶剂与交换界面初始相互作用时溶质的干物质密度，以每千克干物料的溶质质量来表示。

很明显，"外部"过程的改进执行起来非常容易。适当的搅拌能够提高 k_e 的值；使用粉碎物料可以提高物料的比表面积 $\mathrm{SESA}_{\mathrm{eff}}$。最后回收和更换与物料交换界面接触的溶剂可以改善外部传质 $\varpi_{溶剂} \to 0$。这一点明确地解释了使用对流式提取器的优点。

一旦外部传质现象被完美地优化，交换界面的溶质提取动力学速率将达到最高水平。[18]这时只需要研究提取过程的内部传质限制性因素即可。

4. 内部扩散传质

一旦外部传质被优化，内部的溶质/溶剂转移就变成了可能的限制性过程。有效的扩散过程对提取过程起到积极作用，其被认为是限制性步骤。

事实上，无论物料孔径是多少，孔隙内部的对流都是可以忽略不计的。内部扩散过程可以分成两个步骤：溶剂在植物细胞结构内转移和溶质在溶剂中转移。第一步是固体与液体相互作用，以溶剂与固体的表观密度比梯度为驱动力；第二步是液体与液体相互作用，以溶质与溶剂的表面密度比梯度为驱动力。

因为第一步通常快得多，动力学速率主要受固体基质孔隙中溶质向溶剂转移速率的影响，与物料的孔隙率密切相关。所以，在固体基质中出现的转移现象主要遵循菲克定律。[21]因此不能通过外部的机械能或热能变化来改善传质，[1]只能通过形状修饰（通过粉碎）、膨化过程改善孔隙率，以及通过超声处理增加微孔中的分子震动等方式改善传质操作。

天然多孔材料的结构通常对有效提取不利，其在工艺性能、提取物质量和设备可靠性等方面均有不足。改善这些缺陷的传统方法是粉碎原料，但其并不容易，而且这种方法只增加了比表面积，有效扩散系数并没有改变。

除此之外，相关文献表明，在整个提取过程中，植物基质中液体的有效扩散率（D_{eff}）为 $10^{-11} \sim 10^{-12}$ m^2/s，而热扩散率通常为 $10^{-8} \sim 10^{-6}$ m^2/s，这取决于含水量和孔隙率。

这在某些方面证实了固体基质中的溶剂扩散通常是最慢的过程，看起来应该是整个工艺中主要的限制性步骤。扩张这种天然结构是一个提高天然植物溶剂提取能力的真正方法。

因为植物天然结构是导致整个提取过程效率低下的主要原因，充分调质是解决这些问题的一种关键的预处理方法。因此，DIC技术被认为是改善物质内部结构并保持其化学组成的适当方法，甚至对热敏性物料也是如此。处理后的疏松多孔结构改善了传质,并提高了有效扩散和初始接触效率,因此也改善了整个提取动力学。DIC 对整个提取过程的附加效果是便于物料粉碎,可以得到膨化好的颗粒粉末,进而显著地提高得率、降低能耗、减小环境影响。从组成成分和功能特性的角度来看,人们分析了多种 DIC 辅助植物提取物的化学组成成分。在很短的时间内,DIC 已经从学术研究转向了工业使用的管理措施研究。通过将原理分析、严格的过程模型推导及实验设计的经验研究等结合起来,可以指导新的单元操作设备的生产制造,而来自植物学、热力学、分析化学、机械设计等领域的科学家们与来自工业过程、机械制造领域的工程师们紧密合作,可以促进 PI-S 的落实。

DIC 技术已经逐渐成为一个有效的工业化手段,其膨化的颗粒粉末可以提高初始接触效率 δX_s、有效扩散系数 D_{eff} 及很多天然化合物的平衡浓度 X_∞。产物功能特性的保持甚至是改善,以及设备可靠性的提高完美地证明了这种 PI-S 是多么有意义。

5.5.2.3　动力学模型

如前所述,搅拌外部溶剂可通过对流作用立刻溶解物料交换界面上的溶质,将它们从植物体中去除。[22-24]因此在所有多孔固体物料的溶剂提取操作过程中,溶剂和交换界面的相互作用,也就是所谓的"淋洗"都是首先在很短的时间内发生的。[25]

随后发生的主要过程是物料内部的溶质/溶剂的渗透/扩散(毛细现象、分子扩散等)。在这里,溶剂(溶质)传质的驱动力都是溶剂相对于物料(溶质相对于溶剂)的表观密度比例梯度。渗透和扩散作用都可以使用菲克定律解释。

在这种情况下适用于文献[4]中的方程式:

$$\frac{\rho_{溶剂}}{\rho_d}(\boldsymbol{v}_{溶剂} - \boldsymbol{v}_d) = - D_{eff,溶剂\text{-}d} \ \nabla \frac{\rho_{溶剂}}{\rho_d} \tag{5.40}$$

以及

$$\frac{\rho_{溶质}}{\rho_{溶剂}}(\boldsymbol{v}_{溶质} - \boldsymbol{v}_{溶剂}) = - D_{eff,溶质\text{-}溶剂} \ \nabla \frac{\rho_{溶质}}{\rho_{溶剂}} \tag{5.41}$$

为了模拟总扩散过程,考虑到溶质/物料密度比例梯度,并将有效扩散系数 $D_{eff}(\mathrm{m^2/s})$ 作为主要的过程系数,菲克定律可以表示为

$$\frac{\rho_{溶质}}{\rho_d}(\boldsymbol{v}_{溶质} - \boldsymbol{v}_d) = - D_{eff} \ \nabla \frac{\rho_{溶质}}{\rho_d} \tag{5.42}$$

因为整个处理过程并没有造成多孔材料的任何膨胀和塌缩,可以将整个固体物料假设成一个固定的框架结构,则固体多孔基质的密度随时间的变化可以忽略($\boldsymbol{v}_d = 0$ 和 ρ_d 为常数)。那么公式可以简化为

$$\rho_{溶质} \boldsymbol{v}_{溶质} = - D_{eff} \ \nabla \ \rho_{溶质} \tag{5.43}$$

将连续性包含进来,公式变为

$$\frac{\partial \rho_{溶质}}{\partial t} = -\nabla \cdot (D_{eff} \nabla \rho_{溶质}) \tag{5.44}$$

如果固体物料内部的结构和热力学温度分布都是均匀一致的,那么有效扩散系数 D_{eff} 可以被认为是常数,那么方程可以转变为[27]

$$\frac{\partial \rho_{溶质}}{\partial t} = -D_{eff} \nabla^2 \rho_{溶质} \tag{5.45}$$

更进一步,如果扩散是单向径向流,那么就变为

$$\frac{\partial \rho_{溶质}}{\partial t} = -D_{eff} \frac{\partial^2 \rho_{溶质}}{\partial r^2} \tag{5.46}$$

扩散阶段的时间 t 应该考虑从淋洗阶段结束时间 t_0 开始计算,扩散方程的解与初始和边界溶剂状态紧密关联。Allaf[1] 依据颗粒几何特征采用经典的 Crank-Nilson 方法求解,引入了时间 t_0,对应着提取中的纯扩散开始时间。这个解为

(1) 如果把颗粒当作无限平板,其中 $r_d = $ 厚度$/2$,有

$$\frac{X_\infty - X}{X_\infty - X_{t_0}} = \sum_{i=1}^{\infty} \frac{8}{(2i-1)^2 \pi^2} \exp\left[-\frac{(2i-1)^2 \pi^2 D_{eff}}{4r_d^2}(t-t_0)\right] \tag{5.47}$$

(2) 如果把颗粒看作球形,令 $r_d = $ 半径,有

$$\frac{X_\infty - X}{X_\infty - X_{t_0}} = \sum_{i=1}^{\infty} \frac{6}{i^2 \pi^2} \exp\left[-\frac{i^2 \pi^2 D_{eff}}{r_d^2}(t-t_0)\right] \tag{5.48}$$

为了研究动力学并利用实验数据建立扩散过程模型,Mounir 和 Allaf[29] 建议从用于研究扩散部分的实验数据中去除从 $t=0$ 到 $t=t_0$ 之间的 X 值,这时可以将扩散模型外推到 $t=0$。计算值 X_0 应该不同于 $X_i=0$ 的值,那么初始接触效率 δX_s 变成

$$X_0 - X_i = X_0 = \delta X_s \tag{5.49}$$

溶剂提取动力学可以通过得率值 X_∞、初始接触效率 δX_s 和有效扩散系数 D_{eff} 来确定,得率 X_∞ 和初始接触效率 δX_s(在交换界面直接溶剂淋洗的溶质的量)通常都可以用克(溶质)/克(干物质)为单位来表示。

5.5.3 在溶剂提取中应用 PI-S

按照工艺顺序对溶剂提取过程进行基础分析,可以提炼出四种可以改进溶剂提取效率的措施[27]:

(1) 溶剂搅拌让交换界面的溶质传递方式从扩散转变成了对流,这种方式可以提高初始接触效率(δX_s)。

(2) 粉碎通常可以减小液体在颗粒内部的扩散深度,也可以增加交换比表面

积,让界面上的溶质颗粒暴露更多,该操作应该也能够增加初始接触效率(δX_s)。

(3) 调质的目标是降低传质阻力。事实上,天然植物结构,更具体地说是原生质体膜和细胞壁极大地限制了液体传质过程。因此,通过酶处理、DIC 膨胀等手段破坏这些膜组织,传质动力学速率可以显著提高。这些措施可以让粉碎更加容易,增加有效扩散效率(D_{eff}),改善初始接触效率(δX_s),也可能增加产率(X_∞)。

(4) 超声辅助作用位点发生在:

① 外部交换界面[增加初始接触效率(δX_s)],这也许可以增加质量对流的有效系数。

② 内部孔径中的溶剂[增加有效扩散效率(D_{eff})],超声辅助可以产生质量对流而不是溶质-溶剂扩散。在这里,值得注意的是,孔径分布起着非常重要的作用。

在上述改进手段中,DIC 技术起着非常重要的战略作用。实际上在所有的提取操作过程中,不管原料是什么,都可以通过膨化改善提取操作,其机理是增加孔隙率、比表面积及目标化合物的接触效率。除此之外,充分的膨化应该有利于粉碎,得到颗粒粉末,这既增加了孔隙率和孔体积,改善了溶质传递,又完全改变了原材料的提取效率。

超声空化产生的物理效应包括微流,微湍流、冲击波和微射流等各种物理现象在介质中会产生强的对流作用。换句话说,超声处理引起的物料微孔内部液体的运动和搅拌,导致溶质转移是通过对流形式而不是扩散形式实现的。[30] 这两种形式都可以增加固体中的溶剂及溶剂中溶质的质量传递。[30,31]

(5) 微波处理。微波热源的主要特点是其在物料中的穿透能力通常与加工材料的电导率无关。采用微波提取时必须考虑多种因素:

① 待处理物料的几何特性,如颗粒大小及其他加热方法的处理难度。

② 热敏感性。

③ 成本:微波处理的必须是高附加值产品。

微波工艺的研发和系统设计需要考虑的一个重要因素是必须能够模拟电磁波和物质的相互作用。

物料介电性质(通常与湿度和/或存在的溶剂联系在一起)和温度之间的关联性对于过程模拟和建模非常重要。

微波处理最重要的参数是 $P \tan \delta$,该参数表征物体拥有将吸收的能量转变为热量的能力,所以它必须是一个能产生适中穿透效果的 ε' 和高损耗率(ε'' 最大)的组合。

能被微波处理的物体必须是偶极性的,非常幸运的是,大多数的天然产物都是如此。但是由于物料的热导率非常低,热量不能很快地扩散到周围区域。

在微波辅助单元操作中,植物体多孔材料中热的产生和转移可以用下面的等式描述：

$$\dot{q} - \nabla \cdot \boldsymbol{\varphi} = \rho_s (c_{ps} + W c_{pw}) \frac{\partial T}{\partial t} + \psi \frac{\partial \left(\dfrac{M_w L_w p_w}{R_{GP} T} \right)}{\partial t} \qquad (5.50)$$

其中，等式左边的第二项代表热量传递，通常遵循热传导定律。等式右边的第一项代表热量累计，第二项代表蒸发过程中的热量分散。

等式左边第一项 q 代表微波吸收功率量，换句话说，即单位体积单位时间的产热量，它也被称为吸收率密度，并且可以用下列关联式表示：

$$\dot{q}(r) = \pi f \epsilon_0 \epsilon''(r) \mid E(r) \mid^2 \qquad (5.51)$$

式中，$\mid E(r) \mid$ 是电场强度幅值，由向量 r 决定。如果加热物料的厚度 l_p 足够大，而损耗因子为常数时，那么能量分布遵循朗伯定律：

$$\dot{q}(x) = \pi f \epsilon_0 \epsilon'' \mid E_0 \mid^2 \left(-\frac{x}{d_p} \right) \qquad (5.52)$$

式中，$\mid E_0 \mid$ 是物料表面（$x = 0$）的电场强度幅值，d_p 是穿透深度[32]：

$$d_p = \frac{c}{2\pi f \sqrt{2\epsilon''}} \left[\sqrt{1 + \left(\frac{\epsilon''}{\epsilon'} \right)^2} - 1 \right]^{-1/2} \qquad (5.53)$$

从物料表面（$x = 0$）计算，在穿透深度处的能量密度只有表面能量密度的 36.788%。

章 末 小 结

本章论述了提取单元操作过程的 PI-S，使用了上面论述的整个流程，也就是：

（1）从基础上分析了连续的传递过程。

（2）找到了限制性（速率最慢）因素。

（3）提出了一种有效的措施提高动力学速率，减少能量消耗，降低环境影响，改善最终产品和副产品质量。

（4）设计了相关设备。

在找到基本方法并研究了不同原料的提取案例后，确定了不同的动力学参数和功能特性，最终开展了应用这种 PI-S 的模拟研究。本章重点强调 DIC 技术的参数影响以便优化整个操作过程，最终设计出了高可靠性的工艺设备。

参 考 文 献

[1]　Allaf，T. and Allaf，K.（2014）Instant Controlled Pressure Drop（D. I. C.）in Food Processing，Springer，New York.

［2］　Arhaliass, A., Legrand, J., Vauchel, P., Fodil-Pacha, F., Lamer, T., and Bouvier, J. M. (2009) The effect of wheat and maize flours properties on the expansion mechanism during extrusion cooking. Food Bioprocess Technol., 2, 186-193.

［3］　Gordon, M. and Taylor, J. S. (1952) Ideal copolymers and the second-order transitions of synthetic rubbers. I. noncrystalline copolymers. J. Appl. Chem., 2, 493-500.

［4］　Allaf, K. (1982) Transfer Phenomena and Industrial Applications, Lebanese University, Faculty of Science, Beirut.

［5］　Orford, P. D., Parker, R., and Ring, S. G. (1990) Aspects of the glass transition behaviour of mixtures of carbohydrates of low molecular weight. Carbohydr. Res., 196, 11-18.

［6］　Allaf, K. (2009) Essential Oils and Aromas: Green Extraction and Application, Chemat F., New Delhi, pp. 85-121.

［7］　Bendahou, M., Muselli, A., Grignon-Dubois, M., Benyoucef, M., Desjobert, J.-M., Bernardini, A.-F., and Costa, J. (2008) Antimicrobial activity and chemical composition of Origanum glandulosum Desf. essential oil and extract obtained by microwave extraction: Comparison with hydrodistillation. Food Chem., 106, 132-139.

［8］　Bocchio, E. (1985) Hydrodistillation of Essential Oils: Theory and Applications, vol. 63, Société d'expansion technique et économique, Paris.

［9］　Cassel, E., Vargas, R. M. F., Martinez, N., Lorenzo, D., and Dellacassa, E. (2009) Steam distillation modeling for essential oil extraction process. Ind. Crops Prod., 29, 171-176.

［10］　Chemat, F. and Lucchesi, M. E. (2006) Microwave assisted extraction of essential oils, in Microwaves in Organic Synthesis, Chapter 22 (ed. A. Loupy), Wiley-VCH Verlag GmbH, Weinheim.

［11］　Ferhat, M. A., Meklati, B. Y., Smadja, J., and Chemat, F. (2006) An improved microwave Clevenger apparatus for distillation of essential oils from orange peel. J. Chromatogr. A, 1112, 121-126.

［12］　Gámiz-Gracia, L. and Luque de Castro, M. D. (2000) Continuous subcritical water extraction of medicinal plant essential oil: comparison with conventional techniques. Talanta, 51, 1179-1185.

［13］　Lucchesi, M. E., Chemat, F., and Smadja, J. (2004) Solvent-free microwave extraction of essential oil from aromatic herbs: comparison with conventional hydrodistillation. J. Chromatogr. A, 1043, 323-327.

［14］　Allaf, T., Besombes, C., Mih, I., Lefevre, L., and Allaf, K. (2011) Decontamination of solid and powder foodstuffs using DIC technology, in Advances in Computer Science and Engineering (ed. M. Schmidt), InTech, Croatia.

［15］　Besombes, C., Berka-Zougali, B., and Allaf, K. (2010) Instant controlled pressure drop extraction of lavandin essential oils: fundamentals and experimental studies. J. Chromatogr. A, 1217, 6807-6815.

［16］　Al Haddad, M. (2007) Contribution théorique et modélisation des phénomènes instantanée dans les opérations d'autovaporisation et de déshydratation, Université de La Rochelle, La Rochelle.

[17] Al Haddad, M., Mounir, S., Sobolik, V., and Allaf, K. (2008) Fruits and vegetables drying combining hot air, DIC technology and microwaves. Int. J. Food Eng., 4, 1556-3758.

[18] Allaf, K., Besombes, C., Berka-Zougali, B., Kristiawan, M., Sobolik, V., and Allaf, T. (2011) in Enhancing Extraction Processes in the Food Industry (eds N. Lebovka, E. Vorobiev, and F. Chemat), CRC Press, Taylor & Francis Group, Dublin, pp. 255-302.

[19] Leybros, J. and Frémeaux, P. (1990) Extraction solide-liquide. Aspects théoriques. Techniques de l'Ingénieur J1 077 06.

[20] Schwartzberg, H. G. and Chao, R. Y. (1982) Solute diffusivities in leaching processes. Food Technol., 2, 73-86.

[21] Aguilera, J. M. and Stanley, D. W. (1999) Microstructural Principles of Food Processing and Engineering, Aspen Publication.

[22] Amor, B. B., Lamy, C., Andre, P., and Allaf, K. (2008) Effect of instant controlled pressure drop treatments on the oligosaccharides extractability and microstructure of Tephrosia purpurea seeds. J. Chromatogr. A, 1213, 118-124.

[23] Ben Amor, B. (2008) Maîtrise de l'aptiture technologique de la matière végétale dans les opérations d'extraction de principes actifs: texturation par Détente Instantanée Contrôlée DIC, Université de La Rochelle, France.

[24] Ben Amor, B. and Allaf, K. (2009) Impact of texturing using instant pressure drop treatment prior to solvent extraction of anthocyanins from Malaysian Roselle (Hibiscus sabdariffa). Food Chem., 115, 820-825.

[25] Fernández, M. B., Perez, E. E., Crapiste, G. H., and Nolasco, S. M. (2012) Kinetic study of canola oil and tocopherol extraction: parameter comparison of nonlinear models. J. Food Eng., 111, 682-689.

[26] Allaf, T., Mounir, S., Tomao, V., and Chemat, F. (2012) Instant controlled pressure drop combined to ultrasounds as innovative extraction process combination: fundamental aspects. Proc. Eng., 42, 1164-1181.

[27] Mounir, S. and Allaf, K. (2008) Three-stage spray drying: new process involving instant controlled pressure drop. Drying Technol., 26, 452-463.

[28] Crank, J. (1975) The mathematics of diffusion. (2nd ed.). Oxford: Clarendon Press.

[29] Mounir, S. and Allaf, K. (2009) Study and modelling of dehydration and rehydration kinetics within porous medium. Paper Presented at AFSIA, Lyon, France.

[30] Toma, M., Vinatoru, M., Paniwnyk, L., and Mason, T. J. (2001) Investigation of the effects of ultrasound on vegetal tissues during solvent extraction. Ultrason. Sonochem., 8, 137-142.

[31] Mason, T. J. (2000) Large scale sonochemical processing: aspiration and actuality. Ultrason. Sonochem., 7, 145-149.

[32]　Kitchen，R.（2001）Radio Frequency R F and Microwave Radiation Security，Reed Elsevier Group，Oxford.

[33]　Allaf，K.（2002）Analysis of instantaneity in thermodynamic processes：fundamental laws. 1st Franco-Lebanese Symposium on technologies and studies on Process Engineering and Biochemistry，Lebanese University，Beyrouth，Lebanese.

作者：Tamara Allaf，Karim Allaf
译者：张福建，邹鹏

第6章 绿色提取工艺中可持续溶剂概论

选择合适的溶剂对提取工艺和后续纯化步骤来说至关重要。一方面,溶剂必须保证有价值的物质能充分溶解;另一方面,我们必须考虑溶剂的成本和健康、安全、环保(Health,Safety,Environment,HSE)的情况。提取溶剂还必须具有较高的选择性,且具有化学惰性、不易燃、热稳定、无腐蚀性等特点。

在固体提取领域,可使用以下种类的溶剂:

(1) 水介质。

(2) 有机溶剂。

(3) 双水相体系。

(4) 超临界流体。

(5) 离子液体或低共熔溶剂。

目前,在世界范围内,使用绿色提取剂的趋势很明显。但什么是绿色或可持续溶剂呢? 根据 Capello 等[1] 的说法,就是能将环境影响降到最小的溶剂。Estévez[2] 提出了一个更精确的定义:绿色溶剂必须具有环保、健康和安全特性,以区别于现有的有害溶剂,但这个定义仍然比较模糊。绿色化学和绿色工程各包含十二条原则,现在的问题是溶剂必须满足哪些条件才能被视为绿色或可持续溶剂。

我们还应注意区分绿色溶剂和生物源溶剂的概念。生物源或生物基溶剂主要由生物质原料借助化学或生物化学转化方法制备而成。这种转化过程不一定绿色,即使是生物溶剂也可能没有很好的 HSE 特性。例如,生物基糠醛具有毒性,也可能致癌,所以肯定不是绿色溶剂。

相反,来源于石油化工的溶剂也可能具有很好的 HSE 特性,且可认为是绿色和生态友好溶剂。例如,3-甲氧基-3-甲基丁醇由异丁烯(裂化石脑油的 C4 馏分)合成,具有低毒性、低蒸汽压的特点,因此可认为是绿色溶剂。

当溶剂被认定为是绿色溶剂后,接下来就可将它们的物理性质与传统溶剂进行比较,评估其可以取代何种类型的溶剂以及可应用于何种工艺。为此,建模工具非常有用,而且简单的分类也很有帮助。2011 年,Jessop[3] 发表了一篇关于绿色溶剂的论文,并在文中批判性地回顾了绿色溶剂领域的研究进展。图 6.1 摘自上述论文,在所谓的以溶剂极性或极化率(π^*)和它们的碱性或氢键接受能力(β)为坐标的Kamlet-Taft图中列出了绿色溶剂。很容易看出,绿色溶剂作为替代溶剂尚未覆盖较大的区域,如类似于胺类这种强碱性/低极性的非质子溶剂就很难被替代。

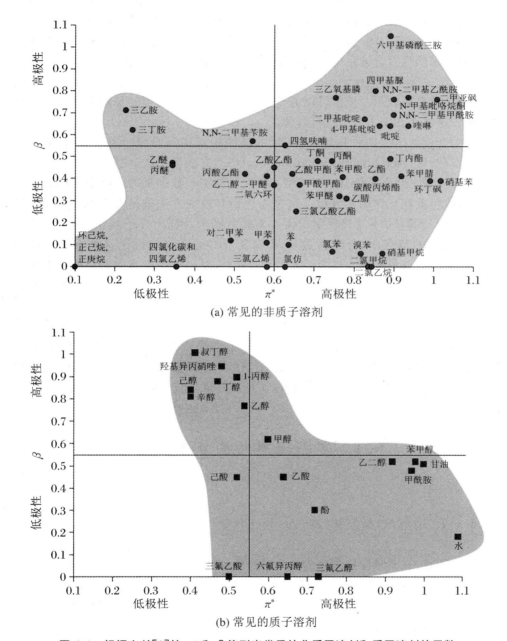

(a) 常见的非质子溶剂

(b) 常见的质子溶剂

图 6.1　根据文献[3]的 π^* 和 β 值列出常见的非质子溶剂和质子溶剂的函数

　　Jessop 的统计图中有一个问题，就是必须通过实验确定 Kamlet-Taft 参数，但由于尚未测定出所有绿色溶剂的 Kamlet-Taft 参数，导致统计图还不完整。因此需要找到能够定量预测待提取产物在相应溶剂中溶解度的工具，并与经典溶剂的溶解能力进行比较。同时，该工具需能够估算出产物在两种不同溶剂之间的分配系数，以用来预测混合体系中的蒸汽压、黏度和表面张力等其他性质。

　　热力学关键参数是化学组分的化学势，或者更准确地说，是混合物中产物的超额势，用活度系数表示。该值可以通过如 UNIFAC 模型之类的基团贡献方法来近似计算。这将在 6.1.1 节中进行解释。

　　第一个近似法是两种物质的相溶性，遵循相似相溶原理。通常采用 Hansen 溶解度参数（Hansen Solubility Parameter，HSP）方法量化这个原理，6.1.2 节将简要介绍该方法。然而，UNIFAC 模型需要大量的实验数据来确定给定溶剂和提取剂的极性、色散相互作用和氢键。迄今为止最有效的方法就是 COSMO-RS，它基于量子化学计算法，不需要或很少需要实验数据来计算出分子的相溶性、混合溶解力、混合物的蒸汽压、分配系数等，6.1.3 节将更详细地讨论这种方法。使用 COSMO-RS 可以更准确地预测提取率和选择性，从而得出成本效益。将此类预筛选工具与适当筛选环保溶剂相结合是未来提取过程的关键之一。绿色固液萃取的溶剂选择将在 6.2 节中讨论。最后，值得注意的是一些特殊溶剂，即离子液体和低共熔溶剂（Deep Eutectic Solvents，DES），它们在提取科学中扮演着越来越重要的角色，对这些溶剂的详细介绍见 6.3 节。然而，仅考虑最佳提取工艺是不够的，还需考虑后续的纯化步骤和工艺设计，主要包括蒸馏工艺、膜工艺、结晶工艺、液液萃取工艺和色谱方法的建模。6.4 节讨论了预测提取工艺优化设计的方法。

6.1　混合溶解的热力学模型

6.1.1　UNIFAC 模型和 UNIFAC 修正模型

　　迄今为止，基于基团贡献法的热力学性质评估系统（如 UNIFAC 模型）已经证明了自身的有效性。[4]UNIFAC 模型基于这样一个事实，即所有化合物的数量远远大于组成不同分子各种官能团的数量。因此，可以从含相对较少的官能团的化合物入手开发大量的数据模型。[5]

　　图 6.2 展示了乙醇分子拆解为 CH_3、CH_2 和 OH 3 个基团。在 UNIFAC 模型中，混合物被视为分子基团的混合物，而不是分子的混合物。分子基团之间相互作用的类型仅取决于官能团，而不取决于由它组成的化合物。与 UNIQUAC 模型类

似,活度系数可用于描述热力学性质。活度系数是由熵大小校正和基团相互作用产生的剩余项组成的,定义如下:

$$\ln \gamma_i = \ln \gamma_i^{熵} + \ln \gamma_i^{焓} = \ln \gamma_i^C + \ln \gamma_i^R \tag{6.1}$$

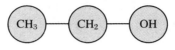

图6.2　乙醇分子拆分成官能团

熵项是所有与分子大小和形状相关效应的总和,并被描述为组合贡献 $\ln \gamma_i^C$。该组合贡献可按以下公式计算:

$$\ln \gamma_i^C = \ln \frac{\Phi_i}{x_i} + \frac{z}{2} q_i \ln \frac{\Theta_i}{\Phi_i} + \Phi_j \left(l_i - \frac{r_l l_j}{r_j} \right) \tag{6.2}$$

$$\Phi_i = \frac{x_i \cdot r_i}{\sum\limits_j x_j \cdot r_j} \tag{6.3}$$

$$\Theta_i = \frac{x_i \cdot q_i}{\sum\limits_j x_j \cdot q_j} \tag{6.4}$$

$$r_i = \sum\limits_k v_k^{(i)} \cdot R_k \tag{6.5}$$

$$q_i = \sum\limits_k v_k^{(i)} \cdot Q_k \tag{6.6}$$

式(6.2)和式(6.3)中,Φ_i 是体积贡献,Θ_i 是表面积贡献,r_i 是体积参数,q_i 是表面积参数,通过合适的修正模型利用这些参数可以计算体积贡献和表面积贡献。体积参数和表面积参数可以从 X 射线结构数据或简单的几何相关性中得到,或从文献中获取。[6]

焓项总结了由官能团之间的能量相互作用所产生的所有影响,称为剩余项。计算公式为

$$\ln \gamma_i^R = \sum\limits_k v_k^{(i)} \cdot (\ln \Gamma_k - \ln \Gamma_k^{(i)}) \tag{6.7}$$

通过引入基团活度系数 $\ln \Gamma$,可以将混合物中的分子相互作用与各个纯物质中的相互作用分开。它被定义为

$$\ln \Gamma = Q_k \cdot \left[1 - \ln \left(\sum\limits_n \Theta_m \cdot \Psi_{mk} \right) - \sum\limits_m \frac{\Theta_m \cdot \Psi_{km}}{\sum\limits_m \Theta_n \cdot \Psi_{nm}} \right] \tag{6.8}$$

$$\Theta_m = \frac{X_m \cdot Q_m}{\sum\limits_n X_n \cdot Q_n} \tag{6.9}$$

$$X_m = \frac{\sum_j v_m^{(j)} \cdot x_j}{\sum_j \sum_n v_n^{(j)} \cdot x_j} \tag{6.10}$$

式中，Θ_m 是表面贡献，X_m 是摩尔贡献。通过定义主要基团的交互作用参数（Ψ_{nm}），可以计算出剩余项。

$$\Psi_{nm} = \exp\left(-\frac{a_{nm}}{T}\right) \tag{6.11}$$

UNIFAC 修正模型建立在相同的基本方程之上，但是对熵项的体积部分进行修正可以更好地描述结构极不对称和复杂的分子。

$$\ln \gamma_i^C = 1 - V_i + \ln V_i - 5q_i l\left(1 - \frac{V_i}{F_i} + \ln \frac{V_i}{F_i}\right) \tag{6.12}$$

$$V_i = \frac{r_i^{3/4}}{\sum_j x_j r_j^{3/4}} \tag{6.13}$$

上式中，指数 3/4 是根据经验得到的值。为了更好地表示温度相关性，交互作用参数可通过多项式扩张进行扩展：

$$\Psi_{nm} = \exp\left(-\frac{a_{nm} + b_{nm}T + c_{nm}T^2}{T}\right) \tag{6.14}$$

与传统方法相比，UNIFAC 修正模型主要增补了主基团和亚基团参数，相关文献中报道了 1000 多个参数。[7] 这个大型数据库是 UNIFAC 模型的另一个优势，特别是扩展基团贡献法对许多萜烯和黄酮类化合物的预测结果较为准确。然而，对于非常复杂的分子，这种方法也会失效。[8]

6.1.2　Hansen 溶解度参数

对于混合溶解来说，"相似相溶"是一个很好的原理，但是否可以用一些简单的规则来定义什么是"相似"呢？20 世纪上半叶，溶液化学先驱、伯克利大学化学教授 Joel Henry Hildebrand 提出该领域内第一个较为合理的概念。[9] 他引入了 Hildebrand 溶解度参数 δ，其与内聚能密度 $E_{内聚能}$ 和摩尔体积 V_m 的关系如下：$\delta = (E_{内聚能}/V_m)^{1/2}$。$E_{内聚能}$ 是蒸发焓和理想气体能量之间的差值：$E_{内聚能} = \Delta H_{蒸发} - RT$（$R$ 是气体常数，T 是温度）。因此，只要物质（液体）具有足够的蒸汽压，Hildebrand 参数就很容易确定。而对于室温下为液体的盐（即离子液体），可以从反相气相色谱中推导出 δ。

Hildebrand 认为，如果两种物质的 δ 值相近，则两种物质是可混溶的，这是由于混合吉布斯能 ΔG_M 可以表示为

$$\Delta G_M = \Phi_1 \Phi_2 V_M (\delta_1 \delta_2)^2 - \Delta(TS)^{理想态} \tag{6.15}$$

式中，Φ_i 是组分 i 的体积分数，V_M 是两组分的平均摩尔体积，S 是理想混合熵。

聚苯乙烯的溶解度参数为 18.6 MPa$^{1/2}$，而乙酸乙酯的溶解度参数 δ（以国际单位制计算）为 18.2 MPa$^{1/2}$，二者溶解度参数非常相近。事实上，聚苯乙烯能够溶于乙酸乙酯，而不溶于乙醇（$\delta = 26.2$ MPa$^{1/2}$）。这个概念非常简单，并且易于扩展到多组分体系。溶解度参数的平均值可以由各个 δ 参数、平均体积和混合物组成计算出来。例如，1/3（以体积分数计）的丙酮和 2/3 的甲苯混合物，其溶解度参数平均值为（$19.7 \times 1/3 + 18.3 \times 2/3$）$= 18.7$ MPa$^{1/2}$，与氯仿的平均值相同。事实上，部分树脂在这两种溶剂介质中表现出相似的溶解行为。

当然，不能指望一个参数就足以预测混溶性和溶解性。在实践中，这个理论通常只在组分形成了所谓的规则混合物（Hildebrand 最初开发的模型）且平均摩尔体积很小时才起作用。对于涉及极性相互作用和/或氢键的强相互作用时，这种方法通常无效。例如，水的 Hildebrand 参数 $\delta = 48.0$ MPa$^{1/2}$，而硝基甲烷的 $\delta = 25.1$ MPa$^{1/2}$，与乙醇的值相近。但乙醇极易溶于水，而硝基甲烷则不易溶于水。

在众多改进 Hildebrand 方法的探索中，Hansen 溶解度参数法[10]最为有效，并且在工业中广泛使用。Hansen 将 Hildebrand 溶解度参数 δ 分为三个部分：$\delta^2 = \delta_D^2 + \delta_P^2 + \delta_H^2$，对应于 $E = E_D + E_P + E_H$，其中各项分别表示色散力（D）和永久偶极（P）相互作用以及氢键结合力（H）。如果三个参数相近，那么两种组分是相溶的（可混溶或可溶）。为了计算 Hansen 空间中 Hansen 溶解度参数之间的距离（R_a），可使用以下公式：

$$R_a^2 = 4(\delta_{D2} - \delta_{D1})^2 + (\delta_{P2} - \delta_{P1})^2 + (\delta_{H2} - \delta_{H1})^2 \qquad (6.16)$$

对于给定的化合物，我们定义了特定的相互作用半径 R_0（通常从实验中推断）。最终，相对能量差（Relative Energy Difference，RED）RED $= R_a / R_0$ 决定了"相似相溶"。当 RED < 1 时，该类化合物相似并且互溶；当 RED $= 1$ 时，该类化合物将部分溶解；当 RED > 1 时，该类化合物则互不相溶。

举个例子，在乙醇和硝基甲烷的水溶性存在较大差异的情况下，与乙醇的极性溶解度参数（$\delta_P = 8.8$）相比，硝基甲烷的极性溶解度参数（$\delta_P = 15.8$）更接近水的极性溶解度参数（$\delta_P = 16$）。如果没有氢键，那么硝基甲烷将比乙醇更易溶于水。然而，水的氢键溶解度参数（δ_H）为 43.3，硝基甲烷的氢键溶解度参数（δ_H）仅为 5.1，乙醇的氢键溶解度参数（δ_H）为 19.4，这就解释了为何乙醇是水溶性的，而硝基甲烷不溶于水。

Hansen 理论成功地应用于聚合物溶液、液体混合物以及气体溶解度。它甚至延伸到一些不太常见的情况，如溶剂的皮肤渗透性。研究发现，具有这种性质的液体的 Hansen 溶解度参数值为 $\delta_D = 17.6$，$\delta_P = 12.5$ 和 $\delta_H = 11$，如二甲亚砜（$\delta_D = 18.4$，$\delta_P = 16.4$ 和 $\delta_H = 10.2$）。

当然，想要推导出 Hansen 溶解度参数需要做大量的实验工作。杂质会对参数结果产生很大的影响，尤其是当它们（如盐、聚电解质、蛋白质）带电时。此外，温度或压力之类的影响因素通常不被考虑在内，且 RED 只能粗略地分类为可溶、不可溶和部分可溶。另外，分子之间的结合比上述 Hansen 参数更复杂，分子形状也有相关性，但通常不考虑。另一个局限性是我们对固体无法使用 Hansen 模型，因为固体没有蒸发焓，所以无法确定 Hansen 溶解度参数。

因此，这个理论只能是溶解的一阶近似（在 Hildebrand 的零阶近似之后）。尽管如此，只要有足够的数据集，这个理论就会非常有用。

6.1.3　COSMO 和 COSMO-RS

如前一节中简要介绍的，Hildebrand 和 Hansen 的常规溶解理论基于溶质和溶剂在分子间相互作用方面的最大相似性概念。正如本节所述，它们反映了古老炼金术士的"相似形容"概念，这一概念已被证明非常有用，但它停留在对溶剂化现象的相对粗略的定性理解水平上。如今，基于分子间相互作用的分子描述，我们可以获得更透彻的关于溶剂化和溶解的知识。在这方面，目前最有用的方法是真实溶剂似导体屏蔽模型（Conduct-like Screening Model for Real Solvents，COSMO-RS）理论[11]，下文对其进行了简要描述。更全面的关于 COSMO-RS 的描述可以在其他文献中找到。[12-14] COSMO-RS 的基础是溶质和溶剂分子的量子化学计算。与考虑真空中分子的标准量子化学不同，COSMO-RS 的这些计算是在嵌入分子的虚拟导体的情况下进行的。这是通过使用似导体屏蔽模型（Conduct-like Screening Model，COSMO）实现的。除了分子的能量和几何形状外，这些 DFT（Density Functional Theory，意为密度泛函理论）/COSMO 计算还提供了分子表面的导体极化电荷密度 σ，而这个参数可以详细地描述分子的局部表面极性。如图 6.3 所示，σ 表面（即用 σ 标记的分子表面）和 σ 剖面［即分子表面相对于表面极性 σ 的直方图 $p^i(\sigma)$］已经生动地描述了分子间的异同。

σ 剖面是分子表面极性的指纹图谱。例如，正己烷具有相对中性的表面，这会导致 σ 剖面（曲线）中出现一个狭窄的双峰。而这两个峰是由碳原子和氢原子表面的极性略有不同造成的。由于四极矩的作用，苯的 σ 表面在 π 面区域已经略带黄色（在图 6.3 中显示为最浅色），而氢原子位置略带蓝色（图 6.3 中文字已标示出），在 σ 剖面中呈现更宽的双峰结构。水的 σ 表面以蓝色和红色（图 6.3 中文字已标示出）为主，这是由强极化的氢原子和氧原子的孤对电子区域导致的。因此，一方面，水的 σ 剖面主要由氢键（hb）供体区域（$\sigma < -1\ e/nm^2$）和氢键（hb）受体区域（$\sigma > 1\ e/nm^2$）两个明显的峰组成，中间几乎没有中性表面。甲醇在 σ 剖面中具有几乎相同的极性氧特征。另一方面，它只有一个氢键供体，因此供体区域的强度只有一半，并且在非极性 σ 区域有轻微极化，即稍有烷烃特征。由于丙酮中的氧是 sp^2 杂化的，因此在氢键受体区域表现出与甲醇和水不同的 σ 剖面，并且在氢键供体区域没有极性表面。氯仿的 σ 剖面由 3 个氯原子产生的弱极性表面峰主导，而氢表面的极性足以充当氢键供体。

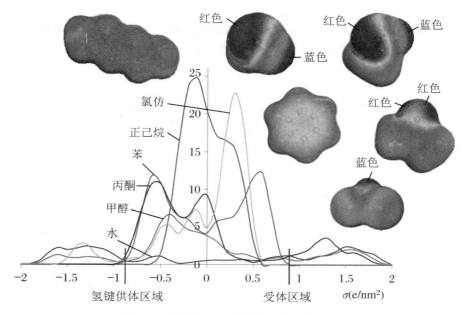

图 6.3　六种代表性分子的 σ 表面和 σ 剖面

COSMO-RS 基本理论是通过表面极性 σ 和 σ' 来量化分子相互作用的。液体中分子的电荷和偶极相互作用通过静电错配能进行量化：

$$e_{错配}(\sigma,\sigma') = \frac{1}{2}\alpha'_{错配}(\sigma+\sigma')^2 \qquad (6.17)$$

如果两个表面数值相同但极性相反，那么错配能为零，且它随着 σ 和 σ' 和的平方而增加。除了静电相互作用之外，氢键还会引起分子间的强相互作用。氢键（hb）是极性相反的极性表面的接触，很明显，这种接触包含大量的静电相互作用能。额外的氢键相互作用能可通过以下表达式精确量化：

$$e_{hb}(\sigma,\sigma') = c_{hb}(T)\min(0,\sigma\sigma'-\sigma_{hb}^2) \qquad (6.18)$$

这个简单的方程表示当供体和受体极性的绝对值超过一个阈值 σ_{hb} 时，氢键强度随供体和受体极性的增加而增加。e_{hb} 的温度依赖性反映了氢键形成过程中熵的损失。

利用这些表面相互作用的表达式，我们现在可以计算液体体系 S 中表面部分的化学势 $\mu_S(\sigma)$：

$$\mu_S(\sigma) = -\frac{kT}{a_{eff}}\ln\int p_S(\sigma)\exp\left\{-\frac{a_{eff}}{kT}(e_{int}(\sigma,\sigma')-\mu_S(\sigma'))\right\}\mathrm{d}\sigma \qquad (6.19)$$

式中，$e_{int}(\sigma,\sigma')$ 是失配和氢键相互作用的总和，a_{eff} 是接触面的平均尺寸。

$$p_S(\sigma) = \frac{\sum\limits_i x_i p^i(\sigma)}{\sum\limits_i x_i A^i} \qquad (6.20)$$

$p_S(\sigma)$ 反映了液体体系 S 相对于表面极性 σ 的相对组成,其可以很容易地由单一或混合液体体系 S 中组分的 σ 剖面 $p^i(\sigma)$、表面积 A^i 和摩尔分数 x_i 计算得到。

$\mu_S(\sigma)$ 被称为 σ 电势,是液体体系 S 的特征函数,其描述了液体体系 S 对不同极性的分子表面的亲和力。σ 电势非常适用于比较溶剂以及量化溶剂的性质:

$$\mu_S^X = \int p^X(\sigma)\mu_S(\sigma)\mathrm{d}\sigma + kT\ln \gamma_{混合活度}(X,S) \tag{6.21}$$

液体体系 S 中分子 X 的标准化学势 μ_S^X 可以通过对分段化学势进行积分来计算,其中化学工程热力学中众所周知的组合活度系数 $\gamma_{混合活度}(X, S)$ 进行了一个很小但很重要的尺寸修正,其可以根据溶质和溶剂分子的 COSMO 表面积和 COSMO 体积来求值。

根据式(6.21),COSMO-RS 可以计算几乎所有化合物的化学势,并作为几乎所有液体系统(包括纯溶剂、混合物、胶束系统、离子液体等)中化学成分和温度的函数。通过这种方式,我们可以获得溶液的活度、分配系数、蒸汽压、溶解度、焓和熵以及液体系统的完整相态。因此,COSMO-RS 可以非常广泛地应用于溶剂化相关问题,特别是用于筛选溶剂和增溶剂。文献[13]给出了当前应用领域的总体概述。在下文中,我们将介绍两个应用实例,以阐明 COSMO-RS 在 COSMOtherm 软件中的强大功能。[15]

6.1.3.1　示例 1:丙酮与苯、氯仿和二硫化碳的互溶性

COSMObase 数据库中存储了 6000 多种常见化合物(尤其是常见溶剂)的 DFT/COSMO 文件。因此,使用 COSMOtherm 软件可以在几秒内完成这些化合物的 COSMO-RS 的计算。此处,我们从 COSMObase 中选择了丙酮、苯、氯仿和二硫化碳四种化合物,并将它们加载到 COSMOtherm 软件中。接下来我们只需要选择 VLE/LLE 界面,选定三个感兴趣的二进制文件,将温度设置为 25 ℃后,点击提交并进行计算。10 s 后,程序返回结果显示界面,呈现出关于三个二元气液平衡系统的所有计算信息,其中包括过剩焓、自由能、活度系数和分压等,这些信息可以在图形面板中以图形方式显示。图 6.4 展示了总压力曲线。

COSMO-RS 正确预测了三种体系的完全混溶性,并与实验结果一致,同时也预测了三种丙酮二元混合物不同的气液平衡行为。虽然右侧的苯和丙酮的 σ 剖面大不相同,但苯的气液平衡接近理想溶液(气化曲线是直线)。这是因为左侧的 σ 剖面几乎相同,所以与纯丙酮相比,丙酮-苯混合物中丙酮的极性氧部分相互作用不好。而丙酮-氯仿混合物的情况则大不相同,氯仿的氢原子表面是强极化的,在纯氯仿中很难找到供体与之配对。但是在丙酮-氯仿溶液中,氯仿中强极化的氢与丙酮中的氧可以很好地接触,且它们的极性完全相反。结果表明,丙酮-氯仿混合物的自由能低于纯溶剂的自由能,导致蒸汽压降低,并在约 40 mol%的丙酮含量时达到最高沸点形成共沸物。对于丙酮与二硫化碳的混合物,情况正好相反。从 σ

表面和 σ 剖面可以看出，二硫化碳表面的极性比丙酮表面的极性还要小，因此它与丙酮的相互作用更差，导致蒸汽压曲线具有正曲率，并在约 30 mol% 的丙酮含量时达到最低沸点形成共沸物。

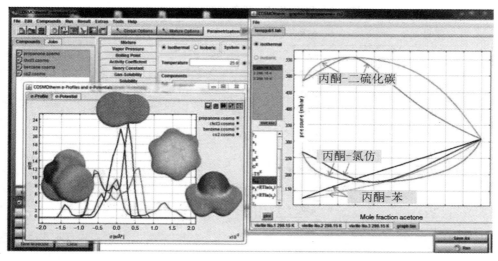

图 6.4　COSMOtherm 工作流程和三个二元系统结果的可视化图形

由 Hansen 溶解度参数法我们可以得出丙酮与苯、氯仿和二硫化碳三种二元化合物的 Hansen 距离分别为 12.7、8.7 和 11.8(15.4)，括号中的数字是 Hansen 溶解度参数表中列出的二硫化碳极性相互作用参数的替代值。[16] 通常，Hansen 距离为 8 被认为是良好溶解度的极限值。因此，从这个意义上看，氯仿是丙酮的良好溶剂，而另外两种则是丙酮的不良溶剂。显然，COSMOtherm 对这些混合物的物理化学行为的描述更详细、更准确。

6.1.3.2　示例 2：靛蓝的溶解度筛选

靛蓝是已知古老的染料之一，至今仍具有重要的工业价值。在使用靛蓝的过程中最大的问题是它的溶解度较低。因此，比较靛蓝在不同溶剂中的溶解度并分析结果十分有意义。引用 OECD SIDS[17] 报告中的数据，靛蓝在 25 ℃ 水中的溶解度为 0.99×10^{-6} g/g，相应的浓度为 0.0001%（质量分数）。为方便起见，本例中所有其他溶解度也将以质量分数表示。以该值作为参考，我们筛选了 20 种溶剂，其中包括一些标准溶剂和各种文献中列出的可作为溶解靛蓝的溶剂。

筛选结果见表 6.1。为了检验溶解度筛选的可靠性，我们可以取靛蓝在水和辛醇中的相对溶解度作为参考。COSMO-RS 预测靛蓝在辛醇中的溶解度为 0.074%，比在水中的溶解度高 2.87 个对数单位。这个值与靛蓝在辛醇/水混合溶剂中的分配系数非常吻合，该系数在 OECD SIDS[17] 的同一份报告中被列为 $\log P_{ow} = 2.7$。

根据参考溶解度,COSMO-RS 估算出 $\Delta G_{熔化}$ 的熔化自由能为 3.34 kcal/mol。由此,固体靛蓝的理想溶解度可估计为 0.35%。由 HSP 法可知没有任何溶剂比液体靛蓝更好,因为在 HSP 法中,与溶质具有相同溶解度参数的溶剂是最佳溶剂。

表 6.1   COSMO-RS 靛蓝溶解度筛选结果

序号	名称	溶解度(质量分数)
1	硫酸	100%
2	二甲亚砜	11.9093%
3	苯酚	10.4013%
4	丙酮	6.5225%
5	吡啶	4.3329%
6	吡咯	4.1934%
7	水合氯醛	2.9799%
8	N-环己基-2-吡咯烷酮	2.1431%
9	苯胺	1.7467%
10	氯仿	1.6337%
11	乙醚	1.4813%
12	乙酸	1.2209%
13	硝基苯	0.6988%
14	苯	0.5339%
15	樟脑	0.4953%
16	乙醇	0.4694%
17	液态靛蓝	0.35%
18	1-戊醇	0.1523%
19	1-辛醇	0.0742%
20	正己烷	0.014%
21	正十六烷	0.0037%
22	水	0.0001%

由表 6.1 可以看出,在 22 种溶剂中,靛蓝在 16 种溶剂中的溶解度高于 0.35%。研究表明,硫酸是最佳溶剂,靛蓝可以完全溶解,从技术上看,硫酸也可作为溶解靛蓝的溶剂。靛蓝在硫酸中具有高溶解度可以根据图 6.5 所示的两种化合物的 σ 剖面来解释。靛蓝的 σ 剖面主要由 2 个苯环在非极性区形成 1 个巨大的双峰。此外,在 1.5 e/nm² 范围内有 1 个来自 2 个羰基氧的孤对区强峰,并且大约在 2 个 N-H 供体产生的相反位置处有 1 个供体峰,但该供体峰的高度(即氢键供体表面积的量)仅约为氢键受体峰高度的 1/3,这主要是由供体在靛蓝中不易接近导致的。因此,在纯靛蓝中,每个分子可以形成大约 4 个氢键,其中 2 个作为供体,另外 2 个作为受体,但靛蓝一半以上的氢键受体未被使用。

一方面,硫酸的 σ 剖面显示了 1 个极性非常强的氢键供体峰,其延伸至 $-2.5\ nm^{-2}$,这是由酸性及极性很强的氢原子产生的,如图 6.5 所示。另一方面,由氧孤对电子产生的受体峰仅集中在 $0.9\ e/nm^2$ 处,这表明硫酸中的氧原子为非常弱的氢键受体。因此,在纯硫酸中,非常强的供体只能与非常弱的受体配对。如果我们将硫酸与靛蓝混合,那么硫酸中的供体可以与靛蓝中具有极性的氢受体形成氢键,从而使能量大幅增加,获得高溶解度。对于苯酚、吡咯、水合氯醛和氯仿等溶剂,也有类似的增溶机理。苯酚具有极性很强的氢键供体和极性低于靛蓝的氢键受体,从而有利于形成苯酚-靛蓝氢键。而吡咯具有中等强度的 N-H 供体,但没有受体,因此在与靛蓝的混合物中可产生新的氢键,水合氯醛和氯仿也有类似的情况。

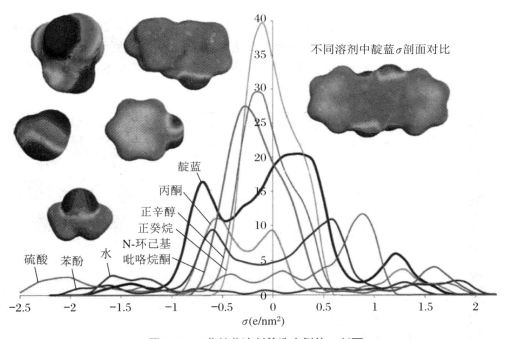

图 6.5　一些靛蓝溶剂筛选实例的 σ 剖面

有趣的是,对于靛蓝溶剂筛选表前 10 名中的其他溶剂,靛蓝增溶机理完全相反。二甲亚砜、丙酮、吡啶、N-环己基-2-吡咯烷酮和苯胺都具有比靛蓝更强的氢键受体,而它们本身没有或只有非常弱的氢键供体。因此,在这些溶剂与靛蓝的混合物中,靛蓝供体和受体之间的氢键会被靛蓝供体和溶剂受体之间更强的氢键所取代,从而导致能量增加,达到溶解的目的(图 6.5)。

混合溶剂中的溶解行为也可以通过 COSMO-RS 进行预测和解释。研究发现,在 N-环己基-2-吡咯烷酮中,水是靛蓝的强不良溶剂,该溶剂中即使含有少量的水也会导致大量的靛蓝析出。与这一观察结果一致,COSMO-RS 预测当向 N-环己基-2-吡咯烷酮中加入 10%的水时,靛蓝溶解度会降低 1 个数量级。溶解度降低的原因很明显:在纯 N-环己基-2-吡咯烷酮中,靛蓝和 N-环己基-2-吡咯烷酮之间较强的氢键是靛蓝溶解的驱动力,但加水后,水的极性供体开始竞争并将极性较低的靛蓝供体从这些强氢键中挤出,从而减弱了靛蓝溶解在 N-环己基-2-吡咯烷酮中的驱动力。总而言之,这个靛蓝的例子生动地展示了 COSMO-RS 在预测和解释溶解度方面的能力。

6.2　绿色固液萃取的溶剂选择

　　溶剂的选择通常基于目标组分和溶剂的溶解度参数与极性,进行相似化合物基团的聚类分析,可以让我们初步选择相关溶剂,具体如图 6.6 所示。对于工业应用,我们通常使用 Hildebrand 单参数模型,因为通常缺少多参数模型的各组分所需参数。

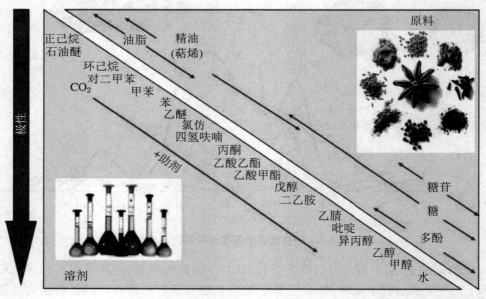

图 6.6　溶剂选择[18]

　　我们还可以通过活度系数来预测溶解度。活度系数取决于溶剂的组成,但由于溶液的复杂性,通常很难通过实验确定。除了提取率外,溶剂对目标组分和副组分的选择也是一个重要因素,因为这将影响后续的纯化步骤。此外,选择溶剂时还必须考虑监管限制和消费者需求(尤其是制药和食品应用),这也进一步限制了适用溶剂的数量。

　　尽管如此,现在已有一些现代热力学模型可以用于复杂液体中的分子间相互作用。如 6.1.3 节所述,COSMO-RS 是这些计算机方法中功能最强大的一种。在下一节中,该方法将应用于绿色溶剂的分类。

　　但即使拥有如此出色的工具,我们也应始终牢记,底物(尤其是在植物提取中)是一种复杂的混合物,我们永远无法对其进行详细的建模。在建模过程中,通常会存在许多副产物对提取物和提取溶剂的活度系数产生决定性影响。在这种情况下,无论是 COSMO-RS 还是其他任何方法都不能准确地预测提取结果。

6.2.1　基于 COSMO-RS 的常用绿色溶剂排序

　　2012 年,Aubry 及其同事发表了一篇关于绿色化学的具有里程碑意义的文献,文章标题为 *Panorama of Sustainable Solvents Using the COSMO-RS Approach*(《COSMO-RS 方法的可持续溶剂全景》)。[19]这项工作是早期研究的进一步深入,其中 COSMO-RS 已经用于对 153 种常用溶剂进行分类,并以严格的方式明确地将它们划分为 10 种。[20]在 2012 年的文献中,他们根据可燃性、毒性和 HSE 特征等标准筛选出了 138 种绿色溶剂,然后使用 COSMO-RS 比较这些绿色溶剂与常用溶剂的溶剂性质,并将每种绿色溶剂归类到上述 10 种溶剂类别中。这种分类是基于 σ 剖面的主成分分析完成的,在上述两篇文献中有详细说明。

　　138 种绿色溶剂的分类结果见表 6.2。对于需要更加具有可持续性的溶剂的任何工业应用来说,表 6.2 都是非常有价值的。

表 6.2　138 种绿色溶剂的分类

名称	毒性	挥发性	燃点	CAS 编号
Ⅱ类　弱电子对供体碱基溶剂				
丙酮	5	+	R11	67-64-1
N,N-二甲基辛酰胺	4	−	−	1118-92-9
5-(二甲基氨基)-2-甲基-5-氧代戊酸甲酯	4	−	−	1174627-68-9
2-吡咯烷酮	5	−	−	616-45-5
Ⅲ类　偶极非质子溶剂				
乙酰柠檬酸三丁酯	6	−	−	77-90-7
苯甲酸苄酯	4	−	−	120-51-4
乙酸丁酯	4	+	R10	123-86-4
月桂酸丁酯	5	−	−	106-18-3
1,4-桉叶素	4	+	R10	470-67-7
1,8-桉叶素	4	+	R10	470-82-6
环戊基甲醚	4	+	R11	5614-37-9

名称	毒性	挥发性	燃点	CAS 编号
癸二酸二丁酯	5	−	−	109-43-3
己二酸二乙酯	5	−	−	141-28-6
戊二酸二乙酯	4	−	−	818-38-2
邻苯二甲酸二乙酯	5	−	−	84-66-2
丁二酸二乙酯	5	+	−	123-25-1
丁二酸二异戊酯	n. f	−	−	818-04-2
己二酸二异丁酯	5	−	−	141-04-8
戊二酸二(2-甲基丙)酯	5	−	−	71195-64-7
丁二酸二异丁酯	5	−	−	925-06-4
琥珀酸二乙基己酯	n. f	−	−	2915-57-3
己二酸二甲酯	4	−	−	627-93-0
戊二酸二甲酯	5	+	−	1119-40-0
邻苯二甲酸二甲酯	5	−	−	131-11-3
丁二酸二甲酯	5	+	−	106-65-0
N,N-二甲基癸酰胺	4	−	−	14433-76-2
异山梨醇二甲基醚	5	−	−	5306-85-4
癸二酸二正辛酯	n. f	−	−	14491-66-8
1,3-二氧戊环	4	+	R11	646-06-0
乙酸乙酯	5	+	R11	141-78-6
月桂酸乙酯	5	−	−	106-33-2
亚油酸乙酯	5	−	−	544-35-4
亚麻酸乙酯	6	−	−	1191-41-9
肉豆蔻酸乙酯	5	−	−	124-06-1
乙酸香叶酯	5	−	−	105-87-3
三乙酸甘油酯	4	−	−	102-76-1
三丁基甘油醚	n. f	−	−	131570-29-1
三乙基甘油醚	5	+	R10	162614-45-1
三甲基甘油醚	4	+	R10	20637-49-4
双布普醇	4	−	−	2216-77-5
乙酸异戊酯	6	+	R10	123-92-2
乙酸异丁酯	5	+	R11	110-19-0
乙酸异丙酯	5	−	R11	108-21-4
肉豆蔻酸异丙酯	6	−	−	110-27-0
二辛酸异山梨酯	5	−	−	64896-70-4

续表

名称	毒性	挥发性	燃点	CAS 编号
松脂酸甲酯	5	−	−	127-25-3
乙酸甲酯	5	+	R11	79-20-9
月桂酸甲酯	4	−	−	111-82-0
亚油酸甲酯	5	−	−	112-63-0
亚麻酸甲酯	5	−	−	301-00-8
肉豆蔻酸甲酯	5	−	−	124-10-7
油酸甲酯	4	−	−	112-62-9
棕榈酸甲酯	4	−	−	112-39-0
2-甲基戊二酸二甲酯	4	−	−	14035-94-0
2-甲基四氢呋喃	5	+	R11	96-47-9
二氢松香醇乙酸酯	5	−	−	58985-18-5
乙酸丙酯	5	+	R11	109-60-4
乙酸松香酯	5	n.f	−	8007-35-0
柠檬酸三丁酯	5	−	−	77-94-1
柠檬酸三乙酯	5	−	−	77-93-0
Ⅳ类　非质子强偶极溶剂				
二甲基亚砜	5	+	−	67-68-5
糠醛	3	+	−	98-01-1
碳酸丙烯酯	4	−	−	108-32-7
γ-戊内酯	5	+	−	108-29-2
Ⅴ类　非质子溶剂				
肉豆蔻酸丁酯	5	−	−	110-36-1
棕榈酸丁酯	5	−	−	111-06-8
硬脂酸丁酯	6	−	−	123-95-5
环己烷	5	+	R11	110-82-7
4-异丙基甲苯	4	+	R10	99-87-6
β-月桂烯	5	+	R10	123-35-3
十甲基环五硅氧烷	4	+	−	541-02-6
二丙二醇	5	−	−	110-98-5
油酸乙酯	5	−	−	111-62-6
棕榈酸乙酯	5	−	−	628-97-7
棕榈酸异丙酯	5	−	−	142-91-6
d-柠檬烯	4	+	R10	5989-27-5
硬脂酸甲酯	5	−	−	112-61-8

名称	毒性	挥发性	燃点	CAS 编号
异十二烷	5	−	−	31807-55-3
全氟辛烷	3	+	−	307-34-6
α-蒎烯	4	+	R10	80-56-8
β-蒎烯	4	+	R10	127-91-3
异松油烯	4	+	−	586-62-9
Ⅶ类　两性溶剂				
苯甲醇	4	+	−	100-51-6
正丁醇	4	+	R10	71-36-3
α-3,3-三甲基环己烷甲醇	5	−	−	25225-09-6
1-癸醇	4	−	−	112-30-1
二氢月桂烯醇	4	+	−	18479-58-8
4-羟基甲基-2-异丁基-2-甲基-1,3-二氧戊环	5	−	−	5660-53-7
乙醇	5	+	R11	64-17-5
2-羟基-丙酸-2-乙基己基酯	n. f	−	−	6283-86-9
乳酸乙酯	5	−	R10	97-64-3
香叶醇	4	−	−	106-24-1
1,3-二乙氧基-2-丙醇	4	−	−	4043-59-8
1,2-二丁基甘油醚	n. f	−	−	91337-36-9
1,2-二乙基甘油醚	n. f	−	R10	4756-20-1
1,2-二甲基甘油醚	n. f	+	R10	40453-77-8
1,3-二甲基甘油醚	5	+	R10	623-69-8
1-丁基甘油单醚	5	−	−	624-52-2
1-乙基甘油单醚	4	−	−	1874-62-0
2-丁基甘油单醚	n. f	−	−	100078-36-2
2-乙基甘油单醚	n. f	−	R10	22598-16-9
2-[2-(四氢糠基氧基)乙氧基]乙醇	5	−	−	52814-38-7
癸酰胺 DEA	5	−	−	136-26-5
N,N-二(2-羟基乙基)辛酰胺	5	−	−	3077-30-3
异戊醇	5	+	R10	123-51-3
异丙醇	5	+	R11	67-63-0
蓖麻油酸甲酯	5	−	−	141-24-2
二氢松油醇	5	−	−	498-81-7
诺卜醇	4	−	−	128-50-7
正辛醇	4	+	−	111-87-5

续表

名称	毒性	挥发性	燃点	CAS 编号
油酸	6	−	−	112-80-1
油醇	5	−	−	143-28-2
聚乙二醇	6	−	−	25322-68-3
丙酮缩甘油	5	+	−	100-79-8
蓖麻油酸	5	−	−	141-22-0
α-松油醇	4	−	−	98-55-5
β-松油醇	5	−	−	138-87-4
四氢糠醇	4	+	−	97-99-4
Ⅷ类　质子性溶剂				
甘油缩甲醛	5	+	−	4740-78-7
1,3-二氧戊环-4-甲醇	5	+	−	5464-28-8
乙二醇	4	+	−	107-21-1
β-金合欢烯	5	−	−	18794-84-8
糠醇	3	+	−	98-00-0
甘油	5	−	−	56-81-5
羟甲基二氧杂戊环酮	5	−	−	931-40-8
1-甲基甘油单醚	4	−	−	623-39-2
2-甲基甘油单醚	5	−	R10	761-06-8
5-羟甲基糠醛	4	−	−	67-47-0
3-羟基丙酸	5	−	−	503-66-2
3-甲氧基-3-甲基丁醇	4	−	−	56539-66-3
三缩四乙二醇	6	−	−	112-60-7
1,3-丙二醇	4	−	−	504-63-2
丙二醇	6	+	−	57-55-6
Ⅸ类　有机酸溶剂				
乙酸	4	+	R10	64-19-7
丙酸	4	+	−	79-09-4
Ⅹ类　极性溶剂				
水	6	−	−	7732-18-5
离子液体溶剂				
乙酰胆碱	n.f	−	−	14586-35-7
3-丁基-1-甲基咪唑四氟硼酸盐	4	−	−	174501-65-6

6.2.2　鼠尾草中鼠尾草酚和鼠尾草酸的固液萃取

如前几节所述,提取方法的选择对于固液萃取工艺的设计和产品的后续纯化至关重要。本节将重点关注固液萃取。

为了减少实验的工作量,可以使用 COSMO-RS 等热力学模型根据溶解度对溶剂进行分类。此处展示了 COSMO-RS 在溶剂筛选方面的普遍适用性。这些模型可以用于绿色溶剂筛选和提取。作为例子,我们选择利用固液萃取法提取鼠尾草中的鼠尾草酚和鼠尾草酸。

鼠尾草属于唇形科。[21]因为目标化合物鼠尾草酸、鼠尾草酚和迷迭香酸具有自由基清除特性,所以该植物可作为一种强抗氧化剂。此外,鼠尾草酸还具有抗菌特性,故鼠尾草提取物常用于治疗口腔和咽部黏膜感染或牙龈炎。鼠尾草还含有侧柏酮、樟脑、桉叶醇和齐墩果酸等许多副产物,其中侧柏酮和樟脑是鼠尾草叶特有的芳香气味的主要来源。[22]

鼠尾草中有价值的物质可以分为不同的化学类别,如二萜、三萜或类黄酮。鼠尾草酸和鼠尾草酚为二萜,而侧柏酮、樟脑和桉叶醇为单萜。

6.1.3 节详细解释了如何使用 COSMO-RS 计算溶解度,本节只介绍复杂样本系统的应用。由于分子的复杂性,我们无法计算出溶解度的绝对值。如第 5 章所述,这些数据在其他理化性质方面与实际情况有显著差异,但是我们可以使用 COSMO-RS 等热力学模型对溶剂进行分类。通过对相似物质基团进行归类,我们可以初步选择相关溶剂(图 6.6),也可以使用 COSMO-RS 对物质基团进行归类(图 6.7)。

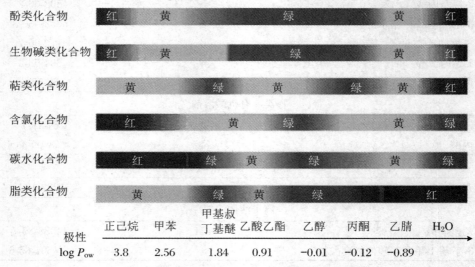

图 6.7　COSMO-RS 聚类结果:绿色部分为最佳溶剂,
黄色部分为中等溶剂,红色部分为低溶性溶剂

　　借助这些聚类方法,我们选择了乙醇、乙酸乙酯、丙酮、己烷和水等工业上重要的溶剂用于鼠尾草酚和鼠尾草酸的固液萃取。众所周知,水不适用于提取萜类化合物,但为了说明 COSMO-RS 的适用性,这里仍对水进行了筛选。

　　表 6.3 给出了溶剂排序结果。与其他溶剂相比,丙酮能较好地提取目标组分(鼠尾草酚和鼠尾草酸)以及副组分(侧柏酮和樟脑)。对于桉叶醇来说,己烷为最佳溶剂。

表 6.3　COSMO-RS 法提取鼠尾草的溶剂排序

溶剂排序	目标组分		副组分		
	鼠尾草酚	鼠尾草酸	侧柏醇	樟脑	桉叶醇
1	正丙烷	正丙烷	正丙烷	正丙烷	正己烷
2	乙酸乙酯	乙酸乙酯	乙酸乙酯	乙酸乙酯	正丙醇
3	乙醇	乙醇	正己烷	乙醇	乙酸乙酯
4	正己烷	正己烷	乙醇	正己烷	乙醇
5	水	水	水	水	水

6.2.3　COSMO-RS 溶剂排序的实验验证

　　以鼠尾草为原料进行提取实验来验证 COSMO-RS 溶剂的排序。在每个实验中,将 10 g 鼠尾草用特定溶剂提取 24 h。图 6.8 为提取实验的结果。提取鼠尾草酚和鼠尾草酸的不良溶剂己烷和水的实验数据与 COSMO-RS 的排序一致(图 6.8)。

　　根据 COSMO-RS 的计算结果,鼠尾草酚和鼠尾草酸在乙醇中的溶解度高于丙酮和乙酸乙酯,但实验数据并未反映这些结果。与丙酮和乙酸乙酯相比,乙醇可以提取更多的鼠尾草酚和鼠尾草酸。这可能是在固液萃取的过程中,除了某种物质的溶解度外,许多其他物质和其他因素的存在也起着作用。

　　如第 2 章所述,在固液萃取的过程中,产物的可及性是一个重要因素,且与粉碎程度、粒度和孔隙率有关。其他重要的因素是产物在植物中的分布、原料的结构以及影响平衡状态的关键因素——湿度。如果固体基质是极性的,而目标组分是非极性的,那么必须先用合适的极性溶剂改善目标组分的可及性。如果使用非极性溶剂,且基质未预先溶胀,那会导致提取率较低。但是在 COSMO-RS 计算中无法考虑到这些因素。因此,实验结果表明,与丙酮和乙酸乙酯相比,鼠尾草酚和鼠尾草酸对乙醇具有更好的可及性。

　　可及性的影响也可以用提取副组分的例子来说明(图 6.9)。在这里,COSMO-RS 溶剂的排名与实验值不同。只有当水作为最不良溶剂时,实验数据才与计算值基本一致。

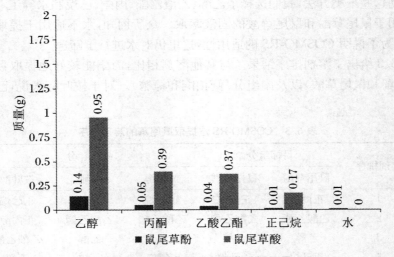

图 6.8　鼠尾草酚和鼠尾草酸提取量

副组分侧柏酮、樟脑和桉叶醇是鼠尾草精油的挥发性成分,在己烷或丙酮等溶剂中具有很好的溶解性。在这里,COSMO-RS 溶剂的计算值与实际值一致。但是由于溶胀作用,与己烷和丙酮相比,这些物质更易溶于乙醇,从而获得更高的产率(图 6.9)。

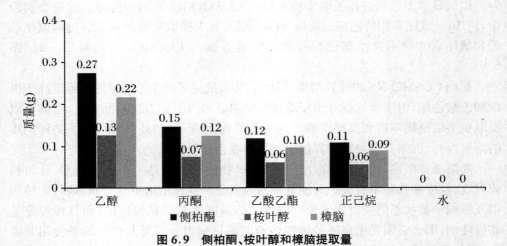

图 6.9　侧柏酮、桉叶醇和樟脑提取量

6.2.4　结论

本节介绍了如何使用 COSMO-RS 等热力学模型对溶剂进行排序,以减少进行完整溶剂筛选实验的巨大成本。可以证明,COSMO-RS 溶剂排序体现了天然产物提取中选用合适溶剂的正确趋势,以实现从多种溶剂中确定最佳溶剂。

然而,这些筛选出的溶剂必须在随后的实验中进行验证,因为仅计算溶解度还不足以得出固液萃取过程中的产率(表 6.4)。

表 6.4　COSMO-RS 溶剂排名

溶剂排序	目标组分		副　组　分		
	鼠尾草酚	鼠尾草酸	侧柏醇	樟脑	桉叶醇
1	正丙烷	正丙烷	正丙烷	正丙烷	正己烷
2	乙酸乙酯	乙酸乙酯	乙酸乙酯	乙酸乙酯	正丙醇
3	乙醇	乙醇	正己烷	乙醇	乙酸乙酯
4	正己烷	正己烷	乙醇	正己烷	乙醇
5	水	水	水	水	水

注:灰底标出部分与实验数据不匹配;鼠尾草酚、鼠尾草酸列的正丙烷和乙酸乙酯及桉叶醇列的正己烷、正丙醇、乙酸乙酯均可能与实验数据匹配;灰底以下部分均与实验数据匹配。

这是因为在固液萃取的过程中,物质在植物部分的可及性和位置、原料的结构和湿度都是关键因素,而 COSMO-RS 等热力学模型没有考虑这些因素。物理化学模型则考虑了这些因素,具体如第 2 章所述。

6.3　绿色提取的替代溶剂

6.3.1　离子液体

在绿色溶剂的背景下,大量学者对离子液体(Ionic Liquids,IL)以及低共熔溶剂进行了研究。根据定义,离子液体是熔点较低的纯熔盐,通常(且随意定义)低于 100 ℃。低共熔溶剂是熔点远低于每种化合物熔点的固体混合物,通常也低于 100 ℃。

一方面,离子液体被认为是绿色的,主要是因为它们的蒸汽压非常小(通常可以忽略不计),因此它们绝不会是挥发性有机化合物。另一方面,这一特性排除了它们在蒸馏过程中从产品中分离出来的可能性。许多离子液体在很大的温度范围内都是稳定的,而且由于有无数的阳离子-阴离子组合,因此在几乎所有的工业过程中,都可以找到比传统溶剂更合适的离子液体。

尽管离子液体有这些特性,但它仍然只在少数工业过程中应用。其中,最著名的就是巴斯夫的 BASIL 工艺，在该工艺中，生成的 HCl 与 1-甲基咪唑结合转化为离子液体，而不是固体沉淀盐。其优点是离子液体为液体，比固体盐更容易处理和分离。在这一工艺中，碱的催化活性会有明显的副作用。

　　关于分离工艺，有一些关于离子液体的尝试，但据我们所知，这些概念都没有上升到工业水平。在这些方法中，我们提到了它们可以作为潜在添加剂用来分离共沸混合物[23]或将离子液体作为溶剂与冠醚结合，从药物样品或发酵液的酸性水溶液中有效提取不同类型的氨基酸[24]。后一个例子相当奇特，但它表明离子液体通常仅适用于提取非常昂贵的产品或作为分析化学中的提取剂。此外，还有学者考虑了如丁醇[25]或单乙二醇[26]等较简单的分子，但该工艺的成本仍然过高。其中，Carda-Broch 等[27]通过实验确定了大量物质在特定离子液体和水之间的分配系数。

　　最近的一篇文章 *Application of Ionic Liquid for Extraction and Separation of Bioactive Compounds from Plants*（《离子液体在植物生物活性化合物提取分离中的应用》）[28]对这一主题进行了很好的概述，文章题目已经表明该方法仅针对分析应用。也有学者提出将离子液体与超临界 CO_2（一种真正的绿色溶剂）相结合，例如，用超临界 CO_2 从离子液体中提取有机溶质。[29-30]此外，我们可以通过施加 CO_2 气体诱导离子液体从有机和水性混合物中分离，这是一种独创的方法，可以制备不同的萃取相。[31]当然，离子液体应该始终是商品化的、相对便宜的、低毒的化合物，如 AMMOENG 102（一种两亲性四烷基乙基硫酸铵）。[32]

　　除了催化[33]和非常特殊的应用，如用于电化学或传感器设计中的功能介质，离子液体似乎还不适用于广泛的工业工艺，特别是在植物提取工艺中。到目前为止，离子液体仅用于分析过程。这是为什么呢？未来离子液体是否有希望作为植物提取的绿色溶剂呢？

　　一个主要的原因就是高纯度离子液体的价格。虽然离子液体的合成非常简单，但纯化绝非易事。因此，我们购买的离子液体通常含有大量杂质，而高纯度的离子液体价格很高，这使离子液体与常规溶剂相比毫无竞争力。另一个原因是，由于蒸汽压低或没有蒸汽压，它们不能直接替代其他溶剂，必须设计替代蒸馏的分离过程，而这既费时又昂贵。此外，大部分离子液体在室温下黏度较高，这使它们在提取过程中的使用变得复杂，减慢了扩散过程。

　　即使克服了这些缺点，大多数离子液体还有另一个主要缺陷：它们根本不是绿色的，或者只有很少的绿色特征（如低蒸汽压）。目前研究最多的离子液体仍然是咪唑类化合物，如［bmim］BF4（丁基-甲基-咪唑鎓四氟硼酸盐），它们的合成既不是绿色的，也不完全基于可再生资源。[3]更重要的是，基于短链咪唑鎓的离子液体不易生物降解，而长链离子液体具有明显的毒性。[34-35]

　　那么，下一步该怎么办呢？从上述讨论中可以清楚地看到，用于植物提取的离子液体只有在无毒、高纯度且价格不贵的情况下才有用途。胆碱基离子液体符合这些标准,如丁酸胆碱或己酸胆碱(图 6.10)。

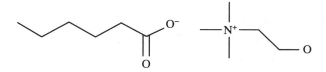

图 6.10　己酸胆碱的结构

胆碱,以前称为维生素 B₄,是哺乳动物的一种必需营养素,存在于大多数食物中,同时也是一种常用的食品添加剂。它的产量非常高,因此很容易获得。己酸也是如此,它可以很容易地与胆碱结合,得到所需的绿色离子液体。这种离子液体是无毒的,并能以有竞争力的价格大量供应。胆碱基离子液体的缺点是它们的温度稳定性相对较低(胆碱盐不能长时间保持加热到 80 ℃以上),且出于管制原因,它们被禁止用于化妆品中,但这并没有科学依据。最近,此类胆碱盐首次成功用于从软木中提取重要的生物聚合物软木脂,而不会破坏其结构。[36]

根据一些初步和未发表的结果,这种胆碱盐是高度特异性的提取剂,可以非常有选择性地从植物中提取某种成分。改变阴离子的链长可以对选择性进行微调。

虽然不完全是绿色的,但有另一类离子液体可能很有前景,即 TOTO 盐(2,5,8,11-四乙二醇-13-钠盐)。[37-38]与所有其他已知的离子液体相比,它们的低熔点来自阴离子链的高度灵活性,而阳离子可以像钠离子一样简单(图 6.11)。具有不同烷基链长度的 TOTO 离子被称为 Akypos,可以较为合适的价格从花王化工购买。

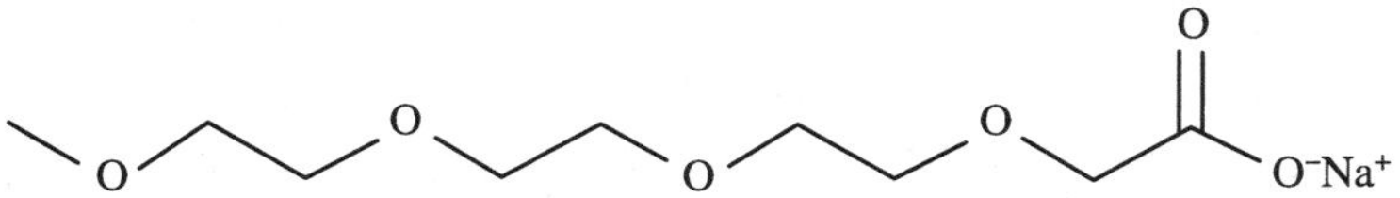

O—O—O—O—O⁻Na⁺

图 6.11　TOTO 盐的结构

可以得出的结论是,只有绿色离子液体才能考虑用于植物提取。但即便如此,它们也必须满足其他条件,如以合适的价格提供,作为优化提取过程的一部分,允许在不蒸馏的情况下回收离子液体。

6.3.2　低转变温度混合物和低共熔溶剂

20 多年前,Abbott 及其同事报道了所谓的 DES[39],发现熔点低于 100 ℃的液体可以通过混合两种固体形成适当的深共晶来获得。经典的例子是氯化胆碱(熔点为 302 ℃)与尿素(熔点为 133 ℃)的混合物,当两者摩尔比为 1∶2 时,得到的 DES 熔点仅为 12 ℃。同时,他的团队和其他许多人将这个概念扩展到其他许多组

合,包括糖、脂肪酸、氨基酸等,这些混合物被称为低转变温度混合物。Francisco
等[40]总结了该领域的最新进展,并将其作为有希望替代离子液体的产品进行了讨
论。事实上,除了它的绿色特性(如来源、生物相容性、生物降解性、不可燃性等)之
外,与离子液体相比,它的另一个主要优势是生产方法简单,即只需通过简单的混
合而无需合成或进行进一步纯化。

    Zhang 等[41]的一篇文章概述了该应用领域。特别是对于包括酶促反应在内
的生物质过程和生物转化来说,绿色低转变温度混合物似乎非常有前景。但是,对
于分离过程来说,有些缺点也不容忽视。一是低转变温度混合物在室温下黏度非
常高,通常需要添加另一种溶剂(一般是水);二是由于低转变温度混合物的固有特
性,即本身为亲水性或水溶性混合物,故其不能用于液液萃取;三是低转变温度混
合物至少是两种物质的混合物,因此对其分离和回收的要求更高。

6.3.3 COSMO-RS 筛选离子液体

    考虑到近 20 年离子液体研究的显著增加,COSMO-RS 经常用于预测物质在
这些介质中的溶解度也就不足为奇了。例如,Kahlen 等[42]使用 COSMO-RS 来预
测纤维素在由 32 个阴离子和 71 个阳离子组合产生的 2272 个潜在的离子液体中
的溶解度。他们的分析基于以下公式:

$$x_i^l = \exp\left[\frac{\Delta h_{m,i}}{RT} \cdot \left(\frac{T}{T_i^m} - 1\right)\right] \cdot \frac{1}{\gamma_i^l} \tag{6.22}$$

式中,x_i^l 是与 i 型固体平衡的饱和溶液中溶解组分的摩尔分数,$\Delta h_{m,i}$ 是组分 i 的
熔化焓,T_i^m 是其熔化温度。固体 i 与溶剂 L 的特定相互作用由其饱和时的活度
系数 γ_i^l 给出,该系数包含一个组合部分和一个残差部分,这可以通过 COSMO-RS
计算得到。从前面的方程可以看出,溶解度越高,$\ln \gamma_i^l$ 越小,即 γ_i^l 越小。为了简
化计算,笔者在无限稀释条件下确定了 γ_i^l,其反映了离子液体的主要相互作用和
溶解能力。笔者将他们的几个预测值与实验值进行了比较,发现了二者间的相关
性总体上令人满意。特别是这些趋势至少在定性上得到了正确的预测,这也使
COSMO-RS 成为估算纤维素在离子液体中溶解度的宝贵工具。

    一方面,如前一小节所述,在提取过程中使用离子液体有一些严重的局限性。
克服这些问题的一种方法是与其他溶剂(如醇类)形成混合物使用。在这种情况
下,了解此类混合物的液液平衡数据和气液平衡数据很重要。正如 Freire 等[43]所
述,COSMO-RS 可以用来定性地预测这些数据。此外,笔者还研究了离子液体-水
混合物。[44]但是,应该记住,如果没有额外的可调参数,就不可能描述出远程相互
作用。因此,在极性溶剂(尤其是水)中,若盐溶液的热力学性质(不包括与溶剂的
离子液体混合物)超出了模型的范围,则应对相应的结果持保留态度。

    另一方面,考虑到之前讨论的内容,有价值的化合物溶解在离子液体中不仅是

可能的,而且也很有意义。Guo 等[45]对类黄酮在 1800 多种离子液体中的溶解度进行了计算,并将部分预测值与实验结果进行了比较。图 6.12 给出了类黄酮在 40 ℃和 60 ℃时的对比情况。可以看出,预测结果令人满意,因此可以确信 COSMO-RS

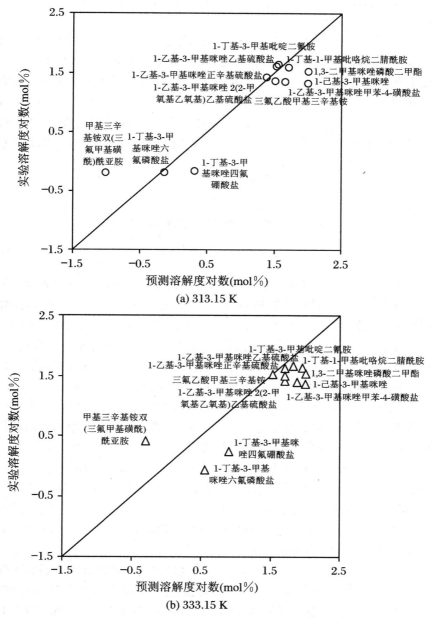

图 6.12　根据文献[45],在 313.15 K 和 333.15 K 条件下,七叶苷在 12 种
离子液体中溶解度的 COSMO-RS 预测值与实验值的比较

进行的预筛选是可靠的。几年后，Xu 等[46]发表了一篇有趣的论文，他们提出了一种在微波辅助下利用各种咪唑基离子液体提取黄酮类化合物的方法，并得出以下结论：离子液体-微波辅助法是一种从植物中提取重要生物活性化合物的绿色、简单、快速、高效的提取方法。但是，根据 6.3.1 节中的批判性讨论，这个结论可能有点过于乐观。

除了对在离子液体中溶解度的描述和预测之外，化学物质在两个液相之间的分配系数对于提取过程也很重要。为此，我们仍然使用了 COSMO-RS。但是，这在本质上非常复杂，不仅必须正确描述液液平衡状态，还必须正确描述所研究的化合物在两相平衡时每一相中的溶解度。因此，在没有调整参数的情况下，很难通过任何方法找到某一化合物在离子液体和其他有机溶剂之间分配系数的明确趋势。[47]关于在离子液体中的溶解度和离子液体的进一步相平衡，可以在 COMO-logic 主页上找到更多信息和数据。

6.4　天然产物的纯化策略

近年来，由于消费者的高需求，从植物中选择性地提取活性药物成分的情况有所增加。2011 年，全球植物药贸易额约为 1000 亿美元。[48]在其他领域，如化妆品和食品行业，预计未来几年的增长率将高达 6%。[48]与合成产品相比，植物提取物的优势在于，除了公众易接受外，还能以较为经济的方式获得复杂化合物。例如，次级代谢物（单萜、二萜、倍半萜）很难采用化学合成的方法制备，更无法进行工业化生产。前几节讨论了"绿色提取工艺"，本节的重点是植物提取物的纯化。提取物的后续纯化主要依据经验开展，很少经过实验验证。为了满足未来中草药生产的经济性和环保要求，我们需要优化工艺。因此，本节将重点介绍植物提取物的纯化，并将其作为有效处理复杂混合物的代表。

一般来说，工业过程的设计和开发分为几个阶段，如初步和深化工程设计、设备采购、安装和试运行以及系统运行。[49]其目的是在早期阶段达到最佳的工艺条件，因为随着项目的进行，改动工艺程序的代价会更大。[49]因此，尽管信息量较低，但我们仍会尝试使用概念工艺设计（Conceptual Process Design，CPD）在工艺开发的初期阶段为分离过程实现最佳工艺设计（图 6.13）。

为此，工艺设计必须以模型为基础，因为这是快速且经济高效地找到最优工艺的唯一途径。[18,50]根据建模深度，我们在建模的过程中需要用到物理化学特性或仅需要分离因子。这些数据可以从基于热力学理论（UNIFAC 模型和 COSMO-RS）计算获得的 DDB、DIPPR 数据库或 Reaxys 数据库等中得到，也可以通过实验来确定。

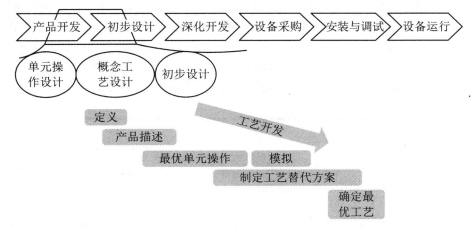

图 6.13　概念工艺设计

　　这种方法已经用于小分子的多组分混合物,是目前公认的最好的方法。[51-53]在这项工作中,我们将考虑如何将这种方法运用到复杂混合物中,以便在初期工艺设计阶段得到最佳分离方案。由于这些多组分混合物包含许多化合物,且这些化合物至少有一部分物质数据和分子结构不为人知,这项工作变得尤其复杂。为此,需要开发一种系统的方法来表征和确定复杂混合物基本的物理特质。这种确定物理特性的系统过程将在工业技术样品系统上进行,我们选择囊括多个行业的样品系统,包括紫杉针叶、茴香籽、鼠尾草叶、香兰素豆荚和红茶等。紫杉针叶中的目标组分(10-脱乙酰浆果赤霉素Ⅲ)为乳腺癌药物紫杉醇的半合成提供了初始原料。[54]茴香酮和茴香脑是茴香籽的目标组分,主要用于化妆品和植物医药行业。鼠尾草叶中最有价值的物质是鼠尾草酚和鼠尾草酸,它们在食品工业中主要用作抗氧化剂和防腐剂。香兰素(作为调味剂)及具有不同香气并含有生物碱(如咖啡因)的红茶,也被应用于食品工业。

　　复杂分子概念应用在工艺设计中的难点在于确定准确工艺模拟所需的产品参数。因此,根据系统协议,将采用如图 6.14 所示的方法。

　　工艺模拟的数据生成可以通过两种方式进行:

　　(1) 进料表征。

　　(2) 单一化合物的产品参数测定,可分为:

　　① 数据库搜索。

　　② 产品参数计算。

　　③ 实验参数测量。

　　进料表征包括测量各单元操作的特征值,如沸点曲线、分配系数和复杂混合物的整体疏水性。它可相对快速和有效地对具有相对较少的起始原料的单个单元操作进行热力学平衡评估。例如,确定混合物的沸点曲线以评估蒸馏的可行性,液液萃取需要测定分配系数，运用色谱法需要知道化合物的疏水性和等电点，结晶或沉淀需要了解混合物的溶解度，具体见表 6.5。我们无需确定所有单元操作的平衡参数，因为可以根据可用的产品参数来估计哪些单元操作在热力学上对于产品分离或纯化是可行的。例如，如果所需化合物是固体，那么几乎不需要确定沸点曲线。同样，液体无需做溶解度实验，气体无需测定分配系数。6.4.2 节将详细讨论该过程。

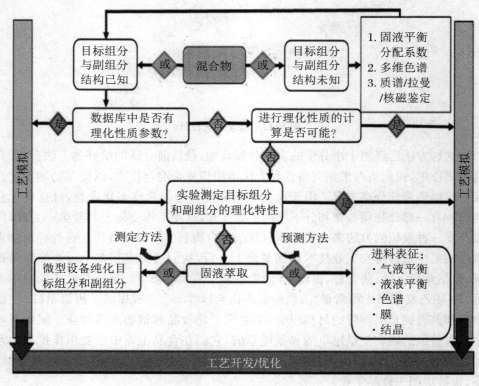

图 6.14　复杂混合物工艺设计

表 6.5　进料表征

单元操作	设备	测定参数
蒸馏	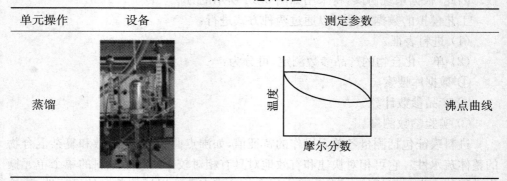	沸点曲线

续表

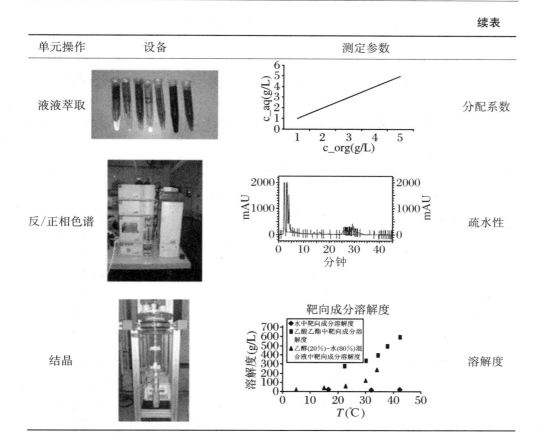

单元操作	设备	测定参数
液液萃取		分配系数
反/正相色谱		疏水性
结晶		溶解度

　　如果要确定单组分的实验参数,那么首先要知道提取物的目标组分和副组分的结构是否已知。如果有结构未知的成分,那么必须先通过固相提取制备出一定量的提取物,然后通过多维色谱法制备纯化合物的组分,具体如下:第一步,在制备柱上预纯化提取物。第二步,通过进一步色谱分离提纯化合物,如图 6.15 所示。[49,55]

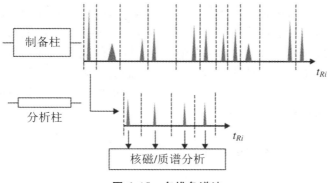

图 6.15　多维色谱法

最后,我们可通过质谱、拉曼光谱、红外光谱和核磁等方法对这些组分进行结构鉴定。[56]

如果是已知化合物,那么可在数据库(如 Reaxys 数据库、DDB、DIPPR 数据库)中搜索化合物数据。[57-59]如果找不到化合物的数据,那么可利用热力学模型进行计算。在这项工作中使用的典型方法是基团贡献法和 COSMO-RS。[14]实验测定理化性质的先决条件是获得足够数量、高纯度的目标组分和副组分。表 6.6 列出了一些重要的产物参数和所需数量的测定方法。

表 6.6　测定理化性质的方法

理化性质	测 定 方 法	样品量
熔点和熔化焓	差示扫描量热法	100~500 mg
溶解度	非等温高效液相色谱法	<10 g
纯目标组分分配系数	振荡实验	<10 g
沸点	差示扫描量热法、蒸馏工艺、沸点计	10~15 mL
蒸发焓	差示扫描量热法	1 mL
相对密度	比重计	5 mL
蒸汽压	蒸汽压力计	N/A
黏度	黏度计	5 mL

表 6.6 中的数据表明,在测定化合物的理化性质时,可能需要 50 g 纯样品。由于许多化合物在市场上根本买不到或价格非常昂贵(>1000 欧元/kg),本书提供了一种选择,我们可以在各化合物的原料中设定标准物质,其出发点是用合适的溶剂对原料进行固相提取,然后可以通过制备色谱法从提取物中得到所需的纯化合物,其目标是获得所需数量的高纯度原料,这比购买来的原料更便宜且纯度更高。这个阶段的目标不是要达到最佳的工业化工艺(这是总体发展理念的目标),而是提供一个良好的开端。

当目标化合物在植物组织中的含量为 0.2%~4%时,预计需要 20~30 kg 原料才能提供足够量的纯化合物来确定产品参数。在这个初始阶段,高效的过程设计和执行已经清楚地展示了它们的价值。在下面的章节中,我们将以紫杉、茴香和鼠尾草为例,介绍确定产品参数的系统方法。特别是应用现有的数据库和计算方法来计算复杂分子的理化性质,比较并指出它们的局限性。这些性质的实验测定将在以后发表的文献中进行介绍,以便为其他对扩展理化性质数据库感兴趣的工作组提出一个通用标准。

6.4.1　理化性质数据库和计算

如前几节所述,我们首先需在数据库中搜索目标组分和副组分的理化性质。

本书使用了 Reaxys 数据库、DIPPR 数据库和 DDB,数据库中茴香成分性质数据
见表 6.7。通常,摩尔质量、动态黏度、临界温度、临界压力、临界体积、熔点、沸点、
冰点、液体分子体积、极性(相对于辛醇/水分配系数)、生成焓、自由吉布斯生成焓
决定了焓、熵、熔化焓、蒸发焓、燃烧焓、溶解度(在各种溶剂中)和维里系数。

表 6.7　数据库中茴香成分性质数据

目标组分	物质类别	数据库	分子量（kg/ kmol）	沸点（K）	蒸发焓（kJ/kmol）	熔点（K）	熔化焓（kJ/mol）	$\log K_{ow}$
茴香醚	苯丙烯类	DIPPR	148.2	508.5	x			x
		Reaxys	148.2		x			3.33
		DDBST	x	486.6	x			x
茴香酮	单萜类	DIPPR	152.2	476	x			x
		Reaxys	152.2	425.4	51720			x
		DDBST	x	509.8	x			x
α-蒎烯	单萜类	DIPPR	136.2	429.3	x			0.16
		Reaxys	136.2	429.2	x			x
		DDBST	x	x	x			x
樟脑	单萜类	DIPPR	136.2	433.7	x			0.16
		Reaxys	136.2	431.2	46900			x
		DDBST	x	x	x			x
香叶烯	单萜类	DIPPR	x	x	x			x
		Reaxys	136.2	440.2	x			x
		DDBST	x	425.7	x			x
α-水芹烯	单萜类	DIPPR	136.2	448.2	x			0.16
		Reaxys	136.2	450.9	x			x
		DDBST	x	450.8	x			x
艾草醚	单萜类	DIPPR	x	x	x			x
		Reaxys	148.2	x	x			x
		DDBST	x	479.2	x			x

注:x 表示数据库无相关数据。

为了减少表 6.7 中所列化合物数据的数量,我们仅考虑各种化合物的分子量、
沸点、熔点、蒸发焓、熔化焓及辛醇/水分配系数,因为这些数据至少与一个单元操
作的设计相关,且它们具有相似的变化趋势。在此章节中,K_{ow}值是物质极性的测
量,指化合物在辛醇和水相中的分配比值。表中灰底部分的熔化焓和熔点仅针对
固体,而沸点和蒸发焓则针对液体和气体。

从表 6.7 中可以看出,茴香的目标组分和副组分均有详细的物质参数。其中

Reaxys 数据库和 DIPPR 数据库更全面，比 DDB 中的物质数据更多。需要指出的是，以上三个数据库中关于蒸发焓和辛醇/水分配系数的信息都很少。数据库的另一个不足之处如下：因为没有通用方法，导致数据库中缺乏有关测量过程中所应用的实验条件信息，所以对于相同的化合物，在不同的数据库中数值可能不同，如化合物的沸点数据。

　　对于鼠尾草的目标组分和副组分，可获得的物质数据比茴香少（表 6.8）。这一方面是由于鼠尾草中的物质属于二萜类化合物，比单萜类化合物复杂得多。另一方面是由于关于鼠尾草成分的研究文献较少。对于紫杉的成分来说，也同样存在这种情况。

表 6.8　数据库中鼠尾草成分数据

目标组分	物质类别	数据库	分子量 (kg/kmol)	沸点 (K)	蒸发焓 (kJ/kmol)	熔点 (K)	熔化焓 (kJ/mol)	log K_{ow}
鼠尾草酸	二萜类	DIPPR	x			x	x	x
		Reaxys	332.44			458～463	x	x
		DDBST	x			x	39550	x
鼠尾草酚	二萜类	DIPPR	x			x	x	x
		Reaxys	330.42			486～494	x	x
		DDBST	x			x	x	x
侧柏醇	二萜类	DIPPR	x	x	x			x
		Reaxys	152.24	475	x			x
		DDBST	x	x	x			x
樟脑	二萜类	DIPPR	152.23	480.57	x			0.182
		Reaxys	152.24	482.25	0.46			x
		DDBST	x	509.78	x			x
桉叶醇	二萜类	DIPPR	x	x	x			x
		Reaxys	154.25	449.55	x			x
		DDBST	x	473.18	x			x
齐墩果酸	三萜类	DIPPR	x			x		
		Reaxys	456.71			581.15	x	x
		DDBST	x			x	32062	x

注：x 表示数据库无相关数据。

　　从表 6.9 中可以看出，对于该体系，Reaxys 数据库中仅包含摩尔质量和熔点，无法找到其他物质数据。因此，可以得出结论，对该体系来说，只有复杂程度较低的单萜类化合物和苯丙烯可以在数据库中找到相应的物质数据。对于更复杂的分子，如二萜类化合物，很少甚至没有可用的物质数据。因此，需要通过计算或实验确定此类分子的化合物数据。下面将展示应用不同热力学模型计算化合物数据的结果。

表 6.9　数据库中红豆杉成分数据

目标组分	物质类别	数据库	分子量（kg/kmol）	沸点（K）	蒸发焓（kJ/kmol）	熔点（K）	熔化焓（kJ/mol）	$\log K_{ow}$
10-脱乙酰巴卡亭 I	二萜类	DIPPR	x			x	x	x
		Reaxys	544.6			517~518	x	x
		DDBST	x			x	x	x
三尖杉宁碱	二萜类	DIPPR	x			x	x	x
		Reaxys	831.91			457~459	x	x
		DDBST	x			x	x	x
紫杉碱 B	二萜类	DIPPR	x			x	x	x
		Reaxys	583.72			109	x	x
		DDBST	x			x	x	x
巴卡亭 III	二萜类	DIPPR	x			x	x	x
		Reaxys	586.64			510~511	x	x
		DDBST	x			x	x	x

注:x 表示数据库无相关数据。

　　表 6.10 给出了茴香中一些成分参数的计算方法。对于单萜或苯丙烯类化合物的所有目标组分和副组分,可以计算出理化性质。我们采用 Lydersen、Joback 和 Gani/Constantinou 的基团贡献法计算出沸点、蒸发焓、熔点和熔化焓,并将计算值与 DDB 中的值进行比较,结果表明,Joback 模型的计算值和 DDB 一致。由于 DDB 中缺少关于数据来源的信息,因此不能排除有些数值是通过计算而不是实验得出的。要想确定三种方法中,何种方法更适于鼠尾草主要成分和次要成分的测定,就需要进行实验验证。因为缺乏可比测量技术,无法与数据库中的存储化合物数据进行比对,所以不能参考它们来判断模型的准确性。

　　我们利用 UNIFAC 模型、UNIFAC 修正模型和 COSMO-RS 模型,计算了辛醇/水分配系数。如第 4 章所述,基团贡献法(如 UNIFAC 模型)将分子分成多个基团,然后用来描述系统的热力学特性,这需要利用存储在数据库中的许多分子基团的交互作用参数。以异戊二烯为核心结构的简单单萜类化合物可以用 UNIFAC 进行计算。这里也可以使用 COSMO-RS 模型,因为保护电荷的分子结构简单,可以计算出活度系数和其他理化性质,所以我们有足够多的模型数据可供使用,这可以从表 6.10 中得到验证。

　　一般来说,我们可以利用 UNIFAC 模型、UNIFAC 修正模型和 COSMO-RS 模型预测单萜类化合物的理化性质。为了证明模型的准确性,我们必须将计算数据和实验数据进行对比。对于茴香脑,文献中的 K_{ow} 值为 3.11~3.7。[60] 将计算结果与文献资料比较可知,COSMO-RS 模型的相关性最好。文献中 α-蒎烯、莰烯、月桂烯、α-水芹烯和草蒿脑的 K_{ow} 值分别为 4.49、4.56、4.5、4.55 和 3.47。[61] 在所有情况下，COSMO-RS 模型都表现出最高的准确度。但是，需要注意的是，针对不同的 COSMO 软件（如 ARTIST 或 COSMOtherm），数据会有较大的差异。

表 6.10　茴香成分性质计算参数

目标组分	计算方法	沸点（K）	蒸发焓（kJ/kmol）	熔点（K）	熔化焓（kJ/mol）	$\log K_{ow}$
茴香醚	Lyderson	510	x			x
	Joback	487	43160			x
	Gani/Constantinou	507	x			x
	UNIFAC	x	x			3.57
	mod. UNIFAC	x	x			2.59
	COSMO-RS	522	x			3.47
茴香酮	Lyderson	466	x			x
	Joback	510	39488			x
	Gani/Constantinou	x	x			x
	UNIFAC	x	x			x
	mod. UNIFAC	x	x			x
	COSMO-RS	499	x			2.5
α-蒎烯	Lyderson	426	x			x
	Joback	446	37466			x
	Gani/Constantinou	435	x			x
	UNIFAC	x	x			3.94
	mod. UNIFAC	x	x			2.77
	COSMO-RS	436	x			4.18
樟脑	Lyderson	x	x			x
	Joback	x	x			x
	Gani/Constantinou	425	x			x
	UNIFAC	x	x			3.98
	mod. UNIFAC	x	x			2.46
	COSMO-RS	436	x			4.02
香叶烯	Lyderson	532	x			x
	Joback	426	36632			x
	Gani/Constantinou	452	x			x
	UNIFAC	x	x			4.31
	mod. UNIFAC	x	x			2.59
	COSMO-RS	430	x			4.52

续表

目标组分	计算方法	沸点 (K)	蒸发焓 (kJ/kmol)	熔点 (K)	熔化焓 (kJ/mol)	log K_{ow}
α-水芹烯	Lyderson	436	x			x
	Joback	451	39141			x
	Gani/Constantinou	442	x			x
	UNIFAC	x	x			4.14
	mod. UNIFAC	x	x			2.84
	COSMO-RS	440	x			4.23
艾草醚	Lyderson	497	x			x
	Joback	479	42532			x
	Gani/Constantinou	492	x			x
	UNIFAC	x	x			3.71
	mod. UNIFAC	x	x			2.51
	COSMO-RS	517	x			3.43

注:x 表示数据库无相关数据。

　　对比两种 g^E 模型,原始 UNIFAC 模型的结果优于 UNIFAC 修正模型。与原始模型不同,UNIFAC 修正模型需要额外的交互参数。在缺少参数的情况下,使用原始模型中的参数可以解释较大的变化。由文献[62]可知,COSMO-RS 模型的质量取决于计算保护电荷时对分子的精确捕获。如果没有准确地表示出分子的几何形状,就会导致计算值与实际值区别较大,这意味着不能用这种方式来描述较大的分子。

　　表 6.11 给出了鼠尾草中的目标组分和副组分及计算出的相应物质参数。在这种情况下,可以确定简单的单萜类化合物的参数。我们将 Joback 模型计算的数据与 DDB 中的数据进行比较,结果表明仅鼠尾草酸、鼠尾草酚和齐墩果酸的数据会有差异。

表 6.11　鼠尾草成分计算参数

目标组分	计算方法	沸点 (K)	蒸发焓 (kJ/kmol)	熔点 (K)	熔化焓 (kJ/mol)	log K_{ow}
鼠尾草酸	Lyderson			x	x	x
	Joback			808	39550	x
	Gani/Constantinou			401	x	x
	UNIFAC			x	x	6.02
	mod. UNIFAC			x	x	4.18
	COSMO-RS			x	x	6.79

续表

目标 组分	计算方法	沸点 （K）	蒸发焓 （kJ/kmol）	熔点 （K）	熔化焓 （kJ/mol）	log K_{ow}
鼠尾草酚	Lyderson			x	x	x
	Joback			718	38211	x
	Gani/Constantinou			391	x	x
	UNIFAC			x	x	5.84
	mod. UNIFAC			x	x	x
	COSMO-RS			x	x	4.82
侧柏醇	Lyderson	495	x			x
	Joback	505	40079			x
	Gani/Constantinou	484	x			x
	UNIFAC	x	x			2.95
	mod. UNIFAC	x	x			2.4
	COSMO-RS	510	x			2.72
樟脑	Lyderson	482	x			2.26
	Joback	510	39488			x
	Gani/Constantinou	481	x			x
	UNIFAC	x	x			2.92
	mod. UNIFAC	x	x			2.34
	COSMO-RS	503	x			2.04
桉叶醇	Lyderson	451	x			x
	Joback	473	39923			x
	Gani/Constantinou	x	x			x
	UNIFAC	x	x			x
	mod. UNIFAC	x	x			2.81
	COSMO-RS	490	x			3.13
齐墩果酸	Lyderson			x	x	x
	Joback			850	32062	x
	Gani/Constantinou			410	x	x
	UNIFAC			x	x	9.81
	mod. UNIFAC			x	x	8.14
	COSMO-RS			x	x	6.28

注:x 表示数据库无相关数据。

对于这三种二萜类化合物,缺少分子分组的参数。只有 Joback 模型能够提供这些化合物的理化性质参数。由于基团分组简单,这种算法也可以计算复杂分子。然而由于没有考虑基团之间的相互作用,导致该方法不太精确,并不适合复杂的分子。一般来说,使用 COSMO-RS 可以计算复杂的分子,但工作量大且精度低,因此 COSMO-RS 在深化工艺模拟中的用途也很有限。

例如,利用 UNIFAC 模型和 UNIFAC 修正模型计算出的鼠尾草酚和鼠尾草酸 K_{ow} 值有较大的偏差。对于更复杂的分子,如二萜类化合物,目前可用的模型不能提供或只能提供较低准确度的理化性质参数。这可以从紫杉的例子中看出来,红豆杉性质计算参数见表 6.12。

表 6.12　红豆杉性质计算参数

目标组分	计算方法	沸点 (K)	蒸发焓 (kJ/kmol)	熔点 (K)	熔化焓 (kJ/mol)	$\log K_{ow}$
10-脱乙酰巴卡亭Ⅲ	Lyderson			x	x	x
	Joback			x	x	x
	Gani/Constantinou			x	x	x
	UNIFAC			x	x	x
	mod. UNIFAC			x	x	x
	COSMO-RS			x	x	3.1
三尖杉宁碱	Lyderson			x	x	x
	Joback	1300	99879			x
	Gani/Constantinou			x	x	x
	UNIFAC			x	x	x
	mod. UNIFAC			x	x	x
	COSMO-RS			x	x	6.5
紫杉碱 B	Lyderson			x	x	x
	Joback			x	x	x
	Gani/Constantinou			x	x	x
	UNIFAC			x	x	x
	mod. UNIFAC			x	x	x
	COSMO-RS			x	x	5.8

续表

目标组分	计算方法	沸点 (K)	蒸发焓 (kJ/kmol)	熔点 (K)	熔化焓 (kJ/mol)	log K_{ow}
巴卡亭Ⅲ	Lyderson			x	x	x
	Joback			x	x	x
	Gani/Constantinou			x	x	x
	UNIFAC			x	x	x
	mod. UNIFAC			x	x	x
	COSMO-RS			x	x	4.4

注:x 表示数据库无相关数据。

在这个系统中,只能用 Joback 和 COSMO-RS 计算数据。因为对于复杂分子来说,Joback 方法计算的数据准确度较低,故不能用于模拟过程。对于紫杉中发现的目标化合物 10-脱乙酰巴卡亭Ⅲ和其他二萜类化合物,由于基团贡献法缺乏分子基团所需的参数,导致 UNIFAC 模型或 UNIFAC 修正模型无法计算其理化性质,我们可以使用 COSMO-RS 计算其理化性质,如辛醇/水分配系数等,但是必须通过实验来验证这些值的准确性。目前,由于缺少必要的参数,没有热力学模型可以完全准确地描述这种复杂分子,而这些数据可能是与实验数据拟合产生的,这意味着对于这些分子,其理化性质必须通过实验来测定。实验测定可以确定更多参数,以便为 UNIFAC 等模型的利用提供支撑。

在这项研究中,我们提出了一种测定复杂分子理化性质的系统方法。特别是这些理化性质在多大程度上可以从数据库中获得或可以使用热力学模型进行计算。我们选定的样品体系是茴香和鼠尾草,并测定了这些体系中不同目标组分和副组分的沸点、熔点、蒸发焓、熔化焓以及辛醇/水分配系数。结果表明,除了辛醇/水分配系数外,茴香的所有目标组分和副组分的理化性质均可以在数据库中找到。

对于鼠尾草来说,可查到的关于目标组分和副组分的理化性质更少,甚至连辛醇/水分配系数都没有。而对于紫杉的成分,除了能在 Reaxys 数据库中查到熔点外,其他理化性质均未知。由此可知,我们可以在 Reaxys 数据库、DIPPR 数据库和 DDB 等中找到简单单萜类化合物的理化性质数据。

对于二萜和三萜类等更复杂的化合物,我们在数据库中很少能查到甚至查不到其理化性质数据。数据库的另一个缺点是对于可用的理化性质数据缺乏相关测定方法的信息,也就是说,我们无法保证每个数据的测量方法一致。这表现在同一理化性质的数据在不同数据库中的值不同,而这也在一定程度上限制了它们的应用。

理化性质的计算表明,单萜类化合物和苯丙烯类化合物的这些性质可以测定。

由于不同数据库提供的数据不一致,我们无法比较实验值与数据库中值的准确性。例如,对于 K_{ow} 值,COSMO-RS 模型和原始 UNIFAC 模型的数据结果较好,而 UNIFAC 修正模型与文献数据存在较大差异。

目前没有统一的方法可以准确计算出二萜类化合物的理化性质。UNIFAC 等基团贡献法缺少必要的交互参数;COSMO-RS 模型的准确度较低,也不适用于复杂分子。然而,COSMO-RS 模型却是初步工艺设计能够使用的唯一方法。因为 COSMO-RS 模型能够计算出一些趋势,可以减少工艺设计过程中的实验量。但是要想让工艺模拟更为精确和准确,必须通过实验确定此类分子的理化性质。只有这样,才可以得到准确的数据用于确定模型的参数。

6.4.2　进料表征

利用植物固相提取技术生产的农用化学品、食品添加剂、香料、药品、保健品等产品数量显著增加。尽管如此,对这些由复杂混合物构成的潜在产品的纯化工艺仍然完全基于经验性的实验。本节介绍了一项初步研究,即在缺乏目标组分和副组分理化性质数据的情况下,证明产品纯化系统方案的优势。

我们在讨论该项研究最新进展的基础上,确定并进一步发展了工艺概念开发的最有效方法。最终的方法包括基于模型的成本核算和实验模型参数的测定。后者完全采用初始进料,在小型实验室的检测池中,有针对性地检测每个单元操作。确定模型参数还需进行系统性的误差分析。最新的实验方案包括直接测定原料混合物中的热力学平衡条件。首先,我们根据已知的相关性或经验知识估算传质动力学和流体动力学参数,并进行小型实验确定这些参数。然后,我们制定基于生物学和植物学的指导准则,以确定在热力学上有利的基本操作。最后,我们利用两种植物提取物成功地验证了所开发的方法。结果表明,预先筛选植物可以显著减少实验量,动力学和流体动力学的平衡实验数据对分离成本有很大影响。因此,为了确定有效的过程开发结论或进一步优化系统,我们必须选择详细且严谨的建模方法,而不能采用速算法。

原料进料量通常只有几升左右,因此必须考虑这个限制性因素。当项目失败的概率很高时,在此条件下可以利用的分析和实验资源也非常有限。

如图 6.16 所示,只有在产品开发或初步设计阶段引入的改进措施才能显著降低成本。但是,当项目失败的风险较高时,就需要在早期工艺开发阶段进行改进措施的深化研究和开发投资。因此,我们必须找到一种非常高效的方法,以判断在项目早期阶段的工艺优化中所付出的努力是否正确。如果此后发现了改进的机会,那么它们往往不再具有经济效益。因此,在 CPD 的背景下,我们应该尝试在工艺设计的初期阶段,在现有的有限信息的基础上预测最佳工艺,这就需要一种系统的标准化方法来表征所研究的进料。单元操作必须评估可行性和经济性,因此我们要考虑的核心问题是:在无需进行额外实验和分析的情况下,可以采用什么方法来获取更详细的必要信息?

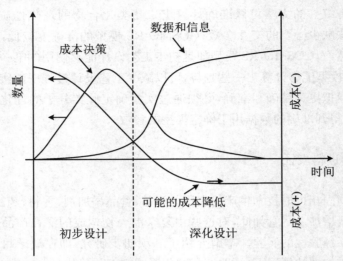

图 6.16　工艺设计阶段的可用信息和可能的降低成本措施

图 6.17 确定了整个工艺开发中的进料表征步骤。首先,我们必须对单个单元操作进行建模,然后将它们设置为 CPD 中的第一个工艺方案,并附上成本估算。在此之前,我们必须确定关键组分及其热力学理化数据,以确定所需的建模深度。因此,我们必须首先在实验室中确定模型参数。

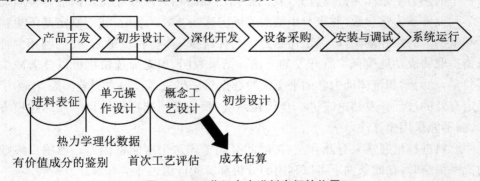

图 6.17　工艺组合中进料表征的位置

现有的 CPD 方法无法应用于复杂混合物。这是因为到目前为止还没有找到有效的方法来识别这些混合物中所有物质的结构,所以无法确定相应的热力学数据。确定相应的热力学数据需要注意以下两点:

(1) 早期工艺开发阶段的两个主要工具,即数据库查询和基于量子力学或基团贡献的计算都需要分析核心基团。

（2）实验测定纯组分和混合物热力学性质需要大量有代表性的样本集。

因此，迄今为止，我们尚无法验证利用 CPD 分离复杂混合物（如植物提取物）的可行性。目前还不存在一种基于操作和投资成本建模且只需很少实验的标准化、系统化的方法来确定最优分离程序。本节我们将讨论这一方法。

6.4.2.1 概念工艺设计

在过去几年里，相关文献中提出了不同的方法。最近，我们使用系统研究法对相关文献进行分析的结果如下（图 6.18）：

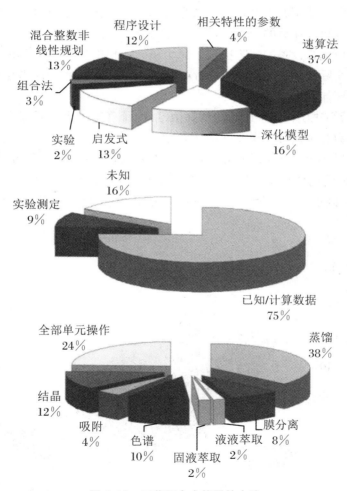

图 6.18 工艺组合中使用的方法

（1）通常使用速算法（37%）。

（2）16%的文献使用深化模型。

（3）13%的文献使用启发式方法。

（4）使用频率最低（2%）的是纯粹实验推动的工艺组合。

（5）在工艺组合示例中,75%的必需物理性质数据在数据库中已知或可根据分子结构计算得出,未知的占16%,而剩余的9%则通过实验测定。

（6）工艺组合考虑的单元操作主要是蒸馏,其次是结晶、色谱和膜分离工艺。在这些例子中,很少会用到吸附、固液萃取和液液萃取。

在组合工艺领域,基于模型的方法得到了广泛的应用。不管采用何种方法,对于基于模型的组合工艺而言,拥有可靠且全面的基础数据非常重要。对于最低精度要求的速算法,使用的模型输入参数是分离系数。使用热力学混合物数据代替分离系数,可以提高速算的准确性,例证参见文献[63]和[64]。

实际上,所运行设备的缺陷决定了每个单元操作的优化方向。在工艺设计和优化时,只对实际能达到的最优值进行比较,所使用的精细模型应考虑热力学平衡常数、传质和流体动力学参数。

考虑到精细建模相对于速算法的灵敏性,为了确定每个单元操作所需的建模深度,传质系数和轴向分布在典型量级上有所不同。

图6.19以传统液液萃取柱纯化植物提取物为例,论证了这种效果。很明显,流体动力学和不太理想的传质效果产生的成本占总分离成本的20%～40%,因此必须考虑这些因素。在工业实践中,速算法无法得到可靠的数据。

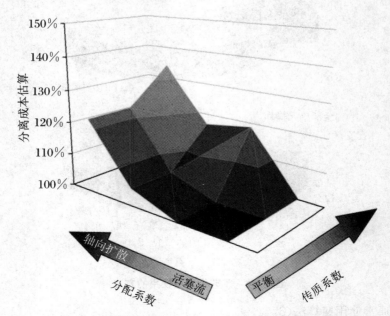

图6.19　分离成本及其随分散系数和质量传输系数的变化

　　研究者使用的大多数数据来自数据库或通过基于分子结构的物理性质计算方法获得。

　　(1) 16%的文献中没有阐明数据的来源,但很可能是从数据库中获取的。

　　(2) 仅有 9%的文献中的数据是通过实验得到的,这 9%的文献主要涉及色谱分离的工艺组合[65-67]或对现有工艺的改进[68-70]。

　　这些文献包括所有常用的基本单元操作,而大多数文献都采用蒸馏工艺。图 6.18 中标记为"全部单元操作"(占 24%)的文献大多数为综述文献,其适用于所有单元操作。

　　从这些文献调研中可以看出,目前获取基于模型工艺组合所需的数据有以下三种不同的方式:

　　(1) 数据库:大量数据库中包含了已知和经过充分研究的物质/系统性质。我们无需事先进行高精度的实验,即可开发蒸馏塔用于分离经过充分研究和记录的体系。[71]但对于复杂混合物,如 6.4.1 节所述,数据库中没有或只有少量数据。

　　(2) 计算方法:基于分子结构的理化性质数据计算方法较多,主要包括量子力学法和基团贡献法。[12,66,72-78]如 6.4.1 节所述,这些方法也适用于复杂混合物。

　　(3) 实验确定:在实验中确定各个单元操作的平衡相分布系数和分离因子。[67,70,79-86]

6.4.2.2　建模深度和进料表征方法

　　为了描述一个热力学上可行的分离单元操作,需要几个模型参数。

　　表 6.13 列出了植物提取物分离中主要单元操作的相平衡、传质(动力学)和流体动力学参数。此外,还列出了计算成本所需的重要参数。如果要在备选单元操作及其排序之间作出决策,那么我们需要这些十分精确的单元操作模型。如前所述,在大多数情况下,这些决策的应用面很窄。如果只考虑目标组分和副组分之间的分离系数,并采用所谓的速算法计算,那么这种粗略的预估结果不能作为决策依据。

　　即使在项目的初期阶段,我们也必须以合理的成本和实验工作准确地确定所需的模型参数。因此,我们必须在模型深度最大化和模型参数确定方法的准确性之间找到一个平衡点。

　　经验表明,将传质和整体流体动力学非理想因素纳入考虑范围,通常会显著提高建模精度(图 6.19)。为此,在本研究中,我们采用了轴向分散的活塞流模型,并通过关键组分基团和传质阻力来描述混合物的平衡。

　　我们必须使用上述某一种方法来确定与平衡相关的参数。

表 6.13　不同建模深度所需的模型参数

单元操作	关键成分热力学平衡参数	动力学参数	流体动力学参数	成本评估参数
尺寸排阻色谱	分子量、分子大小	扩散系数（膜、孔隙、体积、表面）	轴向扩散（液体）	亨利常数、产能、生产效率、稀释倍数
离子交换色谱	色谱柱、改性剂、等电点	扩散系数（膜、孔隙、体积、表面）、目标组分等温线	轴向扩散（液体）	亨利常数、产能、生产效率、稀释倍数
反相/正相色谱	色谱柱、改性剂、亲水性	扩散系数（膜、孔隙、体积、表面）、目标组分等温线	轴向扩散（液体）	亨利常数、产能、生产效率、稀释倍数
蒸馏	温度、压力	体积传质系数	轴向扩散（液体、气体）	各种成分的等压热容、低沸点成分/溶剂的 ΔHV
液液萃取	pH、温度、溶剂、盐	扩散系数（体积、膜）	轴向扩散（连续扩散相）	产能、密度、黏度、表面张力
膜分离	分子量、分子大小	扩散系数、溶剂密度	轴向扩散（透过液、截留液）	切割分子量、压力-流量曲线
固液萃取	溶剂、温度、pH、盐	扩散系数（膜、孔隙、体积）、溶解度	轴向扩散（液体）	产能、固液平衡线、稀释倍数

　　由于对传质和流体动力学参数进行精确的实验测量需要耗费大量的精力且会增加样品量，为此这些参数应按如下方式进行评估：首先，在工艺开发的早期阶段，参数仅通过已有的知识和经验来计算和/或假设；其次，应使用参数灵敏度研究来检验其对分离的重要性；最后，利用实验结果进行改进。在项目的后期，随着项目的开展证明这些工作的合理性。

　　进料表征提供了一种开发分离程序的方法，即使在缺少理化性质数据的情况下，通过进料表征也可以开发分离工艺。在不同的操作单元中设定不同的操作参数，并开展进料表征实验，根据实验获取的进料混合物数据进行工艺模拟和组合。

　　为了测量平衡数据，我们设计了标准化的实验室实验。为了得到相对质量平衡误差为 ±5% 的结果，我们必须进行误差计算来确定设备的最小体积。高斯误差传递定律[式(6.20)]可用于考虑不同的误差源。

$$S_F^2 = \sum_{k=1}^{N} \left(\frac{\partial F}{\partial f_k} \cdot \Delta f_k \right)^2 \tag{6.23}$$

　　如图 6.20 所示的体积相关图，表示液液萃取[图 6.20(a)]和蒸馏[图 6.20(b)]

的标准参数测定实验的误差计算结果。

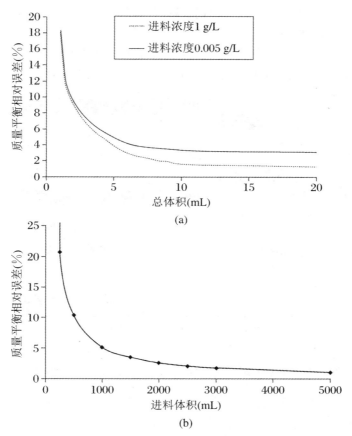

图 6.20　确定液液萃取和蒸馏平衡数据的误差计算

根据这些计算,可以确定最小化误差所需的最小体积。表 6.14 总结了确定下列单元操作的实验模型参数时所需的最小体积:

(1) 液液萃取法。

(2) 蒸馏法。

表 6.14　确定平衡数据所需的体积

	参数变量	实验体积(mL)	重复次数	最小体积(mL)
提取	5	7	3	105
蒸馏	1	1000	3	600
膜	1	10	3	30
色谱	1	10	3	30
总体积				765

(3) 膜分离工艺。

（4）色谱法。

分析结果表明,在大约 1 L 天然提取液的情况下,所有相关的实验都能在要求的精度范围内进行详细的建模。

最初,我们利用文献中的相关数据来描述单元操作中目标组分可能存在的特性(图 6.21),并根据文献资料推导出一个基本的上层结构,如图 6.21 所示。

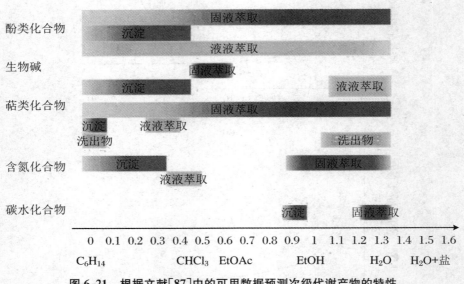

图 6.21　根据文献[87]中的可用数据预测次级代谢产物的特性

当然,这些数据并不完整,也不够准确,无法进行足够精确的预测。但是,以此为基础,对潜在的单元操作进行科学推导,得出的工艺流程图就能作为建模工艺开发的起点。因此,根据"基于单元操作"的方法能够减少实验参数,但不能完全取代实验参数。

随后,我们以优先分离目标组分为目标,优化"基于单元操作"的实验工艺,从而获得足够多的参数用于建模和工艺合成。

6.4.2.3　体系 1:香兰素

我们研究了一种水/乙醇(1:1)混合物固液萃取香荚兰豆、制备提取物的方法。我们使用配备紫外检测器的反相色谱分离法对其进行分析,所得色谱图如图 6.22 所示,其中目标组分是香兰素,假设五种副组分的结构未知。

在该色谱图中,目标组分的极性最小。因此,与其他单元操作相比,我们必须考虑使用反相色谱法或成本更低的正相色谱法来进行工业规模分离或制备分离。若用于分析,则通常采用色谱法进行分离。因此,任何一种现成的色谱分离手段都是一种选择,但是在工艺合成过程中必须考虑成本。

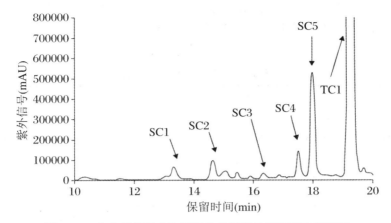

图 6.22　含有目标组分和副组分的香荚兰豆提取物色谱图

6.4.2.4　产品纯化的潜在单元操作

从根本上看,所有的分离机制及所有的单元操作,都可以用于分离目标组分。现有的有关目标组分和副组分的信息仍然存在以下缺点:

(1) 众所周知,目标组分和副组分的分子量均小于 500 g/mol。因此,使用过滤膜之类的分子级别的分离技术毫无意义。纳滤可以作为一种备选方案,但膜孔径与分子大小仍然很接近。

(2) 由于色谱分离的成本较高,若目标组分价值较低,则不适用于这种方法。

因此,经过多年的验证,液液萃取法、蒸馏法和结晶法才是合适的分离方法。下面将介绍液液萃取法和蒸馏法,并提出一种可行的工艺。

1. 液液萃取法

(1) 溶剂选择。

对于在液液萃取中不混溶的溶剂组合,可以制定一个实验方案:

① 进料溶剂是水/乙醇(1:1)混合物。水与许多有机溶剂不混溶,但乙醇可溶于任何溶剂。

② 根据混溶表可以确定哪些溶剂不能与水/乙醇混合物混溶。这已初步在实验室的实验中得到验证。例如,不能与水/乙醇混合物混溶的溶剂有正己烷、庚烷、二氯甲烷和氯仿。

③ 特别是在香精和营养品方面,大多数溶剂不得使用。为了举例说明溶剂的选择性,故将它们包含在内。

(2) 平衡相分配系数的确定。

将各种溶剂和进料混合物加入 15 mL 的试管中,准确测定它们的体积,并对密封样品单独称重。为了增加反应器表面积,我们先将反应容器置于 20 ℃下水平振荡 24 h,然后用离心机将形成的乳液分离成两个不同的相。在实验结束时,需再次确定各相的体积。用注射器取出各相并通过 HPLC-UV 分析其含量,得到的分配系数见表 6.15。

表 6.15   液液萃取的分配系数

溶剂	SC1	SC2	SC3	SC4	SC5	TC1
正己烷	0.0012	0.0002	0.006	0.0048	0.0096	0.0185
正庚烷	0.0005	0.0001	0.0022	0.0025	0.0052	0.0154
甲苯	0.0621	0.0237	0.069	0.1055	0.3538	0.7864
氯仿	0.0181	0.1462	0.551	1.4141	2.0947	7.0861
二氯甲烷	0.0039	0.3055	0.7061	1.0110	1.9996	6.1227

为了评价液液萃取的分离效率,我们计算了目标组分在两相之间的分配系数和分离系数,并得出以下结论:所有物质在正己烷和正庚烷中的溶解度都很小。即使目标组分的分离因子非常好,其在上述萃取相中的绝对溶解度也很低。

甲苯也不适用于纯化工艺。虽然其副组分与目标组分的相对分离性较好,但分配系数太小,经济性不高。然而,氯仿和二氯甲烷在分离1~3号微量成分时非常有效。目标组分在溶剂相中的富集程度高于所有其他组分,这是经济高效地提取目标组分的理想情况。

2. 蒸馏法

为测试提取物是否可通过蒸馏分离,我们在起始温度为 40 ℃ 和 70 ℃ 下进行蒸馏实验。微型装置中的压力需逐渐降低,直到混合物开始沸腾。在此之前,我们需要对目标组分的热稳定性进行差热分析。

在固定温度下,如 40 ℃,产品容器中的混合物首先应在大气压下保持约15 min,并在设备中循环。如果馏分被蒸发和冷凝,则该馏分将从循环体系中分离,直到温度显著下降。随后应将设备调整到一个较小的压力,达到平衡的一个明显的标志是在每种压力条件下都具有恒定的温度。样品可以在顶部和底部排出,以便使体系压力进一步降低。使用高效液相色谱分析样品的结果如图 6.23 所示。

图 6.23(a)显示了组分在两相之间的分配。在该单元操作中,任何组分都没有进入气相。在蒸馏过程中,几乎只有溶剂蒸发,而副组分和目标组分则在底部积累。

图 6.23(b)显示了气相中各组分的总质量。在 90 mbar 时,超过 50% 的溶剂已经蒸发。副组分 3 是最易挥发的物质,但即使在 90 mbar 下,其在气相中的质量占比也仅有 0.22% 左右。因此,采用较为经济的蒸馏方式纯化目标组分并不可行。

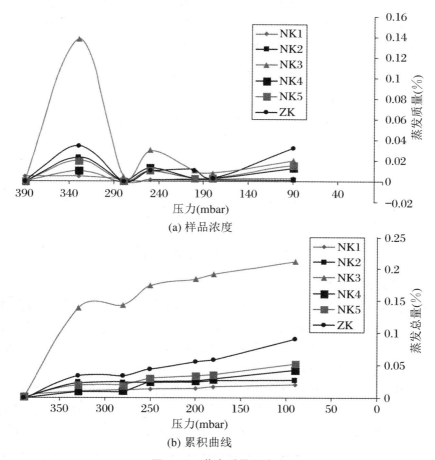

(a) 样品浓度

(b) 累积曲线

图 6.23　蒸发质量百分比

图中 NK 表示副组分,ZK 表示目标组分。

6.4.2.5　数据评价

通过总结从蒸馏和液液萃取实验中获得的数据,可以绘制出如图 6.24 所示的理化平衡参数分区图。通过总结图中的数据,可以一目了然地看出液液萃取的优势。

6.4.2.6　基于模型的工艺设计和分离成本的计算

由实验确定的传质动力学和流体动力学的分配系数和估计的模型参数可用于目标组分纯化的成本估计。

模拟结果表明,采用液液萃取,理论上可以实现前 3 个副组分与目标组分的分离。

为了了解传质动力学和流体动力学的影响,我们可以将传质系数增加 10 倍来模拟平衡条件,或减少至原来的 1/10 来模拟传质限制。相应地,流体动力学也变化 10 倍。分离成本的变化结果参见 6.4.2.7 节。

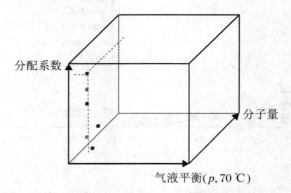

图 6.24   理化平衡参数分区图

1．工艺方案与设计

工艺模拟采用以下参数:目标组分和副组分浓度为 10 g/L,进料流量为 10 m³/h,水相流量为 10 m³/h,有机相流量为 10 m³/h。对于平衡条件,使用实验确定的值;在动力学条件下,则采用根据 Schmidt-Sherwood-Reynolds 相关性计算出的 0.05 m/h 传质系数作为一级近似值。

如图 6.25 所示,该混合物在 10 个塔板处实现分离,进料口则在第 4 个塔板处。由图中的结果可以清楚地看出,目标组分和前 3 个副组分的分离是完全可以实现的。虽然塔釜可通过进料口上方的 6 级塔板从水相中去除副组分 4 和 5,但实

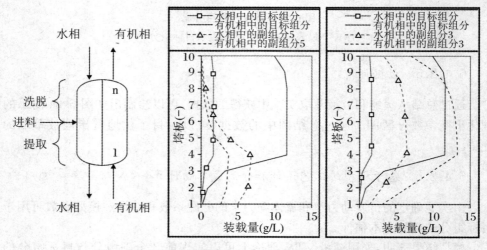

图 6.25   目标组分以及副组分 3 和副组分 5 的柱状剖面图

际上只能降低这两个组分的浓度。在如图 6.25 所示的柱状剖面图中,我们可以很清楚地看到这种结果。

6.4.2.7　分离成本估算

以目标组分的含量来估算,分离成本约为 0.17 欧元/kg。动力学参数(如传质系数和轴向分散系数)对成本的影响较大。

(1) 当传质系数降低至原来的 1/100 时,分离成本增加 4.5%。

(2) 如图 6.26 所示,随着流体动力学从活塞流变成以轴向扩散为主的流态,分离成本增加 48%。

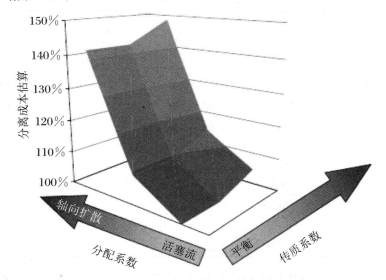

图 6.26　模型参数变化引起的分离成本变化

6.4.2.8　体系 2:茶叶香味

第二个体系是将乙酸乙酯作为溶剂,通过固液萃取来制备茶叶提取物。我们可利用气相色谱-火焰检测器检测方法对样品成分进行分析。为了制备这种提取物,我们需要用乙酸乙酯浸泡茶叶,利用这种方法制备的茶叶提取物主要含有咖啡因、基质成分、儿茶素、叶绿素和多种微量香味物质。

6.4.2.9　潜在单元操作数据

对于茶香体系,我们最初研究了液液萃取分离工艺。由于固体传质的复杂性,我们在这项研究中没有考虑结晶工艺。此外,由于所涉及的香味化合物的分子量较小,因此也不适宜膜分离工艺。

如图 6.21 所示,采用预分离系统可以减少实验次数。芳樟醇、香叶醇和愈创木酚等香料属于萜类和酚类化合物，由图 6.21 可知，这些化合物能溶解在极性和中等极性溶剂中。

（1）咖啡因作为主要的含氮物质，只能采用强极性溶剂提取。

（2）在此基础上，由于缺乏与乙酸乙酯不相溶的溶剂，故只能使用水作为反相提取溶剂。由图 6.21 可知，咖啡因能进入水相，而香料则会保留在极性较低的乙酸乙酯中。

综上，我们进行了液液萃取模型参数确定的实验。水是唯一完全不溶于乙酸乙酯的溶剂。振荡实验中分配系数的实验测定结果见表 6.16。

表 6.16　分配系数、质量平衡误差及分配系数误差

	实验 1		实验 2		
	分配系数	质量平衡误差	分配系数	质量平衡误差	分配系数误差
芳樟醇氧化物 Z	37.66	−0.23%	32.33	−4.82%	14.42%
芳樟醇氧化物 E	381.41	1.01%	119.24	−4.82%	68.74%
芳樟醇	极高	1.64%	极高	−5.18%	—
苯乙醇	122.61	−1.51%	80.28	−5.14%	34.52%
辛醇	极高	3.9%	极高	−4.96%	—
香叶醇	极高	—	极高	—	—
大马酮	110.38	−5.74%	80.11	1.03%	27.42%
咖啡因	0.77	−7.36%	0.76	−5.56%	0.36%
愈创木酚	4.59	−0.3%	4.62	1.78%	−0.58%

分离系数表明有机相（上相）中有丰富的香味物质，而咖啡因主要进入水相（下相）。

6.4.2.10　工艺设计和成本估算

计算香料和咖啡因在有机相和水相中的分离成本可得出如下工艺参数和体系：活塞流，传质系数为 0.1 m/h，得到的咖啡因的纯度为 99.99%，收率为 99.98%，分离成本约为 7 欧元/kg。因此，我们需改变传质系数和流体动力学的非理想性，研究动力学和流体动力学变化对分离成本的影响。

（1）传质系数由 0.1 m/h 降低到 0.01 m/h，分离成本增加 18%。

（2）由图 6.27 可以看出，增加流体动力学的非理想性，分离成本增加了 34%。

根据以上内容可得如下结论：

（1）香荚兰豆提取物和茶提取物的成本计算表明，传质系数和流体动力学的影响有很大不同。

（2）这些参数的任何变化并不总会对分离成本产生相同的影响，但这种影响是显著的，必须针对每个系统单独考虑。

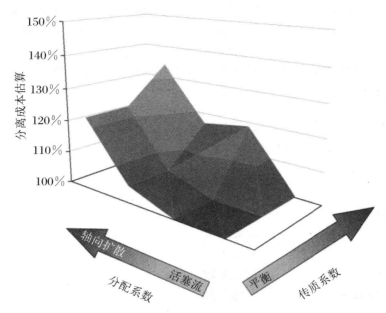

图 6.27 茶叶香味成分分离成本与流体动力学关系图

（3）在精确模型的帮助下，这两种影响都必须包含在成本核算中。必须对所考虑的每个系统单独进行灵敏度研究。

6.4.2.11 讨论与结论

本节介绍了复杂混合物 CPD 所需的初始系统研究法和必要的工具。首先，需要一个建模深度，它不仅要考虑分离系数（即速算模型），还要考虑混合物相平衡、传质系数和轴向分散流体动力学的非理想性。借助这种不同单元操作的模型，可以推荐、设计、评估任何初始工艺，然后根据分离成本进行选择。

在项目的概念工艺开发和设计阶段，就需要在实验室中进行实验测定热力学平衡数据，实验采用的最小体积需要保证结果的准确性。除轴向分散流体动力学参数外，还必须利用已有的知识和/或相关性来预测传质系数。

目前已知的确定复杂混合物热力学平衡数据的方法可以分为三类。由于只有大约 5% 的植物提取物成分具有可用数据，因此基于分子结构和物理性质数据库研究复杂混合物没有可行性。如果已知组分的结构，则可以使用 COSMO-RS 等方法进行计算，虽然精细模型的准确性较低，但这些计算可减少进料特性的实验。

在此评估的基础上，对于复杂系统，我们可以利用进料表征的方法通过实验来确定模型参数，它能有效地减少实验室工作的时间和成本。为了确定分离工艺中已知的所有单元操作的模型参数，我们设计了小型实验室实验和标准化实验程序，并通过误差计算确定了所需的最小样品的体积，这样可以减少约 1 L 提取物。

　　我们使用了两种不同的植物提取物成功地测试了所开发的实验方法。结果表明，传质系数和流体动力学参数对成本有很大的影响。因此，有必要对参数进行准确的评估，并在后期的工艺开发中加以验证。

　　此外，实验结果证实，基于目标组分和副组分分子基团筛选操作单元可以大大减少实验步骤。

相关符号及含义

$g(J)$	吉布斯自由焓
$h(J)$	自由焓
$p(bar)$	压力
$q_i(-)$	曲面参数
$Q_k(-)$	基团表面
$r(-)$	体积参数
$R[J/(mol \cdot K^{-1})]$	气体常数
$R_k(-)$	基团积极
$S(-)$	无量纲过剩熵
$T(K)$	温度
$v^{(i)}K(-)$	分子 i 中 k 基团的频率
$V(cm^3/mol)$	摩尔体积
$x(-)$	摩尔分数
$X_m(-)$	摩尔贡献
$z(\mu m)$	立体空间坐标
$\gamma(-)$	活度系数
$\Theta(-)$	表面积分数
$\Theta_m(-)$	表面贡献
$\mu(J)$	化学势
$\sigma(-)$	保护电荷
$\Phi(-)$	体积分数
$\Psi_{mn}(-)$	UNIFAC 可调参数

参 考 文 献

[1] Capello, C., Fischer, U., and Hungerbühler, K. (2007) What is a green solvent? A comprehensive framework for the environmental assessment of solvents. Green Chem., 9, 927-934.

［2］　Estévez, C. (2009) in Sustainable Solutions for Modern Economies, Chapter 10 (ed. R. Höfer), RSC Publishing, Cambridge, pp. 407-423.

［3］　Jessop, P.G. (2011) Searching for green solvents. Green Chem., 13, 1391-1398.

［4］　Gmehling, J., Kolbe, B., Kleiber, M., and Rarey, J. (2012) Chemical Thermodynamics for Process Simulation, WILEY-VCH Verlag GmbH & Co. KGaA, Weinheim.

［5］　Lüdecke, D. and Lüdecke, C. (2000) Physikalische-chemische Grundlagen der thermischen Verfahrenstechnik, Springer-Verlag, Berlin.

［6］　Bondi, A. (1968) Physical Properties of Molecular Crystals, Liquids and Glasses, John Wiley & Sons, Inc., New York.

［7］　Gmehling, J. (2012) Company Consortium for the Revision, Extension and Further Development of the Group Contribution Methods UNIFAC, Mod. UNIFAC (Do) and the Predictive Equation of State PSRK.

［8］　Koudous, I., Both, S., Gudi, G., Schulz, H., Strube, J., (2014) Process design based on physicochemical properties for the example of obtaining valuable products from plant-based extracts, C. R. Chim.. 17(3) 218-231.

［9］　Hildebrand, J. H. and Scott, R. L. (1950) The Solubility of Nonelectrolytes, 3rd edn, Reinhold Publishing Corp, 488pp.

［10］　Hansen, C. M. (2007) Hansen Solubility Parameters: A User's Handbook, 2nd edn, CRC Press, Boca Raton, FL.

［11］　Klamt, A. (1995) Conductor-like screening model for real solvents: a new approach to the quantitative calculation of solvation phenomena. J. Phys. Chem., 99, 2224-2235.

［12］　Klamt, A. (2005) COSMO-RS: From Quantum Chemistry to Fluid Phase Thermodynamics and Drug Design, Elsevier.

［13］　Klamt, A., Eckert, F., and Arlt, W. (2010) COSMO-RS: an alternative to simulation for calculating thermodynamic properties of liquid mixtures. Annu. Rev. Chem. Biomol. Eng., 1,101-122.

［14］　Cosmo Logic http://www.cosmologic.de.

［15］　Eckert 1999.

［16］　Abbott, S. (2008—2010) HSPiP Software, Steven Abbott TCNF Ltd, Suffolk.

［17］　OECD SIDS (1994) Report on Indigo Blue, http://www.inchem.org/documents/sids/sids/482893.pdf (accessed 12 August 2014).

［18］　Kassing, M., Jenelten, U., Schenk, J., and Strube, J. (2010) A new approach for process development of plant-based extraction processes. Chem. Eng. Technol., 33 (3), 377-387.

［19］　Moity, L., Durand, M., Benazzouz, A., Pierlot, C., Molinier, V., and Aubry, J. M. (2012) Panorama of sustainable solvents using the COSMORS approach. Green Chem., 14, 1132-1145.

［20］　Durand, M., Molinier, V., Kunz, W., and Aubry, J.-M. (2011) Classification of organic solvents revisited by using the COSMO-RS approach. Chem. Eur. J., 17, 5155-5164.

［21］ Aichele, A. and Schwegler, H. W. (2008) Die Blütenpflanzen Mitteleuropas, 5 Bände, Kosmos (Franckh-Kosmos), Stuttgart.

［22］ Theophrastus, N. H. V. (Hrsg.) (2004) Die Natur ist der Arzt-Salbei Salvia officinalis, Verein zur Förderung der naturgemäßen Heilweise Verlag, München.

［23］ Seiler, M., Jork, C., Kavarnou, A., Arlt, W., and Hirsch, R. (2004) Separation of azeotropic mixtures using hyperbranched polymers or ionic liquid. AIChE J., 50(10), 2439-2454.

［24］ Smirnova, S. V., Torocheshnikova, I. I., Formanovsky, A. A., and Pletnev, I. V. (2004) Solvent extraction of amino acids into a room temperature ionic liquid with dicyclohexano-18-crown-6. Anal. Bioanal. Chem., 378(5), 1369-1375.

［25］ Fadeev, A. G. and Meagher, M. M. (2001) Opportunities for ionic liquids in recovery of biofuels. Chem. Commun., 3, 295-296.

［26］ Garcia-Chavez, L. Y., Schuur, B., and de Haan, A. B. (2012) COSMO-RS assisted solvent screening for liquid-liquid extraction of mono ethylene glycol from aqueous streams. Sep. Purif. Technol., 97, 2-10.

［27］ Carda-Broch, S., Berthod, A., and Armstrong, D. W. (2003) Solvent properties of the 1-butyl-3-methylimidazolium hexafluorophosphate ionic liquid. Anal. Bioanal. Chem., 375, 191-199.

［28］ Tang, B., Bi, W., Tia, M., and Row, K. H. (2012) Application of ionic liquid for extraction and separation of bioactive compounds from plants. J. Chromatogr. B, 904, 1-21.

［29］ Blanchard, L. A., Hancu, D., Beckman, E. J., Brennecke, J. F. (1999) Green processing using ionic liquids and CO_2. Nature, 399, 28-29.

［30］ Blanchard, L. A. and Brennecke, J. F. (2001) Recovery of organic products from ionic liquids using supercritical carbon dioxide. Ind. Eng. Chem. Res., 40, 287-292.

［31］ Scurto, A. M., Aki, S., and Brennecke, J. F. (2002) CO_2 as a separation switch for ionic liquid/organic mixtures. J. Am. Chem. Soc., 124, 10276-10277.

［32］ Pereiro, A. B. and Rodriguez, A. (2009) Application of the ionic liquid Ammoeng 102 for aromatic/aliphatic hydrocarbon separation. J. Chem. Thermodyn., 41, 951-956.

［33］ Werner, S., Szesni, N., Kaiser, M., Haumann, M., Wasserscheid, P., (2012) A Scalable Preparation Method for SILP and SCILL Ionic Liquid Thin-Film Materials. Chem. Eng. Tech., 35(11), 1962-1967.

［34］ Abbott, A. P., Capper, G., Davies, D. L., Rasheed, R. K., and Tambyrajah, V. (2003) Novel solvent properties of choline chloride/urea mixtures. Chem. Commun., 1, 70-71.

［35］ Stolte, S., Abdulkarim, S., Arning, J., Blomeyer-Nienstedt, A. K., Bottin-Weber, U., Matzke, M., Ranke, J., Jastorff, B., and Thöming, J. (2007) Primary biodegradation of ionic liquid cations, identification of degradation products of 1-methyl-3-octylimidazolium chloride and electrochemical waste water treatment of poorly biodegradable compounds. Green Chem., 10(1), 214-224.

[36] Garcia, H., Ferreira, R., Petkovic, M., Ferguson, J. L., Leitão, M. C., Gunaratne, H. Q. N., Seddon, K. R., Paulo, L., Rebelo, N., and Pereira, C. S. (2010) Dissolution of cork biopolymers in biocompatible ionic liquids. Green Chem., 12, 367-369.

[37] Zech, O., Kellermeier, M., Thomaier, S., Maurer, E., Klein, R., Schreiner, C., and Kunz, W. (2009) Alkali oligoether carboxylates: a new class of ionic liquids. Chem. Eur. J., 15, 1341-1345.

[38] Zech, O., Hunger, J., Sangoro, J. R., Iacob, C., Kremer, F., Kunz, W., and Buchner, R. (2010) Correlation between polarity parameters and dielectric properties of [Na][TOTO]: a sodium ionic liquid. Phys. Chem. Chem. Phys., 12, 14341-14350.

[39] Abbott, A. P., Capper, G., Davies, D. L., Rasheed, R. K., and Tambyrajah, V. (2003) Novel solvent properties of choline chloride/urea mixtures. Chem. Commun., 70-71.

[40] Francisco, M., van denBruinhorst, A., and Kroon, M. C. (2013) Low-Transition-Temperature Mixtures (LTTMs): a new generation of designer solvents. Angew. Chem. Int. Ed., 52, 3074-3085.

[41] Zhang, Q., Vigier, K. D. O., Royer, S., and Jérôme, F. (2012) Deep eutectic solvents: syntheses, properties and applications. Chem. Soc. Rev., 41, 7108-7146.

[42] Kahlen, J., Masuch, K., and Leonhard, K. (2010) Modelling cellulose solubilities in ionic liquids using COSMO-RS. Green Chem., 12, 2172-2181.

[43] Freire, M. G., Santos, L. M. N. B. F., Marrucho, I. M., and Coutinho, J. A. P. (2007) Evaluation of COSMO-RS for the prediction of LLE and VLE of alcohols + ionic liquids. Fluid Phase Equilib., 255(2), 167-178.

[44] Freire, M. G., Ventura, S. P. M., Santos, L. M. N. B. F., Marrucho, I. M., and Coutinho, J. A. P. (2008) Evaluation of COSMO-RS for the prediction of LLE and VLE of water and ionic liquids. Fluid Phase Equilib., 268, 74-84.

[45] Guo, Z., Lue, B., Thomasen, K., Meyer, A. S., and Xu, X. (2007) Predictions of flavonoid solubility in ionic liquids by COSMO-RS: experimental verification, structural elucidation, and solvation characterization. Green Chem., 9, 1362-1373.

[46] Xu, W., Chu, K., Li, H., Zhang, Y., Zheng, H., Chen, R., and Chen, L. (2012) Ionic liquid-based microwave-assisted extraction of flavonoids from bauhinia championii (Benth.) benth. Molecules, 17, 14323-14335.

[47] Kuhlmann, E. (2007) Entwicklung von Extraktions- und Absorptions-systemen auf Basis ionischer Flüssigkeiten für die Entschwefelung von Kohlen-wasserstoffen. Dissertation. Universität Erlangen.

[48] Bart, H. J., Hagels, H. J., Kassing, M., Jenelten, U., Johannisbauer, W., Jordan, V., Pfeiffer, D., Pfennig, A., Tegtmeier, M., Schäffler, M., and Strube, J. (2012) Positionspapier der Fachgruppe Phytoextrakte: Produkte und Prozesse, DECHEMA.

[49] Josch, J. P. and Strube, J. (2012) Characterization of feed properties for conceptual process design involving complex mixtures. Chem. Ing. Tech., 84(6), 918-931.

[50] Kassing, M., Jenelten, U., Schenk, J., Hänsch, R., and Strube, J. (2012) Combina-

tion of rigorous and statistical modeling for process development of plant-based extractions based on mass balances and biological aspects. Chem. Eng. Technol., 35, 109-132.

[51]　Manski, R. and Bart, H. J. (2004) Gleichgewichtsmodellierung bei der Trennung von Cobalt und Nickel durch Reaktivextraktion. Chem. Ing. Tech., 76(7), 924-929.

[52]　Franke, M., Górak, A., and Strube, J. (2004) Auslegung und Optimierung von Hybriden Trennverfahren. Chem. Ing. Tech., 76(3), 199-210.

[53]　Franke, M. B., Nowotny, N., Ndocko, E. N., Gorak, A., and Strube, J. (2008) Design and optimization of a hybrid distillation/melt crystallization process. AIChE J., 54(11), 2925-2942.

[54]　Dewick, P. M. (2009) Medical Natural Products: A Biosynthetic Approach, John Wiley & Sons, Ltd, Chichester.

[55]　Josch, J. P., Both, S., and Strube, J. (2012) Characterization of feed properties for conceptual process design involving complex mixtures, such as natural extracts. Food Nutr. Sci., 3, 836-850.

[56]　Schulz, H. (2008) in Modern Techniques for Food Authentication (ed. D. W. Sun), Elsevier, Amsterdam.

[57]　DDBST ddbonline. ddbst. com/ (accessed 12 August 2014).

[58]　DIPPR http://dippr. byu. edu/students/ (accessed 12 August 2014).

[59]　Reaxys (2014) Reaxys https://www. reaxys. com/reaxys/secured/search. do.

[60]　Shojaei, Z. A., Linforth, R. S. T., and Taylor, A. J. (2007) Estimation of the oil water partition coefficient, experimental and theoretical approaches related to volatile behaviour in milk. Food Chem., 103(3), 689-694.

[61]　Schmid, C., Steinbrecher, R., and Ziegler, H. (1992) Partition coefficients of plant cuticles for monoterpenes. Trees, 6, 32-36.

[62]　Kontogeorgis, G. M. and Folas, G. K. (2010) Thermodynamic Models for Industrial Applications: From Classical and Advanced Mixing Rules to Association Theories, John Wiley & Sons, Ltd, Chichester.

[63]　von Watzdorf, R., Bausa, J., and Marquardt, W. (1999) Shortcut methods for nonideal multicomponent distillation: 2. Complex columns. AIChE J., 45(8), 1615-1628.

[64]　Urdaneta, R., Bausa, J., Brüggemann, S., and Marquardt, W. (2002) Analysis and conceptual design of ternary heterogeneous distillation processes. Ind. Eng. Chem. Res., 41, 3849-3866.

[65]　Lienqueo, M. E., Leser, E. W., and Asenjo, J. A. (1996) An expert system for the selection and synthesis of multistep protein separation processes. Comput. Chem. Eng., 20(1), 189-194.

[66]　Lienqueo, M. E., Mahn, A., Navarro, G., Salgado, J. C., Perez-Acle, T., Rapaport, I., and Asenjo, J. A. (2006) New approaches for predicting protein retention time in hydrophobic interaction chromatography. J. Mol. Recognit., 19(4), 260-269.

[67]　Scherpian, P. and Schembecker, G. (2009) Scaling-up recycling chromatography.

Chem. Eng. Sci. , 64(18), 4068-4080.

[68] Faber, R. , Li, P. , and Wozny, G. (2003) Sequential parameter estimation for large-scale systems with multiple data sets. 1. Computational framework. Ind. Eng. Chem. Res. , 42 (23), 5850-5860.

[69] Faber, R. , Li, P. , and Wozny, G. (2004) Sequential parameter estimation for large-scale systems with multiple data sets. 2. Application to an industrial coke-oven-gas purification process. Ind. Eng. Chem. Res. , 43(15), 4350-4362.

[70] Faber, R. , Arellano-Garcia, H. , Li, P. , and Wozny, G. (2007) An optimization framework for parameter estimation of large-scale systems. Chem. Eng. Process. , 46 (11), 1085-1095.

[71] Gmehling, J. (2009) Present status and potential of group contribution methods for process development. J. Chem. Thermodyn. , 41(6), 731-747.

[72] Fredenslund, A. , Jones, R. L. , and Prausnitz, J. M. (1975) Groupcontribution estimation of activity coefficients in non-ideal liquid mixtures. AIChE J. , 21 (6), 1086-1099.

[73] Eckert, F. and Klamt, A. (2002) Fast solvent screening via quantum chemistry. COSMO-RS approach. AIChE J. , 48(2), 369-385.

[74] Mahn, A. , Zapata-Torres, G. , and Asenjo, J. A. (2005) A theory of proteinresin interaction in hydrophobic interaction chromatography. J. Chromatogr. A, 1066(1-2), 81-88.

[75] Salgado, J. C. , Rapaport, I. , and Asenjo, J. A. (2006) Predicting the behavior of proteins in hydrophobic interaction chromatography 1: using the hydrophobic Imbalance, No. HI to describe their surface amino acid distribution. J. Chromatogr. A, 1107 (1-2), 110-119.

[76] Salgado, J. C. , Rapaport, I. , and Asenjo, J. A. (2006) Predicting the behavior of proteins in hydrophobic interaction chromatography 2. Using a statistical description of their surface amino acid distribution. J. Chromatogr. A, 1107(1-2), 120-129.

[77] Salgado, J. C. , Andrews, B. A. , Ortuzar, M. F. , and Asenjo, J. A. (2008) Prediction of the partitioning behaviour of Proteins in aqueous two-phase systems using only their amino acid composition. J. Chromatogr. A, 1178(1-2), 134-144.

[78] Siebert, K. J. (2003) Modeling protein functional properties from amino acid composition. J. Agric. Food Chem. , 51(26), 7792-7797.

[79] Hachem, F. , Andrews, B. A. , and Asenjo, J. A. (1996) Hydrophobic partitioning of proteins in aqueous two-phase systems. Enzyme Microb. Technol. , 19(7), 507-517.

[80] Andrews, B. A. , Schmidt, A. S. , and Asenjo, J. A. (2005) Correlation for the partition behavior of proteins in aqueous two-phase systems: effect of surface hydrophobicity and charge. Biotechnol. Bioeng. , 90(3), 380-390.

[81] Haskard, C. A. and Li-Chan, E. C. (1998) Hydrophobicity of Bovine Serum Albumin and Ovalbumin Determined Using Uncharged, and Anionic, ANS, Fluorescent Probes. J. AGR. FOOD CHEM. , 46(7), 2671-2677.

[82] Mazza, C. B., Sukumar, N., Breneman, C. M., and Cramer, S. M. (2001) Prediction of protein retention in ion-exchange systems using molecular descriptors obtained from crystal structure. Anal. Chem., 73(22), 5457-5461.

[83] Ladiwala, A., Rege, K., Breneman, C. M., and Cramer, S. M. (2005) A priori prediction of adsorption isotherm parameters and chromatographic behavior in Ion-exchange systems. Proc. Natl. Acad. Sci. U.S.A., 102(33), 11710-11715.

[84] Malmquist, G., Nilsson, U. H., Norrman, M., Skarp, U., Stromgren, M. and Carredano, E. (2006) Electrostatic Calculations and Quantitative Protein Retention Models for Ion Exchange Chromatography. J. CHROMATOGR. A., 115 (1-2), 164-186.

[85] Xu, L. and Glatz, C. E. (2009) Predicting protein retention time in Ion-exchange chromatography based on three-dimensional protein characterization. J. Chromatogr. A, 1216(2), 274-280.

[86] Gu, Z. and Glatz, C. E. (2007) A method for three-dimensional protein characterization and its application to a complex plant, extract. Biotechnol. Bioeng., 97(5), 1158-1169.

[87] Stahl, E. and Schild, W. (1986) Isolierung und Charakterisierung von Naturstoffen, Gustav Fischer Verlag, Stuttgart.

作者：Iraj Koudous, Werner Kunz, Jochen Strube
译者：贺增洋，黄世乐

第 7 章　基于水相绿色溶剂的天然产物提取

　　水是地球上最丰富的物质,占地球表面约 71%。地球上的生命极其依赖于水。人们普遍认为,水作为绿色提取溶剂具有巨大的优势,因为它不仅价格低廉、无害,而且不易燃、无毒,为清洁加工和防止污染提供了可能。水分子包含三个原子:一个中等重量的原子(氧原子)和两个重量较轻的原子(氢原子)。在水的电子结构中,氧原子带有弱的负电荷,氢原子带有弱的正电荷。[1]当水分子叠加在一起时,它们的正负电荷相互作用,形成氢键。与氢键相关的能量为 $8\sim40$ kJ/mol。O—H 键长为 0.9572 Å,H—O—H 的平均键角为 104.52°,略小于四面体角(109.5°)。水分子非常小,硬球直径为 2.75 Å,水分子的微小体积对溶质的水合作用具有重要的影响。在水分子的 HOH 平面上,总电子密度的等高线看似一个球形结构。水分子的氢原子上有两个正电荷,氧原子上有两个负电荷,水分子的偶极矩为 1.85 D。

　　众所周知,在液相中水分子通过氢键紧密结合。氢键主要由静电的相互作用而产生,以形成共价键。液态水中的氢键相互作用构成了具有局部和结构化聚类的三维氢键网络。因此,液体结构并不是由单个水分子之间的硬核排斥作用决定的,而是由分子间的定向氢键决定的。氢键角较大的变化范围进一步证明了水分子的非晶态排列,这表明在液体中氢键中的某些键角很容易发生改变。我们必须认识到,水的偶极极化对于水分子的分子间相互作用具有重要作用。虽然单个水分子的偶极矩为 1.85 D,但在液态水中的偶极矩明显更大,一般为 $2\sim4$ D,这取决于水与水相互作用的性质。[2]此外,水具有两性。在 298 K 和 1 个大气压下,水的电离常数为 14,氢离子和氢氧根离子的浓度很小,水活度几乎相同。图 7.1 展示了提取过程中使用最多的溶剂的参数。溶剂的宏观介电常数(ε_r)是表征介质极性和相应盐离子解离的最常用参数。水的高介电常数与氢键网中的偶极子方向有关,从而使水成为强极性溶剂。正如预期的那样,在高温、高压下氢键会发生断裂,水的极性也会下降。也就是说,当温度升高时,有机化合物的溶解度增加的幅度远远超过水温自身的影响。例如,水在 250 ℃ 时的密度和极性与室温下乙腈的密度和极性相似,且介电常数随着温度的升高而迅速下降,由 25 ℃ 时的 78.5 下降至 250 ℃ 时的 27.5。

　　使用水代替有机溶剂除了具有绿色环保优势外,更易于产品纯化,因为水冷却后,有机化合物在水中的溶解度会很低。此外,我们可用 Dimroth-Reichardt E_T^N 值表征溶剂分子极性,它可反映溶剂的受体强度。α_p 表示分子的极化率,即电子云容易变形的能力。偶极矩(μ)在前面已经讨论过了,通过对比水和乙醇的偶极矩表明乙基对电荷分配几乎没有影响。

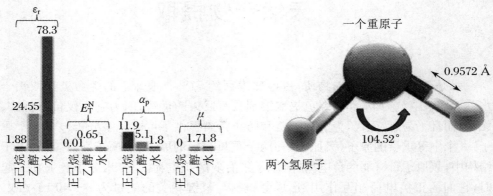

(a) 水和其他提取溶剂的部分溶剂性质　　　　　　(b) 单个水分子及其平均几何结构

图 7.1　水和其他提取溶剂的部分溶剂性质和单个水分子及其平均几何结构

水的性质主要反映在离子、极性和非极性分子的水合热力学中。最近人们得出结论:在没有溶质-水氢键存在的情况下,水分子可尽可能保持其三维氢键网络结构;对于不太大的溶质分子,将导致水氢键产生切向取向。当然,由于氢键断裂,水分子的这种取向随温度升高而降低。事实上,热容较大是水的特征,这源于氢键网络的大幅波动,且与焓熵补偿效应有关。[4]

在临界浓度下,大的疏水水合壳会开始重叠,导致这些水分子的排列相互破坏。这些氢键的相互作用会使溶剂诱导两种溶质的疏水表面粘在一起,这主要是由疏水水合壳的水分子释放到大量水中所产生的熵增益导致的。疏水水合壳较大,根据疏水分子的性质,可以将其分成两两相互作用、小聚集体的形成(移动单元,如在增溶剂存在的情况下)和较大聚集体的形成(大部分疏水相互作用,如胶束、囊泡等表面活性剂聚集体)。当然,聚合的终点就会涉及相分离。

在合成、纯化或提取过程中使用水作为替代溶剂在多个领域中都是很重要的研究方向。使用水作为提取替代溶剂的优点包括减少环境污染、可选择性提取、设备简单、无危害、快速和工艺步骤简单。本章将全面介绍当前将水作为天然产物提取替代溶剂的知识,阐述基本的理论基础和与水的提取、技术、机理、应用和环境影响等有关的信息。

7.1　浸　渍　法

7.1.1　原理和工艺

浸渍法是一种非常古老且简单的提取方法,就是将植物浸泡在溶剂中。这种方法我们每天都在使用,本节我们将讨论浸渍法的用途和使用条件。

浸渍法是指将溶剂(此处为水)和固体基质相互混合并产生相互作用,目的是将植物的根、树皮、木材或叶子等基质中的一系列化合物转移到水相中,然后通过过滤或离心从固体基质中分离出水相。抗氧化剂、花青素、单宁、香料、色素等化合物都可以通过这种方法来提取。固液萃取的原理可以用四个步骤来描述:溶剂和基质表面之间的相互作用、溶剂向基质内扩散、溶质向溶剂中扩散、基质表面外的溶质向主体溶剂转移。植物是有生命的有机体,由纤维素、半纤维素、果胶和木质素组成的固体细胞壁包裹的细胞组成。细胞壁是溶剂和溶质必须穿透的屏障之一。细胞壁孔越多或越易破裂,就越容易穿透。水是极性溶剂,其密度、黏度和活度会影响溶解、转移或与基质的接触。然而,这些问题可以通过改变提取参数和物理条件来克服。改变 pH 有助于溶剂溶解以及溶剂在基质内的扩散。减小粒径是增加溶剂-基质相互作用的重要因素。充分的搅拌不仅可以确保基质和溶剂的均质化,也保证了溶质的转移。较高的提取温度可以增加溶剂-基质的相互作用,也可以增加转移、增溶和扩散速率。但是,这样会加速或诱发热敏分子的降解,使提取率的提高与热敏分子的分解呈负相关。随着温度和过程的变化,浸渍可以用不同的方式定义:

(1)室温下浸渍。

(2)沸水中煎煮。

(3)像泡茶一样冲泡,是一种可控的高温提取方式。

(4)批间处理:将基质和水装入配有搅拌装置的大桶中。该方法仅适用于一定比例的基质/溶剂,过高的基质/溶剂比不利于均质化。此外,溶质在溶剂与基质之间的溶解度和热力学相平衡决定了提取的上限。

(5)渗滤:与咖啡冲泡相似,渗滤是将植物基质固定在流动床上的半连续过程,使新鲜的溶剂在不同的温度下流过。由于新溶剂的注入,这种方法打破了溶解度或热力学平衡的限值,可以尽可能多地使溶质从基体中溶出。

(6)连续提取:这会带来两种流动,一种是溶剂,另一种是植物基质。这种方法最适用于单一植物产品的大规模生产。它们在设计上很紧凑,但可以通过流动过程的速率控制实现工艺的高容量，通常使基质和溶剂处于逆流状态。这可以通过不同的方式实现，我们可采用螺旋输送的方式或泵与传送带相结合的方式，实现溶剂与固体基质的连续流动或半连续流动，从而达到逆流提取的目标。

7.1.2　应用

目前已有学者在不同基质的基础上开展了浸渍法制备提取物的可行性研究，具体见表 7.1。因为荔枝花在没有授粉或自然脱落后不能结出果实，所以在此之前都被大量遗弃。但是，这些花中含有一些有用的化合物，如多酚、类黄酮、缩合单宁和花青素等。Yang 等[5]采用浸渍法提取了此类化合物。研究发现，在 100 ℃下浸提时，荔枝花水提取物中含有大量的多酚和类黄酮，同时还发现了花青素、原花青素、缩合单宁和抗坏血酸。研究表明，这种水提取物对心血管有良好的保护作用。绣线菊是一种欧洲植物，据报道具有抗炎作用，这种植物的水提取物可加到饮料中。Harbourne 等[6]对这种水提取物进行了研究和工艺优化。他们分析了这种提取物中抗氧化剂、单宁、槲皮素和水杨酸的含量，此外，他们还考虑了色泽因子，因为色泽及其深度会影响最终产品的"满意度"。为了增加提取物中抗氧化剂、槲皮素和水杨酸的含量，同时避免单宁浸出，研究者对温度、提取时间和 pH 等提取参数进行了优化。虽然改变 pH 没有显著提高提取率，但是当温度从 20～40 ℃升高到 90～100 ℃时，其总酚含量大幅增加。这可能是由于高温导致细胞分解，从而向水中释放出细胞内溶物。由于单宁溶出速率较慢，15 min 的提取时间足以提取出需要的化合物，同时也可保持低单宁含量。

表 7.1　应用和实验条件——植物材料浸渍的例子

基质	分析物	实验条件	参考文献
荔枝花	多酚、花青素、类黄酮、单宁	常规浸渍：100 ℃，30 min，2.5%～5%（质量体积比）	[5]
绣线菊	槲皮素、水杨酸	常规浸渍：90 ℃，15 min，2.5%（质量分数）	[6]
岩蔷薇叶	多酚、类黄酮	常规浸渍：90 ℃，5 min，超纯水，1.5%（质量分数）	[7]
茶树叶	多酚	微波提取：80 ℃，30 min，5%（质量体积比），600 W	[8]
凤凰花	花青素、黄酮醇、酚酸	超声提取：1 h，1%（质量体积比），整朵花，水，25 kHz，150 W	[9]

Riehle 等[7]在提取岩蔷薇叶的过程中遇到了一些困难。在传统的民间医学中，这种地中海植物主要用于抗炎和抗菌。这种植物的特性主要与酚酸和黄酮醇化合物的高抗氧化活性有关。但是，这些类黄酮化合物具有热敏性，对提取温度可能会有较大影响，于是他们对提取过程中的抗氧化稳定性进行了研究。他们通过选择水质和提取时间，进一步优化了植物提取工艺。经研究发现，尽管升高温度可

以增加抗氧化物的总量,但一些多酚类物质(如肉豆蔻素等)会因高温降解而使含量减少,且水的硬度越低,提取率越高。参数优化是减少不良成分而获得好的提取物质量以及避免有效物质降解的关键。然而,我们仍需改变技术来进一步提高提取效率。Nkhili 等[8]对新技术进行了研究。他们采用常规水加热法从茶叶中提取茶多酚,并与微波加热法提取茶多酚进行比较。在相同的温度和更短的提取时间下,微波加热提高了总多酚和单体化合物的提取率。此外,微波加热提高了提取效率,既保留了热敏成分,也节约了能源。正如 Adjé 等[9]所说的,提高冷浸渍提取效率是可能的,他们研究了不同浸渍条件下凤凰花中多酚的提取。超声辅助提取可使提取时间减少到传统提取时间的 1/3,如图 7.2 所示。由于该工艺将水作为溶剂,因此无法提高提取的多酚总量。

 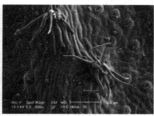 

(a) 波尔多树叶,原始图片比例放大500倍　　(b) 浸渍2 h后的波尔多树叶,原始图片比例放大500倍　　(c) 使用超声辅助提取工艺后的波尔多树叶,原始图片比例放大500倍

(d) 表面具有毛状体的波尔多树叶剖面　　(e) 空化气泡的产生　　(f) 空化气泡的坍塌,产生指向表面的微射流　　(g) 表面磨损、毛状体破裂,周围介质中的可溶性物质释放

图 7.2　超声辅助提取

7.2 亚临界水提取

7.2.1 原理与工艺

亚临界水提取（Subcritical Water Extraction，SWE）也称过热水提取、热水提取、加压热水提取、热液态水提取、高压弱极性水提取和高温水提取，是一种绿色提取技术。与批间浸渍或渗滤提取的动力学类似，SWE 使用水作为溶剂的运行温度和压力有显著的不同，因此需要特定的设备（图 7.3）。这些条件对水的特性和用途的影响将在下一节中介绍。表 7.2 展示了有机溶剂特性、Hansen 参数和亚临界水温参数。水具有许多热力学性质，这些性质会受到温度、压力等许多物理参数的影响。它们一起可以改变水的热行为、密度和黏度，从而定义水的物理状态：固体、液体或气体。随着温度和压力的升高，当压力为 221 bar、温度为 374 ℃时，水达到临界点。在这个压力和温度下，水既不是液体，也不是气体，而是处于超临界状态的中间状态。当压力和温度均低于临界点时，液体和气体之间的转变是不连续的。然而，在临界点上，气液态的转变是连续的。我们关注的领域是在这个临界点以下以及我们在通常条件下可以达到的温度和压力范围（100～374 ℃，1～221 bar）的液态水，也称亚临界水。适当的压力可以使水在高温下保持液态，从而避免蒸发，而这时水溶剂的性质会发生显著的变化。[10]

图 7.3　固液萃取器

表 7.2　有机溶剂特性、Hansen 参数和亚临界水温参数

溶剂	介电常数 ε	Hansen 参数 δ_d（MPa$^{1/2}$）	Hansen 参数 δ_p（MPa$^{1/2}$）	Hansen 参数 δ_h（MPa$^{1/2}$）	亚临界水温（℃）
二甲亚砜	48	18.4	16.4	10.2	150
乙腈	38	15.3	18	6.1	175
甲醇	33	14.7	12.3	22.3	200
乙醇	24	15.8	8.8	19.4	275
丙酮	21	15.5	10.4	7	300
氯仿	5	17.8	3.1	5.7	$<374T_c$

在水的各种特性中,介电常数 ε 对水的溶解能力具有很大影响。在 25 ℃ 和标准大气压下,水的介电常数高达 80,这个高值反映了水分子间存在大量氢键。随着温度升高,水的介电常数与黏度和密度一起持续下降。此外,水的扩散率会随温度升高而增加。水在 250 ℃ 和 50 bar 时的介电常数（$\varepsilon = 27$）,与 25 ℃ 和 1 bar 时的乙醇介电常数相等,接近于甲醇水溶液的 ε 值（$\varepsilon = 33$）。在此条件下,水能够溶解更多的非极性分子。因此,通过调节水温,我们可以调整其极性并提取我们感兴趣的目标分子。[10-11] Miller 和 Hawthorne 等[12] 研究了分子溶解度随水温升高的变化。他们指出,将条件由 20 ℃、1 bar 增加到 200 ℃、65 bar 后,D-柠檬烯在水中的溶解度增加了 57 倍,在相同条件下香芹酮的溶解度增加了 25 倍。Miller 和 Hawthorne[13] 也研究了疏水有机化合物（如百菌清等）在温度为 25～250 ℃、压力为 30～70 bar 的亚临界水中的溶解度。当温度由 25 ℃ 升高至 250 ℃ 时,百菌清的溶解度增加了 130000 倍。升高压力是获得亚临界水的关键,然而,在研究其对水极性性质的影响相关性时发现,二者的相关性有限。[14-15] 因此,我们可根据水相变化的温度/压力图[15] 确定施加在系统上的最小压力。

SWE 最初是在实验室中通过组装 HPLC 泵系统和带有空 HPLC 柱的 GC 柱温箱来实现的。通常,SWE 系统由进样器或 HPLC 泵、烘箱、阀门、水箱、提取容器和收集瓶组成。SWE 系统的基本装备类似于加速溶剂提取（Accelerated Solvent Extraction, ASE）和超临界流体提取系统。[16] 1995 年,Dionex 公司实现了亚临界水条件的实验室设备商业化,称为加速溶剂提取。该装置可提供静态和动态两种提取方式。首先,在静态提取中,将植物材料与中性填料（如硅藻土）一起装入色谱柱。然后,将色谱柱密封在烘箱中,并使用容积泵在适当的压力和温度下注入水。在此条件下,水和基质保持静态接触一段时间后,打开阀门并用吹扫气体（通常是氮气）将水和基质排空。最后,在提取液冷却后卸压,并进行材料收集。[10,17] 另一种静态 SWE 方法是使用一个封闭的容器来进行这个过程。该容器是一个可以加压和加热到所需条件的耐高压的反应器。SWE 的第二种方法是动态提取,这种方法类似于前文描述的渗滤过程。在亚临界条件下,水不断流入充满植物的柱并耗尽基质。除了压力和温度之外,

还有一个小的因素——亚临界水流量。除提取成分外，提取浓度还受提取流速的影响。低流速和较长的提取时间可得到更高的产率，而且高浓度的溶质对热不敏感。选择低流速还是高流速取决于溶质的热敏性、所用的时间和溶剂的经济成本及最终提取物的浓度之间的平衡。[10,18,19] 如图 7.4 所示，目前存在更大规模的 SWE，尤其在工业生产中。

图 7.4　亚临界抽水器

7.2.2　应用

表 7.3 列举了亚临界水提取的一些实例。目前，SWE 仍是一个小规模的工艺，主要用于具有潜在工业应用的研究和开发。亚临界水起初用于提取多环芳烃（PAHs）[20] 和精油[21] 等非极性化合物到中等极性化合物中。SWE 的应用现在已越来越广泛，有了更多的用途，如提取风味和香味化合物、精油和酚类化合物。关于有毒溶剂的文献正逐年增加，在化学实验室和工业中使用有毒溶剂被认为是影响工人健康和安全并造成环境污染的一个重大问题。大多数溶剂是具有危险性和毒性的有机分子，其本身的处理成本很高，在使用、储存和处置过程中也会造成环境问题。

Barbero 等[22] 开发了一种使用 SWE 从辣椒中提取辣椒素的可靠方法，即将磨碎的胡椒粉装入 Dionex 公司 ASE 设备的钢槽中。他们研究了静态模式下压力为 10 MPa、温度达 200 ℃ 的提取过程，验证了目标分子在高温下的稳定性，即提取后未发现降解。这可能是由于钢槽和水中缺少氧气，而氧气会大大加速目标分子在高温下的氧化降解过程。他们发现提取的最佳温度是 200 ℃。接着,他们在室温下将其与各种混合物和溶剂(如水、乙醇、甲醇和醇的水混合物)进行比较,发现只有甲醇适合在室温下从辣椒中提取辣椒素。

表 7.3　植物原料亚临界水提取的应用及实验条件

原料	分析物	实验条件	参考文献
沙棘叶	抗氧化剂	Dionex ASE-350 静态提取,2 g,33 mL 提取池,20～200 ℃,10 MPa,15 min,纯水	[23]
辣椒	辣椒碱	Dionex ASE-200 静态提取,0.7 g,11 mL 提取池,50～200 ℃,10 MPa,30 min,纯水	[22]
橄榄叶	甘露糖醇	2.5 g 叶片粉末添加玻璃珠[60∶40(质量比)]进行静态及动态提取,60～100 ℃,3～11 MPa,静态提取 300 s,然后 2～33 μL/s 动态提取,纯水	[24]
银杏叶	萜内酯	静态和动态提取,1 g,20～140 ℃,10 MPa,15 min 静态提取,然后 1 mL/min 动态提取并收集 20 mL 0.2%乙酸水溶液	[27]
芒果叶	多酚、芒果苷、槲皮素	动态提取,太尔公司 SF-100 提取仪,15 g,100 ℃,4 MPa,纯水,3 h,流速为 10 mL/min	[26]

译者注:原著引用文献序号错误,译者已校正。

　　Kumar 等[23]不仅将不同的溶剂提取与 SWE 进行了比较,还比较了不同的提取工艺。以从沙棘中提取多酚为例,他们比较了浸渍法、索氏提取法与 SWE 法:将叶子在水中浸渍 24 h,利用 70%乙醇-水进行索氏提取作为对照。SWE 采用此前描述的类似设备——Dionex 公司的 ASE 装置进行静态提取,温度范围为 25～200 ℃,提取时间为 15 min,压力为 100 bar。与常规提取方法相比,当温度为 150 ℃时,总多酚和槲皮素-3-半乳糖苷、山奈酚、异鼠李素等分子的产率最高。然而,在200 ℃①时,多酚产率显著下降,产率低于浸渍法和索氏提取法产率,表明目标分子可能发生热降解。

　　从橄榄叶中提取甘露醇相当困难,因为它可能会转化为山梨醇。Ghoreishi 和 Shahrestani[24]使用 SWE 法对其进行提取。如前所述,需要使用 ASE 系统。这次采用的是静态和动态相结合的方法:先进行一段时间的静态 SWE,然后使亚临界水流动,以研究温度、压力、初始静态提取时间和亚临界水的流速。当初始静态提取时间为 5 min 时,亚临界水的流速对提取率几乎没有影响。当温度从 60 ℃增加到 100 ℃时,提取率增加;当温度超过 100 ℃时,由于热降解发生,提取率降低。改变压力对提取率有很大影响,在 50 bar 时可达到最佳提取率。David 等[25]也描述

————————————

　　①　译者注:此处原著中的温度是 20 ℃,查阅原始文献[23],应为 200 ℃。

了这种现象，认为这种变化可以通过压力引起的分配系数的变化来解释。与索氏提取相比，SWE 具有快速、安全、节省溶剂且成本低等优点。

Fernández-Ponce 等[26]以从芒果叶中提取抗氧化剂为实验对象，比较了 SWE 和超临界 CO_2 法。在同一个系统上，他们对碎叶采用了两种动力学方法，超临界 CO_2 及 SWE 均以稳定流通过基质。在温度为 100 ℃、压力为 4 MPa 时，与超临界 CO_2 相比，使用 SWE 可显著提高提取率，且提取物具有更高的抗氧化活性，同时芒果苷和槲皮素等单个分子的浓度也较高。也就是说，SWE 比超临界 CO_2 更适合于提取这些分子。

Lang 和 Wai[27]比较了利用 SWE 法和不同溶剂提取法提取萜烯三内酯的效果。银杏叶含有此类化合物，如银杏内酯。他们在温度为 20～140 ℃、压力高达 100 bar 的 ASE 系统上研究了静态和动态提取模式。结果表明，当温度为 60 ℃时，可以很好地提取溶质；在更高的温度下，亚临界水提取法会导致热降解而不适用于提取萜烯三内酯。但是，增加压力能提高提取率。他们表明，增加压力不是因为溶剂屏障或扩散速度缓慢，而是因为银杏叶具有天然的抗水性。更高的压力能够破坏叶片表面的强疏水结构，这种结构可以保护树木免受干旱。SWE 法最适用于这种基质和溶质，不是因为它对溶解性能的可调性，而是因为它可以作为提取的物理辅助。

他们采用 SWE、水蒸馏法和直接热解吸法对大马士革玫瑰的挥发性提取物进行了比较，并采用全二维气相色谱质谱法（GC×GC-TOF/MS）对其进行分析。结果表明，SWE 的出油率略高于水蒸气蒸馏。对于高香气的苯乙醇的含量来说，SWE（含量为 38.14%）和直接热解吸法（含量为 36.52%）远远高于水蒸气蒸馏法（含量为 1.92%）。[28]

他们还分别在不同温度（100 ℃、125 ℃、150 ℃ 和 175 ℃）、压力（20 bar、60 bar 和 90 bar）和流速（1 mL/min、2 mL/min 和 3 mL/min）下使用亚临界水提取滨香草叶子精油。结果表明，压力对提取率没有任何影响。在 150 ℃下，2 mL/min 的流速可以获得较高的提取率。动力学研究表明，SWE 法在 15 min 内即可完成滨香草精油的提取。[16]

Zou 等[29]利用 SWE 法提取娜塔栎中的疏水生物油。这是 SWE 法的一个新的应用。提取油的原料类型决定了可安全使用的温度。他们使用 SWE 在 360 ℃下 30 min 内从海洋微藻中获得了大量生物油（37%）。[29]这项研究表明 SWE 是一种非常好的生物油提取技术。

7.3　酶　促　法

7.3.1　原理和工艺

本节阐述了在较温和的温度和压力条件下,使用水溶性添加剂来辅助提取天然产物。首先,我们需关注的辅助添加剂是酶,它们是由生物有机体合成的大分子蛋白质,在维持生命的过程中充当大多数化学反应的生物催化剂。大多数工业化应用的酶产自真菌或微生物,只有极少数酶来源于植物或动物。[30]每种酶只对一种特定的反应和特定的活性化合物具有高度专一性。一个酶分子能够催化百万次反应,且具有非常高的转化率。这些大的蛋白质具有一个活性位点,其作用类似于钥匙和锁芯系统。正是在这个位点上,酶通过活性位点上的催化基团或两个反应分子之间的紧密接触而发生反应。酶被分为六类:氧化还原酶催化氧化还原反应;转移酶将化学基团从一个分子转移到另一个分子;水解酶与分子边界的水解切割有关;裂合酶可切断分子边界;异构酶修饰分子的结构或几何形状;合成酶将两个分子结合在一起。

由于酶具有高度专一性,因此每一种应用、反应或基质都需要一种特定的酶。酶需要特定的 pH 和温度条件才能发挥作用,极端条件会导致其变性,使其失去活性或被破坏。[31-32]淀粉酶、纤维素酶和蛋白酶等有助于打破植物基质的细胞壁,它们还可以减小颗粒大小。细胞壁破裂和粒径减小对于细胞液中油脂和化学成分的释放具有重要作用。[33-34]酶处理也是一个底物预处理的过程,其可使底物的结构变性从而有利于最终提取。含有精油的底物可以用酶处理,以促进它们通过水蒸气蒸馏提取。[35]虽然酶具有很高的转化率,但是有些酶的价格昂贵或难以大量获得。与催化剂或溶剂一样,对其进行回收具有很高的经济价值。在利用酶提取油脂的情况下,酶停留在水相中,只需少量处理即可重复使用,这也是均相酶催化的基础。酶也可以吸附在底物上,以便在提取结束后将其回收;或者可以从酶处理后的固体残留物中回收酶,这种方法称为多相酶催化。[36]均相和非均相酶催化都可以用现有的设备进行常规浸渍,其中包括连续和间歇工艺。

7.3.2　应用

酶的用途广泛,表 7.4 展示了其中一些应用。Zhang 等[37]以杨梅果仁为原料用酶解法提取油脂。他们设计了一个具有温度和 pH 调节的系统,以便在合适的条件下进行酶处理。通过实验设计,他们从酶用量、料液比、提取温度、提取时间等方面对提取工艺进行了优化。酶解法提取杨梅果仁的最高得率为61%,其中油脂得率为31%。Rosenthal 等[38]研究了在纤维素、半纤维素、果胶酶和蛋白酶四种酶联合作用下从大豆粉中提取油脂和蛋白质,其工艺类似于利用发酵罐单元反应器进行细菌培养。其中,蛋白酶是一种碱性 pH 最适酶,而其他三种酶是酸性 pH 酶,由于每一种酶只能在一定的 pH 范围内才能达到最高效率,因此该工艺必须在两个不同的 pH 范围内分步完成。在 pH 为 5、温度为 37 ℃的条件下,将豆粉浸泡在纤维素酶、半纤维素酶和果胶酶溶液中 1 h,然后将 pH 调节到 8 后加入蛋白酶,浸泡 15 min。结果发现,蛋白酶及豆粉高粒度对于提高蛋白质和油脂产率具有重要作用。Nyam 等[39]依次用 Neutrase 和 Flavourzyme 两种蛋白酶水解提取卡拉哈里甜瓜子油。他们分别研究了温度、pH、提取时间和酶浓度等实验参数。虽然延长提取时间、提高浓度都能提升两种酶的效果,但温度和 pH 变化对这两种酶的效果影响不同。升高 pH 和温度能够提高 Neutrase 的效果,而温度和 pH 对 Flavourzyme 的效果影响不显著。通过比较两种酶的最佳提取条件,他们发现 Flavourzyme 更适合于油脂的提取。需要强调的是,水相混合很重要,因为较高的速度会使水油混合物形成乳液,导致提取率下降。降低混合速率更易于油滴聚结,更易于使油脂与水分离。

表 7.4　植物原料酶促提取的应用及实验条件

原料	分析物	实验条件	参考文献
大豆粉	油、蛋白质	0.1%半纤维素酶,0.45%果胶酶,2%蛋白酶溶液,大豆粉与水的质量分数为 5%～20%,50 ℃,pH 为 5 时水解 1 h,调节 pH 为 8 后继续水解 15 min	[32]
月桂仁	油、脂肪酸	3.17%(质量分数)混合酶制剂[纤维素酶:中性蛋白酶=1:2(质量比)],水:月桂仁为 4.91(体积质量比),水解温度为 51.6 ℃,时间为 4 h	[31]
卡拉哈里瓜子	油	将 0.8 L 中性蛋白酶配置成 25 g/kg 水溶液,58 ℃,pH 为 7,时间为 11 h	[39]
番茄皮	番茄红素	10 mg/mL 胰酶,番茄皮:水 = 1:5(质量体积比),37 ℃,pH 为 6.5,水解时间为 20 min	[34]
连翘果	精油	0.5%半纤维素酶,纤维素酶,糖苷酶溶液,连翘果:水(质量体积比)= 1:10,50 ℃,pH 为 5,时间为 25 min,500 W 微波辅助提取	[29]

　　译者注:原著引用文献序号错误,译者已校正。中性蛋白酶 0.8 L 并不是 0.8 升,而是诺维信公司蛋白酶规格名称。

Dehghan-Shoar 等[40]在提取前使用胰酶消化番茄皮,从而使番茄红素释放出来,增加了番茄皮中番茄红素的提取率。这项研究表明,酶的使用不是作为一种提取手段,而是作为一种改进工艺。这一步骤使溶剂提取的番茄红素的比例提高了 2.5 倍以上。

　　Jiao 等[35]研究了利用酶法预处理-微波辅助蒸馏法提取连翘果精油的工艺。整个过程以微波为热源,研究了三种不同的酶:纤维素酶、半纤维素酶、β-葡萄糖苷酶,分别考察了酶的浓度、酶解温度、微波功率和酶解时间等工艺参数。结果发现,纤维素酶是最佳的预处理方法。当酶的浓度低于 0.5% 时,酶的浓度的增加可显著提高提取率。酶解温度的研究表明,酶的最适温度为 40 ℃。微波功率研究表明,最佳加热功率为 500 W,当超过此最佳功率时,因受温度均匀性和部分酶变性的影响,产量会下降。当酶解时间在 25 min 内时,提取率有明显提高;之后,随着酶解时间延长,提取率保持不变。通过比较常规的水蒸气蒸馏法、微波水蒸气蒸馏法和酶辅助微波提取法,他们发现微波提取法比水蒸气蒸馏法快得多。此外,在提取总时间与微波水蒸气蒸馏法相同的条件下,酶辅助法的提取速度更快,精油得率更高。

7.4　胶　束　提　取

7.4.1　原理与工艺

　　酶法提取并不是使用水溶性添加剂提高水中天然产物提取率的唯一方法。胶束辅助提取法利用了表面活性剂分子,该技术旨在利用表面活性剂的特性形成胶束,从而形成分散在水中的非极性相,这提高了更多疏水分子在水中的溶解度。[41] 表面活性剂是一种有机分子,它由两部分组成:分子的一端是非极性亲油基团,另一端是极性亲水基团。它们以不同的形状和电性存在,如非离子型、阳离子型、阴离子型和两性离子型等,这极大地影响了这些分子的自组装方式。在低浓度时,表面活性剂可与水互溶且均匀分布。当达到临界胶束浓度(Critical Micellar Concentration,CMC)以上时,表面活性剂分子会自组装,形成胶束簇。表面活性剂分子的性质及其在介质中的浓度会影响这些胶束的结构和几何形状。在水中,最简单的胶束是一个球体,周围是表面活性剂分子,它们的极性基团朝外,非极性基团朝内。胶束的其他结构包括层状结构、圆柱体、3D 网络、脂质体和极性末端朝向胶束内部的反胶束。[42-43] 所有这些结构在特定的 pH、温度等条件下都具有热力学稳定性。使用不同浓度的表面活性剂提取迷迭香酸和鼠毛草酸如图 7.5 所示,表面活性剂对迷迭香表面的宏观影响如图 7.6 所示。

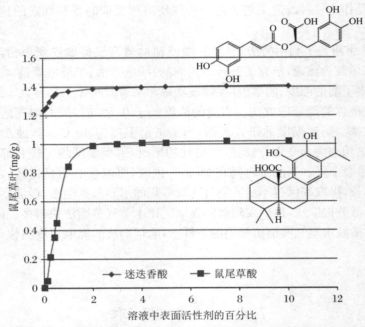

图 7.5　使用不同浓度的表面活性剂提取迷迭香酸和鼠尾草酸

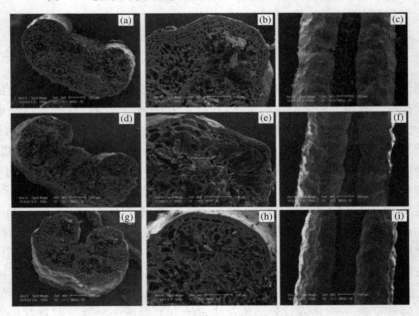

图 7.6　表面活性剂对迷迭香叶表面的影响

图(a)～图(c)为未经处理的迷迭香叶放大 150、500、150 倍的照片;图(d)～图(f)为迷迭香叶在水中浸渍 1 h 后放大 150、500、150 倍的照片;图(g)～图(i)为迷迭香叶在 40 ℃的 1%表面活性剂中浸渍 1 h 后放大 150、500、150 倍的照片。

　　当我们使用非离子表面活性剂时,胶束稳定性的变化更为明显。当湿度高于浊点(Cloud Point,CP)温度时,由表面活性剂分子形成的胶束不再稳定,它们会被破坏,从而形成两相:一相是接近临界胶束浓度的表面活性剂水溶液,另一相富含表面活性剂。[44]然而,离子型表面活性剂不可能做到这一点;相反,它们可通过在溶液中添加氯化钠进行盐析效应。[45]浊点不是一个固定值,它会随表面活性剂的性质、pH 和溶液中盐的存在而变化。[46]根据胶束的浊点特性,我们能够预浓缩样品,首先分离出重金属配合物,然后纯化生物大分子。[42,46]浊点提取(Cloud-Point Extraction,CPE)利用这一特性,可先在疏水分子浊点以下进行胶束提取。然后,在浊点以上将表面活性剂溶液从底物中分离出来。疏水分子会留在富含表面活性剂的相中,我们可以使用离心步骤以增强相分离。

7.4.2　应用

　　表 7.5 列出了不同提取方法采用的表面活性剂。Bi 等[47]首先比较了从丹参中提取隐丹参酮(Cryptotanshinone,CT)和丹参酮(Tanshinone,TA)的三种表面活性剂。他们使用表面活性剂辅助浸渍,然后进行浊点提取。本研究旨在比较十二烷基硫酸钠、吐温 20 和 Triton X-100 这三种表面活性剂提取隐丹参酮和丹参酮的效果。实验证明,最后一种表面活性剂效果最佳,随着表面活性剂 Triton X-100 浓度的增加,隐丹参酮和丹参酮的提取率也会增加,直至达到最大值,之后进一步增加表面活性剂的浓度并不会影响隐丹参酮和丹参酮的提取率。选择 1∶70 的固液比主要是出于经济原因,因为提取使用的溶剂越多,提取率越高。然后他们研究了浊点平衡,对 pH、氯化钠浓度、温度、时间等参数的平衡进行了优化。天然提取物 pH 的一系列变化可降低浊点提取效率。当氯化钠浓度达到 15% 时,可通过盐溶/盐析现象,降低化合物在水中的溶解度,可使隐丹参酮和丹参酮从含表面活性剂的相中实现最大程度的分离。因为这类化合物对温度很敏感,因此温度高于 65 ℃时提取率会降低,并在 10 min 内达到浊点平衡。最后他们对浊点提取的水相进行进一步分析,若没有检测到隐丹参酮和丹参酮的残留,则说明实现了相关化合物在表面活性剂相中的富集。

　　Gortzi 等[48]采用 CPE 技术研究了表面活性剂 Genapol X-080 对橄榄厂废水中多酚和生育酚的单体和混合物的回收能力。结果表明,各种多酚的提取效率不同,它们的回收率与表面活性剂的浓度成正比。他们还以同样的方法研究了生育酚的回收率,结果表明,当表面活性剂浓度达到 5% 后,生育酚的定量回收率随着表面活性剂浓度的增加并没有显著变化。通过两步 CPE,可以完全回收生育酚。他们提出,采用多步 CPE 处理橄榄厂废水,可研究表面活性剂浓度对 CPE 的影响。当表面活性剂用量为 2% 时,三步 CPE 可获得较高的回收率;而当表面活性剂浓度较低时,酚类化合物单步回收率可达 40% 以上。Genapol X-080 的浊点温度为 55 ℃，因此可避免酚类化合物降解，采用单步或多步 CPE 比传统的液液萃取法更有前景。

表 7.5　植物材料胶束提取的应用及实验条件实例

原料	分析物	实验条件	参考文献
丹参	隐丹参酮、丹参酮	浊点提取，0.8 mol/L Triton X-100 水溶液，料液比 (g/mL)＝1∶70，65 ℃，平衡时间为 10 min	[47]
橄榄厂废水	抗氧化剂	浊点提取，5% Genapol X-080 水溶液，5% NaCl，50 ℃，平衡时间为 20 min，pH 为 2.5～3.5	[48]
红肉橙汁	多酚、类胡萝卜素	浊点提取，吐温 80 水溶液，20% NaCl，55 ℃，平衡时间为 30 min，pH 为 2.5～3.5	[49]
诺丽果根	蒽醌类化合物	高压热水辅助胶束提取，1% Triton X-100，0.5 g/50 mL（料液比），30 ℃，时间为 2 h，35.8 kHz，270 W	[50]
甘草根	甘草酸、甘草苷	微波辅助胶束提取，2 g 甘草根，250 mL 5% Triton X-100 水溶液，聚焦微波提取，时间为 3～5 min，温度为 100 ℃	[51]

译者注：原著引用文献序号错误，译者已校正。

　　Katsoyannos 等[49]通过多步浊点提取橄榄油加工废水和红肉橙汁，研究了几种表面活性剂对酚类化合物和类胡萝卜素回收率的影响。Span 20 和聚乙二醇 400（PEG400）的提取效果均较差，酚类化合物的提取率低于 20%，类胡萝卜素的提取率约为 10%。吐温表面活性剂具有很高的回收率，其中吐温 20 和吐温 80 可分别回收 92% 和 96% 的酚类物质。两种吐温表面活性剂的主要区别在于类胡萝卜素回收率，吐温 80 和吐温 20 的类胡萝卜素回收率分别为 64% 和 40%。他们使用吐温 80 对两步浊点提取法进行表面活性剂浓度优化时发现，采用 7% 的表面活性剂两步浊点提取工艺可回收 79.8% 的类胡萝卜素。然而，上述研究并未对 CPE 参数进行优化，这可能意味着优化工艺参数可以进一步提高类胡萝卜素的回收率。Kiathevest 等[50]研究了利用胶束提取法和浊点提取法提取巴戟天根中蒽醌类化合物的工艺参数，并在室温和常压下对工艺参数进行优化。他们使用 Genapol X-080 和 Triton X-100 作为表面活性剂，研究了表面活性剂浓度对蒽醌回收率的影响。他们预估，使用 Genapol X-080 可以获得较好的提取率。然而，与使用 Triton X-100 相比，蒽醌类化合物的提取率仅略有提高，这主要是因为这类表面活性剂黏度较低、传质效果更好。他们通过超声波辅助提取进一步提高了蒽醌的提取率。值得注意的是，在 Triton X-100 的浓度从 1% 增加至 16%，或 Genapol X-080 的浓度从 4% 增加至 16% 的过程中，蒽醌的回收率达到最高水平，但回收率增幅不显著；当两者浓度达到 20% 时，提取率变低。这是由超声空化引起的胶束形成增加、溶液黏度增加和从固体到液体的传质减少所致的。

Sun 等[51]结合微波和 CPE 表面活性剂从甘草根中提取甘草酸和甘草苷,其目标是实现无溶剂提取和富集。他们利用微波辐射加热,在不同的提取温度下研究了表面活性剂的不同浓度对提取效率的影响。当表面活性剂含量为 5% 时,甘草苷和甘草酸的产率最高。当 Triton X-100 的浓度超过 5% 时,产率没有显著增加。其研究表明,温度越高,提取率越高:在 100 ℃下提取 5 min 后,提取率可达到最高值。随后,他们利用浊点工艺对提取物进行浓缩,通过在溶液中加入氯化钠,使浊点达到 50 ℃。结果表明,较高浓度的 NaCl 降低了表面活性剂相的体积,达到最大富集倍数 13.5。同时,盐浓度越高,甘草酸和甘草苷的提取率也越高(>98%)。他们还用高效液相色谱(High Performance Liquid Chromatography,HPLC)对浓缩的表面活性剂相进行了分析,其中,表面活性剂不会干扰色谱分析,因此该方法能够有效提取甘草根进行分析。

7.5　水溶助剂法

7.5.1　原理与工艺

胶束提取类似于双液相提取方法,而水溶助剂法只涉及一个连续液相。这种方法使用了一种叫作水溶助剂的有机分子,该分子是一种具有亲脂性和亲水性的小有机分子,结构类似于表面活性剂。1916 年,Neuberg[52]首次将它们描述为能够增加低溶解度有机化合物在水中溶解度的有机盐。但是,与表面活性剂不同的是,它们不能形成胶束。水溶助剂可以是阴离子型、阳离子型、两性离子型和非离子型的分子。虽然水溶助剂不能形成胶束,但它们可以在它们的亲和区域内聚集。[53]此外,它们有一个浓度阈值,在此浓度阈值下疏水化合物的溶解度显著增加,该阈值被称为最小助溶浓度(Minimum Hydrotropic Concentration,MHC)。也正是在这一浓度时,水的表面张力会突然发生变化。与典型的 CMC 值(1～10 mM)不同,MHC 通常为 1 M 量级,这就需要每升水中的水溶助剂的质量达到数十或数百克。MHC 对水溶助剂具有特异性,对被增溶的有机化合物不敏感。

水溶助剂辅助增溶是通过水溶助剂聚集在疏水分子周围实现的,其疏水端朝向有机分子,而其亲水端朝向溶剂。水溶助剂法主要依赖于在溶液中加入足够多的水溶助剂。不同的水溶助剂可以通过它们的分子式来识别,如水杨酸钠、异丙苯磺酸盐、维生素 C、苯甲酸钠和二甲苯磺酸钠等,并通过最小水溶浓度进行区分。水溶助剂法有很多种,第一种是将制备的植物提取物加入配方中,在最后的步骤中添加可被视为水溶助剂的配方剂。但是,在化妆品行业中,许多水溶助剂被直接用于最终配方中。因此，我们可以改变水溶助剂的添加顺序，将其直接用于植物提取中。从理论上看，提取过程中使用的水溶助剂的量是最终配方中所需的量，而不需要额外的水溶助剂。第二种是制备特定浓度的水溶助剂用于提取植物，提取液过滤后，pH 和温度就会发生变化，目标化合物就会结晶析出，从而获得纯净化合物。第三种是使用水、水溶助剂和目标有机分子之间的三元模型。有机分子先用水溶助剂溶液提取，然后加水直到溶质发生脱相或结晶，最后采用盐析或离心的方法实现化合物的回收。[60]同理，在合适的条件下，我们可以选择性地提取和分离特定化合物。

7.5.2 应用

表 7.6 列出了几种水溶助剂的用途及实验条件。Dandekar 等[61]使用两种不同的水溶助剂从酸橙籽中提取柠檬苦素。他们用异丙苯磺酸钠（Sodium Cumene Sulfonate，Na-CuS）和水杨酸钠（Sodium Salicylate，Na-Sal）作为水溶助长剂，研究了温度、水溶助剂的浓度和原料添加量等变量的影响。实验表明，在温度为 45 ℃、原料添加量为 10% 和两种水溶助剂的浓度为 10% 时提取率最高。用 Na-CuS 溶液提取柠檬苦素的效果稍好。他们在实验中通过三种不同的方法回收柠檬苦素：在MHC 下提取稀释、酸性水中 MHC 稀释法、二氯甲烷分割法。MHC 稀释非常简单但很慢；在酸性水溶液中，回收速度很快，但 Na-Sal 被转化为水杨酸并不能发挥作用；二氯甲烷分割法对水杨酸盐有效，但是对 Na-CuS 没有效果。Desai 和 Parikh[62]采用 Na-Sal 和 Na-CuS 作为水溶助剂从柠檬草中提取柠檬醛。在这项研究中，他们发现 Na-Sal 对柠檬醛的增溶效果比 Na-CuS 更好，这表明水溶助剂和目标化合物之间需要有良好的亲和性。他们采用田口设计法，研究不同水溶助剂的浓度、柠檬草用量、温度和粒径来优化柠檬醛得率。提取结束后，他们采用 MHC 稀释法回收柠檬醛。他们还研究了柠檬醛提取后的水溶助剂回收工艺，通过在MHC 下稀释，溶液蒸发再浓缩，直到达到所需的水溶助剂浓度。他们通过提取、回收、过滤和再浓缩的方法，成功地保留了 95% 的初始水溶助剂。实验表明，重复使用水溶助剂不会对柠檬醛的提取率产生影响。

Mishra 和 Gaikar[63]研究了用 Na-Sal、Na-CuS 和对甲苯磺酸（Na-pTS）从毛喉鞘蕊花根中提取毛喉素。他们首先考察了不同浓度和温度下水溶助剂中毛喉素纯品的溶解度。任何温度条件下，毛喉素在纯水中均很难溶解，但是在水溶助剂存在的情况下，升高温度或增加水溶助剂的浓度可以促进毛喉素的溶解。在温度为90 ℃时，毛喉素在纯水中的溶解度为 50 mg/L；而在 2 mol/L Na-CuS 溶液中，同一温度下，毛喉素的溶解度可达到 3 g/L，水溶助剂表现出很强的增溶效果。考虑到搅拌操作可能会降低生产效率，他们对粉碎根添加量和颗粒大小进行了对比。结果表明，颗粒越大，毛喉素收率越低，但纯度越高；颗粒小，毛喉素收率越高，但纯度越低。他们研究了当使用不同的水溶助剂法和甲醇提取法时毛喉素的提取率和回收纯度,结果发现,虽然 Na-pTS 和 Na-Sal 溶液的产率较低,但其纯度接近60%;甲醇的提取率最高,为 75%,但纯度最低,仅为 8%。但当使用 Na-CuS 溶液时,毛喉素的收率可以达到 70%,且纯度高达 85%。Raman 和 Gaikar[64]研究了黑胡椒中胡椒素的提取,并对水溶助剂的选择、水溶助剂的浓度、提取温度和粒径等参数进行了优化。他们比较了水溶助剂法和石油醚索氏提取法,发现通过水溶助剂法可以获得更高纯度的胡椒素提取物。他们还研究了细胞的降解过程以及水溶助剂溶液渗透细胞膜的方式。显微镜观察表明,胡椒素主要存在于果皮细胞中,不同的水溶助剂对各细胞结构有不同的影响,这不仅会影响胡椒素的提取效率和选择性,还会影响提取其他分子。他们使用了水溶助剂从齿叶乳香树树脂中提取乳香酸,并将粉碎后的树脂与不同的水溶助剂混合。溶解性研究表明,Na-pTS 的选择性不如 Na-CS 和正丁基苯磺酸钠,通过模拟分子间的相互作用,也证实了这一点。水溶助剂分子在乳香酸分子周围聚集取决于分子的几何形状和亲合性。提取动力学研究表明,提取过程为二级动力学过程,树脂内部结构对水溶助剂的渗透阻力会导致提取的第一步较为缓慢,第二步较为快速。当提取达到平衡后,预示着提取过程结束。

表 7.6　植物材料亲水提取的应用及实验条件实例

原料	分析物	实验条件	参考文献
柑橘籽	柠檬苦素	在水中加入 10%(质量分数)柑橘籽,2 mol/L Na-Sal 或 Na-CuS,60 ℃,6 h	[61]
香茅	柠檬醛	在水中加入 5%(质量分数)香茅,1.75 mol/L Na-Sal 或 Na-CuS,30 ℃,8 h	[62]
毛喉鞘蕊花根	毛喉素	在水中加入 5%(质量分数)毛喉鞘蕊花根,2 mol/L Na-CuS 或对甲苯磺酸钠,20~90 ℃,3 h	[63]
黑胡椒	胡椒碱	在水中加入 10%(质量体积比)黑胡椒,0.05~3.4 mol/L 正丁基苯磺酸钠,30 ℃,2 h	[64]
齿叶乳香树脂	乳香酸	10%(质量体积比)树脂粉末,0.05~2 mol/L 正丁基苯磺酸钠,25 ℃,2 h	[60]

译者注:原著引用文献序号错误,译者已校正。

章 末 小 结

表 7.7 比较了不同特性的水作为溶剂的优缺点,主要包括浸渍法、亚临界水提取、酶促法、胶束提取、水溶助剂法。水作为提取和纯化天然产物的潜在替代溶剂,在将理论知识转化为商业化技术方面更为高效。使用不同特性的水作为替代溶

剂,利用的物理和化学特性与传统提取技术有根本的不同。迄今为止,已开发的体系可清楚地表明,水在环境影响、选择性、操作时间、能量吸收和热敏化合物的保留方面具有巨大的优势。

表 7.7　提取工艺总结

名称	浸渍法	亚临界水提取	酶促法	胶束提取	水溶助剂提取
系统描述	基质与溶剂接触	水在高温高压下维持液态	在特定条件下加入生物酶改变基质性质	添加表面活性剂形成胶束	添加有机盐提高溶解度
投资	低	高	中等	中等偏下	中等偏下
操作便捷性	高	中等	低	中等	高
溶解性	仅亲水性	亲水性到中等亲脂性	亲水性到亲脂性	亲水性到中等亲脂性	亲水性到弱亲脂性
样品量（L）	>1000	50	>1000	>1000	>1000
提取时间	长	中等	长	中等	短
主要缺点	溶解性有限	不适宜于热敏分子,高压	酶价格高,需要精确控制条件	需要去除表面活性剂	需要大量水溶助剂
主要优点	易于控制,大规模生产	溶解性能可调	基质预处理	同时提取极性和非极性分子	水溶助剂可以作为后续配方的一部分

参 考 文 献

[1] Finney, J. L. (2004) Water? What's so special about it? Philos. Trans. R. Soc. Lond. B Biol. Sci. , 359(1448), 1145-1165. doi:10.1098/rstb.2004.1495.

[2] Silvestrelli, P .L. and Parrinello, M. (1999) Water molecule dipole in the gas and in the liquid phase. Phys. Rev. Lett. , 82, 3308-3311. doi: 10.1103/Phys-RevLett.82.3308.

[3] Marcus Lindström, U. (2007) Organic Reactions in Water: Principles, Strategies and Applications, Blackwell Publishing, Oxford, Ames, IA.

[4] Southall, N. T. , Dill, K. A. , and Haymet, A. D. J. (2002) A view of the hydrophobic effect. J. Phys. Chem. B, 106(3), 521-533. doi: 10.1021/jp015514e.

[5] Yang, D.-J. , Chang, Y.-Y. , Hsu, C.-L. , Liu, C.-W. , Wang, Y. , and Chen, Y.-C. (2010) Protective effect of a litchi (Litchi chinensis Sonn.)-flower-waterextract on cardiovascular health in a high-fat/cholesterol-dietary hamsters. Food Chem. , 119(4), 1457-1464. doi:10.1016/j.foodchem.2009.09.027.

[6]　Harbourne, N., Jacquier, J. C., and O'Riordan, D. (2009) Optimisation of the aqueous extraction conditions of phenols from meadowsweet (Filipendula ulmaria L.) for incorporation into beverages. Food Chem., 116(3), 722-727. doi: 10. 1016/j. foodchem. 2009. 03. 017.

[7]　Riehle, P., Vollmer, M., and Rohn, S. (2013) Phenolic compounds in Cistus incanus herbal infusions: Antioxidant capacity and thermal stability during the brewing process. Food Res. Int., 53(2), 891-899. doi: 10. 1016/j. foodres. 2012. 09. 020.

[8]　Nkhili, E., Tomao, V., El Hajji, H., El Boustani, E.-S., Chemat, F., and Dangles, O. (2009) Microwave-assisted water extraction of green tea polyphenols. Phytochem. Anal., 20(5), 408-415. doi: 10. 1002/pca. 1141.

[9]　Adjé, F., Lozano, Y. F., Lozano, P., Adima, A., Chemat, F., and Gaydou, E. M. (2010) Optimization of anthocyanin, flavonol and phenolic acid extractions from Delonix regia tree flowers using ultrasound-assisted water extraction. Ind. Crops Prod., 32(3), 439-444. doi: 10. 1016/j. indcrop. 2010. 06. 011.

[10]　Mustafa, A. and Turner, C. (2011) Pressurized liquid extraction as a green approach in food and herbal plants extraction: a review. Anal. Chim. Acta, 703(1), 8-18. doi: 10. 1016/j. aca. 2011. 07. 018.

[11]　Teo, C. C., Tan, S. N., Yong, J. W. H., Hew, C. S., and Ong, E. S. (2010) Pressurized hot water extraction (PHWE). J. Chromatogr. A, 1217(16), 2484-2494. doi: 10. 1016/j. chroma. 2009. 12. 050.

[12]　Miller, D. J. and Hawthorne, S. B. (2000) Solubility of liquid organic flavor and fragrance compounds in subcritical (hot/liquid) water from 298 K to 473 K. J. Chem. Eng. Data, 45(2), 315-318. doi: 10. 1021/je990278a.

[13]　Miller, D. J. and Hawthorne, S. B. (1998) Method for determining the solubilities of hydrophobic organics in subcritical water. Anal. Chem., 70(8), 1618-1621. doi: 10. 1021/Ac971161x.

[14]　Kronholm, J., Revilla-Ruiz, P., Porras, S. P., Hartonen, K., Carabias-Martínez, R., and Riekkola, M.-L. (2004) Comparison of gas chromatography-mass spectrometry and capillary electrophoresis in analysis of phenolic compounds extracted from solid matrices with pressurized hot water. J. Chromatogr. A, 1022(1-2), 9-16. doi: 10. 1016/j. chroma. 2003. 09. 052.

[15]　Deng, C., Li, N., and Zhang, X. (2004) Rapid determination of essential oil in Acorus tatarinowii Schott. by pressurized hot water extraction followed by solid-phase microextraction and gas chromatography-mass spectrometry. J. Chromatogr. A, 1059 (1-2), 149-155. doi: 10. 1016/j. chroma. 2004. 10. 005.

[16]　Ozel, M. Z., Gogus, F., and Lewis, A. C. (2003) Subcritical water extraction of essential oils from Thymbra spicata. Food Chem., 82(3), 381-386. doi: 10. 1016/ S0308-8146(02)00558-7.

[17]　Roger, M. S. (2002) Extractions with superheated water. J. Chromatogr. A, 975(1), 31-46. doi: 10. 1016/S0021-9673(02)01225-6.

[18] Dawidowicz, A. L., Rado, E., and Wianowska, D. (2009) Static and dynamic super-heated water extraction of essential oil components from Thymus vulgaris L. J. Sep. Sci., 32(17), 3034-3042. doi: 10.1002/jssc.200900214.

[19] Eikani, M. H., Golmohammad, F., and Rowshanzamir, S. (2007) Subcritical water extraction of essential oils from coriander seeds (Coriandrum sativum L.). J. Food Eng., 80(2), 735-740. doi: 10.1016/j.jfoodeng.2006.05.015.

[20] Miller, D. J., Hawthorne, S. B., Gizir, A. M., and Clifford, A. A. (1998) Solubility of polycyclic aromatic hydrocarbons in subcritical water from 298 K to 498 K. J. Chem. Eng. Data, 43(6), 1043-1047. doi: 10.1021/Je980094g.

[21] Kutlular, O. and Ozel, M. Z. (2009) Analysis of essential oils of origanum onites by superheated water extraction using GCxGC-TOF/MS. J. Essent. Oil Bear. Plants, 12 (4), 462-470.

[22] Barbero, G. F., Palma, M., and Barroso, C. G. (2006) Pressurized liquid extraction of capsaicinoids from peppers. J. Agric. Food. Chem., 54(9), 3231-3236. doi: 10. 1021/jf060021y.

[23] Kumar, M. S. Y., Dutta, R., Prasad, D., and Misra, K. (2011) Subcritical water extraction of antioxidant compounds from Seabuckthorn (Hippophae rhamnoides) leaves for the comparative evaluation of antioxidant activity. Food Chem., 127(3), 1309-1316. doi: 10.1016/j.foodchem.2011.01.088.

[24] Ghoreishi, S. M. and Shahrestani, R. G. (2009) Subcritical water extraction of manni-tol from olive leaves. J. Food Eng., 93(4), 474-481. doi: 10.1016/j.jfoodeng.2009. 02.015.

[25] David, M. D., Campbell, S., and Li, Q. X. (2000) Pressurized fluid extraction of nonpolar pesticides and polar herbicides using in situ derivatization. Anal. Chem., 72 (15), 3665-3670. doi: 10.1021/ac000164y.

[26] Fernández-Ponce, M. T., Casas, L., Mantell, C., Rodríguez, M., and Martínez de la Ossa, E. (2012) Extraction of antioxidant compounds from different varieties of Mangifera indica leaves using green technologies. J. Supercrit. Fluids, 72, 168-175. doi: 10.1016/j.supflu.2012.07.016.

[27] Lang, Q. and Wai, C. M. (2003) Pressurized water extraction (PWE) of terpene trilactones from Ginkgo biloba leaves. Green Chem., 5, 415. doi: 10.1039/b300496c.

[28] Ozel, M. Z., Gogus, F., and Lewis, A. C. (2006) Comparison of direct thermal desorption with water distillation and superheated water extraction for the analysis of volatile components of Rosa damascena Mill. using GCxGC-TOF/MS. Anal. Chim. Acta, 566(2), 172-177. doi: 10.1016/j.aca.2006.03.014.

[29] Zou, S. P., Wu, Y. L., Yang, M. D., Li, C., and Tong, J.M. (2010) Bio-oil pro-duction from sub- and supercritical water liquefaction of microalgae Dunaliella tertiolecta and related properties. Energy Environ. Sci., 3(8), 1073-1078. doi: 10.1039/C002550j.

[30] Chemat, F., Abert Vian, M. (2014) Alternative Solvents for Natural Products Extrac-tion, Springer, New York.

[31] Iyer，P. V. and Ananthanarayan，L. (2008) Enzyme stability and stabilization-Aqueous and nonaqueous environment. Process Biochem.，43(10)，1019-1032. doi: 10. 1016/j. procbio. 2008. 06. 004.

[32] Schmid，R. D. (1979) Advances in Biomedical Engineering, Springer，Berlin，Heidelberg，pp. 41-118，http://link. springer. com/chapter/10. 1007/3540092625_7 (accessed 19 August 2014).

[33] Wijesinghe，W. A. J. P. and Jeon，Y.-J. (2012) Enzyme-assistant extraction (EAE) of bioactive components: a useful approach for recovery of industrially important metabolites from seaweeds: a review. Fitoterapia，83(1)，6-12. doi: 10. 1016/j. fitote. 2011. 10. 016.

[34] Puri，M.，Sharma，D.，and Barrow，C. J. (2012) Enzyme-assisted extraction of bioactives from plants. Trends Biotechnol.，30(1)，37-44. doi: 10. 1016/j. tibtech. 2011. 06. 014.

[35] Jiao，J.，Fu，Y.-J.，Zu，Y.-G.，Luo，M.，Wang，W.，Zhang，L.，and Li，J. (2012) Enzyme-assisted microwave hydrodistillation essential oil from Fructus forsythia，chemical constituents，and its antimicrobial and antioxidant activities. Food Chem.，134 (1)，235-243. doi: 10. 1016/j. foodchem. 2012. 02. 114.

[36] Klibanov，A. M. (1983) in Advances in Applied Microbiology，Vol. 29 (ed. A. I. Laskin)，Academic Press，http://www. sciencedirect. com/science/article/pii/S00652 16408703526 (accessed 19 August 2014)，pp. 1-28.

[37] Zhang，Y.，Li，S.，Yin，C.，Jiang，D.，Yan，F.，and Xu，T. (2012) Response surface optimisation of aqueous enzymatic oil extraction from bayberry (Myrica rubra) kernels. Food Chem.，135(1)，304-308. doi: 10. 1016/j. foodchem. 2012. 04. 111.

[38] Rosenthal，A.，Pyle，D.，Niranjan，K.，Gilmour，S.，and Trinca，L. (2001) Combined effect of operational variables and enzyme activity on aqueous enzymatic extraction of oil and protein from soybean. Enzyme Microb. Technol.，28(6)，499-509. doi: 10. 1016/S0141-0229(00)00351-3.

[39] Nyam，K. L.，Tan，C. P.，Lai，O. M.，Long，K.，and Man，Y. B. C. (2009) Enzyme-assisted aqueous extraction of Kalahari melon seed oil: optimization using response surface methodology. J. Am. Oil Chem. Soc.，86(12)，1235-1240. doi: 10. 1007/ s11746-009-1462-8.

[40] Dehghan-Shoar，Z.，Hardacre，A. K.，Meerdink，G.，and Brennan，C. S. (2011) Lycopene extraction from extruded products containing tomato skin. Int. J. Food Sci. Technol.，46(2)，365-371. doi: 10. 1111/j. 1365-2621. 2010. 02491. x.

[41] Yazdi，A. S. (2011) Surfactant-based extraction methods. TrAC，Trends Anal. Chem.，30(6)，918-929. doi: 10. 1016/j. trac. 2011. 02. 010.

[42] Paradkar，R. P. and Williams，R. R. (1994) Micellar colorimetric determination of dithizone metal chelates. Anal. Chem.，66(17)，2752-2756. doi: 10. 1021/ac00089a024.

[43] Nandini，K. E. and Rastogi，N. K. (2009) Reverse micellar extraction for downstream processing of lipase: effect of various parameters on extraction. Process Biochem.，44

(10)，1172-1178. doi：10.1016/j. procbio. 2009.06.020.

[44] Paleologos, E. K., Giokas, D. L., and Karayannis, M. I. (2005) Micelle-mediated separation and cloud-point extraction. TrAC, Trends Anal. Chem., 24(5), 426-436. doi：10.1016/j. trac. 2005.01.013.

[45] Van de Pas, J. C., Buytenhek, C. J., and Brouwn, L. F. (1994) The effects of salts and surfactants on the physical stability of lamellar liquid-crystalline systems. Recl. Trav. Chim. Pays-Bas, 113(4), 231-236. doi：10.1002/recl. 19941130411.

[46] Xie, S., Paau, M. C., Li, C. F., Xiao, D., and Choi, M. M. F. (2010) Separation and preconcentration of persistent organic pollutants by cloud point extraction. J. Chromatogr. A, 1217(16), 2306-2317. doi：10.1016/j. chroma. 2009.11.075.

[47] Bi, W., Tian, M., and Row, K. H. (2011) Extraction and concentration of tanshinones in Salvia miltiorrhiza Bunge by task-specific non-ionic surfactant assistance. Food Chem., 126(4), 1985-1990. doi：10.1016/j. foodchem. 2010.12.059.

[48] Gortzi, O., Lalas, S., Chatzilazarou, A., atsoyannos, E., Papaconstandinou, S., and Dourtoglou, E. (2007) Recovery of natural antioxidants from olive mill wastewater using Genapol-X080. J. Am. Oil Chem. Soc., 85(2), 133-140. doi：10.1007/s11746-007-1180-z.

[49] Katsoyannos, E., Gortzi, O., Chatzilazarou, A., Athanasiadis, V., Tsaknis, J., and Lalas, S. (2012) Evaluation of the suitability of low hazard surfactants for the separation of phenols and carotenoids from red-flesh orange juice and olive mill wastewater using cloud point extraction. J. Sep. Sci., 35 (19), 2665-2670. doi：10. 1002/jssc. 201200356.

[50] Kiathevest, K., Goto, M., Sasaki, M., Pavasant, P., and Shotipruk, A. (2009) Extraction and concentration of anthraquinones from roots of Morinda citrifolia by non-union surfactant solution. Sep. Purif. Technol., 66(1), 111-117. doi：10.1016/j. seppur. 2008.11.017.

[51] Sun, C., Xie, Y., and Liu, H. (2007) Microwave-assisted micellar extraction and determination of glycyrrhizic acid and liquiritin in licorice root by HPLC. Chin. J. Chem. Eng., 15(4), 474-477.

[52] Neuberg, C. (1916) Hydrotropy. Biochemistry, 76, 107.

[53] Holmberg, K., Shah, D. O., and Schwuger, M. J. (2002) Handbook of Applied Surface and Colloid Chemistry, Vol. 1, Wiley-VCH Verlag GmbH, Chichester, New York.

[54] Yu, W., Zou, A., and Guo, R. (2000) Hydrotrope and hydrotropesolubilization action of Vitamin C. Colloids Surf. A Physicochem. Eng. Asp., 167(3), 293-303. doi：10.1016/S0927-7757(99)00506-3.

[55] Theneshkumar, S., Gnanaprakash, D., and Nagendra Gandhi, N. (2009) Enhancement of solubility and mass transfer coefficient of salicylic acid through hydrotropy. J. Zhe. Univ.- Sci. A, 10(5), 739-745. doi：10.1631/jzus. A0820516.

[56] Hodgdon, T. K. and Kaler, E. W. (2007) Hydrotropic solutions. Curr. Opin. Colloid

Interface Sci., 12(3), 121-128. doi: 10.1016/j.cocis.2007.06.004.

[57] Kumar, S., Prakash, D., and Nagendra Gandhi, N. (2009) Effect of hydrotropes on solubility and mass transfer coefficient of lauric acid. Korean J. Chem. Eng., 26(5), 1328-1333. doi: 10.1007/s11814-009-0219-2.

[58] Dharmendira Kumar, M. and Nagendra Gandhi, N. (2000) Effect of hydrotropes on solubility and mass transfer coefficient of methyl salicylate. J. Chem. Eng. Data, 45 (3), 419-423. doi: 10.1021/je9901740.

[59] Prakash, D. G., Kumar, S. T., and Gandhi, N. N. (2009) Effect of hydrotropes on solubility and mass transfer coefficient of p-nitrobenzoic acid. J. Appl. Sci., 9(16), 2975-2980. doi: 10.3923/jas.2009.2975.2980.

[60] Raman, G. and Gaikar, V. G. (2003) Hydrotropic solubilization of boswellic acids from Boswellia serrata Resin. Langmuir, 19(19), 8026-032. doi: 10.1021/la034611r.

[61] Dandekar, D. V., Jayaprakasha, G. K., and atil, B. S. (2008) Hydrotropic extraction of bioactive limonin from sour orange (Citrus aurantium L.) seeds. Food Chem., 109(3),515-520. doi: 10.1016/j.foodchem.2007.12.071.

[62] Desai, M. A. and Parikh, J. (2012) Hydrotropic extraction of citral from cymbopogon flexuosus(Steud.) Wats. Ind. Eng. Chem. Res., 51(9), 3750-3757. doi: 10.1021/ie202025b.

[63] Mishra, S. P. and Gaikar, V. G. (2009) Hydrotropic extraction process for recovery of forskolin from coleus forskohlii roots. Ind. Eng. Chem. Res., 48(17), 8083-8090. doi: 10.1021/ie801728d.

[64] Raman, G. and Gaikar, V. G. (2002) Extraction of piperine from piper nigrum (Black Pepper) by hydrotropic solubilization. Ind. Eng. Chem. Res., 41(12), 2966-2976. doi: 10.1021/ie0107845.

作者：Loïc Petigny, Mustafa Zafer Özel, Sandrine Périno, Joël Wajsman, Farid Chemat

译者：贺增洋，胡永华

第 8 章　农副产品工业综合开发

地中海地区的农业以规模化的橄榄、葡萄和柑橘种植为主,该地区是世界上第一个生产橄榄油和葡萄酒的区域,也是柑橘汁的主要生产国之一。[1]这些产品除了对该地区的经济有重要支撑外,也是联合国教科文组织考虑将地中海饮食作为人类共同遗产的主要原因。[2-3]然而,由于这些农产品生产量大,且季节特征明显,如果不加以适当处理,那么农作物的废弃物及由此衍生的工业副产品将对环境造成严重破坏。对于地中海农业食品工业产生的各种类型的废弃物,人们已经开发了多种可以安全使用的处理办法。多年来,采用这些办法的唯一目标是减少废弃物的污染。如今,对这些农作物和农副产品废弃物的特性开展的研究表明,它们可以作为制药、化妆品和食品工业的重要原料。工业过剩的农作物及提取有效成分后的残渣,最终都可以整合用作生产能源的材料。[4]当地开发这些农产品废弃物可以实现农作物的综合利用,并减少对环境的污染。本章讨论了橄榄油、葡萄酒、柑橘汁及相关农作物废弃物的安全处理技术,包括现有技术、潜在技术及正在开发的技术。

8.1　农业食品废弃物的安全处理与开发措施

迄今为止,人们已经开发了许多用于安全处理农业食品工业废弃物的方法。一些简单的物理处理工艺,如干燥、沉淀、过滤、离心或稀释已应用于处理废弃物(包括液体废弃物或含水量高的废弃物)。但是,没有任何一种单纯的方法能够将化学需氧量(Chemical Oxygen Demand,COD)和毒性降低到可接受的范围。通常,这些物理方法/工艺要与凝聚、絮凝或吸附步骤相结合,才能更有效地去除有机物,而有机物则是高化学需氧量和高废弃物毒性的主要原因。此外,化学氧化是降低废水毒性的常用方法。其次,诸如焚烧、热解或气化之类的热处理,能够有效减少固体废物的排放量和毒性,同时回收的能量可以当作热源。最后,生物处理既可以减少废弃物造成的污染,又可以将微生物降解产物再利用,这种类型的处理方式通常称为生物修复。

由于农产品领域处理废弃物有着相似的物理或化学方法,因此,在本章讨论的内容中,将着重强调各个领域中使用方法的具体差异。

8.1.1　物理工艺

安全处理农产品废弃物的主要物理方法是沉淀、过滤和离心。

沉淀是通过重力将较高密度的固体颗粒从液相悬浮液中分离出来,沉淀的速度取决于固体颗粒的浓度、重量、大小及液相的黏度。为了加快沉降速度或沉降低密度颗粒,可以采用添加盐类物质或施加电场等方法。通过此种方法形成的团聚物称为絮状物,它们的特性在很大程度上取决于废弃物的类型,因此,我们应该对各种条件下的状况进行详细记录。[5-7]

过滤是在推动力的作用下,混合物通过多孔介质,固体颗粒被截留,从而将固体颗粒从液体或气体中分离出来的单元操作。其主要是通过多孔表面(过滤介质)或填充床(主要是玻璃棉、岩棉或沙粒)进行过滤。过滤器的作用是从液体中除去不想要的颗粒物,或者从液固系统中回收固体产品。[8]

离心是采用加速的方式,从液体中分离出固体物质或分离不相溶且密度不同的液体的方法。通过对非均质系统加速旋转,增加了溶液中小颗粒的重力,从而达到物质分离的目的。[9]

8.1.2　物理化学工艺

安全处理废弃物的最常见的物理化学方法是凝聚-絮凝法和吸附。

凝聚-絮凝法主要用于去除胶体成分,胶体成分会导致废水的颜色发生变化,使废水浑浊。因此,该方法的目的是尽可能去除悬浮的固体颗粒。[10]在处理胶体时,因为每个粒子具有大量相同的电荷而相互排斥,所以这些离子就难以形成大的团块,因此这些颗粒物就不会形成沉淀。但是,添加化学物质或施加能量场会使胶体不稳定而发生凝聚,从而形成可沉淀的絮凝物。[11]术语“凝聚”和“絮凝”表示团聚体的形成,因为两种现象一般同时发生,所以可以互换使用。然而,这两个操作之间存在概念上的差异:凝聚是指胶体悬浮液的去稳定化,而絮凝是指凝结颗粒的运动和碰撞,进而形成团聚体的过程。[13]

吸附是一种流体(气体或液体)的分子被保留在固体表面的现象。从分子间吸引力的类型来看,吸附既可以是物理吸附,也可以是化学吸附。物理吸附具有低选择性且不可逆,而化学吸附是可逆的且具有高选择性。目前,吸附工艺广泛用于食品行业,以保障产品的质量和/或外观;吸附也是治理环境污染的重要方法,如净化饮用水、处理废水或从烟囱中去除气态污染物。[14-15]大多数吸附剂是具有较大表面积的多孔固体,因此具有很强的吸附能力。常见的吸附剂是活化材料,如二氧化硅、黏土或木炭,而农产品工业中的一些废弃物已用作液体中染料的吸附剂。[16-17]

8.1.3　高级氧化技术

高级氧化技术（Advanced Oxidation Processes，AOP）通过产生大量羟基自由基来氧化废水中存在的大多数复杂的化学物质。因为羟基自由基是强氧化剂，具有较强的氧化作用，所以羟基自由基与大多数有机化合物和许多无机化合物之间的反应速度非常快。[18] 很多研究也已表明，AOP 可以将有害物质（如杀虫剂、染料、表面活性剂或有机氯）转化为相对无害的产物（如二氧化碳和水）。[19] 产生羟基自由基的常规方法包括氧化剂，如过氧化氢（H_2O_2）和臭氧（O_3）、紫外（UV）辐射和超声波。在单体氧化剂中，O_3 对于污染物氧化最为有效，而单独使用 H_2O_2 不能有效地氧化高浓度的有机污染物；与此同时，也有报道称仅紫外线光解就可以保证大多数有机分子缓慢地分解。[20] 目前，人们已经开发出组合方法产生羟基自由基来提高氧化和矿化速率。在大多数情况下，紫外辐射、氧化剂（H_2O_2 或 O_3）和催化剂（Fe^{2+} 或 TiO_2）组合，可进一步增加羟基自由基的生成。[21] 这些组合方法生成自由基的基本反应如下：

（1）臭氧和过氧化氢：$O_3 + H_2O_2 \longrightarrow OH\cdot + O_2 + HO_2\cdot$。

（2）铁盐和过氧化氢：$Fe^{2+} + H_2O_2 \longrightarrow Fe^{3+} + OH\cdot + OH^-$。

（3）紫外线和过氧化氢：$H_2O_2 [+UV] \longrightarrow 2OH\cdot$。

AOP 主要在工业废水修复的预处理阶段使用，因为其化学稳定性高，生物降解性低，可去除传统技术无法处理的有机污染物，所以是一种高效的水处理技术。近年来，很多专家已经开发了组合的氧化工艺和生物方法来处理多种工业废水。[22]

8.1.4　热处理

废弃物的热处理旨在减小废弃物的体积和重量，通过加热使其有害成分惰性化，以减少污染物向空气和/或水中的排放，是一种对环境和经济都友好的废弃物减量方式。该过程利用产生的可燃气体进行能量回收，可用于发电或供热。废弃物的热处理可以分为两类：① 在有氧状态下焚烧废弃物；② 在贫氧或缺氧状态下加热废弃物，因此废弃物不会直接燃烧，而是发生热解或气化。[23] 当前，欧洲对于废弃物的处理，主要采取的是焚烧的方式，这种方法会产生新的废弃物和烟尘副产物，随后这些副产物必须填埋到如垃圾填埋场或矿山等受控场所。热处理后的黑色金属和有色金属可以回收再利用。此外，废弃物中的养分和有机质经过热处理后被破坏，无法再回收利用[24]，而炉灰或炉渣则可用于建筑。特殊类型的热处理取决于天气条件（尤其是太阳）。

焚烧要在可控的条件下进行，以将废弃物转变为体积更小且更为可控的物质。

废弃物的能量可回收作为某些工业燃料,而这种方法的主要局限性在于并非所有的垃圾都能被焚化,并且垃圾的某些燃烧产物可能会影响产品的质量。[24]与其他处理方式相比,由于燃烧室和相应的空气污染控制系统的成本很高,所以以燃烧成本居高不下。[25]从化学计量或理论上看,燃烧是指燃料在理想条件下完全燃烧,其反应如下所示:

$$C_aH_b + \left(a + \frac{1}{4}b\right)O_2 \longrightarrow aCO_2 + \frac{1}{2}bH_2O$$

热解是在没有外界空气或氧气的条件下,对有机材料进行加热而使其发生分解[24],是废弃物减量及从农业废物中获取能源的另一种方法[26],其显著优势在于污染物零排放。在大约 450 ℃的温度下进行热解时,废料中的碳氢化合物会发生反应并产生可燃气体,这些气体主要由一氧化碳和氢气组成,热值为 22~30 MJ/m³,可根据所处理废料的特点,用于发电或为锅炉提供热量。热解的固体废料称为焦炭,由热解过程中未转化为气体碳的残渣构成。为了提升热解效率,用白云石作为催化剂可以大幅提高可燃气体的产率,从而显著增加氢气的产量。[26]热解反应如下所示[27]:

$$C_aH_bO_c + 加热 \longrightarrow H_2O + CO_2 + H_2 + CO + CH_4 + C_2H_6 + CH_2O + 焦油 + 焦炭$$

生物质的气化是通过气化剂(其他气态化合物)将固体或液态碳基废弃物热化学处理转化为可燃气体(合成燃气)的。[28]一般在高于 800 ℃的温度下,气化剂(如氧气、二氧化碳、氢气或水蒸气)在高压下通过不同的非均相反应将废弃物转化为气体。生物质气化的主要化学反应包括以下几个步骤[29]:

(1) $C + \frac{1}{2}O_2 \longrightarrow CO$。

(2) $C + O_2 \longrightarrow CO_2$。

(3) $C + 2H_2O \longrightarrow CO_2 + 2H_2$。

(4) $C + H_2O \longrightarrow CO + H_2$。

(5) $C + CO_2 \longrightarrow 2CO$。

(6) $C + 2H_2 \longrightarrow CH_4$。

含 H_2、CO、CO_2、CH_4 和轻烃的可燃气体可用于燃料电池,能进行高效(40%的发电效率和 85%的总热效率)发电。[30]

一般而言,气化是热解后的过程,其中的残余碳在热解的炽热焦炭余烬中被氧化。[31]根据所使用的气化剂的不同,合成气的热值也有所不同:空气气化为 4~7 MJ/Nm³,氧气气化为 10~12 MJ/Nm³,蒸汽气化为 15~20 MJ/Nm³。[28]

蒸发是通过蒸发作用去除水分以减少废液总量的,这种方式是地中海地区从废液中清除液体的最常见方法,即投资少、气候条件优越的自然蒸发(露天存放)。但是这种方法需要大面积的场地,且涉及臭气、渗透和害虫增殖等问题。[32]另一种方法是使用多级蒸发系统以减少过程时间,但这种方法需要较大的投资和较高的能源要求。蒸发后的浓缩物必须在废弃之前进行生物处理,如好氧消解或活性污泥法,也就是好氧处理或厌氧处理。[25]

8.1.5　生物处理

一般而言,生物处理是指微生物降解有机物。根据所用微生物的类型和降解条件,生物处理分为好氧降解和厌氧降解。生物处理不仅有助于减少工农业废料,还能改良土壤、减少化石燃料的消耗。

厌氧降解是指通过微生物的作用分解生物质的有机分子,这种作用的降解产物可以是气相、液相或固相,气相产物主要包括甲烷和二氧化碳(通常称为沼气),可回收利用作为燃料[33-34],液相或固相含有难以降解的成分,还有氮、磷和生物质中最初存在的其他元素,这种产物可用作肥料。[35]影响厌氧降解的主要因素是温度、pH、碳氮比及生物质中存在的有毒化合物或抑制剂的含量。[36]因此,我们必须根据待处理废弃物的具体情况,预先优化微生物的种类及实施条件。

好氧降解是指在有氧条件下有机物的降解,多年来人们通过这种方法堆肥生产生物肥料来改良土壤。影响好氧降解的主要因素是空气和水中的含氧量、pH、温度和碳氮比[37],由于这种处理方法需要消耗大量的空气和水(目前不建议用于有机负荷较高的废弃物处理),而厌氧降解不仅可以减少有机废弃物的污染,还可以产生沼气[36],所以在许多情况下已被厌氧降解取代。

8.2　橄榄树及橄榄油副产品开发

8.2.1　概述

橄榄是地中海地区的主要农作物之一,可收获面积为 90000 km^2,年产量约为 1.5×10^7 t(表 8.1)。[1]橄榄因其不饱和脂肪酸和多酚的含量高而受到特别关注,这也是橄榄油被认为是具有更高营养价值的食用油的原因。多年来,橄榄油一直是地中海饮食的一部分,地中海饮食以动脉粥样硬化、某些癌症以及心血管和神经退行性疾病的低发病率而闻名。地中海饮食的某些健康特性与橄榄油的消费密切相关[2],这就是过去 10 年来全世界橄榄油的消费增长了约 40%的原因,目前这一趋势仍在不断增长。[38]橄榄油具有极高的营养价值和健康特性,在全世界范围内都得到了认可,目前正在进行官方认证程序。[39]

表 8.1　地中海地区橄榄果和橄榄油的总产量

地中海地区的国家	橄榄果		橄榄油产量(t)
	产量(t)	收获面积(km²)	
西班牙	3626600	23000	992000
意大利	2992330	10560.05	570000
希腊	2100000	9000	351800
土耳其	1820000	8055	206300
叙利亚	1095043	7000	200000
突尼斯	963000	18000	192600
摩洛哥	1315794	9681.23	130000
阿尔及利亚	393840	3288.84	32000
利比亚	139091	2160.13	15000
以色列	63000	337	12300
黎巴嫩	90307	565.29	11300
埃及	465000	550	8800
法国	27969	170.55	3600
塞浦路斯	14865	108.52	2400
阿尔巴尼亚	125000	480	800
克罗地亚	50900	190	600
斯洛文尼亚	2000	10	600
黑山共和国	2888	23.5	187
马耳他	8	0.08	3
波黑	160	1.1	—
地中海地区的国家总产量	15287795	93181.29	2730290

注:FAO 未提供波黑的橄榄油产量数据。

　　根据理化特性和产油方法,橄榄油可分为八种类型[40]:① 特级初榨橄榄油(Extra Virgin Olive Oil,EVOO);② 中级初榨橄榄油(Virgin Olive Oil,VOO);③ 初级初榨橄榄油;④ 精炼橄榄油;⑤ 精制油和 VOO 混合橄榄油;⑥ 橄榄果渣粗油;⑦ 精炼橄榄果渣油;⑧ 橄榄果渣油(表 8.2 总结了每种类型橄榄油的组成成分)。

　　这八类橄榄油中 EVOO 和 VOO 的营养价值最高,这两种油不使用溶剂,不与其他油混合,仅采取机械压榨橄榄树的果实制成。[41]此类油含有 98% 的可皂化化合物(三酰基甘油、二酰基甘油、单酰基甘油和游离脂肪酸)和 2% 的非皂化或副组分(脂肪族、三萜醇、固醇、烃、挥发性化合物及抗氧化剂,如胡萝卜素、生育酚和多酚)。[42]EVOO 和 VOO 之间的主要区别在于前者的酸性较低,二者的对比见表 8.2。

表 8.2　橄榄油特性（据欧盟官方公报规定）[40]

分类	脂肪酸甲酯 (FAMEs) 和脂肪酸乙酯 (FAEEs)	酸度 (%) (*)	过氧化指数 (mEqO$_2$/kg) (*)	蜡质 (mg/kg)	2-甘油-单棕榈酸酯 (%)	差异:ECN42 (HPLC) 和 ECN42 (理论值)	甾醇二烯 (mg/kg)①	K232 (*)	K270(*) "K270 或 K268②"	Delta-K (*)②	感官评估 中位数缺陷 (Md) (*)	感官评估 果味中位数 (Mf) (*)
特级初榨橄榄油	ΣFAME + FAEE ≤ 75 mg/kg 或 ΣFAME + FAEE ≤ 150 mg/kg 和 (FAEE/FAME)≤ 1.5	≤0.8	≤20	≤250	如果全棕榈酸 >14%，则 ≤1; 如果全棕榈酸 ≤14%，则 ≤0.9	≤0.2	≤0.1	≤2.5	≤0.22	≤0.01	Md = 0	Mf>0
中级初榨橄榄油		≤2	≤20	≤250	如果全棕榈酸 >14%，则 ≤1; 如果全棕榈酸 ≤14%，则 ≤0.9	≤0.2	≤0.1	≤2.6	≤0.25	≤0.01	Md≤3.5	Mf>0
初级初榨橄榄油		>2		≤300②	如果全棕榈酸 >14%，则 ≤1; 如果全棕榈酸 ≤14%，则 ≤0.9	≤0.3	≤0.5				Md>3.5④	
精炼橄榄油		≤0.3	≤5	≤350	如果全棕榈酸 >14%，则 ≤1.1; 如果全棕榈酸 ≤14%，则 ≤0.9	≤0.3			≤1.1	≤0.16		

续表

分类	脂肪酸甲酯(FAMEs)和脂肪酸乙酯(FAEEs)	酸度(%)(*)	过氧化指数($mEqO_2/kg$)(*)	蜡质(mg/kg)	2-甘油-单棕榈酸酯(%)	柱头二烯(mg/kg)①	差异:ECN42(HPLC)和ECN42(理论值)	K232(*)	K270(*)"K270或K268②"	Delta-K(*)②	感官评估中位数缺陷(Md)(**)	感官评估果味中位数(Mf)(**)
精制油和VOO混合橄榄油		≤0.1	≤15	≤350	如果全棕榈酸>14%,则≤1		≤0.3		≤0.90	≤0.15		
橄榄果渣粗油				>350⑤	≤1.4		≤0.6					
精炼橄榄果渣油		≤0.3	≤15	>350	≤1.4		≤0.5		≤2.00	≤0.2		
橄榄果渣油		≤0.1	≤15	>350	≤1.2		≤0.5		≤1.70	≤0.18		

注:① 通过毛细管柱分离的总异构体。
② 如果溶剂为环己烷,则为 K 270;如果溶剂为异辛烷,则为 K 268。
③ 蜡含量为 300~350 mg/kg 的油,如果总脂肪酸含量≤350 mg/kg 或赤藓糖醇和丁香酚含量≤3.5%,则认为此油为初级初榨橄榄油。
④ 或中位数缺陷≤3.5,且果味中位数等于 0。
⑤ 橄榄果渣粗油是指总脂肪醇含量大于 350 mg/kg 且赤藓糖醇及熊果醇含量超过 3.5%,蜡质含量为 300~350 mg/kg 的橄榄油。

橄榄油的质量会受到诸多因素的影响。品种、环境条件和农艺措施会影响橄榄果的生理特性，而加工和储藏条件会改变橄榄油的成分组成。有研究表明：成熟指数（Ripening Index，RI）是影响橄榄油成分组成的关键因素。RI 取决于果实的颜色，具体可分为以下几类：0 = 较深或深绿色；1 = 黄色或淡黄绿色；2 = 淡黄色和带红色斑点；3 = 浅红色或浅紫色；4 = 黑色。VOO（RI = 0）和成熟橄榄果（RI = 4）的橄榄油之间的脂肪酸差异见表 8.3。

表 8.3　成熟指数对橄榄油脂肪酸成分的影响

脂肪酸	缩略式	VOO[①]（RI = 0）	橄榄油[②]（RI = 4）
肉豆蔻酸	C14：0	0.01	未检出
棕榈酸	C16：0	10.5	1.24
棕榈油酸	C16：1	0.76	0.04
珍珠酸	C17：0	0.1	0.03
十七烷烯酸	C17：1	0.14	3.13
硬脂酸	C18：0	3.53	65.12
反式油酸	C18：1n9t	0.00	未检出
油酸	C18：1n9c	77.49	16.55
反式亚油酸	C18：2n9,12tt	0.00	未检出
亚油酸	C18：2	6.05	0.45
亚麻酸	C18：3	0.61	0.49
花生酸	C20：0	0.39	0.01
顺式-9-二十碳烯酸	C20：1n9	0.25	0.11
二十二酸	C22：0	0.11	0.04
木质素酸	C24：0	0.06	3.98
油酸/亚油酸	18：1/18：2	12.81	4.27

注：① 由 Carbonell（SOS CuétaraS. A. Madrid）提供。[44]
　　② 橄榄油来自突尼斯。[45]

全世界 95% 以上的橄榄油产自地中海周边，而其中大约 70% 产自西班牙、意大利和希腊三个国家。[46]

从橄榄果中提取 VOO 的整个压榨工艺包括三个步骤：① 压碎果实制备均匀的糊状物；② 融合浆液提高游离油分的比例，利于油滴聚集，以便于油相与水相的分离；③ 通过压榨（不连续过程）或离心（连续过程）分离橄榄油，如图 8.1 所示。

压榨法是生产橄榄油的最古老的方法，即先将压碎后的橄榄糊均匀地平铺在纤维盘上，然后层层堆叠放入压榨机中。通过对圆盘加压以压实橄榄糊的固相，从而压榨出液相（油和水）。添加少量水可以促进油相的分离，然后采用沉淀法分离 VOO。这个过程会产生两种废弃物：① 包含橄榄果肉、橄榄皮、砂石、少量水和油的固体废

物,即橄榄渣;② 橄榄油榨取后的废水,即橄榄压榨废水(Olive Mill Wastewater,
OMWW)[47]。这种工艺成本低廉,操作简单,需水量少(40~60 L 水/100 kg 橄榄)。[48]但是,这种工艺批量操作需要耗费大量人力。目前,连续式离心工艺已经取代传统的压榨工艺,首先是三相分离工艺,最近又开发了两相分离工艺。两种工艺都包含一个分离器,可根据橄榄油、水和不溶物的不同密度,离心分离各相物质。

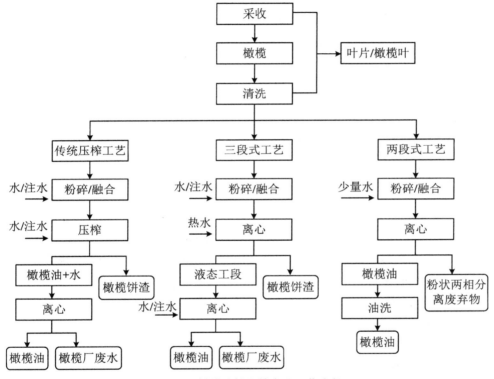

图 8.1　橄榄油提取的主要工艺流程

三相卧螺离心工艺会产生三个馏分:固体残留物(橄榄渣)、橄榄油、OMWW。这种工艺需要添加温水稀释橄榄浆液,使橄榄油中的天然抗氧化剂降低,并产生大量的OMWW(80~120 L/100 kg 橄榄油),全球每年产生的 OMWW 超过 3×10^7 m³。[49]与传统的压榨提取工艺相比,三相离心压榨工艺具有一些优势:它可以在较小的面积条件下实现完全自动化。而它的主要缺点是高水耗、高能耗、产生的 OMWW 量更高、设备成本更高。[32]据估计,全球 OMWW 的年产量超过 3×10^6 m³[50],有机负荷非常高,其 COD 值高达 220 g/L,相应的生化需氧量(Biochemical Oxygen Demand,BOD)高达 100 g/L[51],因此会造成严重的环境污染。OMWW 中含有糖、多元醇、果胶、脂质和大量芳香族化合物(如单宁和酚),这些物质具有抗菌活性和植物毒性。[38,52-53]为了减少伴随橄榄油提取产生的 OMWW 和多酚洗涤过程中的水消耗,1990 年开发出两相卧螺离心系统,使橄榄油提取过程中的废弃物减少 75%。[47]

　　两相分离工艺无需大量用水，可将橄榄糊分离为橄榄油和半固体副产品[称为两相橄榄加工废弃物（Two-Phase Olive Mill Waste，TPOMW）或橄榄渣]。这种废弃物是橄榄饼和 OMWW 的混合物，可以通过溶解提取或二次离心进行再加工，进一步提取残留的油脂。TPOMW 含有很高的水分（56.6%～74.5%）及有机组分（干物质），有机组分包括木质素（45.8%）、半纤维素（37.7%）、纤维素（20.8%）、水溶性碳水化合物（10.1%）、脂肪（13.0%）、蛋白质（7.7%）和酚类物质（1.5%）。[49]表 8.4 列出了不同类型的橄榄油废弃物的各种化学特性。

表 8.4　不同类型的橄榄油废弃物的化学特性

参数	橄榄油副产物		
	橄榄厂废水	固体残留物	粉状两相分离废弃物
纸浆（%）		12～35	10～15
橄榄核（%）		15～45	12～18
干物质（%）	6.33～7.19	87.1～94.4	
灰分（%）	1	1.7～4	1.42～4
pH	2.24～5.9		4.9～6.8
电导率（dS/m）	5.5～10		1.78～5.24
总碳（%）	2～3.3	29.03～42.9	25.37
有机质（%）	57.2～62.1	85	60.3～98.5
总有机碳（g/L）	20.19～39.8		
悬浮固体总量（g/L）	25～30		
矿物悬浮物（g/L）	1.5～1.9		
挥发性悬浮物（g/L）	13.5～22.9		
挥发性固体物（g/L）	41.9		
矿质固体物（g/L）	6.7		
挥发酸（g/L）	0.64		
无机碳（g/L）	0.2		
总氮（%）	0.63	0.2～0.3	0.25～1.85
磷（%）	0.19	0.03～0.06	0.03～0.14
钾（%）	0.44～5.24	0.1～0.2	0.63～29
钠（%）	0.15		0.02～0.1
钙（%）	0.42～1.15		0.23～1.2
镁（%）	0.11～0.18		0.05～0.17
铁（%）	0.26±0.03		0.0526～0.26
铜（%）	0.0021		0.0013～0.0138

参数	橄榄油副产物		
	橄榄厂废水	固体残留物	粉状两相分离废弃物
锰(%)	0.0015		0.0013~0.0067
锌(%)	0.0057		0.0010~0.0027
脂类(%)	0.03~4.25	3.5~8.72	3.76~18
总酚(%)	0.63~5.45	0.2~1.146	0.4~2.43
总糖(%)	1.5~12.22	0.99~1.38	0.83~19.3
蛋白质总量(%)		3.43~7.26	2.87~7.2
化学需氧量(g/L)	30~320		
生物需氧量(g/L)	35~132		
纤维素(%)		17.37~24.14	14.54
半纤维素(%)		7.92~11	6.63
木质素(%)		0.21~14.18	8.54

在地中海地区,橄榄油行业在短时间内产生的大量废弃物会造成严重的环境污染,因此必须采取适当的措施以免引起环境危机。废弃物会导致土壤和水体污染,因此妥善处理这些废弃物显得至关重要。迄今为止,我们已经开发出了几种安全处理措施,实现了废弃物部分或全部利用。

橄榄油在生产时会产生橄榄叶废弃物,此外在春夏期间修剪橄榄树也会产生橄榄叶废弃物。

8.2.2　橄榄加工废水的利用

每年在 VOO 3 个月的生产期间内会产生大量的橄榄加工废水,橄榄油生产国都会面临废水导致的环境问题。在生产季节,地中海地区会产生超过 3×10^7 m³ 的 OMWW[50],必须对其加以适当管理,以避免处理不当对环境造成负面影响。目前,橄榄废水主要用作化肥。

多年以来,地中海地区通常都是将橄榄加工废水直接喷洒到农田中,为土壤补给水和养分。[54]此外,土壤直接使用 OMWW,方法简单且成本较低,有利于可持续农业的发展。[55]然而,OMWW 的化学特性受橄榄果实的成熟度和灌溉水平的影响,会影响橄榄废水在农业中的推广。其中,影响 OMWW 组成的两个主要因素为废水中的溶质浓度和废水中有用物质的提取效率。[56]但是,橄榄废水直接在农业生产中大规模使用受到一些限制因素的影响,如油和油脂、高浓度的盐分、酸度和苯酚浓度,废水中的这些主体物质具有植物毒性和抗菌作用。这些限制因素会产生很多环境问题:① 对土壤物理、化学、生物多样性产生负面影响;② 对农作物产生毒性；③ 地下水污染。[57]

　　我们以放线菌和氨氧化细菌为模型，分析了橄榄废水对土壤细菌菌落结构的影响。我们每周用 2% 和 4% 的橄榄废水溶液灌溉两种类型的土壤，持续 49 天之后，放线菌和氨氧化细菌的菌落结构发生了变化，我们认为这是由橄榄废水引起的改变。应用橄榄废水对于环境的潜在影响在于较低的氧化条件以及利用无机氮和苯酚的强势竞争。[58]

8.2.3　橄榄渣的综合利用

　　据报道，橄榄渣的两个综合利用途径是生物修复和制砖。

　　橄榄油行业固体废物综合利用的主要途径是生物修复，即利用微生物去除污染物并减少有机废弃物的 COD。这种方式环境友好、可靠且具有成本效益。有机物料的降解会产生混合气体与不含酚类的肥料，这种肥料不会对微生物菌群造成危害。在有氧条件下进行降解时，产生的主要气体是二氧化碳而不是甲烷，后者是在厌氧条件下降解产生的，通常称为沼气。据报道，在 20 天内，橄榄渣在厌氧条件下，每升消解池每天产生的最大沼气量约为 0.70 L，每克 COD 可产生 0.08 L 沼气。沼气的甲烷含量约为 80%，其他的气体成分主要是二氧化碳。[59]

　　最近开发出的橄榄渣综合利用最有效的非生物方法是制砖。对这种应用的研究表明，除了有助于减少污染外，这些原料还减少了砖块制造所需的能量。对这种用途的研究表明，橄榄渣可以代替一部分黏土。我们采用了橄榄渣代替不同比例（3%、6%、12%，均为质量分数）的黏土，并比较了添加橄榄渣瓷砖与常规产品的性能。添加 12%（质量分数）橄榄渣的瓷砖展现出以下几个方面的优势：① 密度较低[60]（参考值分别为 1710 kg/m³ 和 1850 kg/m³），这是由于经过橄榄渣处理的瓷砖吸水率高于传统砖块。这样制造出的相同尺寸的瓷砖重量会更轻，从而减轻了装卸及运输成本；[61] ② 隔热性能更佳（烧结后的黏土导热系数降低了 18%）；③ 生产的瓷砖强度高（约为 14 N/mm²）；④ 降低烧结温度，传统的烧结温度为 920～880 ℃，将橄榄渣添加到制砖原料中后烧结温度降低，根据最终产品的不同，热能需求降低了 2.4%～7.3%。[60] 在所有研究中，实验处理的砖块在机械性能上与传统砖块相当，并且可以节省生产过程中的水和能源。这种应用既可以减轻两相橄榄油提取工艺对环境的负面影响，也可以降低制砖成本。[62]

8.2.4　橄榄废水的其他应用

　　橄榄废水中的多酚含量较高（据估计，油分离后仍有 53% 的橄榄酚保留在橄榄废水中）[63]，其中最丰富的酚类物质是羟基酪醇，约占总酚的 70%，其次是酪醇、古马酸、橄榄苦苷和咖啡酸。[64-65] 此外，还存在 Pb（6.7～10 μg/L）、Cd（0.03～

10 μg/L)、Fe(0.45~20 mg/L)、Zn(1.7~4.98 mg/L)、Cu(0.49~2.96 mg/L)、Mn(0.46~20 mg/L)、Mg(0.03~0.17 g/L)、Ca(0.03~0.29 g/L)、K(0.73~6.1 g/L)、Cl(0.76~1 g/L)、Na(0.03~0.13 g/L)。[47] 这种废料具有良好的特性，采用适当的方法(如超滤)，可以最大程度地去除不良的悬浮固体[47]，回收生物活性成分，处理后的产品可以在生产功能性饮料方面发挥巨大的作用。

近年来，我们对于膜技术过滤废水寄予了很多期望，主要包括水的净化、在不使用溶剂的条件下提取废水中的目标化合物。过滤膜已用于处理橄榄废水，膜的孔隙率从高至低，串联构成集成膜系统，以获得最佳效果，基于此种方式，可以得到三种主要馏分：① 大分子物质，可进行厌氧消化以生产沼气；② 生物活性物质如酚类化合物，可用于化妆品、食品和制药行业；③ 纯净水，可在橄榄油提取过程中重复使用。橄榄废水通常从凝结-絮凝阶段开始就可以进行超滤，以除去尽可能多的悬浮物。采用超滤-纳滤[66] 或超滤渗透蒸馏[67] 系统可分别回收橄榄废水中总酚的96% 或 78%。

此外，橄榄渣是天然抗氧化剂的重要来源。据估计，橄榄油分离后，45% 的橄榄果总酚仍残留在橄榄渣中。[63] 我们可以通过提取剂提取半固体残留物(通常是水，如果提取物用于食用，那么最好是乙醇-水混合物)；如果仅以分析信息为提取目标，那么使用甲醇或水混合物。我们还可以通过辅助能量(如超声[68]、微波[69] 或高温高压[70])加速提取过程，由此获得的提取物可用于浓缩精制食用油，这种方式可提高其稳定性和健康性。[69] 目前，研究者们正在研究将这些提取物用于固体强化食品中。[71]

8.2.5　橄榄叶开发

以前，橄榄叶主要用于堆肥，但是近年来，对这种材料的研究表明，它们的酚类化合物含量很高，比橄榄树的其他部位更高。以橄榄苦苷为例，其叶片的含量是橄榄油的 100 倍，是橄榄渣的 10 倍。橄榄酚具有很高的抗氧化能力和清除自由基的能力，因此橄榄叶提取物是抗氧化剂的一种天然来源，其可以提高精炼食用油的质量和稳定性。[69,72] 此外，化妆品行业也利用了这种原料中的酚类物质，以强化其产品品质。[71,73] 因此，市场上绝大部分橄榄酚类提取物(液体和固体提取物)均来自橄榄叶。[74]

8.2.6　橄榄油废弃物的未来理想用途

橄榄废水和橄榄渣含有大量有益于健康的橄榄酚类物质，这类物质可作为天然抗氧化剂的来源，可用于生产高附加值消费品。目前，这类物质已成功地应用于强化食用油、精炼功能性饮料和化妆品产品中。

　　一方面，VOO 中含有大量对健康有益的天然抗氧化剂，因此不需要添加合成抗氧化剂来抑制或延迟氧化。[45]另一方面，其他所有精制的食用油，如豆油、高油葵花籽油、葵花籽油或菜籽油，或精制橄榄油，也缺乏天然抗氧化剂。为了延缓这些油的氧化反应并增强其稳定性，我们通常向其中添加合成抗氧化剂。然而，有报告表明，合成添加剂（如丁基化羟基茴香醚、丁基化羟基甲苯、没食子酸丙酯或叔丁基对苯二酚）对人体健康有害，消费者拒绝使用此类产品，导致合成添加剂的使用量减少。天然抗氧化剂可以延缓橄榄油的氧化，因此富含天然抗氧化剂的食用油受到了广泛青睐。这类物质价格便宜，在炼油的过程中会大大延缓食用油变质。[44]由于橄榄酚类物质具有抗氧化和营养保健的功效，因此人们越来越关注使用这些化合物来提升低价食用油的品质，从而获得具有类似于 VOO 的氧化稳定性的健康增值产品。[69]

　　除了改善食用油外，橄榄废水和橄榄渣抗氧化剂还能用于生产功能性饮料。功能性食品或辅食富含生物活性成分，有利于健康，且有降低患病风险的作用，通常是正常饮食的一部分。欧盟没有关于功能性食品安全的法规，但是我们必须充分考虑食品安全性：如食用量和食用频率对人体代谢的潜在不良影响，与其他饮食成分可能的相互作用，甚至包括过敏和排异反应。[75]

　　酚类物质的生物活性已有诸多报道，因此在饮料中添加橄榄废水和橄榄渣的酚类物质提取物，可降低心血管和慢性退行性疾病的发生率，从而对人类的健康产生重大影响。[76]橄榄废水和橄榄渣在功能性饮料制备中的潜在应用讨论的主要焦点在于其生物利用率，生物利用率的定义为：从食物基质中以可溶物的形式释放出来，并且能够穿透肠黏膜屏障的食物成分的量。与合成抗氧化剂相比，橄榄中的酚类物质具有更高的生物利用率和安全性。[47]

　　橄榄废水和橄榄渣中的多酚类物质在掺入饮料或其他食品之前，必须进行两项主要研究：① 建立从原料中分离并高效提取酚类物质的方法；② 为减少食品中的成分与酚类物质之间的不良反应，需具备产品加工储存中关于此类化合物稳定性的充分证据。表 8.5 列出了橄榄和橄榄油废弃物中的主要多酚类物质。

　　另一个橄榄废水的用途是用作羊毛的染料。羊毛中的蛋白质纤维对橄榄废水中的染料具有很高的亲和力，这种染料能够紧密结合形成深色。当用橄榄废水给羊毛染色时，影响染色性能的主要因素是 pH、温度和染色时间。最佳染色条件是pH 为 2、温度为 100 ℃、染色时间为 90 min。此外橄榄废水中大量的天然染料使其至少可进行两次染色，并且染色后羊毛织物的耐水洗程度、耐磨程度和耐汗色牢度都很好，但是耐日晒色牢度中等。此外，有学者还发现金属媒染剂与橄榄废水组合使用可提高染色性和色牢度。[77]橄榄废水给羊毛染色具有很好的应用前景，此类应用不仅有助于解决橄榄油工厂废弃物造成的环境问题，还可避免人工合成着色剂引起的变性问题。橄榄废水是一种可再生的天然染料，可以从三相橄榄油生产国大量免费获取。如果橄榄废水与生态友好的媒染金属一起使用，那么染色不

仅经济实惠且可以将环境污染降至最低。这种开发也适用于橄榄渣,目前已成功
开发出利用橄榄渣提取着色剂的工艺。[78]

表 8.5　橄榄和橄榄油废弃物中的主要多酚类物质

化　合　物	橄榄	废水	橄榄渣	叶	参考文献
肉桂酸	√	—	—	—	[53]
酪醇	√	√	√	√	[53,64,69]
对羟基苯甲酸	√	—	—	—	[53]
对羟基苯乙酸	√	—	—	—	[53]
对羟基苯丙酸	√	—	—	—	[53]
香草酸	√	√	√	—	[53,64,69]
羟基酪醇	√	√	√	√	[53,64,69]
原儿茶酸	√	—	—	—	[53]
3,4-二羟基苯基乙酸	√	—	—	—	[53]
对香豆酸	√	√	—	√	[53,64]
阿魏酸	√	√	√	—	[53,64,69]
咖啡酸	√	√	—	—	[53,64]
齐墩果酸	√	—	—	—	[53]
橄榄苦苷	—	√	√	√	[53,64,69]
马鞭草苷	—	—	—	—	[64]
维尼林	—	—	—	—	[69]
木犀草素	—	—	√	√	[44,69]
芹菜素	—	—	√	√	[44,69]
3,4,DHPEA-EDA①	—	—	√	√	[44,69]
p-HPEA-EDA②	—	—	√	√	[44,69]
p-HPEA-FA③	—	—	√	√	[44,69]

注:① 与羧基酪醇连接的脱羧甲基亚油酸。

　　② 与酪醇连接的脱羧甲基亚油酸的二醛形式。

　　③ 糖苷二醛形式的糖苷配基。

橄榄树叶可用作反刍动物的饲料,采用此种饲料来改善动物养殖和产品质量
已有很多研究。[79]若添加得当,橄榄叶可提供一半绵羊和山羊所需的能量和氨基
酸;建议喂养新鲜的橄榄叶,而不是干叶或青贮叶;但是,由于它们含有大量的铜,
而铜在高浓度下有毒[80],因此其使用可能受到限制。

此外,橄榄废水经过不同方式的储存(如干燥、青贮或掺入多种营养剂)后,可
以作为反刍动物和猪的饲料。迄今为止,这种方法已经成功有效地应用到橄榄渣
中,添加这些富含油分的橄榄油副产物,可增加牛奶中单不饱和脂肪酸的含量,降

低饱和脂肪酸的含量。[79]

近年来,有学者开发出一套超声波提取技术,可缩减橄榄油提取的融合周期。[81]进行这项研究的学者强调,在食品加工中使用超声波可以提高产量,缩短加工时间,减少操作并降低维护成本,同时橄榄油的口味、质地、颜色也都得到了改善。因此,研究者们建议橄榄油企业可以在提取过程中规模化应用超声波,以快速加热橄榄糊。我们必须非常谨慎地对待该建议[82],因为此前有研究表明:超声波处理会发生空化效应,使各种氧自由基发生氧化作用[83],最终导致食用油的风味和成分因超声波处理而变质。实际上,超声波已用于 VOO 氧化稳定性的快速检测,在该方法中,直接在样品上使用超声波探头可使 VOO 的氧化速度比传统 Rancimat 方法快 110 倍。[84]微波辐射也会导致橄榄油的氧化反应,但这种氧化的速度是在超声辐射下的 1/40。[85]可以预见,使用超声波来加快 VOO 的提取会导致脂肪酸组成发生不可预见的变化,此外还会使橄榄油的颜色和风味等感官特性下降。

8.3   葡萄园及葡萄酒产业副产品开发

8.3.1   概论

酿酒是地中海地区重要的经济活动之一,葡萄酒的产量为 1.5×10^7 t,每年的葡萄种植面积约为 34000 km^2,可收获约 2.8×10^7 t 葡萄(表 8.6)。[1]

表 8.6   地中海地区葡萄和葡萄酒产量

地中海地区的国家	葡萄		葡萄酒总产量(t)
	产量(t)	收获面积(km^2)	
法国	6588904	7641.24	6533646
意大利	7115500	7253.53	4673400
西班牙	5809315	9630.95	3339700
希腊	856600	1032	295000
克罗地亚	204373	324.85	48875
阿尔及利亚	402592	720.42	47500
摩洛哥	381861	449.05	33300
土耳其	4296351	4725.45	29000
斯洛文尼亚	121396	163.52	24000
突尼斯	114000	294.71	23200

续表

地中海地区的国家	葡　萄		葡萄酒总产量(t)
	产量(t)	收获面积(km²)	
阿尔巴尼亚	195200	90.77	18000
黑山	32815	90	15000
黎巴嫩	89000	100	14200
塞浦路斯	24656	83.36	12000
以色列	89476	78.9	5000
埃及	1320801	648.35	4400
波黑	21601	51	3354
马耳他	4478	16	2450
叙利亚	337961	462.95	72
利比亚	35115	83.5	—
地中海地区的国家总产量	28041995	33940.55	15122097

注：FAO 未提供利比亚的葡萄酒总产量数据。

葡萄是酿酒的原料。葡萄酒是酵母(主要是酿酒酵母)发酵葡萄汁制成的饮料,这种酵母将单糖转化为乙醇和二氧化碳,发酵液中含有 12%～15% 乙醇,若乙醇高于此百分比则酵母无法存活。[86]

葡萄采摘后就可以开始酿酒(图 8.2)。先将挑选后的葡萄进行清洗,去除叶子和其他杂质。然后将葡萄压碎或压榨葡萄,释放出果汁,并开始浸渍,这样有利于果肉、果皮和葡萄籽中营养成分、风味物质和其他成分的提取。白葡萄酒的浸渍时间较短,很少超过几个小时;红葡萄酒的浸渍时间较长,并且与酒精发酵同时进行。红葡萄酒通常是由红葡萄制成的,并经过短时间的浸渍处理。葡萄自身特有的酵母会自发发酵,然而标准工艺是在果汁中接种已知特性的酵母菌株。

酵母不仅产生乙醇,还产生表征葡萄酒香气和风味的物质。等酒精发酵完全后,葡萄酒先进行苹果酸乳酸发酵,将苹果酸转化为弱乳酸,从而降低葡萄酒的酸度。然后将葡萄酒进行储存陈酿,在此期间,多余的二氧化碳逸出,酵母异味消失,悬浮物沉淀。在醇化过程中,葡萄酒的香气开始发生变化,并形成陈年香气。在数周或数月后,我们可对葡萄酒进行压滤,将葡萄酒与陈酿期间沉降的固体分离。沉淀物主要包括酵母和细菌细胞、葡萄组织残体、沉淀的单宁、蛋白质和酒石酸钾晶体,这些沉淀与葡萄酒长时间接触可能会对葡萄酒的品质产生不良影响。在装瓶之前,必须先对葡萄酒进行净化,以去除痕量的可溶性蛋白质和其他物质,否则可能会产生浑浊,尤其在加热的时候。此外,利用净化工艺去除过量的单宁还能柔和葡萄酒的风味。葡萄酒经过冷藏和过滤可进一步提高其澄清度和稳定性。之后,可以进行灌装或进一步陈酿。[86]

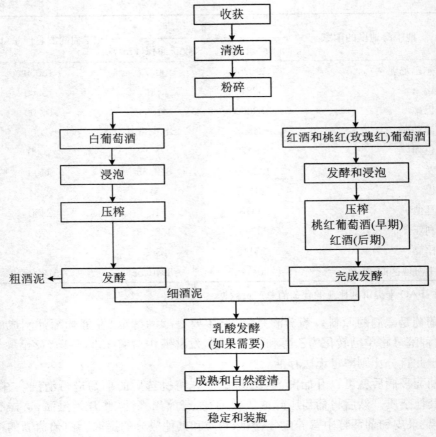

图 8.2　葡萄酒的主要生产工艺

　　酿酒厂产生的大部分废弃物（80%～85%）是有机残渣。葡萄压榨过程中产生的葡萄渣包括葡萄皮和葡萄籽，其他残渣还有发酵和沉淀工艺产生的酒糟，葡萄的茎、枝和叶，以及废水处理产生的废水和污泥。[87]

8.3.2　葡萄园废弃物的种类和特点

葡萄园的废弃物是藤蔓和叶子。

　　藤蔓是葡萄灌木丛的枝丫。关于葡萄藤蔓的开发大多数研究都集中在生产纸浆、乙醇、乳酸、甲醇、燃料、生物质、生物表面活性剂和用于葡萄酒处理的活性炭，提取挥发性化合物、多酚、阿魏酸和香豆酸等。[88]葡萄藤蔓中的木质素含量约为其干重的 20%，木质素可水解生成酚类物质，如低分子质量的醇、醛、酮或酸。因此，葡萄藤蔓可作为酚类化合物生产的原料。[89]

　　迄今为止，很少有人关注葡萄叶，其通常留在葡萄园中或收集后用于堆肥。然而葡萄叶中含有大量化合物,如花青素和黄酮醇,废弃的葡萄叶是提取天然色素的理想原料,而天然色素目前的需求量很高。[90]

8.3.3　葡萄园废弃物的现状及开发潜力

多年以来,葡萄藤蔓通过堆肥[91]或厌氧消化[92]的方式用于生产肥料。另外,葡萄藤蔓也可经过气化工艺生产合成气,在 800 ℃下短时间内(1～2 min)可产生最高的热效能。该工艺产生的气体可以达到 6 MW 的功率,总产出率可达到 20%。考虑到每年产生大量的葡萄藤蔓,故此效率尚可接受。[93]

当前,造纸行业的趋势是使用非木本植物或农作物的木质纤维素废弃物替代大量使用的木材原料,这种趋势已经延伸到葡萄产业中。因为农业废弃物是优质特种纸的原料,并且是世界上某些地区唯一的纸张原料,因此农业废弃物能够有效地替代木材原料。葡萄藤蔓便是这种情况,在地中海沿岸等一些地区,葡萄藤蔓非常丰富,但是对葡萄藤蔓的处理会产生严重的经济和环境问题。[94]最佳的葡萄藤蔓造纸工艺是添加乙二醇,收率约为 50%,优化工艺条件为:155 ℃,与 60%乙二醇反应 60 min。[95]

葡萄藤蔓的另一个用途是生产活性炭。活化既可以采用物理方法(加热原料),也可以采用化学方法(添加磷酸)。[17]比较两种方法可知:化学合成更有效,因为它是一步法,产率较高,面积大于 1000 m^2/g。因此,工业应用的最佳方法是化学法。[96]

其他少量的葡萄藤蔓可用于提取阿魏酸和豆蔻酸[97],也可用作食物纤维的原料,尤其是多酚的原料[98]。

如今已有关于不同品种葡萄藤蔓提取物成分的诸多新研究进展,比如将其与不同类型的橡木片的提取物进行对比分析,结果表明前者用于葡萄酒的陈酿效果更好。[88]对来自藤条和橡木片的木质香料进行对比分析可以确定藤条的品种,从而提供与橡木片提取物成分更相似的成分组成。一项最新的研究是比较橡木片和最佳品种的葡萄枝陈酿葡萄酒。考虑到目前筛选不同年份的原料以赋予葡萄酒不同特性的趋势[99],不同品种的葡萄藤蔓开发将会有广阔的应用前景。

一方面,人们对于不同叶龄的葡萄叶的关注点不同。在一些高档化妆品中会添加葡萄叶芽提取物,而采摘叶芽会对葡萄叶造成次生伤害。在希腊和土耳其等国家,成熟的绿叶(新鲜的腌制叶片)可以当作食物。[100]另外,新叶提取物中富含黄酮类化合物,主要是槲皮素和牵牛花色素;富含的花色苷主要是花青素、矮牵牛苷、芍药苷和锦葵素。[90]花青素和黄酮有护肝功效,因此能够治疗高血压、腹泻、出血、静脉曲张、炎症和糖尿病。[101]此类提取物还能用于改善葡萄籽油的稳定性和功能性。最后是几乎无人关注的衰老叶片,此阶段的叶片从黄色变为棕色,不同品种的叶片衰老的颜色变化不同,有些品种表现出叶间浅红和红棕的色调。丰富多彩的颜色意味着色素种类繁多，叶片经过传统蒸煮工艺后，就可以进入食品市场，而无需获得 GRAS(Generally Recognized as Safe，意为公认安全)认证。

另一方面，我们还可以提取葡萄叶中的功能性化合物作为食品配方。提取物富含黄酮类物质(主要是槲皮素和牵牛花色素)、花青素、矮牵牛苷、芍药苷和锦葵素。[90]这些提取物可用于提升葡萄籽油的稳定性和功能性。

8.3.4　葡萄酒废弃物的种类及特点

葡萄酒生产中的典型废弃物是葡萄籽、葡萄皮、葡萄茎和酒糟。葡萄籽和葡萄皮组成的葡萄渣用乙醇蒸馏后，就会产生"残渣中的残渣"。

葡萄籽是葡萄酒厂和葡萄汁行业生产的废弃物，此类废弃物含有大量油脂、蛋白质和碳水化合物。葡萄籽的油脂具有很高的商业价值，但是到目前为止人们仅开发利用了一部分。葡萄籽油作为烹饪油受到广泛欢迎，研究表明葡萄籽油可以作为特殊用途油脂的原料。这种油脂的主要特征是不饱和脂肪酸(如亚油酸)的含量高(72%~76%，质量分数)；而不饱和脂肪酸可以降低低密度脂蛋白胆固醇并提高自由基清除率，因此可以促进心血管健康。[102]此外，葡萄籽油还含有生育酚，因其具有抗氧化特性而备受关注。[103]

葡萄皮是葡萄酒渣的主要成分，该废弃物可用于动物饲料，鲜有其他应用。缺乏其他用途主要是因为人们对葡萄皮主要成分的化学组成和结构缺乏基本了解，大多数研究都是关于花色苷、羟基肉桂酸、黄烷醇、黄酮醇和糖苷等化合物的提取，关于葡萄皮中主要的大分子成分的研究很少。[104-105]

葡萄梗是酿酒的主要固体废弃物，是葡萄串的骨架，由木质化组织构成。葡萄梗中含有大量木质素、纤维素和半纤维素等生物分子，因此可以作为一种工业生物转化过程中的有用原材料。[106]与其他木质纤维素原料相比，葡萄梗还含有大量的缩合单宁(原花色素)，它们是化学反应性分子，可与亲电子试剂、亲核试剂、蛋白质发生反应，或产生自缩合反应，缩合多酚还能转化为价格昂贵的化学品和材料。[107]

酒糟是葡萄酒发酵后残留在储罐底部的固体残渣，此类物质受到的关注比其他酿酒废弃物少。尽管酒糟成分有所变化，但酒糟的主要组成成分是微生物(尤其是酵母)，酒石酸和无机物的比例较低。红酒酿造产生的酒糟具有鲜艳的红色，说明酒糟可以作为色素生产的原料来提高附加值。[78]

8.3.5　葡萄酒废弃物的现状及开发潜力：整体及部分开发

传统上，酿酒过程中产生的废弃物(葡萄籽、葡萄皮、葡萄梗和酒糟)通过堆肥处理生产肥料，然后在葡萄园中使用。[108]但是，我们可以将废弃物进行分类应用，以扩大其应用范围。

　　葡萄籽约占果实重量的 5%,一般占葡萄渣干物质的 38%～52%。[102]因为其油脂的特点(表 8.7),所以它是葡萄酒行业中最有价值的废弃物。如前所述[111],它富含亚油酸,且具有高含量的维生素 E,是一种高效的抗氧化剂。[109]葡萄籽油作为一种烹饪油越来越受欢迎,研究表明葡萄籽油可以作为特殊用途油脂的原料。[110]葡萄籽油的这些特点使其成为一种非常有价值的产品,开发葡萄籽油可以促进地中海地区大量废弃物的增值。在地中海及其他葡萄酒产量大的地区,生产的大量葡萄籽油可以通过酯化反应生产生物柴油。[112]

表 8.7　葡萄籽油中的脂肪酸组成[109-110]

脂肪酸	缩写公式	含油量(%,质量体积比,干基)
肉豆蔻酸	C14:0	0.06～0.16
棕榈酸	C16:0	6.17～8.5
棕榈油酸	C16:1	0.13～0.24
十七烷酸	C17:0	0.07～0.14
十七烷油酸	C17:1	0～0.04
硬脂酸	C18:0	4.09～5.91
油酸	C18:1n9c	13.7～20.8
反式油酸	C18:1n9t	0～0.16
亚油酸	C18:2cc	63.0～73.1
反式亚油酸	C18:2t	0～0.16
亚麻酸	C18:3	0.36～0.51
花生酸	C20:0	0.18～0.27
烯酸	C20:1n9	0.11～0.22
二十碳二烯酸	C20:2n6	0～0.05
山萮酸	C22:0	0～0.09
油酸/亚油酸	18:1/18:2	0.01～0.22

　　此外,葡萄籽油是天然抗氧化剂和其他保健活性物质(主要是酚类化合物)的潜在来源。[103]实际上,葡萄籽原花青素的抗氧化能力是维生素 E 的 20 倍,是维生素 C 的 50 倍。[113]这些特性使葡萄籽提取物可在食品工业中用作添加剂,其提取物作为抗菌添加剂已在大豆蛋白制造的可食用薄膜中使用,结果表明它能抑制某些病原体(如单核细胞增生李斯特菌、大肠杆菌和鼠伤寒沙门氏菌[114])的生长。除了在食品工业中用作着色剂、风味改良剂或抗氧化剂外,在化妆品和营养食品工业中也可以利用葡萄籽油的这些特性。[103]

　　葡萄皮和梗不是葡萄酒工业中的有害废弃物,但是其有机物的高含量和季节性的产量变化会引起污染问题,主要是影响地下水的 COD 和 BOD。[106]

　　葡萄皮是葡萄渣的主要成分,约占其重量的一半。此外,这种废弃物中酚类物质含量很高,主要是多酚(表 8.8),其因葡萄品种、生产季节和环境因素而变化很大[104],已有诸多报道此类化合物对人体健康有潜在的益处。在酿酒过程中,部分酚类物质会提取到酒汁中;在红葡萄酒中,破裂的葡萄在发酵过程中要与果汁保持几天的接触,以富集这些化合物(主要是花色苷)。尽管如此,在发酵期间花青素的提取率估计也仅有 30%～40%。[115]因此,在酿酒压榨葡萄的过程中产生的葡萄皮就是这些酚类物质的廉价来源。此外,纤维素和半纤维素(分别约占干皮的20.8%和 12.5%)可用于生产"绿色纸张"[116];半纤维素(主要是果胶)可以在食品和制药行业中用作食品增稠剂[117]或乳胶密封剂[118]。

表 8.8　白葡萄皮和红葡萄皮中的酚类组成

酚类化合物	分子式	葡萄皮	
		红	白
表儿茶素	$C_{15}H_{14}O_6$	√	—
表儿茶素没食子酸酯	$C_{22}H_{18}O_{10}$	√	√
表没食子儿茶素	$C_{15}H_{14}O_7$	√	√
没食子儿茶素	$C_{22}H_{18}O_{11}$	—	√
原花青素 B_2	$C_{30}H_{26}O_{12}$	√	—
杨梅素	$C_{15}H_{10}O_8$	—	√
槲皮素	$C_{15}H_{10}O_7$	√	√
杨梅素-3-邻葡萄糖苷	$C_{21}H_{20}O_3$	√	√
槲皮素-3-邻葡萄糖苷	$C_{21}H_{20}O_{12}$	—	√
曲霉菌素	$C_{23}H_{22}O_{33}$	√	√
咖啡酸	$C_9H_8O_4$	√	√
邻香豆酸	$C_9H_8O_3$	√	√
阿魏酸	$C_{10}H_{10}O_4$	√	√
没食子酸	$C_7H_6O_5$	√	√
4-羟基苯甲酸	$C_7H_6O_3$	√	√
原儿茶酸	$C_7H_6O_4$	√	√
反式白藜芦醇	$C_{14}H_{12}O_3$	√	√
涩味素	$C_{14}H_{12}O_4$	√	√
云杉新甙	$C_{20}H_{22}O_8$	√	—
反式蕨类植物	$C_{16}H_{16}O_3$	√	√
5-乙酰氧基甲基糠醛	$C_8H_8O_4$	—	√
2-呋喃羧酸乙酯	$C_7H_8O_3$	—	√

续表

酚类化合物	分子式	葡萄皮	
		红	白
阿魏酸乙酯	$C_{12}H_{14}ClO_4$	√	√
原儿茶酸乙酯	$C_9H_{10}O_4$	√	√
邻苯二酚	$C_6H_6O_2$	√	√
邻苯三酚	$C_6H_6O_3$	√	√
4-甲基邻苯二酚	$C_7H_8O_2$	√	√
4-乙烯基愈创木酚	$C_9H_{10}O_2$	√	√
2-苯乙醛	C_8H_8O	√	√
4-羟基苯甲醛	$C_7H_6O_2$	√	√
松柏醛	$C_{10}H_{10}O_3$	√	√
对羟基苯丙酮	$C_{10}H_{10}O_2$	—	√
香兰素	$C_8H_8O_3$	√	√
4-乙氧基苯酚	$C_8H_{10}O_2$	—	√

　　每生产 100 L 葡萄酒,会产生 4 kg 葡萄梗废弃物。葡萄梗主要由纤维素 (30.3%)、半纤维素(21.0%)、木质素(17.4%)、单宁酸(15.9%)和蛋白质(6.1%) 组成。[119]前面已经阐述了纤维素和半纤维素的应用,而缩合单宁可以用作黏合剂。 实际上,它们在化学上和经济上都具有价值,可以用来制备黏合剂和树脂用于木材 工业,并且已经成功地替代了酚醛树脂生产中的苯酚。[120]另外,目前已经证实葡萄 梗废弃物可以通过离子交换原理从水溶液中吸收铜(Ⅱ)和镍(Ⅱ)[121],所以可用它 们去除废水中含有的重金属。与葡萄藤相似,通过磷酸化学活化法可使葡萄梗产 生活性炭。[17]

　　在保持接触期间,酒糟对葡萄酒质量的贡献是不可否认的。但是,我们需要在 该领域进行更多的研究,以阐明每种酒糟成分对葡萄酒质量的影响。一方面,酒与 酒糟的接触有利于去除葡萄酒中的大多数不良化合物,但是不利于生物胺类的去 除。另一方面,酒糟与它们释放的酚类化合物、脂质和甘露糖蛋白的相互作用,以 及所有这些成分对酒质的影响尚不清楚。[122]与其他废弃物相比,酒糟受到的关注 较少。酒糟的主要成分是酵母,还含有少量酒石酸和无机物。在红酒生产中,深红 色的酒渣花青素含量高,表明该废弃物可用作着色剂来增加其附加值。[77]

8.4　柑橘果汁（橙汁）工业副产品开发

8.4.1　概论

柑橘类水果以其香气清爽、止渴，并且在推荐食用量条件下可以补充维生素 C 而闻名。[123]除抗坏血酸外，柑橘还含有其他几种植物化学物质，如类胡萝卜素（番茄红素和 β-胡萝卜素）、柠檬苦素、黄烷酮（柚皮苷和芸豆苷）、维生素 B 复合物、相关营养素（硫胺素、核黄素、烟酸）、泛酸、吡哆醇、叶酸、生物素、胆碱和肌醇，它们在保健食品中有重要作用。[124]

柑橘是世界上最丰富的作物，它的全球年产量超过 $8.8×10^{15}$ t，其中 1/3 的柑橘进入工业化加工。柑橘、柠檬、葡萄柚和沙橘约占整个工业化作物的 98%，柑橘的加工量最大，约占总产量的 82%。[125]在地中海地区的国家中，每年约有 10000 km² 的土地用于生产 $2.3×10^7$ t 柑橘，大约占全世界年产量的 1/4（表 8.9）。[1]

表 8.9　地中海地区的国家柑橘汁总产量

地中海地区的国家	柑橘类水果总量	
	产量（t）	收获面积（km²）
西班牙	5773619	3176.05
意大利	3840388	1699.06
埃及	3730685	1662.07
摩洛哥	1642244	1054.1
土耳其	3613766	1003.97
阿尔及利亚	1107329	556.77
希腊	938866	503.36
叙利亚	1163718	416.73
突尼斯	448863	334.21
以色列	476665	161.97
黎巴嫩	220000	90.5
利比亚	77372	76.01
塞浦路斯	118226	29.1
法国	41584	24.18
克罗地亚	42916	23.36

续表

地中海国家	柑橘类水果总量	
	产量（t）	收获面积（km²）
黑山	8912	10
阿尔巴尼亚	14800	7
波斯尼亚和黑塞哥维那（简称：波黑）	161	2.61
马耳他	2380	1.93
斯洛文尼亚	—	
地中海地区的国家总产量	23262494	10832.98

柑橘主要用于生产果汁，剩余的材料（包括果皮和其他副产品）称为柑橘渣（Citrus Residues，CR）（图 8.3）。[126]果皮是柑橘渣的主要组成部分，约占果实重量的一半，由于果皮中含有许多生物活性物质，如碳水化合物及其聚合物，既可用于制药和食品工业，也可用于能源生产。[127]

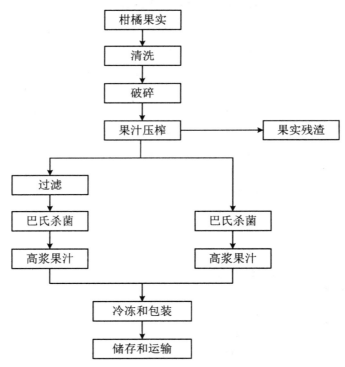

图 8.3　柑橘汁提取的主要工艺流程

8.4.2　柑橘废弃物生物活性物质的利用及其潜在应用

因为柑橘废弃物中含有大量的天然生物活性物质，如精油、酚类物质和果胶，所以柑橘废弃物的开发利用成为当前关注的焦点。

柑橘精油主要来自果皮，是柑橘加工的副产品，也是世界上使用最广泛的香精油（表 8.10）。这些挥发性化合物由次级代谢产物构成，具有浓郁的香气。柑橘精油具有抗菌和杀虫功效，已在医药、卫生、化妆品、农业和食品工业中得到应用。[129]特别是它们在许多食品（包括酒精和非酒精饮料、糖果和明胶）中用作调味剂，在药品中用于掩盖不良气息。在化妆品行业中，柑橘精油被广泛用作增香剂。[130]传统的精油提取方法是水蒸气蒸馏或冷榨柑橘皮，果皮香精油的主要成分是 d-柠檬烯[128]（一种高效的微生物抑制剂[131]）；正是出于这个原因，基于柑橘皮的大多数生物技术开发必须在提取工艺实施之前去除柑橘精油。

表 8.10　柑橘类水果精油的组成

化学名称	分子式	柑橘	柠檬	葡萄柚	宽皮橘
柠檬烯	$C_{10}H_{16}$	91.38	56.04	88.65	86.59
芳樟醇	$C_{10}H_{18}O$	1.21	12.56	0.95	1.65
B-月桂烯	$C_{10}H_{16}$	2.93	2.14	4.18	2.92
γ-松油烯	$C_{10}H_{16}$	0.05	6.99	0.05	4.08
2-β-蒎烯	$C_{10}H_{16}$	0.06	7.44	0.05	0.46
1R-α-蒎烯	$C_{10}H_{16}$	0.87	1.7	1.2	1.34
松油醇	$C_{10}H_{18}O$	0.25	1.77	0.34	0.56
乙酸芳基酯	$C_{12}H_{20}O_2$	0	2.95	0	0.08
柠檬醛	$C_{10}H_{16}O$	0.29	1.37	0.51	0.04
香桧烯	$C_{10}H_{16}$	0.49	0.53	0.5	0.31
丁子香烯	$C_{15}H_{24}$	0.1	0.56	0.74	0.04
β-柠檬醛	$C_{10}H_{16}O$	0.22	1.07	0.4	0.03
反式 β-罗勒烯	$C_{10}H_{16}$	0.06	0.96	0.27	0.21
芳樟醇	$C_{10}H_{18}O_2$	0.11	0.22	0.51	0.05
4-松油醇	$C_{10}H_{18}O$	0.1	0.54	0.14	0.2
吉马烯 D	$C_{15}H_{24}$	0.1	0.49	0.2	0.06
香叶醇乙酸酯	$C_{12}H_{20}O_2$	0.05	0.5	0.35	0.05
L-芹菜烯	$C_{10}H_{16}$	0	0.37	0.16	0.21
1-辛醇	$C_8H_{18}O$	0.81	0.08	0.01	0.11
香茅醛	$C_{10}H_{18}O$	0.12	0.1	0.14	0.18

续表

化学名称	分子式	柑橘	柠檬	葡萄柚	宽皮橘
β-香茅醇	$C_{10}H_{20}O$	0.12	0.1	0.05	0.34
香叶醇	$C_{10}H_{18}O$	0.07	0.23	0.15	0.03
橙花醇	$C_{10}H_{20}O$	0.06	0.4	0.04	0.07
乙酸乙烯酯	$C_{12}H_{20}O_2$	0.01	0.34	0.02	0.02
反式香芹酚	$C_{10}H_{16}O$	0.03	0.04	0.15	0.03
邻茂木烯	$C_{15}H_{24}$	0.01	0.09	0.12	0.01
壬醛	$C_9H_{18}O$	0.24	0.03	0.03	0.07
香芹酮	$C_{10}H_{14}O$	0.05	0.05	0.08	0.1
γ-榄香烯	$C_{15}H_{24}$	0.08	0.07	0.07	0.01
柠檬烯氧化物	$C_{10}H_{16}O$	0.04	0.01	0.05	0.05
反式金合欢烯	$C_{15}H_{24}$	0.01	0.08	0.02	0.01
紫苏醇	$C_{10}H_{16}O$	0.01	0.02	0.04	0.01
顺式香芹醇	$C_{10}H_{16}O$	0.03	0.03	0.01	0.03
橙花叔醇	$C_{15}H_{26}O$	0.01	0.01	0.03	0.01
樟脑	$C_{10}H_{16}$	0.01	0.05	0	0.01
乙酸香茅酯	$C_{12}H_{22}O_2$	0.01	0.05	0	0.01
1-己醇	$C_6H_{14}O$	0.02	0.01	0	0.01

　　柑橘中的黄酮类化合物是柑橘皮中研究较多的生物活性物质之一。许多流行病学和干预治疗研究表明,食用这些化合物可以降低不同类型的癌症和心血管疾病的风险。这种现象主要与抗氧化剂、抗炎药和类黄酮的自由基清除活性相关。[132]在大多数情况下,固液萃取柑橘渣之前需要将柑橘废料进行干燥,提取工艺主要包括浸渍、索氏提取、超声辅助提取、微波辅助提取、超临界流体提取、超高温流体提取。采用任何提取工艺之前都需要进行提取工艺优化,关键在于辅助能量的使用,因其可能会导致目标化合物降解。无论采用哪种提取技术,大多数研究得出的结论是:提取这些化合物的最佳溶剂是纯乙醇或甲醇,或其中任何一种与水的混合溶液。提取量和类黄酮含量因柑橘品种不同而不同,柑橘中的主要酚类化合物见表 8.11。

　　柑橘皮提取物可以作为天然抗氧化剂添加剂替代精制玉米油中的合成抗氧化剂[丁基羟基茴香醚或丁基羟基甲苯]。[133]研究表明,柑橘类抗氧化剂优于合成抗氧化剂,它可以延缓玉米油的酸败。玉米油在 45 ℃下保存 6 个月后,在添加合成抗氧化剂(0.2 mg/mL 油)或柑橘皮提取物(1.6 mg/mL 或 2 mg/mL 油)的情况下,两者对玉米油过氧化的抑制作用相似。正因如此,柑橘皮的天然抗氧化剂提取物可以避免对人类健康的不利影响,因此优于合成抗氧化剂。

表 8.11　柑橘中的主要酚类化合物[124,127,133]

分类/物质	柑橘	柠檬	葡萄柚	宽皮橘
类黄酮				
东莨菪素	—	—	√	—
二氢槲皮素	—	—	—	√
黄酮二氢山奈酚	—	—	—	√
槲皮素	√	√	√	√
二氢异鼠李素	√	√	√	√
木犀草素	√	√	√	√
柚皮素	√	√	√	√
芹黄素	√	√	√	√
异鼠李素	√	√	—	√
洋芫荽黄素	√	√	—	√
圣草酚	√	√	√	√
橘皮素	√	√	√	√
高圣草素	—	√	—	—
橙皮素	√	√	√	√
异鼠李素	√	√	√	√
高圣草素	√	√	√	√
柽柳黄素		—	√	√
山奈酚	√	—	√	√
异樱花素	√	√	√	√
酚酸				
介子酸	√	√	√	√
阿魏酸	√	√	√	√
对羟基苯甲酸	√	√	√	√
香草酸	√	√	√	√
对香豆素	√	√	√	√
咖啡因	√	√	√	√
没食子酸	√	√	√	√

　　柑橘皮中的果胶已用作食品工业中的促凝剂，并且在医药工业中用作制备止泻和排毒药物的成分。最近，果胶已用于悬浮液的制备，这表明果胶在药物控释中的潜在应用前景。[134-135] 在某些疾病的转移阶段，果胶的一些片段还表现出体内和体外减少转移的积极作用。因此，果胶也被认为是一种有效的抗癌药。[136]

8.4.3　柑橘废弃物生产能源的潜力挖掘

用柑橘渣生产生物燃料的目标是获得生物乙醇或沼气。在两种情况下,都需要对残留物进行预处理以去除残渣中的 d-柠檬烯,前面已经提到 d-柠檬烯对参与生物转化的微生物具有毒性。传统上,水蒸气蒸馏可用来去除柑橘渣中的 d-柠檬烯,但最近的蒸汽爆破技术预处理表明,将精油含量降低到 0.025% 以下,可以显著降低水解酶的食用量。[137]

使用酿酒酵母作为生物催化剂生产生物乙醇,必须将 d-柠檬烯的浓度降低至 0.01%(质量体积比)。[126]一旦 d-柠檬烯的浓度降低至所需的极限,进一步对残留物进行水解,可将葡聚糖转化为可发酵的单糖;添加硫酸(化学水解)或酶(酶促水解)水解柑橘残渣,将水解产物进行酒精发酵,大约经过 72 h 的最佳发酵周期,最终每 1000 kg 柑橘渣可获得 60 L 乙醇。[137]

柑橘渣的另一个用途是作为廉价的底物,在厌氧条件下(也可在 d-柠檬烯去除后)生产甲烷,最高产量为每克柑橘渣产出 0.27～0.29 L 甲烷;在嗜热条件下(55 ℃),其生物降解度为 84%～90%。[138]厌氧发酵很容易整合到柑橘汁工业中,用来处理有机残留物,生产沼气用于电能或热能。除了可在生物燃料生产的初始阶段回收 d-柠檬烯外,诸多研究表明在该过程结束阶段也可以回收果胶副产物。[126]由柑橘渣(以每吨计算)生产乙醇、沼气、果胶和柠檬烯,总计生产了 39.64 L 乙醇、45 m³ 甲烷、8.9 L 柠檬烯和 38.8 kg 果胶,干馏物约为 20%。[126]

目前,快速热解(载气温度为 700 ℃,速度为 400 m/s)法已应用于生产生物油,产率最高可达原料重量的 60%,柑橘渣热解后剩余大约 25% 的残渣可用于生产木炭。[139]

8.4.4　柑橘肥料的其他整体及部分应用

一方面,为在世界范围内寻找新原料,研究者们正在开展以柑橘渣中多聚糖的回收为对象的研究[139];另一方面,柑橘渣尚未用于水解或发酵工艺。柑橘渣中含有纤维素和半纤维素(分别为 12.7%～13.6% 和 5.3%～6.1%),在纸浆中可以添加低于 10% 的柑橘渣生产纸张。[140]添加柑橘渣对纸张断裂长度的影响为零,对破裂强度会有积极作用,而对撕裂强度会造成负面影响。因为柑橘皮中含有色素,所以当其比例超过 10% 时,纸张亮度就会受到负面影响。[141]

柑橘皮具有强大的吸附能力,可从被污染的工业废水中吸附金属离子 Ni(Ⅱ)、Co(Ⅱ)或 Cu(Ⅱ)。在动态吸附条件下,最大吸附容量随 pH 而变化,在 pH 为 4.8 和 298 K 的条件下吸附容量最大。柑橘皮吸附 Ni(Ⅱ)、Co(Ⅱ) 和 Cu(Ⅱ) 的饱和度分别为 1.85 mmol/g、1.35 mmol/g 和 1.3 mmol/g。因此,柑橘皮是一种可从柑橘汁工业中获得的天然吸附剂，不需要预处理即可使用，成本低廉。因此，柑橘皮在生态系统清理方面具有巨大的应用潜力。[142]

人们尝试将果皮用作天然饲料添加剂，甚至用作动物的药物补充。[143]但是，研究表明这种方法并不理想，因为此种材料营养价值低，或会引起动物疾病（如霉菌中毒、瘤胃角化不全）。[144]

致　　谢

感谢西班牙经济和竞争事务部（Ministerio de Economía y Competitividud，MINECO）以及 FEDER 计划通过 CTQ 2012—37428. C. A. L. E 项目为本章研究提供经济上的支持，还要感谢西班牙国际农产品博士委员会和墨西哥国家科学技术委员会以及两国为此项研究提供的经费支持。

词汇及缩略语

AOP	高级氧化技术
BOD	生化需氧量
COD	化学需氧量
CR	柑橘渣
EVOO	特级初榨橄榄油
OMWW	橄榄压榨废水
TPOMW	两相橄榄加工废弃物
UV	紫外线
VOO	初榨橄榄油

参 考 文 献

[1] Food and Agriculture Organization of the United Nations http://faostat. fao. org/ (accessed 20 September 2013).

[2] Estruch，R. and Salas-Salvadó，J. (2013) Towards an even healthier Mediterranean diet. Nutr. Metab. Cardiovasc. Dis.，23(12)，1163-1166.

[3] United Nations Educational，Scientific and Cultural Organization http://www. unesco. org/ (accessed 27 January 2014).

[4] Peralbo-Molina，A. and Luque de Castro，M. D. (2013) Potential of residues from the Mediterranean agriculture and agrifood industry. Trends Food Sci. Technol.，32(1)，16-24.

［5］ Brown, D. , Ramos-Padrón, E. , Gieg, L. , and Voordouw, G. (2013) Effect of calcium ions and anaerobic microbial activity on sedimentation of oil sands tailings. Int. Biodeterior. Biodegrad. , 81, 9-16.

［6］ Chiu, Y. S. and Keh, H. J. (2014) Sedimentation velocity and potential in a concentrated suspension of charged soft spheres. Colloids Surf. , A: Physicochem. Eng. Asp. , 440, 185-196.

［7］ Inan, H. , Dimoglo, A. , Simsek, H. , and Karpuzcu, M. (2004) Olive oil mill wastewater treatment by means of electro-coagulation. Sep. Purif. Technol. , 36(1), 23-31.

［8］ Berk, Z. (2009) in Food Process Engineering and Technology (ed. Z. Berk), Academic Press, San Diego, CA, pp. 195-216.

［9］ Berk, Z. (2009) in Food Process Engineering and Technology (ed. Z. Berk), Academic Press, San Diego, CA, pp. 217-232.

［10］ Amuda, O. S. and Alade, A. (2006) Coagulation/flocculation process in the treatment of abattoir wastewater. Desalination, 196(1-3), 22-31.

［11］ Amuda, O. S. and Amoo, I. A. (2007) Coagulation/flocculation process and sludge conditioning in beverage industrial wastewater treatment. J. Hazard. Mater. , 141(3), 778-783.

［12］ Khoufi, S. , Feki, F. , and Sayadi, S. (2007) Detoxification of olive mill wastewater by electrocoagulation and sedimentation processes. J. Hazard. Mater. , 142(1-2), 58-67.

［13］ Aguilar, M. I. , Sáez, J. , Lloréns, M. , Soler, A. , and Ortuño, J. F. (2002) Nutrient removal and sludge production in the coagulation-flocculation process. Water Res. , 36 (11), 2910-2919.

［14］ Berk, Z. (2009) in Food Process Engineering and Technology (ed. Z. Berk), Academic Press, San Diego, CA, pp. 279-294.

［15］ Chand, R. , Narimura, K. , Kawakita, H. , Ohto, K. , Watari, T. , and Inoue, K. (2009) Grape waste as a biosorbent for removing Cr(Ⅵ) from aqueous solution. J. Hazard. Mater. , 163(1), 245-250.

［16］ Annadurai, G. , Juang, R. S. , and Lee, D. J. (2002) Use of cellulose-based wastes for adsorption of dyes from aqueous solutions. J. Hazard. Mater. , 92(3), 263-274.

［17］ Deiana, A. C. , Sardella, M. F. , Silva, H. , Amaya, A. , and Tancredi, N. (2009) Use of grape stalk, a waste of the viticulture industry, to obtain activated carbon. J. Hazard. Mater. , 17(1), 13-19.

［18］ Gogate, P. R. and Pandit, A. B. (2004) A review of imperative technologies for wastewater treatment Ⅰ: oxidation technologies at ambient conditions. Adv. Environ. Res. , 8(3-4), 501-551.

［19］ Bhatti, Z. A. , Mahmood, Q. , Raja, I. A. , Malik, A. H. , Rashid, N. , and Wub, D. (2011) Integrated chemical treatment of municipal wastewater using waste hydrogen peroxide and ultraviolet light. Phys. Chem. Earth, 36(9-11), 459-464.

［20］ Neyens, E. and Baeyens, J. (2003) A review of classic Fenton's peroxidation as an advanced oxidation technique. J. Hazard. Mater. , 98(1-3), 33-50.

[21] Karci, A. (2013) Degradation of chlorophenols and alkylphenol ethoxylates, two repre-
sentative textile chemicals, in water by advanced oxidation processes: the state of the
art on transformation products and toxicity. Chemosphere. doi: 10. 1016/j. chemo-
sphere. 2013. 10. 034.

[22] Oller, I. , Malato, S. , and Sánchez-Pérez, J. A. (2011) Combination of advanced oxi-
dation processes and biological treatments for wastewater decontamination: A review.
Sci. Total Environ. , 409(20), 4141-4166.

[23] Arvanitoyannis, I. S. and Kassaveti, A. (2008) in Waste Management for the Food
Industries (ed. I. S. Arvanitoyannis), Academic Press, Amsterdam, pp. 453-568.

[24] Waste-to-Energy Research and Technology Council http://www. wtert. eu (accessed 28
October 2013).

[25] Caputo, A. C. , Scacchia, F. , and Pelagagge, P. M. (2003) Disposal of by-products in
olive oil industry: waste-to-energy solutions. Appl. Therm. Eng. , 23(2), 197-214.

[26] Encinar, M. J. , González, J. F. , Martínez, G. , and Román, S. (2009) Catalytic
pyrolysis of exhausted olive oil waste. J. Anal. Appl. Pyrolysis, 85(1-2), 197-203.

[27] Tillman, D. A. (1991) The Combustion of Solid Fuels and Wastes, Academic Press,
San Diego, CA.

[28] Belgiorno, V. , De Feo, G. , Della Rocca, C. , and Napoli, R. M. A. (2003) Energy
from gasification of solid wastes. Waste Manag. , 23(1), 1-15.

[29] Sutton, D. , Kelleher, B. , and Ross, J. R. H. (2001) Review of literature on catalysts
for biomass gasification. Fuel Process Technol. , 73(3), 155-173.

[30] Rapagnà, S. , Jand, N. , and Foscolo, P. U. (1998) Catalytic gasification of biomass to
produce hydrogen rich gas. Int. J. Hydrogen Energy, 23(7), 551-557.

[31] Bilitewski, B. , Härdtle, G. , and Marek, K. (1997) Waste Management, Springer-
Verlag, Berlin.

[32] Roig, A. , Cayuela, M. L. , and Sánchez-Monedero, M. A. (2006) An overview on
olive mill wastes and their valorisation methods. Waste Manag. , 26(9), 960-969.

[33] Bajaj, M. and Winter, J. (2013) Biogas and biohydrogen production potential of high
strength automobile industry wastewater during anaerobic degradation. J. Environ.
Manage. , 128, 522-529.

[34] Azbar, N. , Keskin, T. , and Yuruyen, A. (2008) Enhancement of biogas production
from olive mill effluent (OME) by co-digestion. Biomass Bioenergy, 32 (12),
1195-1201.

[35] Himanen, M. and Hänninen, K. (2011) Composting of bio-waste, aerobic and anaero-
bic sludges: Effect of feedstock on the process and quality of compost. Bioresour. Tech-
nol. , 102(3), 2842-2852.

[36] Buendía, I. M. , Fernández, F. J. , Villaseñor, J. , and Rodríguez, L. (2008) Biode-
gradability of meat industry wastes under anaerobic and aerobic conditions. Water
Res. , 42 (14), 3767-3774.

[37] Muktadirul Bari Chowdhury, A. K. M., Akratos, C. S., Vayenas, D. V., and Pavlou, S. (2013) Olive mill waste composting: a review. Int. Biodeterior. Biodegrad., 85, 108-119.

[38] Dermeche, S., Nadour, M., Larroche, C., Moulti-Mati, F., and Michaud, P. (2013) Olive mill wastes: biochemical characterizations and valorization strategies. Process Biochem., 48(10), 1532-1552.

[39] Authority, EFSA (2011) Scientific opinion on the substantiation of health claims related to polyphenols in olive and protection of LDL particles from oxidative damage (ID1333, 1638, 1639, 1696, 2865), maintenance of normal blood HDL cholesterol concentrations (ID 1639), maintenance of normal blood pressure (ID 3781), "anti-inflammatory properties" (ID 1882), "contributes to the upper respiratory tract health" (ID 3468), "can help to maintain a normal function of gastrointestinal tract" (3779), and "contributes to body defenses against external agents" (ID 3467) pursuant to Article 13(1) of Regulation (EC) No 1924/2006. EFSA J., 9, 25.

[40] European Commission (2013) Commission implementing regulation (EU) no 299/2013 of March 2013 amending regulation (EEC) no. 2568/91 on the characteristics of olive oil and olive-residue oil and on the relevant methods of analysis. Off. J. Eur. Union, L90, 52-70.

[41] Sandasi, M., Kamatou, G. P., and Viljoen, A. M. (2012) An untargeted metabolomic approach in the chemotaxonomic assessment of two Salvia species as a potential source of alphabisabolol. Phytochemistry, 84, 94-101.

[42] García-González, D. L., Aparicio-Ruiz, R., and Aparicio, R. (2008) Virgin olive oil: Chemical implications on quality and health. Eur. J. Lipid Sci. Technol., 110(7), 602-607.

[43] El Riachy, M., Priego-Capote, F., Rallo, L., Luque de Castro, M. D., and Léon, L. (2012) Phenolic profile of virgin olive oil from advanced breeding selections. Span. J. Agric. Res., 10(2), 443-453.

[44] Sánchez de Medina, V., Priego-Capote, F., Jiménez-Ot, C., and Luque de Castro, M. D. (2011) Quality and stability of edible oils enriched with hydrophilic antioxidants from the olive tree: the role of enrichment extracts and lipid composition. J. Agric. Food Chem., 59(21), 11432-11441.

[45] Baccouri, O., Guerfel, M., Baccouri, B., Cerretani, L., Bendini, A., Lercker, G., Zarrouk, M., and Daoud, D. (2008) Chemical composition and oxidative stability of Tunisian monovarietal virgin olive oils with regard to fruit ripening. Food Chem., 109 (4), 743-754.

[46] Werth, M. T., Halouska, S., Shortridge, M. D., Zhang, B., and Powers, R. (2010) Analysis of metabolomic PCA data using tree diagrams. Anal. Biochem., 399 (1), 58-63.

[47] Zbakh, H. and El Abbassi, A. (2012) Potential use of olive mill wastewater in the preparation of functional beverages: a review. J. Funct. Foods, 4(1), 53-65.

[48]　DiGiovacchino, L., Sestili, S., and Di Vincenzo, D. (2002) Influence of olive pro-cessing on virgin olive oil quality. Eur. J. Lipid Sci. Technol., 104(9-10), 587-601.

[49]　Alburquerque, J. (2004) Agrochemical characterisation of "alperujo", a solid by-prod-uct of the two-phase centrifugation method for olive oil extraction. Bioresour. Techn-ol., 91(2), 195-200.

[50]　Barbera, A. C., Maucieri, C., Cavallaro, V., Ioppolo, A., and Spagna, G. (2013) Effects of spreading olive mill wastewater on soil properties and crops, a review. Agric. Water Manage., 119, 43-53.

[51]　Paraskeva, P. and Diamadopoulos, E. (2006) Technologies for olive mill wastewater (OMW) treatment: a review. J. Chem. Technol. Biotechnol., 81(9), 1475-1485.

[52]　He, J., Alister-Briggs, M., de Lyster, T., and Jones, G. P. (2012) Stability and antioxidant potential of purified olive mill wastewater extracts. Food Chem., 131(4), 1312-1321.

[53]　Boskou, G., Salta, F. N., Chrysostomou, S., Mylona, A., Chiou, A., and Andriko-poulos, N.K. (2006) Antioxidant capacity and phenolic profile of table olives from the Greek market. Food Chem., 94(4), 558-564.

[54]　Paredes, C., Cegarra, J., Roig, A., Sánchez-Monedero, M. A., and Bernal, M. P. (1999) Characterization of olive mill wastewater (alpechín) and its sludge for agricul-tural purposes. Bioresour. Technol., 67(2), 111-115.

[55]　Komilis, D. P., Karatzas, E., and Halvadakis, C. P. (2005) The effect of olive mill wastewater on seed germination after various pretreatment techniques. J. Environ. Manage., 74(4), 339-348.

[56]　Aviani, I., Raviv, M., Hadar, Y., Saadi, I., Dag, A., Ben-Gal, A., Yermiyahu, U., Zipori, I., and Laor, Y. (2012) Effects of harvest date, irrigation level, cultivar type and fruit water content on olive mill wastewater generated by a laboratory scale "Abencor" milling system. Bioresour. Technol., 107, 87-96.

[57]　Saadi, I., Laor, Y., Raviv, M., and Medina, S. (2007) Land spreading of olive mill wastewater: effects on soil microbial activity and potential phytotoxicity. Chemo-sphere, 66(1), 75-83.

[58]　Ntougias, S., Iskidou, E., Rousidou, C., Papadopoulou, K. K., Zervakis, G. I., and Ehaliotis, C. (2010) Olive mill wastewater affects the structure of soil bacterial communities. Appl. Soil Ecol., 45(2), 101-111.

[59]　Tekin, A. R. and Dalgiç, A. C. (2000) Biogas production from olive pomace. Resour. Conserv. Recycl., 30(4), 301-313.

[60]　de la Casa, J. A., Romero, I., Jiménez, J., and Castro, E. (2012) Fired clay masonry units production incorporating two-phase olive mill waste (alperujo). Ceram. Int., 38 (6), 5027-5037.

[61]　Mekki, H., Anderson, M., Benzina, M., and Ammar, E. (2008) Valorization of olive mill wastewater by its incorporation in building bricks. J. Hazard. Mater., 158 (2-3), 308-315.

[62] de la Casa, J. A., Lorite, M., Jiménez, J., and Castro, E. (2009) Valorisation of wastewater from two-phase olive oil extraction in fired clay brick production. J. Hazard. Mater., 169(1-3), 271-278.

[63] Rodis, P. S., Karathanos, V. T., and Mantzavinou, A. (2002) Partitioning of olive oil antioxidants between oil and water phases. J. Agric. Food Chem., 50(3), 596-601.

[64] Azaizeh, H., Halahlih, F., Najami, N., Brunner, D., Faulstich, M., and Tafesh, A. (2012) Antioxidant activity of phenolic fractions in olive mill wastewater. Food Chem., 134(4), 2226-2234.

[65] El-Abbassi, A., Kiai, H., and Hafidi, A. (2012) Phenolic profile and antioxidant activities of olive mill wastewater. Food Chem., 132(1), 406-412.

[66] Cassano, A., Conidi, C., Giorno, L., and Drioli, E. (2013) Fractionation of olive mill wastewaters by membrane separation techniques. J. Hazard. Mater., 248-249, 185-193.

[67] García-Castello, E., Cassano, A., Criscuoli, A., Conidi, C., and Drioli, E. (2010) Recovery and concentration of polyphenols from olive mill wastewaters by integrated membrane system. Water Res., 44(13), 3883-3892.

[68] Priego-Capote, F., Ruiz-Jiménez, J., and Luque de Castro, M. D. (2004) Fast separation and determination of phenolic compounds by capillary electrophoresis-diode array detection. J. Chromatogr. A, 1045(1-2), 239-246.

[69] Sánchez de Medina, V., Priego-Capote, F., and Luque de Castro, M. D. (2012) Characterization of refined edible oils enriched with phenolic extracts from olive leaves and pomace. J. Agric. Food Chem., 60, 5866-5873.

[70] Peralbo-Molina, A., Priego-Capote, F., and Luque de Castro, M. D. (2012) Tentative identification of phenolic compounds in olive pomace extracts using liquid chromatography-tandem mass spectrometry with a quadrupole-quadrupole-time-of-flight mass detector. J. Agric. Food Chem., 60(46), 11542-11550.

[71] Tergum http://www.tergum.es (accessed 12 December 2013).

[72] Japón-Luján, R. and Luque de Castro, M. D. (2006) Superheated liquid extraction of oleuropein and related biophenols from olive leaves. J. Chromatogr. A, 1136(2), 185-191.

[73] SK-II http://www.sk-ii.com/en (accessed 20 January 2014).

[74] Ferrer Healt Tech http://www.exquim.com (accessed 11 December 2013).

[75] Yapo, B. M. (2009) Biochemical characteristics and gelling capacity of pectin from yellow passion fruit rind as affected by acid extractant nature. J. Agric. Food Chem., 57(4), 1572-1578.

[76] Kountouri, A. M., Mylona, A., Kaliora, A. C., and Andrikopoulos, N. K. (2007) Bioavailability of the phenolic compounds of the fruits (drupes) of Olea europaea (olives): impact on plasma antioxidant status in humans. Phytomedicine, 14(10), 659-667.

[77] Meksi, N., Haddar, W., Hammami, S., and Mhenni, M. F. (2012) Olive mill

wastewater: a potential source of natural dyes for textile dyeing. Ind. Crops Prod., 40, 103-109.

[78] Delgado de la Torre, M. P., Ferreiro-Vera, C., Priego-Capote, F., and Luque de Castro, M. D. (2013) Anthocyanidins, proanthocyanidins, and anthocyanins profiling in wine lees by solid-phase extraction — liquid chromatography coupled to electrospray ionization tandem mass spectrometry with data-dependent methods. J. Agric. Food Chem. doi: 10.1021/jf404194q.

[79] Molina-Alcaide, E. and Yáñez-Ruiz, D. R. (2008) Potential use of olive byproducts in ruminant feeding: a review. Anim. Feed Sci. Technol., 147(1-3), 247-264.

[80] Minervino, A. H. H., Júnior, R. A. B., Ferreira, R. N. F., Rodrigues, F. A. M. L., Headley, S. A., Mori, C. S., and Ortolani, E. L. (2009) Clinical observations of cattle and buffalos with experimentally induced chronic copper poisoning. Res. Vet. Sci., 87(3), 473-478.

[81] Clodoveo, M. L., Durante, V., and La Notte, D. (2013) Working towards the development of innovative ultrasound equipment for the extraction of virgin olive oil. Ultrason. Sonochem., 20(5), 1261-1270.

[82] Chemat, F. (2004) Deterioration of edible oils during food processing by ultrasound. Ultrason. Sonochem., 11(1), 13-15.

[83] Chemat, F., Grondin, I., Costes, P., Moutoussamy, L., Shum Cheong Sing, A., and Smadja, J. (2004) High power ultrasound effects on lipid oxidation of refined sunflower oil. Ultrason. Sonochem., 11(5), 281-285.

[84] Cañizares-Macías, M. P., García-Mesa, J. A., and Luque de Castro, M. D. (2004) Fast ultrasound-assisted method for the determination of the oxidative stability of virgin olive oil. Anal. Chim. Acta, 502(2), 161-166.

[85] Canizares-Macías, M. P., García-Mesa, J. A., and Luque de Castro, M. D. (2004) Determination of the oxidative stability of olive oil, using focused-microwave energy to accelerate the oxidation process. Anal. Bioanal. Chem., 378(2), 479-483.

[86] Jackson, R. S. (2008) in Wine Science, 3rd edn (ed. R. S. Jackson), Academic Press, San Diego, CA, pp. 332-417.

[87] Ruggieri, L., Cadena, E., Martínez-Blanco, J., Gasol, C. M., Rieradevall, J., Gabarrell, X., Gea, T., Sort, X., and Sánchez, A. (2009) Recovery of organic wastes in the Spanish wine industry. Technical, economic and environmental analyses of the composting process. J. Cleaner Prod., 17(9), 830-838.

[88] Delgado de la Torre, M. P., Priego-Capote, F., and Luque de Castro, M. D. (2012) Evaluation of the composition of vine shoots and oak chips for oenological purposes by superheated liquid extraction and high-resolution liquid chromatography-time-of-flight/mass spectrometry analysis. J. Agric. Food Chem., 60(13), 3409-3417.

[89] Delgado de la Torre, M. P., Priego-Capote, F., and Luque de Castro, M. D. (2014) Comparative profiling analysis of woody flavouring from vineshoots and oak chips. J. Agric. Food Chem., 94(3), 504-514.

[90] Monagas，M.，Hernández-Ledesma，B.，Gómez-Cordovez，C.，and Bartolomé B. (2005) Commercial dietary ingredients from *Vitis vinifera L.* leaves and grape skins: antioxidant and chemical characterization. J. Agric. Food Chem.，54(2)，319-327.

[91] Lobo，M. C. (1988) The effect of compost from vine shoots on the growth of Barley. Biol. Waste.，25(4)，281-290.

[92] Jiménez-Gómez，S.，Cartagena-Causapé，M. C.，and Arce-Martínez，A. (1993) Distribution of nutrients in anaerobic digestion of vine shoots. Bioresour. Technol.，45 (2)，93-97.

[93] Gañán，J.，Al-Kassir Abdulla，A.，Cuerda-Correa，E. M.，and Macías-García，A. (2006) Energetic exploitation of vine shoot by gasification processes: a preliminary study. Fuel Process. Technol.，87(10)，891-897.

[94] Jiménez，L.，Angulo，V.，Ramos，E.，De la Torre，M. J.，and Ferrer，J. L. (2006) Comparison of various pulping processes for producing pulp from vine shoots. Ind. Crops Prod.，23(2)，122-130.

[95] Jiménez，L.，Angulo，V.，Rodríguez，A.，Sánchez，R.，and Ferrer，J. L. (2009) Pulp and paper from vine shoots: neural fuzzy modeling of ethylene glycol pulping. Bioresour. Technol.，100(2)，756-762.

[96] Corcho-Corral，B.，Olivares-Marín，M.，Fernández-González，C.，Gómez-Serrano，V.，and Macías-García，A. (2006) Preparation and textural characterisation of activated carbon from vine shoots (*Vitis vinifera*) by H_3PO_4: Chemical activation. Appl. Surf. Sci.，252(17)，5961-5966.

[97] Max，B.，Torrado，A. M.，Moldes，A. B.，Converti，A.，and Domínguez，J. M. (2009) Ferulic acid and *p*-coumaric acid solubilization by alkaline hydrolysis of the solid residue obtained after acid prehydrolysis of vine shoot prunings: effect of the hydroxide and pH. Biochem. Eng. J.，43(2)，129-134.

[98] Luque-Rodríguez，J. M.，Pérez-Juan，P.，and Luque de Castro，M. D. (2006) Extraction of polyphenols from vine shoots of *Vitis vinifera* by superheated ethanol-water mixtures. J. Agric. Food Chem.，54(23)，8775-8781.

[99] Pérez-Juan，P. M. and Luque de Castro，M. D. (2014) in Processing and Impact on Active Components in Food (ed. V. Preedy)，Elsevier Inc.，pp. 469-479.

[100] Orhan，D. D.，Orhan，N.，Ergun，E.，and Ergun，F. (2007) Hepatoprotective effect of *Vitis vinifera L.* leaves on carbon tetrachloride-induced acute liver damage in rats. J. Ethnopharmacol.，112(1)，145-151.

[101] Dani，C.，Oliboni，L. S.，Agostini，F.，Funchal，C.，Serafini，L.，Henriques，J. A.，and Salvador，M. (2010) Phenolic content of grapevine leaves (Vitis labrusca var. Bordo) and its neuroprotective effect against peroxide damage. Toxicol. in Vitro，24 (1)，148-153.

[102] Maier，T.，Schieber，A.，Kammerer，D. R.，and Carle，R. (2009) Residues of grape (*Vitis vinifera L.*) seed oil production as a valuable source of phenolic antioxidants. Food Chem.，112(3)，551-559.

[103] Peralbo-Molina, A., Priego-Capote, F., and Luque de Castro, M. D. (2013) Characterization of grape seed residues from the ethanol-distillation industry. Anal. Methods, 5(8), 1922-1929.

[104] Mendes, J. A. S., Prozil, S. O., Evtuguin, D. V., and Cruz-Lopes, L. P. (2013) Towards comprehensive utilization of winemaking residues: characterization of grape skins from red grape pomaces of variety Touriga Nacional. Ind. Crops Prod., 43, 25-32.

[105] Peralbo-Molina, A., Priego-Capote, F., and Luque de Castro, M. D. (2012) Comparison of extraction methods for exploitation of grape skin residues from ethanol distillation. Talanta, 101, 292-298.

[106] Spigno, G., Pizzorno, T., and De Faveri, D. M. (2008) Cellulose and hemicelluloses recovery from grape stalks. Bioresour. Technol., 99(10), 4329-4337.

[107] Ping, L., Brosse, N., Sannigrahi, P., and Ragauskas, A. (2011) Evaluation of grape stalks as a bioresource. Ind. Crops Prod., 33(1), 200-204.

[108] Bertran, E., Sort, X., Soliva, M., and Trillas, I. (2004) Composting winery waste: sludges and grape stalks. Bioresour. Technol., 95(2), 203-208.

[109] Fernandes, L., Casal, S., Cruz, R., Pereira, J. A., and Ramalhosa, E. (2013) Seed oils of ten traditional Portuguese grape varieties with interesting chemical and antioxidant properties. Food Res. Int., 50(1), 161-166.

[110] Beveridge, T. H. J., Girard, B., Kopp, T., and Drover, J. C. G. (2005) Yield and composition of grape seed oils extracted by supercritical carbon dioxide and petroleum ether: varietal effects. J. Agric. Food Chem., 53(5), 1799-1804.

[111] Wijendran, V. and Hayes, K. C. (2004) Dietary n-6 and n-3 fatty acid balance and cardiovascular health. Annu. Rev. Nutr., 24, 597-615.

[112] Fernández, C. M., Ramos, M. J., Pérez, A., and Rodríguez, J. F. (2010) Production of biodiesel from winery waste: extraction, refining and transesterification of grape seed oil. Bioresour. Technol., 101(18), 7030-7035.

[113] Shi, J., Yu, J., Pohorly, J. E., and Kakuda, Y. (2003) Polyphenolics in grape seeds-biochemistry and functionality. J. Med. Food, 6(4), 291-299.

[114] Sivarooban, T., Hettiarachchy, N. S., and Johnson, M. G. (2008) Physical and antimicrobial properties of grape seed extract, nisin, and EDTA incorporated soy protein edible films. Food Res. Int., 41(8), 781-785.

[115] Luque-Rodríguez, J. M., Pérez-Juan, P., and Luque de Castro, M. D. (2007) Dynamic superheated liquid extraction of anthocyanins and other phenolics from red grapeskins of winemaking residues. Bioresour. Technol., 98(14), 2705-2713.

[116] Arbatan, T., Zhang, L., Fang, X.-Y., and Shen, W. (2012) Cellulose nanofibers as binder for fabrication of superhydrophobic paper. Chem. Eng. J., 210, 74-79.

[117] Chen, J., Liang, R.-h., Liu, W., Luo, S.-j., Liu, C.-m., Wu, S., and Wang, Z. (2014) Extraction of pectin from Premna microphylla turcz leaves and its physicochemical properties. Carbohydr. Polym., 102, 376-384.

[118] Tsai, R.-Y., Chen, P.-W., Kuo, T.-Y., Lin, C.-M., Wang, D.-M., Hsien, T.-

Y. , and Hsieh, H. J. (2014) Chitosan/pectin/gum Arabic polyelectrolyte complex: process-dependent appearance, microstructure analysis and its application. Carbohydr. Polym. , 101, 752-759.

[119] Prozil, S. O. , Evtuguin, D. V. , and Lopes, L. P. C. (2012) Chemical composition of grape stalks of *Vitis vinifera L.* from red grape pomaces. Ind. Crops Prod. , 35(1), 178-184.

[120] Ping, L. , Brosse, L. , Chrusciel, L. , Navarrete, P. , and Pizzi, A. (2011) Extraction of condensed tannins from grape pomace for use as wood adhesives. Ind. Crops Prod. , 33(1), 253-257.

[121] Villaescusa, I. , Fiol, N. , Martínez, M. , Miralles, N. , Poch, J. , and Serarols, J. (2004) Removal of copper and nickel ions from aqueous solutions by grape stalks wastes. Water Res. , 38(4), 992-1002.

[122] Pérez-Serradilla, J. A. and Luque de Castro, M. D. (2008) Role of lees in wine production: a review. Food Chem. , 111(2), 447-456.

[123] Ladaniya, M. S. (ed.) (2008) Citrus Fruit, Academic Press, San Diego, CA.

[124] Abeysinghe, D. , Li, X. , Sun, C. D. , Zhang, W. -S. , Zhou, C. H. , and Chen, K. S. (2007) Bioactive compounds and antioxidant capacities in different edible tissues of citrusfruit of four species. Food Chem. , 104(4), 1338-1344.

[125] Marín, F. R. , Soler-Rivas, C. , Benavente-García, O. , Castillo, J. , and Pérez-Álvarez, J. A. (2007) By-products from different citrus processes as a source of customized functional fibres. Food Chem. , 100(2), 736-741.

[126] Pourbafrani, M. , Forgacs, G. , Horvath, I. S. , Niklasson, C. , and Taherzadeh, M. J. (2010) Production of biofuels, limonene and pectin from citrus wastes. Bioresour. Technol. , 101, 4246-4250.

[127] Hayat, K. , Zhang, X. , Chen, H. , Xia, S. , Jia, C. , and Zhong, F. (2010) Liberation and separation of phenolic compounds from citrus mandarin peels by microwave heating and its effect on antioxidant activity. Sep. Purif. Technol. , 73, 371-376.

[128] Hosni, K. , Zahed, N. , Chrif, R. , Abid, I. , Medfei, W. , Kallel, M. , Brahim, N. B. , and Sebei, H. (2010) Composition of peel essential oils from four selected Tunisian Citrus species: evidence for the genotypic influence. Food Chem. , 123(4), 1098-1104.

[129] Bakkali, F. , Averbeck, S. , Averbeck, D. , and Idaomar, M. (2008) Biological effects of essential oils: a review. Food Chem. Toxicol. , 46(2), 446-475.

[130] Bousbia, N. , Vian, M. A. , Ferhat, M. A. , Meklati, B. Y. , and Chemat, F. (2009) A new process for extraction of essential oil from Citrus peels: microwave hydrodiffusion and gravity. J. Food Eng. , 90(3), 409-413.

[131] Lohrasbi, M. , Pourbafrani, M. , Niklasson, C. , and Taherzadeh, M. J. (2010) Process design and economic analysis of a citrus waste biorefinery with biofuels and limoneneas products. Bioresour. Technol. , 101, 7382-7388.

[132] Tripoli, E. , La Guardia, M. , Giammanco, S. , Di Majo, D. , and Giammanco, M.

(2007) Citrus flavonoids: molecular structure, biological activity and nutritional properties: a review. Food Chem., 104(2), 466479.

[133] Zia ur, R. (2006) Citrus peel extract: A natural source of antioxidant. Food Chem., 99(3), 450-454.

[134] Liu, L., Cao, J., Huang, J., Cai, Y., and Yao, J. (2010) Extraction of pectins with different degrees of esterification from mulberry branch bark. Bioresour. Technol., 101, 3268-3273.

[135] Piriyaprasarth, S. and Sriamornsak, P. (2011) Flocculating and suspending properties of commercial citrus pectin and pectin extracted from pomelo (Citrus maxima) peel. Carbohydr. Polym., 83(2), 561-568.

[136] Maxwell, E. G., Belshaw, N. J., Waldron, K. W., and Morris, V. J. (2012) Pectin: Anemerging new bioactive food polysaccharide. Trends Food Sci. Technol., 24, 64-73.

[137] Boluda-Aguilar, M. and López-Gómez, A. (2013) Production of bioethanol by fermentation of lemon (Citrus limon L.) peel wastes pretreated with steam explosion. Ind. Crop Prod., 41, 188-197.

[138] Martin, M. A., Siles, J. A., Chica, A. F., and Martín, A. (2010) Biomethanization of orange peel waste. Bioresour. Technol., 101 (23), 8993-8999.

[139] Rezzadori, K., Benedetti, S., and Amante, E. R. (2012) Proposals for the residues recovery: orange waste as raw material for new products. Food Bioprod. Process., 90 (4), 606-614.

[140] Bicu, I. and Mustata, F. (2011) Cellulose extraction from orange peel using sulfite digestion reagents. Bioresour. Technol., 102(21), 10013-10019.

[141] Ververis, C., Georghiou, K., Danielidis, D., Hatzinikolaou, D. G., Santas, P., Santas, R., and Corleti, V. (2007) Cellulose, hemicelluloses, lignin and ash content of some organic materials and their suitability for use as paper pulp supplements. Bioresour. Technol., 98, 296-301.

[142] Pavan, F. A., Lima, I. S., Lima, C. E., Airoldi, C., and Gushikem, Y. (2006) Use of Ponkan mandarin peels as biosorbent for toxic metals uptake from aqueous solutions. J. Hazard. Mater., 137(1), 527-533.

[143] Bampidis, V. A. and Robinson, P. H. (2006) Citrus by-products as ruminant feeds: a review. Anim. Feed Sci. Technol., 128(3-4), 175-217.

[144] Duoss-Jennings, H. A., Schmidt, T. B., Callaway, T. R., Carroll, J. A., Martin, J. M., Shields-Menard, S. A., Broadway, P. R., and Donaldson, J. R. (2013) Effect of citrus byproducts on survival of O157:H7 and non-O157 Escherichia coli serogroups within in vitro bovine ruminal microbial fermentations. Int. J. Microbiol. doi: 10.1155/2013/398320.

作者：Carlos A. Ledesma-Escobar，María D. Luque de Castro
译者：郭东锋，孙思琪

第9章 脉冲电场技术选择性提取食用植物及残渣

最近研究者们制定了天然产物绿色提取的主要原则。绿色提取的主要内容是采用可再生植物资源,选用可替代溶剂(水或农用溶剂),降低能源消耗和操作复杂性,生产高质量和高纯度的提取物(非变性和可生物降解),同时得到提取的副产物。[1]绿色提取的理念非常新颖,得益于技术创新和新兴技术的应用。溶剂提取(扩散)和力场提取(压榨、过滤和离心)广泛应用于果汁、葡萄酒、糖、植物油和淀粉的生产,以及农作物组分的提取(碳水化合物或多糖、着色剂、抗氧化剂、精油、蛋白质、香精、香料等)。提取时人们经常使用易造成环境污染的化学或生物试剂。例如,使用有机溶剂(正己烷、庚烷)从油菜籽中提取菜籽油;使用生物酶催熟和压榨苹果;使用矿物质(碳酸钙)吸附甜菜汁中的杂质。在人们公认的绿色溶剂中,水是首选溶剂,然后是可再生溶剂(生物溶剂,如乙醇或异丙醇)。[2]然而绿色溶剂,特别是室温水,通常不适于高效提取食用植物。目前工业上采用的传统处理方法(研磨、加热)和其他处理方法通过破坏植物组织结构(细胞膜和细胞壁)提高提取效率,然而这种破坏方式不受控制。

最新的科学和实践研究表明,脉冲电场(Pulsed Electric Field,PEF)技术与绿色提取理念相契合。[3]PEF辅助提取技术对于加速固液萃取具有重要作用,因此在食品工程中的应用日益广泛。采用传统方法(加热法、化学法等)加速提取一般须使用不安全的有机溶剂、酶、洗涤剂,需要升温或会产生不合理的高能耗,这导致其并不符合绿色提取的理念且通常会发生降解。PEF辅助提取技术的另一个优点是可以灭活病原微生物和腐败微生物。[4-5]

如图9.1所示,PEF可以增强不同食品及生物质的传质过程。毫无疑问,PEF在选择性绿色提取食用植物及残渣方面具有广泛的潜在应用前景。相关文献最新报道了其中的一些应用。[6-10]PEF与其他技术(如超声或超临界流体)的组合对于提取过程具有协同效应。PEF辅助提取技术的应用使得各种农产品的工业化提取更具选择性且更绿色化,并可降低能源消耗。

本章概述了PEF辅助提取技术的现状和最新进展,并举例说明了其在不同材料中的应用。

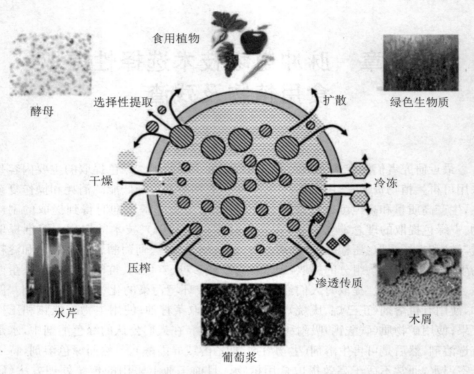

食用植物

酵母　　选择性提取　　　　　　　　扩散　　绿色生物质

干燥　　　　　　　　　　　　　　　　　冷冻

压榨　　　　　　　　　　　　　　渗透传质

水芹　　　　　　　　　　　　　　　　木屑

葡萄浆

图 9.1　PEF 在食品和生物质传质中的不同应用

9.1　脉冲电场辅助提取的基础知识

　　PEF 辅助提取技术是传统技术和电场技术的结合。电场处理可以与溶剂提取同时进行,也可作为物料提取前的预处理。[6-8]电场处理可产生多种效应:材料加热效应、细胞的电穿孔或电渗透效应和电刺激效应。

　　PEF 是一种脉冲宽度极短(从几纳秒到几毫秒)的非热处理技术,其脉冲幅度范围从 100～300 V/cm 到 300 kV/cm。与其他方法的不同点在于,脉冲电场对细胞膜的损伤有限,并且不会破坏组织基质。在 PEF 的作用下,生物膜被电穿孔,并暂时或永久地失去其半渗透性。[11]电场作用于微米级细胞膜会产生电位差 u_m,当 u_m 超过一定的阈值(通常为 0.5～1.5 V)时,就会发生电穿孔。电位差与细胞的大小成正比,因此大细胞比小细胞更易损伤。

　　实际上,电穿孔的程度还取决于原材料的性质(各种成分的电导率、含水率、是否存在空气等)和脉冲处理的各个参数。在电场强度 E 为 500～1000 V/cm,时间

为 $10^{-4}\sim10^{-1}$ s 的 PEF 条件下,可以观察到富含水分的植物组织与大细胞(一般为 50～100 μm)发生明显的电穿孔。研究表明,在欧姆加热的过程中,即使在中等场强(Moderate Electric Field,MEF),也就是电场强度 E 低于 100 V/cm 的条件下,也会发生电穿孔。[12] 通常情况下,不同的传质效应也会伴随着电穿孔。[13] 生物膜的电渗透性部分可逆或不可逆。如果在较低的场强下处理生物组织,生物膜可能在脉冲终止后几秒内恢复完整性。[14] 在欧洲,PEF 在微生物的非热灭活和液体食品的巴氏杀菌上取得了非常显著的成果。[4,15-16] 需要强调的是,PEF 进行电穿孔及灭活微生物(<5 μm)需要较高的场强(E 为 20～50 kV/cm)和很短的处理时间($10^{-5}\sim10^{-4}$ s)。[4]

研究还表明,电穿孔可以将小分子或大分子导入细胞或从细胞中提取出来,将蛋白质嵌入细胞膜,并融合进细胞。[11] 由于电穿孔效率高,其在生物化学、分子生物学和医学的众多领域得到了广泛应用。电穿孔较重要的功能之一是它能够创造条件使小分子或大分子实现跨细胞膜运输,进而促进提取过程。[8] 细胞网状结构能够阻止一些不需要的化合物通过,对于提取来说,这是一个很大的优势,可以提高选择性。此外,经 PEF 处理并提取完全的植物材料,比采用热处理的材料变化更小,可让植物材料作为生物质精制原料发挥其新的作用。

下面将讨论不同的 PEF 辅助提取技术的例子。

9.2　脉冲电场在不同食用植物和残渣提取中的应用

PEF 最具潜力的应用是新鲜食用植物"冷"提取技术的开发,如从甜菜根中提取蔗糖,从红甜菜中提取甜菜碱,从菊苣中提取菊糖,从胡萝卜中提取 β-胡萝卜素,从葡萄中提取酚类物质。

9.2.1　甜菜

19 世纪,传统的蔗糖提取和纯化技术一直没有实质性的改变。该技术采用能源加热,使甜菜丝中的蔗糖在 70～75 ℃ 的条件下扩散到热水中,并使用大量石灰进行非常复杂的多级糖浆净化。

应用 PEF 对于替代和改进传统加热技术具有很大的潜力。例如,甜菜根的细胞膜在电穿孔以后,即使在室温下也可以显著提高蔗糖的扩散性,并避免细胞壁发生热降解。低温 PEF 处理可更好地保持细胞组织结构的完整性,使更多的果胶留存在细胞基质中。最近,研究者们深入研究了实验室规模的 PEF 辅助压榨和水提甜菜。[18-31] 研究表明,两步压榨加上中间的 PEF 技术,总收率可达到 82%,证实了低温压榨 PEF 技术提取甜菜的有效性。[18]经 PEF 处理后的冷榨果汁纯度（95%～98%）高于 PEF 处理前（90%～93%）。此外，果胶的含量明显较低，果汁色度是工厂果汁色度的 1/4～1/3。[23]

另一个研究也表明了冷水或温水提取蔗糖的可能规律。[22]在 60 ℃对照样和 30 ℃ PEF 处理的甜菜组织中，溶质扩散几乎相同，冷扩散后得到的果汁纯度最高。即使在 70 ℃时热扩散，经 PEF 处理的甜菜生产的果汁纯度也高于未经 PEF 处理的甜菜。[30]

最近报道了 PEF 辅助水溶液提取糖的中试放大研究，该中试装置是由 14 个提取单元组成的中试逆流提取器。[31]研究者们将用工业刀具制备的甜菜丝在 100～600 V/cm 的电场强度下进行 PEF 处理，PEF 处理时间为 50 ms。他们研究了主要的提取参数（提取温度、提取液与甜菜质量比，即液固比）对提取动力学及提取液和甜菜浆特性的影响。PEF 处理后的甜菜丝提取温度为 30～70 ℃；液固比为 90%～120%。实验装置如图 9.2 所示。

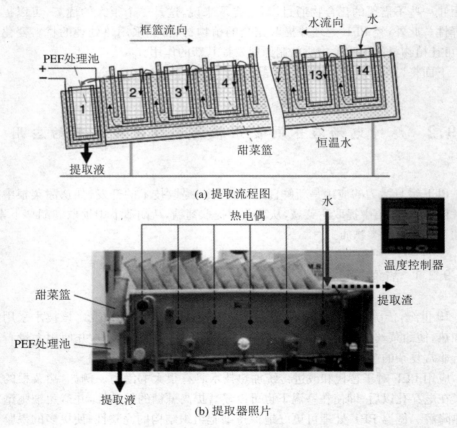

(a) 提取流程图

(b) 提取器照片

图 9.2　实验装置示意图

　　图 9.3 比较了 PEF 处理后的甜菜丝在不同扩散温度下的提取数据。在 PEF 处理下,温度对蔗糖提取动力学的影响较小。但是,我们可以清晰地观察到以下总体趋势:升高温度可以提高第一个提取单元的提取液浓度,最后的提取单元已经提取完全。例如,在 50 ℃下提取 PEF 处理后的甜菜丝,最后两个提取单元就完全没有溶质。然而,在 30 ℃下提取 PEF 处理后的甜菜丝,就需要全部 14 个提取单元才能提取完全。因此,PEF 处理与适当加热(如 50 ℃)相结合有助于缩短提取时间。

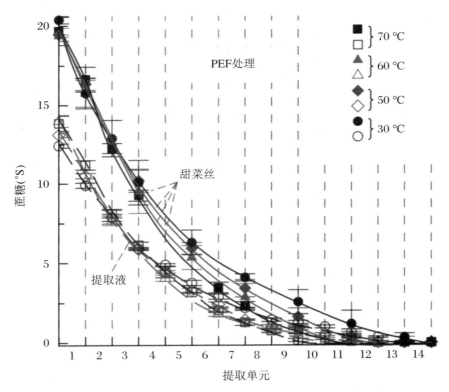

图 9.3　不同温度下各个提取单元提取液及甜菜丝中的蔗糖浓度

　　Van der Kooy[28]研究了不同温度(20～70 ℃),电场强度为 1～7 kV/cm,脉冲宽度为 2～5 μs 对甜菜蔗糖提取动力学的影响。蔗糖产率随电场强度、提取时间和温度的增加而增加,温度越低对电场强度的影响越大。

　　最近的研究表明,与工业热扩散法提取的糖汁相比,不加热提取的糖汁颜色较浅,纯度更高。[32-35] PEF 处理技术将会简化(甚至消除)目前蔗糖生产中工艺复杂且具有高污染的活性炭纯化工艺。未来的制糖技术能耗更低、污染更低。此外,蔗糖完全提取后的甜菜渣中含有更多的果胶,价值更高。研究发现,在 PET 处理后采用低温和中温提取法得到的糖汁纯度高于传统 70 ℃热水扩散法得到的糖汁纯度。

　　液固比从 100% 降低到 90%,可以提高提取汁的浓度,但是甜菜丝较难完全提取。在 PEF 处理后进行提取，甜菜渣的干度将大于 30%，显著高于传统热水提取后的干度。对低温和中温提取（30～60 ℃）来说，PEF 的最适参数 E 在 260 V/cm（60 ℃）和 600 V/cm（30 ℃）间。液固比从 120% 降低到 100%，甚至降低到 90%，如果采用 PEF 处理与中温加热相结合，那么提取时间就可以控制在 70 min 以内。如果提取温度从 70 ℃ 降到 30 ℃（即 $\Delta T = 40$ ℃），那么其能量增益约为 46.7 kW/（h^{-1}·t），显著高于 PEF 处理所需的能源消耗［约为 5.4 kW/（h^{-1}·t）］。若进一步优化 PEF 处理参数，那么可使液固比比值优化到最低，还可以进一步降低 PEF 处理的能耗。

　　研究者通过在 PEF 处理后于 30 ℃ 和 50 ℃ 下进行提取，以及采用传统加热方法在 70 ℃ 下进行提取，详细比较了三种提取液的各种质量特性（可溶性固形物含量、纯度、杂质、色度和过滤性能）。研究发现，PEF 可使冷提取溶液中的胶体杂质（特别是果胶）浓度更低、色度更低、过滤性更好。若提取温度从 70 ℃ 降至 30 ℃，那么各种色素及色素中间体含量可显著降低（图 9.4）。

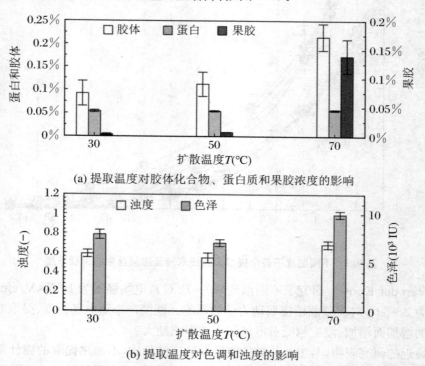

(a) 提取温度对胶体化合物、蛋白质和果胶浓度的影响

(b) 提取温度对色调和浊度的影响

图 9.4　提取温度对胶体化合物、蛋白质和果胶浓度的影响及提取温度对色调和浊度的影响

　　细胞壁和细胞膜的主要成分是低聚分子化合物和多聚分子化合物，提高提取温度会使细胞壁分解，从而加快这些聚合物的提取。升高温度还可加速提取液中提取成分之间的各种化学反应（如美拉德反应导致色泽加深）。升高温度可提取更多高分子化合物且生成负面的化学反应产物，导致提取液质量下降。[33]

9.2.2　红甜菜

水溶性甜菜红色素是红甜菜中主要的紫红色色素,可采用场强为 1 kV/cm 的 PEF 进行处理,甜菜红色素的提取率很高(占总色素的 90%)。[36-37]。与未进行 PEF 处理的样品相比,采用 7 kV/cm 的 PEF 进行处理,甜菜红色素的最大产率提高了 4.2 倍,甜菜红色素基本提取完全。[36] 将 7 kV/cm 的 PEF 处理与 14 kg/cm² 的挤压相结合,提取时间将缩短至原来的 1/18。于室温下即使场强为 400~600 V/cm[38],红甜菜组织也能进行有效的电穿孔。文献[37]讨论了电场和温度(T 为 30~80 ℃)对色素降解及提取动力学的影响。PEF 处理实验采用单极矩形 100 μs 脉冲序列(电场强度 E 为 375~1500 V/cm,总处理时间 t_{PEF} 为 0~0.2 s),并通过吸光度和电导率的测定表征色素降解和提取。结果表明,PEF 处理可以加速甜菜红色素的提取并缩短提取时间,研究证实在水提取时电穿孔可以显著增强色素的释放。

图 9.5 是红甜菜组织对照样品[图 9.5(a)]和 PEF 处理样品[图 9.5(b)]水提 3 h 后的光学显微镜图像。很明显,对照样品的组织色泽较深,而经 PEF 处理后的组织则几乎无色。深色组织意味着细胞没有被破坏,浅色组织说明细胞被破坏,细胞内溶物释放,色素含量降低。[37] 经 PEF 处理的组织细胞呈均匀的浅白色。该实验结果表明:PEF 诱导的红甜菜组织变化与细胞的电穿孔有关。

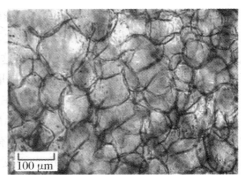

　(a) 对照样品　　　　　　　　　　　　　　(b) PEF预处理样品

图 9.5　红甜菜组织提取后的显微镜图像

PEF 处理与热提取的提取指数 B 与色素降解指数 D 的定义分别为

$$B = (\sigma - \sigma_i)/(\sigma_f - \sigma_i)$$
$$D = (A - A_i)/(A_f - A_i)$$

式中,σ 是提取液电导率,A 是红甜菜汁在波长 536 nm 处的吸光度(即甜菜红色素的最大吸收峰波长),下标 i 和 f 分别表示提取液的起始值和终点值。图 9.6 是相

同提取条件下 B 对 D 的变化曲线。

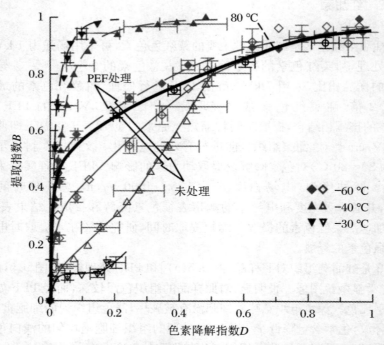

图 9.6　不同温度下 PEF 未处理及处理后红甜菜汁提取指数 B 与色素降解指数 D 曲线图

　　于 80 ℃下提取时，两种提取方式的 $B(D)$ 变化曲线基本相同，但是在 30～60 ℃下提取时，两种提取方式的曲线差异很大。低温提取时，未处理样品的 $B(D)$ 曲线始终低于 PEF 处理样品的 $B(D)$ 曲线，这说明 PEF 处理可以在促进提取的同时减少色素降解。例如，在 T 为 30 ℃ 的冷提取条件下，PEF 处理样品的色素降解指数低（$D=0.1$）、提取指数高（$B=0.95$）。在 80 ℃下热提取 1 h，甜菜红色素几乎可以完全降解，因此冷提取非常重要。升高温度虽然加速了甜菜红色素的提取速率，但也加速了色素降解。PEF 处理消除了具有较小活化能的膜屏障，因此可以采用非常高效的冷提取，实现高水平的色素释放和低水平的色素降解效果。PEF 处理具有非常广阔的前景，在高效冷提取方面的应用鼓舞人心，即色素提取效率高且降解率很低（5%～10%）。[37]

9.2.3　菊苣根

　　菊苣根含有许多有益的成分，如蔗糖、蛋白质和菊糖（一种重要的食品工业原料，它可以完全替代乳制品和肉制品中的脂肪，从而生产出高质量的膳食食品）。菊糖还可替代饮品中的膳食纤维或糖。

　　文献[39]讨论了 PEF 处理对菊苣组织中可溶性固形物提取率的影响。根据电导率崩解指数 Z（图 9.7），我们可以推测组织损伤程度。[7]

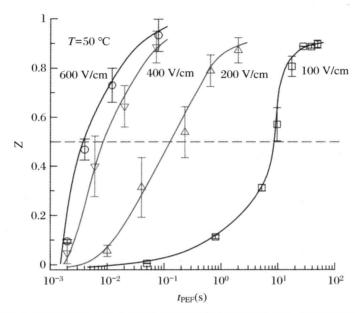

图 9.7　PEF 处理菊苣组织在温度 50 ℃、不同场强下崩解指数 Z 与 PEF 处理时间曲线图

　　PEF 处理时崩解指数 Z 会增大。电场强度越高，这种效应越明显（图 9.7）。当 PEF 处理菊苣组织的电场强度为 100～600 V/cm 时，可增强膜的通透性，并使组织高度崩解。

　　未处理与 PEF 处理的菊苣根切片的有效扩散系数 D 的阿伦尼乌斯曲线如图 9.8 所示。在高温（60～80 ℃）时，未经处理和 PEF 处理的切片 D 值最高。在较低的温度下，PEF 处理的切片 D 值明显高于未处理切片。

　　如图 9.8 所示，甜菜的溶质扩散速度比菊苣快，甜菜根的交叉温度（80 ℃）比菊苣（60 ℃）高。通常热损伤的活化能相当高（超过 200 kJ/mol，图 9.8）。然而，通过 PEF 处理，活化能可显著降低至约 20 kJ/mol。温度对电穿孔效率很重要，反映了热处理和 PEF 的协同效应。

9.2.4　苹果

　　有学者利用 PEF 处理苹果组织[40]，采集实验数据，建立了介电破壁模型并进行了验证。文献[41]采用电场作用于各向异性和各向同性苹果组织，测定了苹果组织电渗透的变化。结果表明，细长形细胞（取自苹果薄壁组织内部区域）的不同方向对电场的响应不同，而圆形细胞（取自苹果薄壁组织外部区域）对电场的响应与方向没有相关性。组织弛豫数据说明当脉冲时间较长时苹果组织损伤率较高。相关文献研究了 PEF 和热处理协同作用对苹果组织和苹果汁质构特性的影响。[42] 事实表明，温和热处理可增加 PEF 处理的损伤率，于 50 ℃ 下预热并经 PEF 处理（$E \approx 500$ V/cm）的苹果组织，压榨后可以显著提高果汁得率。

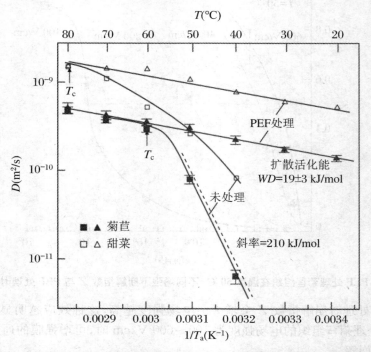

图 9.8　未处理和 PEF 处理的菊苣根切片的有效扩散系数 D 的阿伦尼乌斯曲线

　　PEF 的一个潜在应用是在不使用酶的情况下生产苹果汁，这实际上有助于提高产量。[43] 相关文献比较了单极脉冲和双极 PEF 处理对提高苹果汁提取率的影响。[44] 实验采用电场强度 E 为 $100 \sim 1300$ V/cm，脉冲持续时间为 $20 \sim 300$ μs，脉冲数 N 为 $10 \sim 200$，频率为 200 Hz 进行 PEF 处理。单极脉冲处理的果汁得率比双极脉冲处理低，然而，单极脉冲和双极脉冲的总可溶性固形物含量近似。

　　目前，有许多学者致力于研究 PEF 处理对苹果榨汁的影响。应用 PEF 可以显著提高果汁产量和果汁中可溶性物质的含量。研究表明，果汁特性和产量与切片大小直接相关。[42] 例如，尺寸为 2 mm×3.5 mm×55 mm 的金冠苹果片经 PEF 处理后（$E = 400$ V/cm，$t_{PEF} = 0.1$ s），果汁产量增加 28%，而尺寸为 1 mm×1.9 mm×55 mm 的苹果片产量仅增加 5%。[45-46] 在 E 为 450 V/cm 的条件下，经 PEF 处理的大苹果切片（对照样品）的产汁率（$Y = 71.4\%$）显著高于对照小苹果切片的产汁率（$Y = 45.6\%$）。[43] PEF 处理没有改变酸甜平衡和 pH，然而在 PEF 处理后，天然多酚的产率有所下降[对照小苹果切片（对照样品）：9.6%；经 PEF 处理的小苹果切片:5.9%]。经 PEF 处理后,苹果汁的澄清度明显提高,总可溶性物质和多酚含量增加,果汁的抗氧化能力增强。[46]①

9.2.5 葡萄

PEF 的另一个应用是 PEF 处理与白葡萄压榨相结合,经 PEF 处理的葡萄汁浊度更低(更澄清)。[42]因此,处理后的果汁不需要使用污染性助滤剂(如硅藻土)进行过滤。PEF 还能够辅助提取红葡萄中的芳香化合物和酚类化合物,提取速度更快,选择性更高。[48-49]

PEF 诱导酿酒葡萄电穿孔是一种很有前景的改进工艺,可以选择性地提取色素和有益成分。[42,49]PEF 处理($E = 750$ V/cm,$t_{PEF} = 0.3$ s)可使果汁产率达到 73%~78%,而未经 PEF 处理的葡萄(麝香葡萄、赤霞珠葡萄和赛美蓉葡萄)产率仅为 49%~54%。[42]PEF 处理霞多丽葡萄可提高压榨动力学及多酚提取得率。[45]目前,研究者们已经对采用 PEF 辅助处理葡萄皮后提取多酚开展了实验研究。[50]显微镜下能清楚地观察到,PEF 处理可以将花青素质体中的红色色素提取到细胞中。实验结果表明,增加脉冲宽度能够提高多酚类物质的产率,降低能耗。应用 PEF 有利于缩短酿酒工艺中的浸渍时间,生产出品质优良的葡萄酒。一些文献报道了 PEF 在酿酒工业中的一些应用及前景。[49]

9.2.6 其他果蔬

有学者以马铃薯为模型系统,测试电穿孔效应,研究植物组织的电穿孔可逆性、瞬时黏弹性行为、不同的胁迫诱导效应、代谢响应和电刺激效应。[40,42,45,51-52]还有学者详细研究了 PEF 处理对马铃薯质构特性和抗压特性的影响[45]。相关研究表明,仅仅采用 PEF 处理不足以完全消除结构强度的影响,然而在 45~55 ℃时进行中温热预处理,可提高 PEF 效率。[9]马铃薯还被用于研究温度和 PEF 参数对保质期、脱水、冷冻和干燥的影响。[40,42,51-52]目前,已有许多学者对 PEF 在提取方面的实际应用开展了探索。例如,PEF 能够促进马铃薯淀粉的提取,提高富含花青素的色素提取率。[53]

PEF 也适用于其他组织,如红甜椒和红辣椒、茴香、紫花苜蓿和红甘蓝。[7,39]这些研究都表明 PEF 可以提高果汁产量,促进干物质、类胡萝卜素、维生素、蔗糖、蛋白质等化合物的提取效率。目前已经证实,PEF 可以辅助选择性提取胡萝卜中的水溶性成分(可溶性糖),生产富含维生素和类胡萝卜素的"无糖"浓缩物。[45]当以乙酸乙酯为提取溶剂,电场强度为 30 kV/cm,液料比为 9 mL/g,脉冲数为 8,温度为 30 ℃进行单次提取时,番茄皮渣中的番茄红素提取率能达到 96.7%。[54]由此可

---

① 译者注:此处原著文献为[47],比对文献内容应为[46]。

见，高压 PEF 辅助提取是一种新型快速的番茄红素提取方法。将紫甘蓝碎片浸渍于水中，置于 PEF 处理室，在电场强度为 2.5 kV/cm，脉冲时间为 15 μs，脉冲数为 50 的条件下，总花青素的提取效率可以提高 2.15 倍。[55]

9.2.7　蛋黄

蛋黄富含卵磷脂（磷脂混合物：磷脂酰胆碱为 29%～46%，磷脂酰乙醇胺为 21%～34%，磷脂酰肌醇为 13%～21%）。然而，工业化提取纯卵磷脂成本太高，人们通常从植物种子中提取卵磷脂，例如大豆、含油种子。[56]结果表明，经 PEF 辅助的 95%乙醇有机溶剂能够从蛋黄中提取纯磷脂酰胆碱。[57]蛋黄卵磷脂提取的最佳工艺条件如下：电场强度为 39 kV/cm，脉冲数为 31，提取溶剂含水率为 9%。以蛋黄粉为原料，提取液中磷脂酰胆碱的含量可提高到 90%。

9.2.8　生物悬浮液和酵母

PEF 还可以削弱细胞结构强度，提高传统或非传统工艺效率。例如，PEF 处理可以削弱面包酵母的结构，因此其可以与高压均质（High Pressure Homogenization，HPH）相结合，更加有效地提取蛋白。[58]加热可使生物膜更容易电穿孔，因此 PEF 处理、中温（低于 50 ℃）加热与微波辅助相结合是一种有效的加工工艺。

研究表明，PEF 和高压放电（High-Voltage Electrical Discharge，HVED）处理不能完全破坏酵母细胞，尽管 HVED 的效率高于 PEF。[59]图 9.9 显示了离子组分提取率 Z 与 HPH 的通过次数 N_p［图 9.9(a)］及 HVED 与 PEF 处理的脉冲数 N［图 9.9(b)］的关系。在 p 为 80 MPa 和 N_p 为 20 的条件下，HPH 几乎可完全破坏酵母，离子物质的释放量最高，Z 约为 1。这些数据与文献[58]的研究数据一致。

PEF 对于离子化蛋白质和核酸的提取具有很高的选择性。例如，在场强 E 为 40 kV/cm、脉冲数 N 为 500 的条件下，分别采用 HVED 和 PEF 处理，在两种处理方式下可以分别提取约 80%和 70%的离子化物质、约 4%和 1%的蛋白质、约 30%和 16%的核酸。

为了从啤酒废酵母中提取海藻糖，有学者应用 PEF 处理啤酒废酵母。[60]在电场强度 E 约为 20 kV/cm，液固比为 30:1 的条件下，海藻糖提取率可达 2.635%。与其他两种技术相比，PEF 辅助提取效率最高，比微波提取效率高 15.96 倍，比超声提取效率高 34.08 倍。在脉冲宽度为 0.0067 s，电场强度 E 为 50 kV/cm，水和乙醇为溶剂的条件下，PEF 处理可以提高啤酒酵母的 RNA 产量。[61]乙醇提取的 RNA 产量是水提取的 1.69 倍。

最新研究证明，PEF 可以在不杀死细胞的情况下，增强胞内蛋白的提取效率。[62]在微流通道中培养的中国仓鼠卵巢细胞可作为源蛋白，并在 PEF 电场强度

E 为 $0.4\sim1.1\,kV/cm$ 和脉冲持续时间 t_i 为 $10\sim50\,ms$ 的条件下进行处理。通过调节 E 和 t_i 的值,可以控制蛋白质的均匀释放及活细胞的百分比。

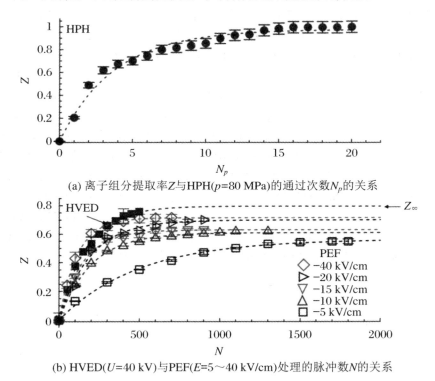

(a) 离子组分提取率 Z 与 HPH(p=80 MPa)的通过次数 N_p 的关系

(b) HVED(U=40 kV)与 PEF(E=5~40 kV/cm)处理的脉冲数 N 的关系

图 9.9　离子组分提取率 Z 与 HPH(p = 80 MPa)的通过次数 N_p 及 HVED(U = 40 kV)
　　　与 PEF(E = 5～40 kV/cm)处理的脉冲数 N 的关系

9.2.9　微藻

微藻富含脂类、蛋白质、多不饱和脂肪酸、类胡萝卜素、有益的色素和维生素,可用于食品、饲料、化妆品、制药、生物燃料等行业。通过传统方法提取这些成分使用的溶剂具有环境毒性。最近,几个研究小组利用 PEF 辅助技术从微藻中提取有益成分。他们在 PEF 电场强度 E 为 $23\sim43\,kV\cdot cm^{-1}$,脉冲时间为 $1\,\mu s$ 的流通池中处理小球藻(*Auxenochlorella protothecoides*)浓缩液($36\sim167\,g$ 干重/kg 悬浮液)。[63]当生物量为 $100\,g$ 干重/kg 时,需消耗 $1\,MJ/kg$ 能量,细胞明显解体,相当于藻类最高热值的 4.8%。从中可以说明,PEF 辅助提取具有高度选择性,可释放细胞内的可溶性物质,而提取脂类则需要使用溶剂。因而可以在提取的第一步进行 PEF 处理并在第二步使用溶剂。[63]Coustets[64]研究了连续性 PEF 处理,提出了连续流技术可完全提取微藻(微绿藻和小球藻)的细胞质蛋白。连续流可以进行规模化 PEF 处理。微藻经 PEF 处理后，在盐缓冲液中培养 24 h,可以观察到蛋白质的高效提取。有学者以绿色溶剂乙酸乙酯为提取剂，采用 PEF 技术可以促进镰形纤维藻湿菌体中脂质的提取。研究表明，应用 PEF 技术可以显著提高脂质回收率，值得注意的是，脂质回收率的增加不是由于受到温度的影响而是由于受到电穿孔的影响。[65]

Grimi 等[45]研究了多种破碎细胞技术提取微藻(*annochloropsis sp.*,微拟球藻)的胞内成分，这些技术包括 PEF(20 kV/cm,1~4 ms,13.3~53.1 kJ/kg)、HVED(40 kV/cm,1~4 ms,13.3~53.1 kJ/kg)、超声(Ultrasonication,USN)(200 W,1~8 min,12~96 kJ/kg)和 HPH(150 MPa,1~10 次,150~1500 kJ/kg)。

数据表明，基于电的破坏技术(PEF 和 HVED)可以选择性地提取水溶性离子化成分和微量元素、小分子化合物和水溶性蛋白质。图 9.10 比较了采用不同的处理方法提取 1%微藻悬浮液中水溶性蛋白的提取率 Z_p(%),处理顺序为：未处理→PEF→HVED→USN→HPH。水溶性蛋白提取率 Z_p 约为 0.7%[质量分数(干重生物量)]。需要指出的是，与 HVED 处理(Z_p 约为 1.15%)或 USN 处理(Z_p 约为 1.8%)相比，虽然 PEF 处理(Z_p 约为 5.2%)的效果相当显著，但是 HPH 处理(Z_p 约为 91%)在整个处理过程中起到了最为关键的作用。

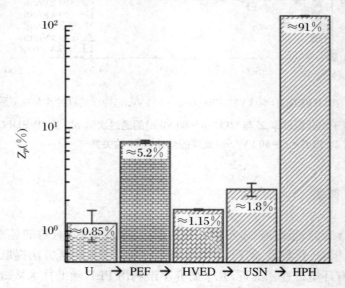

图 9.10　1%微藻悬浮液中水溶性蛋白的提取率 Z_p(%)

注：未处理(U)、脉冲电场(PEF)处理(20 kV/cm)、高压放电(HVED)处理
(40 kV/cm,4 ms)、超声(USN)处理(200 W,4 min)和高压均质(HPH)
处理(150 MPa,6 次)，处理顺序：U→PEF→HVED→USN→HPH。

然而，基于电的破壁技术对于色素的释放(如叶绿素或类胡萝卜素)没有效果，提取色素需要在此后采用更加有力的破坏细胞技术。

PEF 也是工业化微藻培养时控制有害生物的有效工具。[66]采用 PEF 可以选择性地清除原生动物等污染物,这些污染物对于培养基的营养价值具有极大危害。

9.2.10　根茎类

鬼臼毒素对于癌症和性病疣的治疗很有价值,利用 PEF 可以提高足叶草中鬼臼毒素的提取效率。[67]鬼臼毒素的常规提取方法是经脱水根茎机械粉碎后,在中温条件下进行溶剂提取,该方法的提取效率很低。我们可先将足叶草的干燥根茎浸泡在去离子水中,然后使用 17.7 kV/cm 和 19.4 kV/cm 矩形脉冲的电场强度进行 PEF 处理,脉冲时间 t_i 为 2 μs,处理时间 t_{PEF} 为 0.504~0.806 s(脉冲持续时间乘以脉冲数,不包括脉冲暂停时间)。经过 PEF 处理后,样品的颜色由沙黄色变为深红色。数据表明,与对照样品相比,鬼臼毒素的浓度显著增加(高达 47%)。

9.2.11　骨头

采用 PEF 技术辅助鱼骨水解,可以提高鱼骨钙的提取效率。[68]当电场强度 E 为 25 kV/cm 时,提取率最高,达 84.2%。与传统的超声提取技术相比,PEF 辅助提取效率更高,时间更短。

PEF 可以有效地从牛骨中提取不含其他蛋白的纯胶原蛋白。在电场强度 E 约为 22 kV/cm 的条件下,提取的可溶性胶原蛋白含量最高(16.21 mg/mL)。PEF 还可以从虾壳中快速提取壳聚糖[69],最佳电场强度约为 20.5 kV/cm,其中壳聚糖脱乙酰度比使用传统方法更高(高达 92.32%)。

9.2.12　蛋壳

PEF 可用于高效生产蛋壳苹果酸钙(Eggshell Calcium Malate,ESCM)。具体步骤如下:将蛋壳粉悬浮于 1%~3% 柠檬酸溶液中,置于连续流动池中进行 PEF 处理,电场强度 E 为 4~20 kV/cm,脉冲持续时间 t_i 为 4~24 μs。[70-71]应用 PEF 辅助提取的最适工艺条件为:柠檬酸浓度为 2%、E 为 15 kV/cm、t_i 为 20 μs,不溶性 ESCM 最高浓度可达 7.12 mg/mL。

9.2.13　叶片

新鲜茶叶片可通过 PEF 处理提取多酚。[72]数据表明,PEF 处理加速了提取动力学。此实验研究了在相同脉冲数($N = 30$)和脉冲持续时间 t_i 为 0.05 s 的条件下,不同的电场强度 E(0.4~1.1 kV/cm)的 PEF 处理。结果表明,电场强度 E 和脉冲间隔 Δt 是影响提取率的重要因素。当 E 为 0.9 kV/cm、Δt 为 0.5 以及 E 为

0.9 kV/cm、Δt 为 3 s 时,最高提取得率为 27%。

研究表明,PEF 处理(电场强度为 42.13 kV/cm,脉冲时间为 5.46 μs,液固比为 30.12 mL/g)可影响海藻糖的提取,并对啤酒酵母细胞中性海藻酶的激活有很大影响。[73]

9.2.14　草本植物

为提高中药关白附子中生物碱的提取率,有学者开发了 PEF 提取法。该方法的电场强度 E 为 20 kV/cm,固液比为 1∶12,溶剂为 90%乙醇/水溶液。[74] 与其他提取方法(冷浸法、渗透法、热回流法、超声辅助提取法)相比,利用 PEF 提取生物碱的得率最高(3.94 mg/g)、时间最短(0.5～1 min)、能耗最低。

Pourzaki[75] 研究了 PEF 对藏红花主要成分提取率的影响。提取成分包括藏红花素(色泽)、藏红花醛(香气)和苦藏红花素(味道)。PEF 的处理条件为:电场强度 E 为 5 kV/cm,脉冲数 N 为 100,脉冲持续时间为 35 μs。结果表明,使用 PEF,藏红花柱头和藏红花渣中的主要成分提取率明显增加。

PEF 还能优化提取玉米须中的多糖。[76] 玉米须是传统中药,富含抗氧化剂、多酚、维生素(维生素 K、维生素 C)和矿物质。PEF 的最佳处理条件是:电场强度 E 为 30 kV/cm,脉冲时间 t_i 为 6 μs,液料比为 50∶1,玉米丝中的多糖得率约为 7%。

9.2.15　人参

Lim[77] 研究了 PEF 对人参干燥(55 ℃)的影响,并用热水(95 ℃)提取了干燥后的人参。对于新鲜人参,PEF 的处理条件是:电场强度 E 为 1 kV/cm 和 2 kV/cm,脉冲时间为 30 μs,脉冲频率为 25 Hz 和 200 Hz,脉冲数为 175。结果表明,PEF 可缩短干燥时间(约为之前的 38%)。与对照样品相比,PEF 处理后的样品中可溶性固形物含量增加,糖含量显著降低。

9.2.16　果皮

总多酚和总黄酮是食品及制药行业中的抗氧化剂。先采用电场强度 E 为 1 kV/cm 的 PEF 处理橘皮,然后通过压榨法提取总多酚和总黄酮(柚皮苷和橙皮苷)。[78] 橘皮经 PEF 处理后,总多酚提取率及其抗氧化活性分别提高了 159% 和 192%。此外,PEF 辅助压榨还可以减少提取时间且无需使用有机溶剂。

9.2.17　蘑菇

有学者以西藏灵菇发酵液为材料,通过高压 PEF 技术研究了辅助提取胞外多糖(Exopolysaccharides,EPS)的最优条件。[79]结果表明,高压 PEF 辅助提取乳酸菌胞外粗多糖的最佳技术条件是:电场强度为 40 kV/cm,脉冲数为 8,pH 为 7。影响胞外多糖提取的因素的主次顺序为电场强度＞pH＞脉冲数,其中电场强度对胞外多糖提取具有显著性影响(α＜0.05)。结果表明,经 PEF 优化处理后的胞外多糖提取数量比对照样品提高了 84.30%。

Parniakov[80]比较了通过不同的方法提取双孢菇的提取效率和提取物稳定性。传统的水提取物(Water Extraction,WE)和乙醇提取物中蛋白质、总多酚和多糖的含量较高,但提取物浑浊,胶体稳定性较差。利用加压提取(Pressure Extraction,PE)法和 PE + PEF 法得到的提取物清澈,胶体稳定性高。与 PE 法相比,利用 PE + PEF 法得到的提取物中核酸/蛋白比更高。

有学者通过实验比较了三种处理残渣[PE、PE + PEF(滤饼)和 WE(薄片)]中总多酚和多糖的提取[采用乙醇辅助提取(Supplementary Ethanol Extraction,SEE)法]。利用 SEE 法提取 WE 残渣,仅仅提取到少量多酚[图 9.11(a)]和多糖[图 9.11(b)]。而利用 SEE 法提取 PE 和 PE + PEF 的残渣,总多酚含量明显升

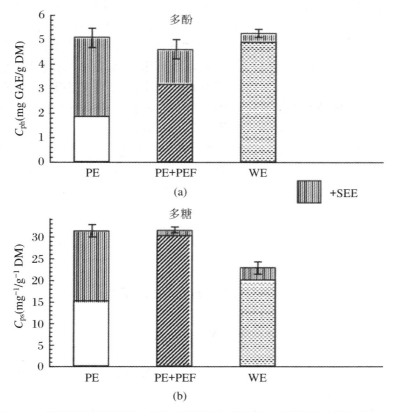

图 9.11　乙醇提取滤饼(PE + PEF 提取后)及残渣(WE 提取后)中的多酚和多糖

高,与利用 WE 法得到的提取物中的总多酚含量相当。利用 SEE 法提取 PE 残渣,多糖含量也明显增加。这些结果反映了 PE 和 PE + PEF 法的选择性差异。一般来说,利用 PE + PEF 法得到的提取物中蛋白质和多糖含量的蘑菇提取物含量较高。

9.2.18　果汁和果汁饮料

相关文献详细综述了 PEF 在果汁和果汁饮料中的应用。[81]高强度电场 PEF 处理(4 μs 双极脉冲,$E = 35\ kV \cdot cm^{-1}$)切实可行,可以延长果汁、豆浆饮料的保质期,其抗氧化化合物的组成与新鲜果汁类似。[82]

章　末　小　结

PEF 能够高效且有选择性地提取食用植物及其残渣。PEF 处理完全符合绿色提取理念[3],它能够保持植物完整的细胞壁、色泽、风味、维生素 C 及重要的营养成分。目前已有大量前瞻性研究表明,PEF 可以从固体食物(甜菜、苹果、葡萄等)中提取果汁、糖、色素、多酚类物质和油脂。PEF 辅助技术能够高效提取干燥根茎中的鬼臼毒素,鱼骨中的钙,蛋壳中的苹果酸钙,牛骨中的纯胶原蛋白,茶叶和葡萄皮中的多酚,中草药中的生物碱,人参中的功能性组分,蛋黄中的卵磷脂,蘑菇汤中的多酚,蘑菇发酵液中的胞外多糖,蘑菇中的蛋白质、总多酚和多糖,柑橘皮中的黄酮类化合物。应用 PEF 不仅可以缩短提取时间,而且不需要使用有机溶剂。PEF 还能够从细胞悬浮液中提取有益的蛋白质、细胞质酶和多糖,从重组的宿主细胞(酿酒酵母、大肠杆菌)中提取有价值的蛋白质。PEF 还可用于提取微藻中的脂类、蛋白质和其他有价值的成分。在植物提取过程中,先采用 PEF 处理,然后进行溶剂提取也是切实可行的。目前,PEF 辅助提取技术已经迈出了工业化实际应用前的重要一步。

致　　谢

感谢 N. S. Pivovarova 博士对本章研究给予的帮助。

参 考 文 献

[1]　Chemat,F.,Vian,M. A.,and Cravotto,G. (2012) Green extraction of natural products: concept and principles. Int. J. Mol. Sci.,13(7),8615-8627.

[2]　Ahluwalia,V. K. and Verma,R. S. (2009) Green Solvents in Organic Chemistry, Alpha Science Publishers,New Delhi.

［3］ Vorobiev, E. and Lebovka, N. (2010) Enhanced extraction from solid foods and bio-suspensions by pulsed electrical energy. Food Eng. Rev., 2(2), 95-108.

［4］ Barbosa-Canovas, G. V., Pierson, M. D., Zhang, Q. H., and Schaffner, D. W. (2000) Pulsed electric fields. J. Food Sci., 65, 65-79.

［5］ Barbosa-Canovas, G. V., Pothakamury, U. R., Palou, E., and Swanson, B. G. (1998) Nonthermal Preservation of Foods, Marcel Dekker, Inc., New York.

［6］ Raso, J. and Heinz, V. (eds) (2006) Pulsed Electric Field Technology for the Food Industry. Fundamentals and Applications, Springer, New York.

［7］ Vorobiev, E. I. and Lebovka, N. I. (eds) (2008) Electrotechnologies for Extraction from Food Plants and Biomaterials, Springer, New York.

［8］ Lebovka, N., Vorobiev, E., and Chemat, F. (eds) (2011) Enhancing Extraction Processes in the Food Industry, Series: Contemporary Food Engineering, CRC Press, Taylor & Francis Group, Boca Raton, p. 592.

［9］ Toepfl, S. and Heinz, V. (2011) Nonthermal Processing Technologies for Food, Wiley-Blackwell, pp. 190-200.

［10］ Donsi, F., Ferrari, G., Fruilo, M., and Pataro, G. (2011) Pulsed electric field assis-ted vinification. Procedia Food Sci., 1, 780-785.

［11］ Pakhomov, A. G., Miklavcic, D., and Markov, M. S. (eds) (2010) Advanced Elec-troporation Techniques in Biology and Medicine, CRC Press, Boca Raton, FL.

［12］ Lebovka, N. I., Praporscic, I., Ghnimi, S., and Vorobiev, E. (2005) Does electro-poration occur during the ohmic heating of food? J. Food Sci., 70(5), E308-E311.

［13］ Lebovka, N. I., Bazhal, M. I., and Vorobiev, E. (2001) Pulsed electric field break-age of cellular tissues: visualisation of percolative properties. Innovative Food Sci. Emerg. Technol., 2(2), 113-125.

［14］ Knorr, D. and Angersbach, A. (1998) Impact of high-intensity electric field pulses on plant membrane permeabilization. Trends Food Sci. Technol., 9(5), 185-191.

［15］ Knorr, D., Engel, K.-H., Vogel, R., Kochte-Clemens, B., and Eisenbrand, G. (2008) Statement on the treatment of food using a pulsed electric field. Mol. Nutr. Food Res., 52(12), 1539-1542.

［16］ Knorr, D., Froehling, A., Jaeger, H., Reineke, K., Schlueter, O., and Schoessler, K. (2011) Emerging technologies in food processing. Annu. Rev. Food Sci. Technol., 2, 203-235.

［17］ der Poel, P. W., Schiweck, H., and Schwartz, T. (1998) Sugar Technology: Beet and Cane Sugar Manufacture, Verlag Dr Albert Bartens KG, Berlin, p. 1118.

［18］ Bouzrara, H. and Vorobiev, E. I. (2000) Beet juice extraction by pressing and pulsed electric fields. Int. Sugar J., 102(1216), 194-200.

［19］ Bouzrara, H. and Vorobiev, E. I. (2001) Non-thermal pressing and washing of fresh sugarbeet cossettes combined with a pulsed electrical field. Zucker, 126, 463-466.

［20］ Bouzrara, H. and Vorobiev, E. I. (2003) Solid/liquid expression of cellular materials enhanced by pulsed electric field. Chem. Eng. Process. Process Intensif., 42, 249-257.

[21] Eshtiaghi, M. N. and Knorr, D. (1999) Method for treating sugar beet International patent WO/9964639.

[22] Jemai, A. B. and Vorobiev, E. (2003) Enhanced leaching from sugar beet cossettes by pulsed electric field. J. Food Eng., 59(4), 405-412.

[23] Jemai, A. B. and Vorobiev, E. (2006) Pulsed electric field assisted pressing of sugar beet slices: towards a novel process of cold juice extraction. Biosyst. Eng., 93(1), 57-68.

[24] El-Belghiti, K. and Vorobiev, E. I. (2004) Mass transfer of sugar from beets enhanced by pulsed electric field. Food Bioprod. Process., 82, 226-230.

[25] El-Belghiti, K., Rabhi, Z., and Vorobiev, E. (2005) Kinetic model of sugar diffusion from sugar beet tissue treated by pulsed electric field. J. Sci. Food Agric., 85(2), 213-218.

[26] El-Belghiti, K., Rabhi, Z., and Vorobiev, E. (2005) Effect of centrifugal force on the aqueous extraction of solute from sugar beet tissue pretreated by a pulsed electric field. J. Food Process Eng., 28(4), 346-358.

[27] El-Belghiti, K. (2005) Effets d'un champ électrique pulsé sur le transfert de matière et sur les caractéris-tiques végétales, Universite de Technologie de Compiegne, Compiegne.

[28] Lopez, N., Puertolas, E., Condon, S., Raso, J., and Alvarez, I. (2009) Enhancement of the solid-liquid extraction of sucrose from sugar beet (Beta vulgaris) by pulsed electric fields. LWT-Food Sci. Technol., 42, 1674-1680.

[29] Vorobiev, E. J., Jemai, A. B., Bouzrara, H., Lebovka, N. I., and Bazhal, M. I. (2005) in Novel Food Processing Technologies (eds G. Barbosa-Canovas, M. S. Tapia, and M. P. Cano), CRC Press, New York, pp. 105-130.

[30] Lebovka, N. I., Shynkaryk, M. V., El-Belghiti, K., Benjelloun, H., and Vorobiev, E. (2007) Plasmolysis of sugarbeet: pulsed electric fields and thermal treatment. J. Food Eng., 80(2), 639-644.

[31] Loginova, K. V., Vorobiev, E., Bals, O., and Lebovka, N. I. (2011) Pilot study of countercurrent cold and mild heat extraction of sugar from sugar beets, assisted by pulsed electric fields. J. Food Eng., 102(4), 340-347.

[32] Loginova, K. (2011) Mise en oeuvre de champs electriques pulses pour la conception d'un procede de diffusion a froid a partir de betteraves a sucre et d'autres tubercules alimentaires (etude multiechelle), Universite de Technologie de Compiegne, Compiegne.

[33] Loginov, M., Loginova, K., Lebovka, N., and Vorobiev, E. (2011) Comparison of dead-end ultrafiltration behaviour and filtrate quality of sugar beet juices obtained by conventional and "cold" PEF-assisted diffusion. J. Membr. Sci., 377(1-2), 273-283.

[34] Loginova, K., Loginov, M., Vorobiev, E., and Lebovka, N. I. (2011) Quality and filtration characteristics of sugar beet juice obtained by "cold" extraction assisted by pulsed electric field. J. Food Eng., 106(2), 144-151.

[35] Loginova, K., Loginov, M., Vorobiev, E., and Lebovka, N. I. (2012) Better lime purification of sugar beet juice obtained by low temperature aqueous extraction assisted

by pulsed electric field. LWT-Food Sci. Technol. , 46(1), 371-374.

[36] Lopez, N. , Puertolas, E. , Condon, S. , and Alvarez, I. (2009) Enhancement of the extraction of betanine from red beetroot by pulsed electric fields. J. Food Eng. , 90, 60-66.

[37] Loginova, K. V. , Lebovka, N. I. , and Vorobiev, E. (2011) Pulsed electric field assisted aqueous extraction of colorants from red beet. J. Food Eng. , 106(2), 127-133.

[38] Shynkaryk, M. V. , Lebovka, N. I. , and Vorobiev, E. (2008) Pulsed electric fields and temperature effects on drying and rehydration of red beetroots. Drying Technol. , 26, 695-704.

[39] Loginova, K. V. , Shynkaryk, M. V. , Lebovka, N. I. , and Vorobiev, E. (2010) Acceleration of soluble matter extraction from chicory with pulsed electric fields. J. Food Eng. , 96(3), 374-379.

[40] Bazhal, M. (2001) Etude du mécanisme d'électropermeabilisation des tissus végétaux. Application à l'extraction du jus des pommes, Universite de Technologie de Compiegne, Compiegne.

[41] Chalermchat, Y. , Malangone, L. , and Dejmek, P. (2010) Electropermeabilization of apple tissue: effect of cell size, cell size distribution and cell orientation. Biosyst. Eng. , 105(3), 357-366.

[42] Praporscic, I. (2005) Influence du traitement combine par champ electrique pulse et chauffage modere sur les proprietes physiques et sur le comportement au pressage de produits vegetaux, Universite de Technologie de Compiegne, Compiegne.

[43] Turk, M. (2010) Vers une amelioration du procede industriel d'extraction des fractions solubles de pommes à l'aide de technologies electriques, Universite de Technologie de Compiegne, Compiegne.

[44] Brito, P. S. , Canacsinh, H. , Mendes, J. P. , Redondo, L. M. , and Pereira, M. T. (2012) Comparison between monopolar and bipolar microsecond range pulsed electric fields in enhancement of apple juice extraction. IEEE Trans. Plasma Sci. , 40(10, Pt. 1), 2348-2354.

[45] Grimi, N. (2009) Vers l'intensification du pressage industriel des agroressources par champs electriques pulses: etude multi-echelles, Universite de Technologie de Compiegne, Compiegne.

[46] Grimi, N. , Mamouni, B. N. , Lebovka, N. , Vorobiev, E. , and Vaxelaire, J. (2011) Impact of apple processing modes on extracted juice quality: pressing assisted by pulsed electric fields. J. Food Eng. , 103(1), 52-61.

[47] Grimi, N. , Dubois, A. , Marchal, L. , Jubeau, S. , Lebovka, N. I. , and Vorobiev, E. (2014) Selective extraction from microalgae Nannochloropsis sp. using different methods of cell disruption. Bioresour. Technol. , 153, 254-259.

[48] El Darra, N. , Grimi, N. , Vorobiev, E. , Louka, N. , and Maroun, R. (2013) Extraction of polyphenols from red grape pomace assisted by pulsed ohmic heating. Food Bio-

process Technol., 6(5), 1281-1289.

[49] Puertolas, E., Lopez, N., Condon, S., Alvarez, I., and Raso, J. (2010) Potential applications of PEF to improve red wine quality. Trends Food Sci. Technol., 21(5), 247-255.

[50] Nakagawa, A., Hatayama, H., Takaki, K., Koide, S., and Kawamura, Y. (2013) Influence of pulse width on polyphenol extraction from agricultural products by pulsed electric field. IEEJ Trans. Fundam. Mater., 133(2), 32-37.

[51] Ben Ammar, J. (2011) Etude de l'effet des champs electriques pulses sur la congelation des produits vegetaux, Universite de Technologie de Compiegne, Compiegne.

[52] Shynkaryk, M. (2006) Influence de la permeabilisation membranaire par champ electrique sur la performance de sechage des vegetaux, Universite de Technologie de Compiegne, Compiegne.

[53] Toepfl, S. (2006) Pulsed Electric Fields (PEF) for Permeabilization of Cell Membranes in Food- and Bioprocessing: Applications, Process and Equipment Design and Cost Analysis, Institut für Lebensmitteltechnologie und Lebensmittelchemie.

[54] Jin, S. and Yin, Y. (2010) High intensity pulsed electric fields assisted extraction of lycopene from tomato residual. Nongye Gongcheng Xuebao (Trans. Chin. Soc. Agric. Eng.), 26(9), 368-373.

[55] Gachovska, T., Cassada, D., Subbiah, J., Hanna, M., Thippareddi, H., and Snow, D. (2010) Enhanced anthocyanin extraction from red cabbage using pulsed electric field processing. J. Food Sci., 75(6), E323-E329.

[56] Xu, Q., Nakajima, M., Liu, Z., and Shiina, T. (2011) Soybean-based Surfactants and their applications, in Soybean-Applications and Technology (ed. T.-B. Ng), InTech.

[57] Liu, J., Zhou, Y., Liu, D., Lin, S., and Zhang, Y. (2013) Extracting egg yolk lecithin using PEF-assisted organic solvent. Nongye Gongcheng Xuebao (Trans. Chin. Soc. Agric. Eng.), 29(5), 251-258.

[58] Shynkaryk, M. V., Lebovka, N. I., Lanoisellé, J.-L., Nonus, M., Bedel-Clotour, C., and Vorobiev, E. (2009) Electrically-assisted extraction of bio-products using high pressure disruption of yeast cells (Saccharomyces cerevisiae). J. Food Eng., 92(2), 189-195.

[59] Liu, D., Lebovka, N. I., and Vorobiev, E. (2013) Impact of electric pulse treatment on selective extraction of intracellular compounds from saccharomyces cerevisiae yeasts. Food Bioprocess Technol., 6(2), 576-584.

[60] Jin, Y., Wang, M., Lin, S., Guo, Y., Liu, J., and Yin, Y. (2011) Optimization of extraction parameters for trehalose from beer waste brewing yeast treated by high-intensity pulsed electric fields (PEF). Afr. J. Biotechnol., 10(82), 19144-19152.

[61] Liu, J.-B., Yu, Y.-D., Wang, M., Lin, S.-Y., Wang, Q., Gao, L.-X., and Sun, P. (2010) Fast dissolution of RNA from waste brewing yeast by high-voltage pulsed electric fields. Jilin Daxue Xuebao (Gongxueban)/J. Jilin Univ. (Eng. Technol. Ed.),

40(4), 1171-1176.

[62] Zhan, Y., Sun, C., Cao, Z., Bao, N., Xing, J., and Lu, C. (2012) Release of intracellular proteins by electroporation with preserved cell viability. Anal. Chem., 84 (19), 8102-8105.

[63] Goettel, M., Eing, C., Gusbeth, C., Straessner, R., and Frey, W. (2013) Pulsed electric field assisted extraction of intracellular valuables from microalgae. Algal Res., 2(4), 401-408.

[64] Coustets, M., Al-Karablieh, N., Thomsen, C., and Teissié, J. (2013) Flow process for electroextraction of total proteins from microalgae. J. Membr. Biol., 246(10), 751-760.

[65] Zbinden, M. D., Sturm, B. S., Nord, R. D., Carey, W. J., Moore, D., Shinogle, H., and Stagg-Williams, S. M. (2013) Pulsed electric field (PEF) as an intensification pretreatment for greener solvent lipid extraction from microalgae. Biotechnol. Bioeng., 110(6), 1605-1615.

[66] Rego, D., Costa, L., Navalho, J., Paramo, J., Geraldes, V., Redondo, L.M., and Pereira, M.T. (2013) Pulsed electric fields applied to the control of predators in production scale microalgae cultures. 2013 Abstracts IEEE International Conference on Plasma Science (ICOPS), doi: 10.1109/PLASMA.2013.6635078, p.1.

[67] Abdullah, S. H., Zhao, S., Mittal, G. S., and Baik, O.-D. (2012) Extraction of podophyllotoxin from Podophyllum peltatum using pulsed electric field treatment. Sep. Purif. Technol., 93, 92-97.

[68] Zhou, Y., Sui, S., Huang, H., He, G., Wang, S., Yin, Y., and Ma, Z. (2012) Process optimization for extraction of fishbone calcium assisted by high intensity pulsed electric fields. Nongye Gongcheng Xuebao (Trans. Chin. Soc. Agric. Eng.), 28(23), 265-270.

[69] He, G., Yin, Y., Yan, L., and Yu, Q. (2011) Fast extraction of chitosan from shrimp shell by high intensity pulsed electric fields. Nongye Gongcheng Xuebao (Trans. Chin. Soc. Agric. Eng.), 27(6), 344-348.

[70] Lin, S., Wang, L., Jones, G., Trang, H., Yin, Y., and Liu, J. (2012) Optimized extraction of calcium malate from eggshell treated by PEF and an absorption assessment in vitro. Int. J. Biol. Macromol., 50(5), 1327-1333.

[71] Yu, Y., Liu, J., and Lin, S. (2013) 4th International Conference on Food Engineering and Biotechnology IPCBEE, Vol. 50, IACSIT Press, Singapore, pp. 136-141.

[72] Zderic, A., Zondervan, E., and Meuldijk, J. (2013) Breakage of cellular tissue by pulsed electric field: extraction of polyphenols from fresh tea leaves. Chem. Eng. Trans., 32, 1795-1800.

[73] Ye, H., Jin, Y., Lin, S., Liu, M., Yang, Y., Zhang, M., Zhao, P., and Jones, G. (2012) Effect of pulsed electric fields on the activity of neutral trehalase from beer yeast and RSM analysis. Int. J. Biol. Macromol., 50(5), 1315-1321.

[74] Bai, Y., Li, C., Zhao, J., Zheng, P., Li, Y., Pan, Y., and Wang, Y. (2013) A

high yield method of extracting alkaloid from aconitum coreanum by pulsed electric field. Chromatographia，76(11-12)，635-642.

[75] Pourzaki，A.，Mirzaee，H.，and Hemmati Kakhki，A.（2013）Using pulsed electric field for improvement of components extraction of saffron（Crocus sativus）stigma and its pomace. J. Food Process. Preserv.，37(5)，1008-1013.

[76] Zhao，W.，Yu，Z.，Liu，J.，Yu，Y.，Yin，Y.，Lin，S.，and Chen，F.（2011）Optimized extraction of polysaccharides from corn silk by pulsed electric field and response surface quadratic design. J. Sci. Food Agric.，91(12)，2201-2209.

[77] Lim，J. H.，Shim，J. M.，Lee，D. U.，Kim，Y. H.，and Park，K.-J.（2012）Pulsed electric fields effects on drying of white ginseng and extraction of soluble components. Korean J. Food Sci. Technol.，44(6)，704-710.

[78] Luengo，E.，Álvarez，I.，and Raso，J.（2013）Improving the pressing extraction of polyphenols of orange peel by pulsed electric fields. Innovative Food Sci. Emerg. Technol.，17，79-84.

[79] Zhang，T.-H.，Wang，S.-J.，Liu，D.-R.，Yuan，Y.，Yu，Y.-L.，and Yin，Y.-G.（2011）Optimization of exopolysaccharide extraction process from Tibetan spiritual mushroom by pulsed electric fields. Jilin Daxue Xuebao（Gongxueban)/J. Jilin Univ.（Eng. Technol. Ed.），41(3)，882-886.

[80] O. Parniakov，O. Lebovka，O. Van Hecke，and E. Vorobiev（2014）Pulsed electric field assisted pressure extraction and solvent extraction from mushroom（Agaricus Bisporus)，Food Bioprocess Technol. 7(1)，174-183.

[81] Oms-Oliu，G.，Odriozola-Serrano，I.，and Martin-Belloso，O.（2012）in Phytochemicals：A Global Perspective of Their Role in Nutrition and Health（ed. V. Rao)，InTech，pp. 107-126.

[82] Morales-De La Peña，M.，Salvia-Trujillo，L.，Rojas-Graü，M. A.，and Martín-Belloso，O.（2011）Changes on phenolic and carotenoid composition of high intensity pulsed electric field and thermally treated fruit juice-soymilk beverages during refrigerated storage. Food Chem.，129(3)，982-990.

作者：Eugene Vorobiev，Nikolai Lebovka
译者：徐志强，冯俊俏

第 10 章　黄花蒿中青蒿素的绿色提取

黄花蒿中含有青蒿素(1),而青蒿素是抗恶性疟药物的主要前体,因此是研究较多的植物之一。中国药典中黄花蒿的传统用途包括治疗发热和寒战。[1-2]20 世纪 70 年代,有学者分离并鉴定出黄花蒿的活性成分青蒿素。现在,青蒿素联合疗法(Artemisinin Combination Therapies,ACT)已经用于治疗无并发症疟疾。[3-5]

目前已有文献综述了从黄花蒿中提取青蒿素的各种方法。[6]最近,有学者开发出青蒿酸(2)的半合成路线,这是青蒿素(1)[7](图 10.1)的一种生物前体。这种半合成路线以青蒿酸或二氢青蒿酸为原料,采用连续光化学合成方法[8],从而半合成青蒿素。其进一步发展了青蒿素衍生化工艺,无论是分批工艺[9]还是连续工艺[10-11],都为青蒿素类药物的制备提供了新的途径,避免了其从植物中提取。然而,在可预见的未来,抗疟所需的大量青蒿素类药物仍然还需从植物中提取,并且还需继续进行更深入的分析、提取和纯化方法的研究。

本章概述了青蒿素提取工艺的现状,对最新的清洁提取和纯化技术的潜在用途提出了一些见解,这些技术可以提高分子的质量(纯度),并提高生产工艺的稳定性及其成本效益和安全性。

10.1　黄花蒿中青蒿素的提取分离技术

青蒿素的提取可以描述为非均相基质中的固液萃取。在植物中,青蒿素位于叶表面的腺毛状体中[12-13],如图 10.2 中扫描电镜图像所示。这种次级代谢产物位于叶片表面的特定结构中而不是叶片内部结构中是因为它具有植物毒性。所以,在提取过程中不涉及叶片的内部结构,无需在提取前对生物质进行机械处理。

在详细讨论目前的青蒿素提取方法之前,另一个值得讨论的一般性因素是其电子结构,它直接影响其在不同溶剂中的溶解度和下游的纯化。目前,已有文献对其电子结构进行了详细分析。[14]青蒿素与溶剂的相互作用可以从不同的溶解理论进行讨论。这里采用的方法是 COSMO 或者 COSMO-RS,目前已有文献对其进行了详细阐述。[15-16]

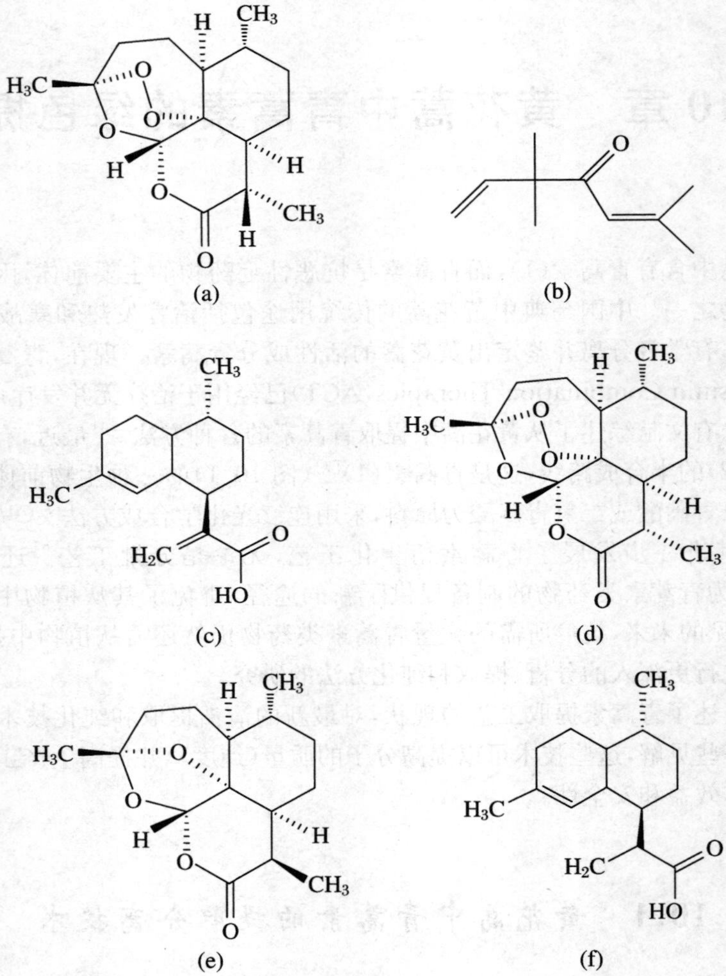

图 10.1　黄花蒿中青蒿素相关代谢产物的结构

　　具体到青蒿素来说,与溶剂分子相互作用的分子表面的屏蔽电荷密度或者 σ-面如图 10.3 所示。颜色编码对应于正电荷和负电荷,并与电荷密度的具体大小有关。需要重点关注的是,氧基团区域的电子密度增加,内酯基团的羰基区域电荷密度最高,分子饱和环结构区域的电子密度较低。这转化为表面化学势分布,表现为疏水作用位于零 σ 附近(屏蔽电荷密度)的区域,极化作用位于非零 σ 值区域(图 10.3)。因此,青蒿素与极性溶剂和非极性溶剂都会发生相互作用。提取溶剂的选择将决定提取专一性和下游分离的复杂性。不用说,疏水溶剂如正己烷、甲苯、石油醚(Petroleum Ether,PE)都可以与青蒿素的环状结构发生相互作用。由于这是一种非专一性的相互作用,因此不可能期望这种提取物具有专一性,因为干燥的植物原料中含有多种化学成分,它们会与溶剂发生非特异性疏水作用。在 10.1.2.2 节中,我们将继续讨论各种溶剂与青蒿素的相互作用。

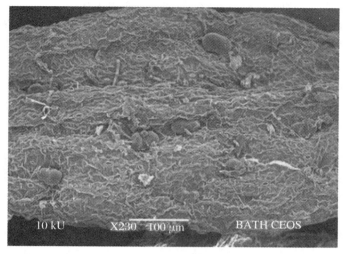

图 10.2　黄花蒿叶片的扫描电镜图像显示腺毛状体中含有青蒿素

本图由巴斯大学 Ms. Benhilda Mlambo 使用 JEOL 6480 仪器获取。

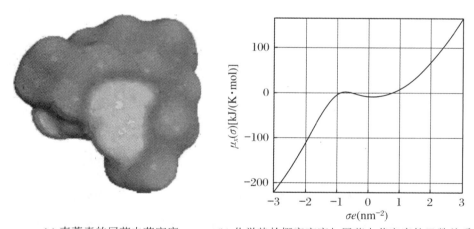

(a) 青蒿素的屏蔽电荷密度　　　(b) 化学势的概率密度与屏蔽电荷密度的函数关系

图 10.3　用 COSMOtherm 计算青蒿素的屏蔽电荷密度以及化学势的概率密度与屏蔽电荷密度的函数关系

10.1.1　工业化提取工艺

利用烃类溶剂提取青蒿素的常规工艺如图 10.4 所示。因为在其提取过程中有多个变量，因此没有给出时间和环境条件。人们通常采用石油醚提取青蒿素，因为石油醚适应面广，并且可以将植物原料中的目标分子合理溶剂化。其他商业化烃类提取溶剂有甲苯和正己烷/乙酸乙酯(95/5,体积比)混合溶剂。使用乙酸乙酯作为共溶剂有两个方面的原因：一是可增加青蒿素的溶解度，二是可提高工艺的安全性，因为不导电的正己烷往往会积累静电，大规模应用时可能会导致放电和自发爆炸。青蒿素在石油醚和正己烷/乙酸乙酯中的溶解度与在甲苯[14]中的溶解度有显著差异。20 ℃时纯青蒿素在正己烷中的溶解度为 0.46 g/L，而在甲苯中的溶解度为 145.6 g/L。因此，其在提取所需的溶剂量、溶剂的纯化及回收、下游纯化方面都存在显著的差异，这些将在下面的章节中详细讨论。

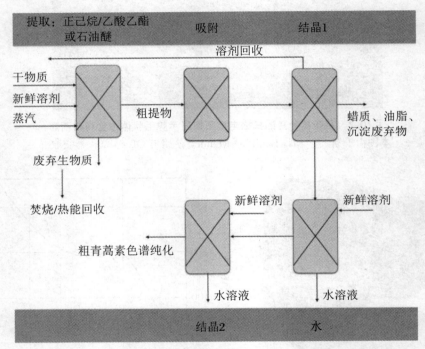

图 10.4　传统正己烷/乙酸乙酯或石油醚提取青蒿素的工艺路线图

　　然而，上述分析过于简单，目前已有研究表明，与青蒿素共提取的其他分子可增加其平衡溶解度。[14]因此，如果测定植物提取物中的青蒿素，那么青蒿素在正己烷中的实际溶解度显著高于在纯溶剂中的 0.46 g/L。实验结果表明，与甲醇和乙醇相比，利用正己烷和石油醚提取青蒿素的得率更高，其结果与纯物质溶解度相反。[17]

　　提取率与温度、提取时间、生物质来源和所使用的提取器类型高度相关。最新研究表明，生物质产地决定了青蒿素的主要共生代谢物，这些产物影响了青蒿素的溶解度及回收率。[18]因此，在进行提取的优化时除了要考虑溶剂和操作条件，还必须特别考虑生物质的产地和提取工厂的选址。

通常,青蒿素的工业化提取温度在 40 ℃ 至溶剂沸点之间。人们一般采用浸渍法提取,很少采用泵循环或重力渗透方法。如果提取温度达到溶剂沸点,就可以采用索氏抽提设备进行规模化提取,越南的一些提取工厂已经实现了商业化应用。在这种工艺中,青蒿素必然会发生热降解,但降解率没有量化。搅拌模式的不同会导致传质速率的不同[具体地说,就是式(10.1)中的传质系数 k],从而造成提取循环的持续时间不同。各种类型的设备循环提取时间一般为 $2\sim8$ h。此外,不同提取工艺采用的溶剂种类以及液固比都有所不同。液固比会影响传质方程的第二个部分[式(10.1)],即驱动力或溶质的溶解限度与溶剂中实际浓度的差值。一个极端的例子是大型容器顶置搅拌提取,当液固比大于 4∶1(体积质量比)时,可以搅拌生物质切片和溶剂浆料。顶置搅拌生物质溶剂浆液时,提取速度很快,在 40 ℃下 1 h 内可达到平衡。然而,顶置搅拌提取严重依赖于电机功率,因此顶置搅拌不像溶剂渗透那样具有很强的可扩展性。

据报道,青蒿素(纯化前)的常规提取率约为生物质中青蒿素含量的 70%。[6] 生物质类似于吸附剂,在溶剂接近饱和的情况下,传质速率显著降低,腺状毛状体中的青蒿素回收不完全,溶剂搅拌效率低,生物质可及性差,且提取过程中青蒿素会降解,因此不能 100% 保留生物质中的一些提取目标物。

$$传质率 = k \times (溶解度 - 实际液相浓度) \tag{10.1}$$

提取后,减少粗提液的体积,生产青蒿素粗结晶,这是越南提取工厂的普遍做法。其需要在开放式浅平底锅中蒸发溶剂实现结晶,但这种方式结晶纯度较低,青蒿素产率较低。

更常用的方法是在第一次结晶前采用吸附剂处理粗提液。当粗提液与吸附剂接触时,青蒿素的共提取物蜡质和其他大分子被吸附剂优先去除,剩余提取物中青蒿素的纯度更高,结晶率更高。据报道,中国使用硅胶作为吸附剂,最近还报道了一种由活性炭和硅藻土组成的混合吸附剂。[19] 后一项研究系统分析了在常用的正己烷/乙酸乙酯混合溶剂体系中,粗提液中的共生代谢物对青蒿素的结晶影响最大。结果表明,蜡质和色素对青蒿素结晶的影响较小,而黄酮类化合物对青蒿素结晶的影响较大。

在吸附处理后,纯化后的提取液通常蒸发至其 10% 的体积,再冷却结晶。回收的晶体用冷溶剂洗涤、干燥,再从乙醇中结晶。纯化的最后一步可以采用柱层析达到所要求的纯度,以便进一步衍生成活性物质,如蒿甲醚或青蒿琥酯。

10.1.2　更清洁、更高效的青蒿素提取工艺

为了开发更好的提取工艺提高青蒿素的产量,科研人员付出了大量努力。他们从两个平行和互补的方向优化提取工艺:① 通过超声、高压渗流和微波加热提

高传质效果；② 通过改变溶剂的性质提高溶解度和专一性。后者也可能需要不断改进使其同时能提供更好的传质。这两种方法分别影响式(10.1)中的溶解度和实际液相浓度，溶剂变化通常也会改变黏度等因素，从而改变传质效果。

10.1.2.1 创新的提取工艺

提取过程与传质具有很强的相关性，传质系数容易受到搅拌程度的影响，因此改变搅拌或加热方法可以提高固液取效率。早期研究黄花蒿强化提取工艺时，在35 MPa 的压力下使用加压渗透渗流溶剂进行提取，提取时间可减少到 20 min。[20]一般来说，加压提取可以减少溶剂的使用，但这主要是由于提取时间较短，所以压力不影响青蒿素的溶解度。最近的一项研究旨在分析蒸馏精油后废弃的黄花蒿的可用性，证实了以石油醚为溶剂[21]进行加压提取可以提高青蒿素的提取效率[21]。

另一种增强搅拌的方法是使用超声波。一项较早的研究是利用超声波从另一种蒿属植物中提取精油，研究发现这样可以提取更多种类的化学成分。[22]这表明超声波能够破坏细胞膜，从而增强外部传质。在超声波提取青蒿素的过程中，提高提取温度会降低超声波搅拌效率[23]，因此当提取温度较低时，通过超声波提取的青蒿素产量可以提高 14%～60%。然而，这种效应会同样影响到所有其他正己烷提取的代谢物，而对于提取物中青蒿素的相对含量（或纯度）来说没有显著影响。当利用超声波辅助提取时，青蒿素提取量更高，这很可能是因为超声波破坏了腺毛状体的结构代谢并减少了代谢产物在生物质床上的再吸附。

近年来，微波提取已经成为一种标准的商业化提取方法。然而现在仍然有一些错误的观点，认为微波提取或加热不能大规模应用。通过筛选溶剂、优化提取工艺和提取时间，如果选择的溶剂正确，那么提取时间为 12 min 时提取率就可以达到 90%，而采用传统的索氏提取或浸泡提取，即使是小规模的实验提取周期也需要 2～12 h。[24]Christen 和 Veuthey[20]描述了 M. Kohler 博士的论文中使用三种不同的有机溶剂微波辅助提取青蒿素的研究结果，证实了疏水性正己烷的提取效率优于乙醇和甲苯。

在微波提取中，研究者们考虑了两种加热机制：微波与植物叶片中残留水分的介电耦合和微波加热溶剂。如果微波易穿透溶剂，那么加热主要发生在含有残留水分的植物材料中。然而，对提取效率随溶剂介电常数变化趋势的分析表明，溶剂加热对提取效率的影响更为显著。[24]

10.1.2.2 提取青蒿素的替代溶剂

除了商业化使用的烃类溶剂外，提取青蒿素的溶剂还有乙醇、超临界二氧化碳、水、四氟乙烷、环碳酸盐和离子液体。我们可以根据溶剂在常温常压条件下的物理状态对前面介绍的青蒿素提取溶剂[6]进行分类。青蒿素提取溶剂乙醇、正己烷、石油醚、水、碳酸盐和离子液体在 298 K 和常压下是液体，而二氧化碳和四氟乙烷是气体。这意味着,第一组溶剂可以作为液体使用,而不需要提取设备加压,尽管我们知道,溶剂在加压条件下可以提高提取效率,并减少提取时间(见上文)。第二组溶剂只能加压使用,但需要使用另一种溶质回收方式:通过溶液减压沉淀溶质。在超临界条件下,这些溶剂既可以作为液体使用,也可以作为超临界流体使用。最后,我们还可以将第一组溶剂分为高沸点溶剂和低沸点溶剂,因为这种物理性质决定了提取下游溶质回收的性质:脱除低沸点溶剂会导致结晶,而高沸点溶剂不能脱除,需要通过下游液液萃取、超临界溶剂提取或反溶剂诱导结晶。溶剂分类见表 10.1,溶剂系统的详细讨论如下。

表 10.1　青蒿素提取溶剂分类表

溶剂名称	性状	沸点	适宜的提取工艺	下游分离
正己烷	液体	低	浸渍、室温渗滤、高压渗滤、微波辅助或超声辅助	结晶
石油醚	液体	低		
水	液体	低		无数据
乙醇	液体	低		结晶
环状碳酸酯	液体	高	浸渍	液液萃取或超临界提取
离子液体	液体	极高或没有数据	浸渍	液液萃取、超临界提取或抗溶剂沉淀
二氧化碳	气体	极低		沉淀
四氟乙烷	气体	极低		

在一份公开的报告[25]和同行评议的文献中均描述了乙醇提取。[20,26-27]乙醇作为溶剂是因为其成本相对较低、本地可获取、可再生且具有相对较低的危害和毒性。早期的学者通过对几种常见溶剂体系进行多目标分析[6],他们并不赞成乙醇提取,因为与其他提取体系相比,即使不考虑下游分离,其毒性和成本指标都较差。

乙醇提取最显著的缺点是由于提取物中含有亲水性化合物,导致下游分离更为复杂,不能直接结晶。最近提出的从乙醇提取物中回收青蒿素的方案包括先将提取物涂布在硅藻土颗粒上干燥,然后用乙酸乙酯/正己烷混合溶剂洗脱硅藻土填充柱,最后结晶。[26]其完整的过程请参阅原始参考资料。目前,此方案仍使用正己烷/乙酸乙酯混合溶剂,但用于浓缩的提取物与传统工艺的初级提取相比,其用量显著减少。

水提取值得单独讨论,因为其提取过程有不同的应用。青蒿素在水中的溶解度极低,使用热水溶剂提取青蒿素的工艺没有可行性。然而,传统青蒿素茶(热水提取)一直用于抗疟药物。[1-2]最新的文献表明,通过调节叶片尺寸、温度、压力和提取时间[28],青蒿素及其热水提取物的溶解度更为稳定。室温下青蒿素或纯青蒿素在水中的溶解度约为 51 mg/L,比纯正己烷中的溶解度低一个数量级。在较高的温度下,其溶解度和提取效率[28]会同时增加。最近,一项关于黄花蒿热水提取物代谢谱及其生物活性的详细研究表明,水提物中的青蒿素与一些共生代谢物存在协同作用,特别是迷迭香和 3-咖啡基奎宁酸。[29]此研究发现了青蒿素与青蒿乙素对耐药株和非耐药株疟原虫的抑制活性的差异,以及抗氧化剂对于青蒿素耐药性疟原虫的潜在作用。这些研究提出了一种提高青蒿素水溶液制剂以及 ACT 制剂治疗效果的思路,特别是对于耐药菌株。

　　在用于提取青蒿素的液体溶剂中,离子液体和环状碳酸盐是截然不同的,因为这些溶剂的沸点很高,蒸汽压很低,因此溶剂不能进行提取或蒸馏,必须通过液液萃取、超临界流体提取或抗溶剂沉淀法来回收溶质。有关离子液体提取青蒿素的第一篇论文是一篇公开的研究报道。[6,30]目前,研究者们已经报道了两种离子液体,其结构如图 10.5 所示。

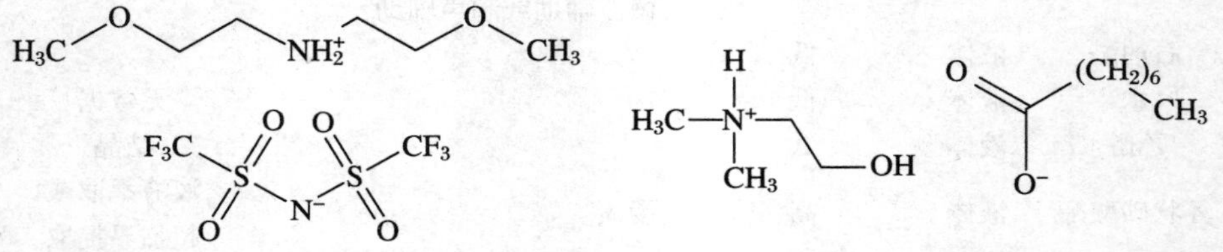

(a) 双(2-甲氧基乙基)双(三氟甲基磺酰)　　　　　　(b) N,N-辛酸二甲基乙醇铵
　　亚胺(BMOEA bst)　　　　　　　　　　　　　　　　(DMEA oct)

图 10.5　提取青蒿素的离子液体溶剂结构

　　这种提取溶剂的特点是提取时间很短(常温下 20 min)。然而,为了回收溶解的青蒿素,需要将离子液体提取液与水混合,使青蒿素沉淀,而提取液中的油和蜡质漂浮于低密度不混溶有机层。在最初的研究报道中,研究者们使用的两种离子液体与水完全互溶,并可以通过干燥的方法进行再生。在这种情况下,水作为反溶剂,会导致溶质沉淀。这个理想工艺具有非常高的经济和环境价值。[6]然而在当时,这两种离子液体的商业价格不能符合提取剂的要求。关于提取工艺的进一步研究表明,水诱导提取液中青蒿素的沉淀具有不可重复性,经常会导致青蒿素流失。[31]研究还表明,水溶性黄酮类化合物增加了青蒿素的水溶性,阻碍了其在稀水溶液中的沉淀。研究者们还设计开发了一种新型离子液体,黄酮类化合物在这种离子液体中的溶解度较低,使用类似的水分配法回收率更稳定,溶剂分子如图 10.6 所示。关于离子液体与水和青蒿素相互作用的具体研究也已经在最近发表。[32]

　　环状碳酸酯是一类完全可以从可再生资源中获取的新型溶剂,因此基本不受生产周期的影响。从清洁生产的角度来看,它具有非常强的吸引力。对各种新型提取溶剂中青蒿素的溶解度进行计算,结果表明,青蒿素在多种碳酸酯溶剂中的溶解度很高。[14]例如,碳酸丁烯酯中青蒿素的溶解度约为 16 g/L,是纯正己烷中溶解度的 35 倍。溶剂对于目标化合物的溶解度高意味着,当减少新鲜溶剂重复提取的次数时,溶剂总用量也更少。也就是说,即使这种溶剂的价格较高,如果考虑到节约的材料成本,那么整个工艺成本与传统工艺成本相比仍然具有竞争力。实验证实了青蒿素的提取工艺,并且制备出了青蒿素含量很高的纯化提取物,尤其是以碳酸丁烯酯作溶剂。提取后,碳酸丁烯酯与传统挥发性溶剂中的青蒿素和其他共生代谢物的分离方法不同。在这种情况下,需要进行液液萃取或超临界流体提取,但在原文中没有讨论这两种方法。[14]

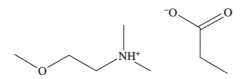

图 10.6　改进后的青蒿素提取离子液体溶剂结构 N,N-二甲基 (2-甲氧乙基) 丙酸铵(DMMOEA pro)

还有一类溶剂是超临界 CO_2 和四氟乙烷(HFC R134a),不仅需要不同的工艺技术,还需要不同的下游溶质回收技术。这类溶剂在常温常压条件下是气体,必须在加压条件下才能作为液体或超临界流体使用。超临界 CO_2 作为溶剂众所周知,其不仅可用于天然产物提取[33],还可用于反应溶剂[34]。目前已有一些商业化的小型青蒿素提取装置,并且有几篇超临界 CO_2 提取青蒿素的报道。[35-37] 最近,有学者重新测定并总结了超临界 CO_2 中青蒿素溶解度的热力学数据。[38] 青蒿素在纯超临界 CO_2 中的溶解度很低,因此使用甲醇或乙醇作为夹带剂,可增加溶解度。[20,37,39-40] 此外,有学者开发了一种类似于乙醇提取物的柱层析方法[26]用于超临界 CO_2-乙醇提取。[40] 另一种方法是将青蒿素直接吸附在固体上。[41] 然而,由于青蒿素和 CO_2 在固体上存在竞争性吸附,这种方法可能需要多步分离,因此提取后更多选用柱分离。

下面,我们将讨论青蒿素的潜在提取溶剂——四氟乙烷,以及极少采用的三氟碘甲烷(Iodotrifluoromethane,ITFM)(图 10.7)。四氟乙烷是众所周知的制冷剂,其广泛应用于汽车空调、家用和商用冰箱,以及粉末药品配方中的分散剂,在食品

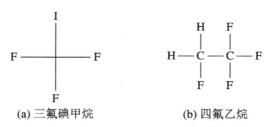

(a) 三氟碘甲烷　　　　　　　(b) 四氟乙烷

图 10.7　青蒿素提取中氟化溶剂的结构

工业中还可作为香精、香料的提取剂。这种溶剂的缺点是成本高，且其温室效应是 CO_2 的 1300 倍。出于这个原因，其正在逐步替代四氟乙烷制冷介质，因此其将来作为溶剂的可能性更小。

尽管如此，基于四氟乙烷溶剂的固液萃取工艺开发仍然取得了相当大的进展。这种工艺的几个关键优势在于：

(1) 与超临界 CO_2 相比，四氟乙烷无需使用助溶剂。

(2) 与 CO_2 相比，其蒸汽压非常低，加压-减压循环的能源消耗要小得多。

(3) 该溶剂不易燃，完全无毒，唯一的危险是可能会使人窒息。

(4) 该溶剂易于储存于闭环系统中。

Peter Wilde 博士和 Ineos Fluor 博士开发了基于四氟乙烷的小型商业装置，并发表了大量关于四氟乙烷和三氟碘甲烷溶剂提取天然产物的论文。[42-44]最近，四氟乙烷溶剂作为一种可行的食品提取溶剂受到了越来越多的关注。[45-47]有关将四氟乙烷作为酶催化反应的反应介质的论文有很多，例如文献[48]和[49]。

使用三氟碘甲烷溶剂更具争议性，因为它可能会生成有毒的降解产物。[6]1986年，Acton 等[50]报道了使用氟利昂(1,1,2-三氟-1,2,2-三氟乙烷)提取黄花蒿和分离青蒿素 B。从那时起就禁止使用氟利昂，但这项早期工作是氟利昂替代品四氟乙烷提取黄花蒿前体的先驱。

采用四氟乙烷进行工业化提取，有两种可能的工艺流程，如图 10.8 所示。第

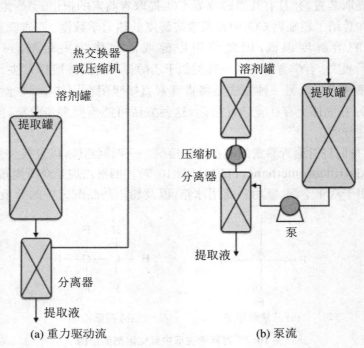

(a) 重力驱动流   (b) 泵流

图 10.8　两种工艺流程示意图

一种工艺流程基于重力驱动流,仅需要少量设备和自动化控制,其通过使用合适的热交换器或压缩机实现溶剂回收。第二种工艺流程基于泵流,在泵流工艺中,溶剂通过生物质床的流向不必像图中所示的向下,也可以向上。这两种工艺的不同之处就在于生物质床内设计的流动类型。目前,这两种工艺都已扩大到 5 L 的中试规模,重力驱动流工艺已用于香料商业化提取。在最近的一篇论文中,有学者进行了相关实验比较了这两种工艺[18],结果表明泵流效果最佳。这是因为泵流时液体流速更快,并且向上流过床层能够确保床层完全湿润。

10.2　青蒿素纯化工艺创新

10.2.1　混合物吸附-结晶分离

利用各种方法从生物质中提取青蒿素,最终得到的产物都是由青蒿素和许多其他分子组成的粗提物。有学者以乙醇[26]和正己烷/乙酸乙酯提取物[19]为对象,详细研究了从粗提物中回收青蒿素的起始步骤。在这两种情况下,都需要中间分离步骤,以便从粗提物中去除阻碍青蒿素结晶的化合物。对于乙醇提取物,需先将粗提物负载在固体载体上,然后装入层析柱中,并通过溶剂洗脱来回收青蒿素和类似化合物。对于正己烷提取物,可使用一种利用固体吸附剂的简化方法。

正己烷粗提物的预处理最好采用特定等级的硅胶作为吸附剂。[51]值得注意的是,蜡质和未知的极性化合物可使青蒿素结晶复杂化,这与 Suberu 等[19]的研究结论相反,他们认为蜡质的影响在统计学上没有显著性。此外,有报道称,硅胶的性质显著影响提取液的纯化效率,而其他吸附剂(包括活性炭和硅藻土)则效果不佳,或青蒿素保留量高,或降低了总产量。

在高效色谱回收青蒿素的这种联用工艺中所采用的方法与上文所述的吸附-结晶工艺相似,但采用了更复杂的反溶剂结晶工艺。[52]这使得晶体产率与纯度之间达到了合理的平衡。这种特定工艺的缺点是使用环境不友好的有毒溶剂。例如,原则上工业化生产应避免使用二氯甲烷,而乙腈除了应用于分析以外,其他任何工艺都应该避免使用。需要说明的是,如果溶剂可以完全回收并在完全密闭的控制系统中运行,则可以使用有毒或对环境不友好的溶剂。这对于大规模提取过程中的混合溶剂来说通常是不可能的,因此必须避免使用。

前面所提到的吸附剂都是非专一性的,如二氧化硅、活性炭及其与硅藻土的复合物。然而我们可以设计具有更高专一性的吸附剂,通过吸附分离工艺制备更高纯度的目标分子。因此,有学者研究设计了分子印迹聚合物,以便从粗提物或经非选择性吸附剂预处理后的提取物中回收青蒿素。[51]N,N-亚甲基双丙烯酰胺聚合物与青蒿素的亲和力最优,洗脱性能最佳。在 10 次负载—洗脱—纯化循环后,该聚合物仍然表现出最佳的稳定性,且粗提物中青蒿素的回收率达到 96%。研究者们建议第一步使用非选择性二氧化硅吸附剂,然后采用选择性印迹聚合物吸附-洗脱。这种工艺第一步结晶得到的青蒿素晶体纯度就能达到 75%。

另一种印迹聚合物是将 3-氨基丙基三乙氧基硅烷[4]和环芳烃的共聚物接枝到多孔二氧化硅颗粒上,分离工艺与上文所述类似。[53]然而,研究者们只研究了纯青蒿素溶液的吸附平衡和吸附动力学,这限制了本研究的实用价值,因为实际关注点在于提取液的纯化和重结晶前溶液的纯化,研究对象应该是真实提取液。联合使用超临界 CO_2 与分子印迹聚合物,可以提高青蒿素的吸附量和吸附动力学。[53]

10.2.2　柱色谱法和高效液相色谱法

采用上述几个系统中所述的中间吸附步骤,可以提高青蒿素第一步结晶的产量和纯度。通常这是一种首选的分离方法,因为它减少了最后柱色谱分离纯化的必要性。最有效的色谱分离方法是制备型高效液相色谱。高效液相色谱预分离法最近应用于分离青蒿素及其共生代谢物青蒿酸(2)和二氢青蒿酸(3),这两种代谢产物是青蒿素的生物合成前体。许多学者采用高效液相色谱法鉴定粗提物中的多种共生代谢物(详见 10.3 节),很明显,高效液相色谱分离可以规模化制备青蒿素。然而这种工艺所需的材料和设备成本很高,阻碍了这种技术的商业化应用。

吸附-结晶序列还可以采用低成本负载材料进行柱层析。制备型炭层析可用于青蒿素乙醇提取物的分离。[27]提取物中青蒿素的回收率为 87%,总回收率为72%。这些数值很高,但需要进行统计验证,还需要对其他常用溶剂进行确认。有研究者使用氯化溶剂洗脱,然而在大规模生产时这种溶剂是完全不能使用的。因此,这种方法与更成熟的吸附-结晶方法相比,还需要进一步的验证和开发,并进行经济评估。

10.2.3　逆流色谱法

早在 1986 年就有学者利用液相色谱法纯化青蒿素,这种方法可以替代固体吸附剂。[50]逆流液液色谱法的原理是利用可变重力场(或采用恒定重力场)在两种流体之间产生高效的混合和沉淀区,[54-55]这为高效液液平衡问题提供了一个相对紧凑的工程解决方案,并为液液分配设计提供了较大的空间。但其缺点是设备复杂、成本高昂,且需要使用大量混合溶剂。然而近年来,我们已经具备了工业生产级别的中试规模甚至生产规模的设备,建立了青蒿素、青蒿烯和青蒿素 B 的逆流色谱分离体系。尽管利用该分离技术分离青蒿素的效率很高,并且在工业实验中取得了成功,但高昂的经济成本阻碍了其工业化应用。

10.3　青蒿素及其共生代谢物的分析

虽然我们在本章的最后才阐述这一问题,但粗提物中的青蒿素分析却是一个巨大的挑战,许多最新的研究采用了新的方法。青蒿素精确定量需要解决几个关键问题,首先是生物质中青蒿素含量的定量方法,这对提取者和种植者来说都很重要。测定新鲜叶片中青蒿素的最为理想的方法是低廉的手持设备。然而,迄今为止我们还没有开发出这样的方法。目前已经提出的几种快速分析方法需要少量的新鲜或干燥叶片,需采用相对便携的薄膜色谱法,或需要能快速引入实验室的标准分析仪器。最易使用的手持设备是光谱仪,如 UV-vis、IR、NIR 或 Raman。然而,青蒿素在紫外区的摩尔吸收系数很低,在 $205\sim215$ nm 区间内的吸收系数为 163 ~183 L/(mol·cm),在 210 nm[57]处的吸收系数最大。几乎所有物质都在 210 nm 处有紫外吸收,因此不先进行色谱分离,就不可能采用紫外吸收法测定青蒿素。由于青蒿素的电子光谱较为复杂,因此低分辨率的便携仪器无法对青蒿素的特定光谱波段进行定量分析。因为存在非常相似的共生代谢物,这使情况更加复杂,它们的光谱指纹图谱与青蒿素重叠,所以同样需要先进行色谱分离。

薄层色谱(Thin Layer Chromatography,TLC)是一种低成本便捷色谱方法。薄层色谱法检测青蒿素已经持续发展了许多年(详见参考文献[59]和[60])。高效的薄层色谱能够对几种相关的共生代谢物进行定量,具有良好的准确性和稳定性,因此该方法可以用于现场分析。

所有报道的其他方法都需要将植物样品快速送到实验室,使用更灵敏的检测方法。目前,研究者们已经开发出许多气相色谱-质谱(GC-MS)法用于对青蒿素及其共生代谢物进行定量。[61-63]对青蒿素含量的间接分析法尤为引人关注。研究者们还开发了顶空 GC-MS 法,揭示了叶片挥发性成分的组成。研究表明,青蒿酮(4)和青蒿素的含量的关键联系在于:缺乏青蒿酮似乎与高浓度青蒿素有关。[64]间接法的一个优点是它不需要使用溶剂或高温提取植物样品,样品处理可能会影响不稳定化合物。

除了 GC-MS 法,研究者们还开发了 HPLC 和液相色谱-质谱(LC-MS)法。由于 LC 仪器最常用的检测方法是紫外光谱,而青蒿素对紫外光谱的吸收率较低,所以早期的检测采用分析前衍生化方法。[65-67]然而,选择适当的色谱柱和流动相可以更好地分离色谱峰,从而可以直接使用紫外检测。[57,68-69]最近发表的方法侧重于对粗提物中的青蒿素及其共生代谢物和微量杂质(如脱氧青蒿素 5)进行直接定量。

　　LC 分离后还可以使用其他检测器,最有用的是光散射检测器,[57,70-71]其具有非线性响应,因此需要比紫外检测器更精准的标准曲线。然而,青蒿素的响应效果要比紫外检测好得多,从而提高了检测的准确性。

　　过去 10 年中 MS 技术取得了长足进步,这反映在新仪器的普及和成本的降低上。由于 MS 法的检测限较低,且能与液相或气相色谱相结合,所以 MS 法已成为天然产物分析的重要工具,特别是在鉴定未知物质或微量杂质组成方面。目前,研究者们已开发出很多 MS 法来分析青蒿素。[68,72-77]例如,为了分析粗提物和对几种代谢物进行定量,研究者们利用 TQD 仪器将多反应监测技术应用于 LC-MS/MS 测量。[72]在 6 min 内可以定量 6 个最重要的共生代谢物,从而为高通量实验提供分析方法。该方法首次在粗提物中定量了青蒿素的异构体——9-差向青蒿素(6)。

　　目前,核磁共振法的重要性最低。各种核磁共振法通常用于新分子的鉴定,特别是结构复杂的生物分子。然而,这需要相当昂贵的高电场仪器。目前,基于质子核磁共振的青蒿素定量分析法已经发表(如参考文献[78])。除非低成本的台式核磁共振波谱仪在研究和工艺开发实验室中普遍存在,否则就不可能使用核磁共振对提取液进行常规分析。

章 末 小 结

　　从黄花蒿中提取青蒿素存在很多难题,目前已经被许多不同领域的专家和企业家解决。几十年前,研究者们根据生产人员已有的经验和知识,成功开发了青蒿素商业化提取和纯化工艺,对这一主题的基础性研究已经逐渐跟上。仅在最近几年,提取过程的化学复杂性才在公开文献中有所讨论,主要探讨共生代谢物与溶剂的相互作用及其对提取和纯化的影响。研究者们开发了更好的分析方法可以定量测定青蒿素和重要的共生代谢物,如脱氧青蒿素、青蒿素、青蒿素 B 和 9-表青蒿素。只有对共生代谢物在不同溶剂体系中的相互作用及其与吸附剂或柱填料的相互作用有更新的见解,研究者们才能有针对性地设计更好的纯化方案,从而大大提高干燥叶片中青蒿素的总产率。

　　目前已经出现了许多比石油醚提取更清洁的青蒿素提取和纯化方法:微波提取、超声提取、超临界 CO_2 提取、四氟乙烷提取或离子液体提取。其中,超临界 CO_2 提取和四氟乙烷提取的商业化应用前景有限,尽管四氟乙烷提取在经济成本方面较为有利,但如早期比较研究[6]所示,超临界 CO_2 提取和离子液体提取具有更好的安全性和环境友好性。由于资金缺乏、新技术投资不足,以及由技术和资金能力有限的小公司主导市场结构,传统的石油醚提取仍然是青蒿素商业化生产的主要方法。在青蒿素领域,公共补贴和慈善项目占主导地位,这也使得该领域新技术的持续开发和实施变得相当随意。然而,这一问题吸引了无数实业家、学者和学生,而且由于这是深入研究生物制药加工的一个非常好的样本,世界各地的许多实验室仍在继续开发更清洁的青蒿素提取方法。近期引进的半合成青蒿素，一旦产量和成本达到目标值，将对青蒿素提取物市场产生重大影响。当然，未来引入疫苗是解决疟疾问题的最理想的办法，这将大大减少对植物源青蒿素的需求。但是，这些还没有实现，而且青蒿素很可能会有新的生物医学应用，因此它仍然是一个令人关注的研究方向。

参 考 文 献

［1］　Hsu，E. (2006) The history of qing hao in the Chinese materia medica. Trans. R. Soc. Trop. Med. Hyg. , 100, 505-508.

［2］　Wright，C. W. , Linley，P. A. , Burn，R. , Wittlin，S. , and Hsu，E. (2010) Ancient Chinese methods are remarkably effective for the preparation of artemisininrich extracts of qing hao with potent antimalarial activity. Molecules，15, 804-812.

［3］　Haynes，R. K. (2006) From artemisinin to new artemisinin antimalarials: biosynthesis, extraction, old and new derivatives, stereochemistry and medicinal chemistry requirements. Curr. Top. Med. Chem. , 6, 509-537.

［4］　Wright，C. W. (2002) *Artemisia*, Taylor & Francis Group, New York, London.

［5］　Weina，P. (2008) Artemisinins from folklore to modern medicine-transforming an herbal extract to life-saving drugs. Parassitologia, 50, 25.

［6］　Lapkin，A. , Plucinski，P. K. , and Cutler，M. (2006) Comparative assessment of technologies for extraction of artemisinin. J. Nat. Prod. , 69, 1653-1664.

［7］　Withers，S. T. and Keasling，J. D. (2007) Biosynthesis and engineering of isoprenoid small molecules. Appl. Microbiol. Biotechnol. , 73, 980-990.

［8］　Kopetzki，D. , Levesque，F. , and Seeberger，P. H. (2013) A continuous-flow process for the synthesis of artemisinin. Chem. Eur. J. , 19, 5450-5456.

［9］　Stringham，R. W. and Teager，D. S. (2012) Streamlined process for the conversion of artemisinin to artemether. Org. Process Res. Dev. , 16, 764-768.

［10］　Fan，X. , Sans，V. , Yaseneva，P. , Plaza，D. , Williams，J. M. J. , and Lapkin，A. (2012) Facile stoichiometric reductions in flow: an example of artemisinin. Org. Process Res. Dev. , 16, 1039-1042.

［11］　Yaseneva，P. , Plaza，D. , Fan，X. , Loponov，K. , and Lapkin，A. (2015) Synthesis of antimalarial APIs (artemether) in flow. Catal. Today, 239, 90-96.

［12］　Duke，M. V. , Paul，R. N. , Elsohly，H. N. , Sturtz，G. , and Duke，S. O. (1994) Localization of artemisinin and artemisitene in foliar tissues of glanded and glandless biotypes of *Artemisia annua L*. Int. J. Plant Sci. , 155, 365-372.

［13］　Duke，S. O. and Paul，R. N. (1993) Development and fine structure of the glandular trichomes of *Artemisia annua L*. Int. J. Plant Sci. , 154, 107-118.

［14］　Lapkin，A. A. , Peters，M. , Greiner，L. , Chemat，S. , Leonhard，K. , Liauw，M. A. , and Leitner，W. (2010) Screening of new solvents for artemisinin extraction process using ab-initio methodology. Green Chem. , 12, 241-251.

[15] Klamt, A. and Eckert, F. (2000) COSMO-RS: a novel and efficient method for the a priori prediction of thermophysical data of liquids. Fluid Phase Equilib. , 172, 43-72.

[16] Klamt, A. , Eckert, F. , Hornig, M. , Beck, M. E. , and Bürger, T. (2002) Prediction of aqueous solubility of drugs and pesticides with COSMO-RS. J. Comput. Chem. , 23, 275-281.

[17] Tian, N. , Li, J. , Liu, S. , Huang, J. , Li, X. , and Liu, Z. (2012) Simultaneous isolation of artemisinin and its precursors from *Artemisia annua L*. by preparative RP-HPLC. Biomed. Chromatogr. , 26, 708-713.

[18] Lapkin, A. , Adou, E. , Mlambo, B. , Chemat, S. , Suberu, J. , Collis, A. E. C. , Clark, A. , and Barker, G. (2014) Integrating medicinal plants extraction into a high-value biorefinery: an example of *Artemisia annua L*. C.R. Chim, (in print).

[19] Suberu, J. O. , Yamin, P. , Leonhard, K. , Song, L. , Chemat, S. , Sullivan, N. , Barker, G. , and Lapkin, A. (2014) The effect of O-methylated flavonoids and other co-metabolites on the crystallisation and purification of artemisinin. J. Biotechnol. , 171, 25-33.

[20] Christen, P. and Veuthey, J.-L. (2001) New trends in extraction, identification and quantification of artemisinin and its derivatives. Curr. Med. Chem. , 8, 1827-1839.

[21] Ferreira, J. F. S. , Zheljazkov, V. D. , and Gonzalez, J. M. (2013) Artemisinin concentration and antioxidant capacity of *Artemisia annua* distillation byproduct. Ind. Crops Prod. , 41, 294-298.

[22] Asfaw, N. , Licence, P. , Novitskii, A. A. , and Poliakoff, M. (2005) Green chemistry in Ethiopia: the cleaner extraction of essential oils from *Artemisia afra*: a comparison of clean technology with conventional methodology. Green Chem. , 7, 352-356.

[23] Briars, R. and Paniwnyk, L. (2013) Effect of ultrasound on the extraction of artemisinin from *Artemisia annua*. Ind. Crops Prod. , 42, 595-600.

[24] Hao, J.-Y. , Han, W. , Huang, S.-D. , Xue, B.-Y. , and Deng, X. (2002) Microwave assisted extraction of artemisinin from *Artemisia annua L*. Sep. Purif. Technol. , 28, 191-196.

[25] Fleming, A. and Freyhold, M. (2007) Assessing the Technical and Economic Viability of the Ethanolic Extraction of *Artemisia annua*. A report available at, http://www. mmv. org/IMG/pdf/3 _ ethanolicextraction-december-2007. pdf (accessed 9 August 2014).

[26] Liu, Q. N. , Schuehly, W. , Freyhold, M. , von Kooy, F. , and Van der Kooy, F. (2011) A novel purification method of artemisinin from *Artemisia annua*. Ind. Crop Prod. , 34, 1084-1088.

[27] Xu, J. , Luo, J. , and Kong, L. (2011) Single-step preparative extraction of artemisinin from *Artemisia annua* by charcoal column chromatography. Chromatographia, 74, 471-475.

[28] Van der Kooy, F. and Verpoorte, R. (2011) The content of artemisinin in the *Artemi-*

sia annua tea infusion. Planta Med. , 77, 1754-1756.

[29] Suberu, J. O. , Gorka, A. P. , Jacobs, L. , Roepe, P. D. , Sullivan, N. , Barker, G. , and Lapkin, A. (2013) Anti-plasmodial polyvalent interactions in *Artemisia annua L.* aqueous extract-possible synergistic and resistance mechanisms. PLoS One, 8, e80790.

[30] Bioniqs (2006) Extraction of Artemisinin Using Ionic Liquids. (Report by Bioniqs Ltd (UK) commissioned by the Medicines for Malaria Ventures (MMV), www. mmv. org (accessed 9 August 2014).

[31] Bioniqs (2008) Extraction of Artemisinin Using Ionic Liquids. Report available at http: //www. mmv. org/newsroom/publications/extraction-artemisininusing-ionic-liquids (accessed 9 August 2014).

[32] Sanders, M. W. , Wright, L. , Tate, L. , Fairless, G. , Crowhurst, L. , Bruce, N. C. , Walker, A. J. , Hrembury, G. A. , and Shimizu, S. (2009) Unexpected preferential dehydration of artemisinin in ionic liquids. J. Phys. Chem. A, 113, 10143-10145.

[33] Mendes, R. L. , Nobre, B. P. , Cardoso, M. T. , Pereira, A. P. , and Palavra, A. F. (2003) Supercritical carbon dioxide extraction of compounds with pharmaceutical importance from microalgae. Inorg. Chim. Acta, 356, 328-334.

[34] Leitner, W. (2002) Supercritical carbon dioxide as a green reaction medium for catalysis. Acc. Chem. Res. , 35, 746-756.

[35] Coimbra, P. , Blanco, M. R. , Costa Silva, H. S. R. , Gil, M. H. , and de Sousa, H. C. (2006) Experimental determination and correlation of artemisinin's solubility in supercritical carbon dioxide. J. Chem. Eng. Data, 51, 1097-1104.

[36] Quispe-Condori, S. , Sanchez, D. , Foglio, M. A. , Rosa, P. T. V. , Zetzl, C. , Brunner, G. , and Meireles, M. A. A. (2005) Global yield isotherms and kinetic of artemisinin extraction from *Artemisia annua L.* leaves using supercritical carbon dioxide. J. Supercrit. Fluids, 36, 40-48.

[37] Kohler, M. , Haerdi, W. , Christen, P. , and Veuthey, J.-L. (1997) Extraction of artemisinin and artemisinic acid from *Artemisia annua L.* using supercritical carbon dioxide. J. Chromatogr. A, 785, 353-360.

[38] Gong, X.-Y. and Cao, X.-J. (2009) Measurement and correlation of solubility of artemisinin in supercritical carbon dioxide. Fluid Phase Equilib. , 284, 26-30.

[39] Kohler, M. , Haerdi, W. , Christen, P. , and Veuthey, J.-L. (1997) Supercritical fluid extraction and chromatography of artemisinin and artemisinic acid. An improved method for the analysis of *Artemisia annua* samples. Phytochem. Anal. , 8, 223-227.

[40] Tzeng, T. , Lin, Y. , Jong, T. , and Chang, C. (2007) Ethanol modified supercritical fluids extraction of scopoletin and artemisinin from *Artemisia annua L.* Sep. Purif. Technol. , 56, 18-24.

[41] Xing, H. , Su, B. , Ren, Q. , and Yang, Y. (2009) Adsorption equilibria of artemisinin from supercritical carbon dioxide on silica gel. J. Supercrit. Fluids, 49, 189-195.

[42] Wilde, P. F. , Skinner, R. E. , and Ablett, R. F. (2002) ITFM extraction of oil seeds. WOPatent 03/090520 A2.

[43] Wilde, P. F. (1996) Fragrance extraction. US Patent 5, 512, 285.

[44] Corr, S. (2002) 1,1,1,2-tetrafuoroethane; from refrigerant and propellant to solvent. J. Fluorine Chem. , 118, 55-67.

[45] Mustapa, A. N. , Manan, Z. A. , Mohd Azizi, C. Y. , Setianto, W. B. , and Mohd Omar, A. K. (2011) Extraction of β-carotenes from palm oil mesocarp using sub-critical R134a. Food Chem. , 125, 262-267.

[46] Han, Y. , Ma, Q. , Lu, J. , Xue, Y. , and Xue, C. (2012) Optimisation for subcritical fluid extraction of 17-methyltestosterone with 1, 1, 1, 2-tetrafluoroethane for HPLC analysis. Food Chem. , 135, 2988-2993.

[47] Han, Y. , Ma, Q. , Lu, J. , Xue, Y. , Xu, J. , and Xue, C. (2012) Development and validation of a subcritical fluid extraction and high performance liquid chromatography assay for medroxyprogesterone in aquatic products. J. Chromatogr. B Anal. Technol. Biomed. Life Sci. , 897, 90-93.

[48] Saul, S. , Corr, S. , and Micklefield, J. (2004) Biotransformations in low-boiling hydrofluorocarbon solvents. Angew. Chem. Int. Ed. , 43, 5519-5523.

[49] Yu, G. , Xue, Y. , Xu, W. , Zhang, J. , and Xue, C. H. (2007) Stability and activity of lipase in subcritical 1,1,1,2-tetrafluoroethane (R134a). J. Ind. Microbiol. Biotechnol. , 34, 793-798.

[50] Acton, N. , Klayman, D. L. , and Rollman, I. J. (1986) Isolation of artemisinin (qinghaosu) and its separation from artemisitene using the Ito multilayer coil separator-extractor and isolation of arteannuin B. J. Chromatrogr. , 355, 448-450.

[51] Piletska, E. V. , Karim, K. , Cutler, M. , and Piletsky, S. A. (2013) Development of the protocol for purification of artemisinin based on combination of commercial and computationally designed adsorbents. J. Sep. Sci. , 36, 400-406.

[52] Qu, H. , Bisgaard, K. , Frette, C. X. C. , Tian, F. , Rantanen, J. , and Christensen, L. P. (2010) Chromatography-crystallization hybrid process for artemisinin purification from Artemisia annua. Chem. Eng. Technol. , 33, 791-796.

[53] Yang, B. and Cao, X. (2011) Synthesis of the artemisinin-imprinting polymers on silica surface and its adsorption behavior in supercritical CO_2 fluid. AIChE J. , 57, 3514-3521.

[54] Foucault, A. P. and Chevolot, L. (1998) Counter-current chromatography; instrumentation, solvent selection and some recent applications to natural product purification. J. Chromatogr. A, 808, 3-22.

[55] Ito, Y. , Weinstein, M. , Aoki, I. , Harada, R. , Kimura, E. , and Nunogaki, K. (1966) The coil planet centrifuge. Nature, 212(5066), 985-987.

[56] Weiss, E. , Ziffer, H. , and Ito, Y. (2000) Use of countercurrent chromatography (CCC) to separate mixtures of artemisinin, artemisitene, and arteannuin B. J. Liq. Chromatogr. Related Technol. , 23, 909-913.

[57] Lapkin, A. A. , Walker, A. , Sullivan, N. , Khambay, B. , Mlambo, B. , and Chemat, S. (2009) Development of HPLC analytical protocols for quantification of artemisinin

in plants and extract. J. Pharm. Biomed. Anal. , 49, 908-915.

[58] Galasso, V. , Kova, B. , and Modelli, A. (2007) A theoretical and experimental study on the molecular and electronic structures of artemisinin and related drug molecules. Chem. Phys. , 335, 141-154.

[59] Widmer, V. , Handloser, D. , and Reich, E. (2007) Quantitative HPTLC analysis of artemisinin in dried *Artemisia annua L.*: a practical approach. J. Liq. Chromatogr. Related Technol. , 30, 2209-2219.

[60] Quennoz, M. , Bastian, C. , Simonnet, X. , and Grogg, A. F. (2010) Quantification of the total amount of artemisinin in leaf samples by thin layer chromatography. Chim. Int. J.Chem. , 64, 755-757.

[61] Woerdenbag, H. J. , Pras, N. , Bos, R. , Visser, J. F. , Hendriks, H. , and Malingre, T. M. (1991) Analysis of artemisinin and related sesquiterpenoids from *Artemisia annua* by combined gas-chromatography mass-spectrometry. Phytochem. Anal. , 2, 215-219.

[62] Liu, S. , Tian, N. , Li, J. , Huang, J. , and Liu, Z. (2009) Simple and rapid microscale quantification of artemisinin in living *Artemisia annua L.* by improved gas chromatography with electroncapture detection. Biomed. Chromatogr. , 23, 1101-1107.

[63] Ma, C. , Wang, H. , Lu, X. , Xu, G. , and Liu, B. (2008) Metabolic fingerprinting investigation of *Artemisia annua L.* in different stages of development by gas chromatography and gas chromatography-mass spectrometry. J. Chromatogr. A, 1186, 412-419.

[64] Reale, S. , Fasciani, P. , Pace, L. , De Angelis, F. , and Marcozzi, G. (2011) Volatile fingerprints of artemisininrich *Artemisia annua* cultivars by headspace solid-phase microextraction gas chromatography/mass spectrometry. Rapid Commun. Mass Spectrom. , 25, 2511-2516.

[65] Zhao, S. (1987) High-performance liquid chromatographic determination of artemisinine (qinghaosu) in human plasma and saliva. Analyst, 112, 661-664.

[66] Qian, G.-P. , Yang, Y.-W. , and Ren, Q.-L. (2005) Determination of artemisinin in *Artemisia annua L.* by reversed phase HPLC. J. Liq. Chromatogr. Related Technol. , 28, 705-712.

[67] Elsohly, H. N. , Croom, E. M. , and Elsohly, M. A. (1987) Analysis of the antimalarail sesquiterpene artemisinin in *Artemisia annua* by high-performance liquid-chromatography (HPLC) with postcolumn derivatization and ultraviolet detection. Pharm. Res. , 4, 258-260.

[68] Stringham, R. W. , Lynam, K. G. , Mrozinski, P. , Kilby, G. , Pelczer, I. , and Kraml, C.(2009) High performance liquid chromatographic evaluation of artemisinin, raw material in the synthesis of artesunate and artemether. J. Chromatogr. A, 1216, 8918-8925.

[69] Pilkington, J. L. , Preston, C. , and Gomes, R. L. (2012) The impact of impurities in

various crude *A. annua* extracts on the analysis of artemisinin by liquid chromatographic methods. J. Pharm. Biomed. Anal., 70, 136-142.

[70] Avery, B. A., Venkatesh, K. K., and Avery, M. A. (1999) Rapid determination of artemisinin and related analogues using high-performance liquid chromatography and an evaporative light scattering detector. J. Chromatogr. B, 730, 71-80.

[71] Liu, C.-Z., Zhou, H.-Y., and Zhao, Y. (2007) An effective method for fast determination of artemisinin in *Artemisia annua L.* by high performance liquid chromatography with evaporative light scattering detection. Anal. Chim. Acta, 581, 298-302.

[72] Suberu, J., Song, L., Slade, S., Sullivan, N., Barker, G., and Lapkin, A. (2013) A rapid method for the determination of artemisinin and its biosynthetic prevursors in *Artemisia annua L.* crude extracts. J. Pharm. Biomed. Anal., 84, 269-277.

[73] Saraji, M., Khayamian, T., Hashemian, Z., Aslipashaki, S. N., and Talebi, M. (2013) Determination of artemisinin in *Artemisia* species by hollow fiberbased liquid-phase microextraction and electrospray ionization-ion mobility spectrometry. Anal. Methods, 5, 4190.

[74] Wang, M., Park, C., Wu, Q., and Simon, J. E. (2005) Analysis of artemisinin in *Artemisia annua L.* by LC-MS with selected ion monitoring. J. Agric. Food Chem., 53, 7010-7013.

[75] Bilia, A. R., Malgalhaes, P. M., de Bergonzi, M. C., and Vincieri, F. F. (2006) Simultaneous analysis of flavonoids of several extracts of *Artemisia annua L.* obtained from a commercial sample and a selected cultivar. Phytomedicine, 13, 487-493.

[76] Reale, S., Pace, L., Monti, P., De Angelis, F., and Marcozzi, G. (2008) A rapid method for the quantification of artemisinin in *Artemisia annua L.* plants cultivated for the first time in Burundi. Nat. Prod. Res., 22, 360-364.

[77] Sahai, P., Vishwkarma, R. A., Bharel, S., Gulati, A., Abdin, M. Z., Srivastava, P. S., and Jain, S. K. (1998) HPLC-electrospray ionization mass spectrometric analysis of antimalarial drug artemisinin. Anal. Chem., 70, 3084-3087.

[78] Castilho, P. C., Gouveia, S. C., and Rodrigues, A. I. (2008) Quantification of artemisinin in *Artemisia annua* extracts by 1H-NMR. Phytochem. Anal., 19, 329-334.

作者:Alexei A. Lapkin
译者:陈开波,李卓